CAXA 电子图板与 CAXA 数控车

第 2 版

主　编　李红波　朱丽军　贾小宁
副主编　白俊良　刘世平　王　娜
参　编　刘帅婷　周连梅　马春阳
　　　　于　洋　李　萍　董传翠

机 械 工 业 出 版 社

本书由多次带领团队参加全国数控大赛的几位老师编写而成。全书共10章，以基础、全面、系统及突出技能培养为主要原则，详细介绍了CAXA电子图板与CAXA数控车的各种基本操作、技巧、常用功能及应用实例，包括界面介绍、基本曲线、高级曲线的绘制、图形编辑、标注、图幅、绘图实例、CAXA数控车2020软件的自动编程加工、CAXA数控车2020软件加工实例、CAXA数控车2020软件车铣复合加工实例。

本书内容由浅入深，循序渐进，覆盖面广。书中实例丰富、典型、实用性强，可作为职业技术院校相关专业的教材，也可供相关行业岗位培训使用。

图书在版编目（CIP）数据

CAXA电子图板与CAXA数控车/李红波，朱丽军，贾小宁主编. —2版. —北京：机械工业出版社，2022.11

ISBN 978-7-111-71818-5

Ⅰ.①C… Ⅱ.①李… ②朱… ③贾… Ⅲ.①自动绘图-软件包②数控机床-车床 Ⅳ.①TP391.72 ②TG519.1

中国版本图书馆CIP数据核字（2022）第192492号

机械工业出版社（北京市百万庄大街22号 邮政编码100037）
策划编辑：孔 劲 责任编辑：孔 劲 章承林
责任校对：郑 婕 张 薇 封面设计：马精明
责任印制：郜 敏
三河市国英印务有限公司印刷
2023年1月第2版第1次印刷
184mm×260mm · 14.75印张 · 360千字
标准书号：ISBN 978-7-111-71818-5
定价：59.00元

电话服务 网络服务
客服电话：010-88361066 机 工 官 网：www.cmpbook.com
010-88379833 机 工 官 博：weibo.com/cmp1952
010-68326294 金 书 网：www.golden-book.com
封底无防伪标均为盗版 机工教育服务网：www.cmpedu.com

前　言

作为国内最早从事CAD软件开发的企业，CAXA多年来一直致力于设计软件的普及应用工作，努力将用户从纷繁复杂的工程图样绘制工作中解放出来，以便能够全身心投入设计开发工作，将创意转化为实际工作所需，提高企业研发创新能力。CAXA电子图板专为设计人员打造，依据我国机械设计的国家标准和使用习惯，提供专业绘图编辑和辅助设计工具，轻松实现“所思即所得”。用户只需关注所要解决的技术难题，通过简单的绘图操作，迅速完成新品研发、改型设计等工作，无须花费大量时间创建几何图形。

CAXA电子图板是一个开放的二维CAD平台，是北京数码大方科技股份有限公司自主开发的国产CAD核心产品。CAXA电子图板的界面依据视觉规律和操作习惯精心改良设计，交互方式简单快捷，符合用户的设计习惯，具有上手快、出图快，专业规范、稳定可靠、兼容性好、授权灵活等特点。CAXA电子图板可随时适配最新的硬件和操作系统，支持现行制图标准，提供全面、最新的图库，能零风险替代各种CAD平台，设计效率提升100%以上。CAXA电子图板经过大中型企业及百万用户近30年千锤百炼的应用验证，已广泛应用于航空航天、装备制造、电子电器、汽车及零部件、国防军工、教育等行业。

CAXA数控车是在全新的数控加工平台上开发的数控车床加工编程和二维图形设计软件，具有CAD软件的强大绘图功能和完善的外部数据接口，可绘制任意复杂的图形，可通过DXF、IGES等数据接口与其他系统交换数据。该软件提供了功能强大、使用简洁的轨迹生成手段，可按加工要求生成各种复杂图形的加工轨迹。通用的后置处理模块使CAXA数控车可以满足各种机床的代码格式，可输出G代码，并对生成的代码进行校验及加工仿真。

本书由长期在一线从事教学并多次带领团队参加全国数控大赛的几位老师共同编写。全书以基础、全面、系统及突出技能培养为主要原则，详细介绍了CAXA电子图板与CAXA数控车的各种基本操作、技巧、常用功能及应用实例。

本书由开封技师学院李红波、朱丽军，洛阳机车高级技工学校贾小宁主编，其他参与编写的还有白俊良、刘世平、王娜、刘帅婷、周连梅、马春阳、于洋、李萍、董传翠。

本书在编写过程中，参考了许多同类型书籍，并在数控加工网站和论坛上得到了许多网友的无私帮助，在这里一并表示感谢。读者可通过QQ：35482562获得免费电子教案。

由于编者水平有限，书中存在的疏漏和不妥之处在所难免，敬请广大读者批评指正。

编　者

目　录

第1章 界面介绍

1.1 用户界面

用户界面（简称界面）是交互式绘图软件与用户进行信息交流的中介。系统通过界面反映当前信息状态或将要执行的操作，用户按照界面提供的信息做出判断，并经由输入设备进行下一步的操作。因此，用户界面被认为是人机对话的桥梁。

电子图板的用户界面包括两种风格：最新的 Fluent 风格界面和经典风格界面。新风格界面主要使用功能区、快速启动工具栏和菜单按钮访问常用命令。经典风格界面主要通过主菜单和工具条访问常用命令。

除了这些界面元素，还包括状态栏、立即菜单、绘图区、工具选项板、命令行等。

电子图板的两种界面如图 1-1、图 1-2 所示。

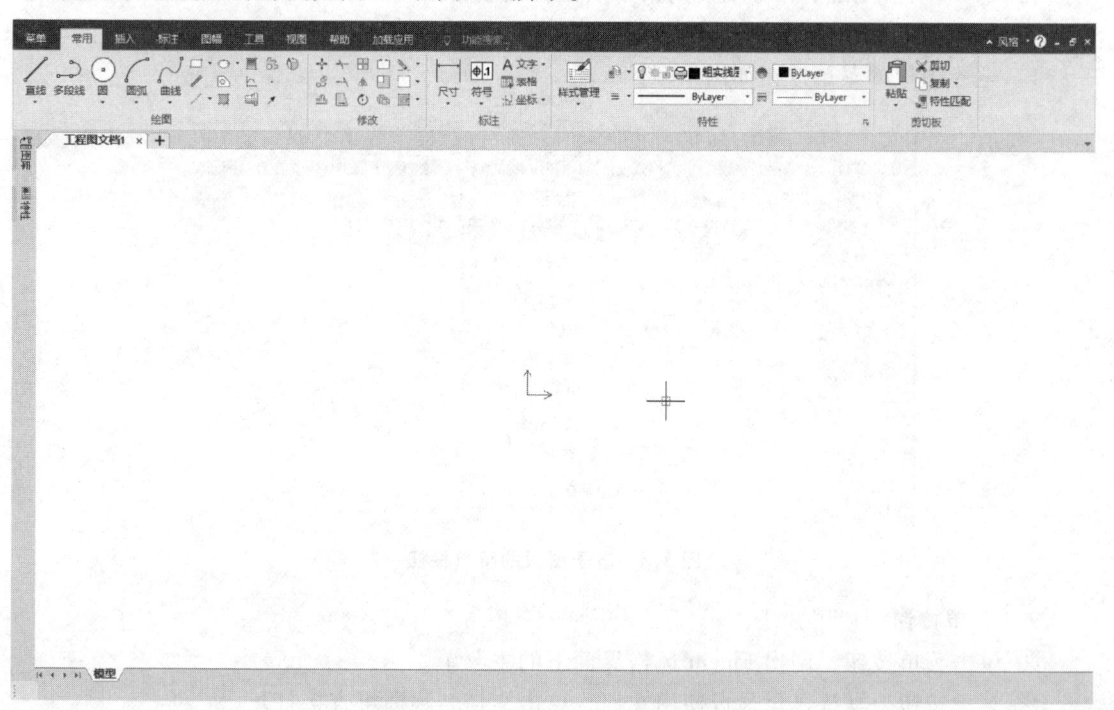

图 1-1　电子图板 Fluent 风格界面

图 1-2 电子图板经典风格界面

1.2 Fluent 风格界面介绍

1.2.1 菜单按钮

在 Fluent 风格界面下，可以使用菜单按钮调出主菜单。Fluent 风格界面主菜单的主要应用方式与传统的主菜单相同。

1）电子图板的菜单按钮如图 1-3 所示。

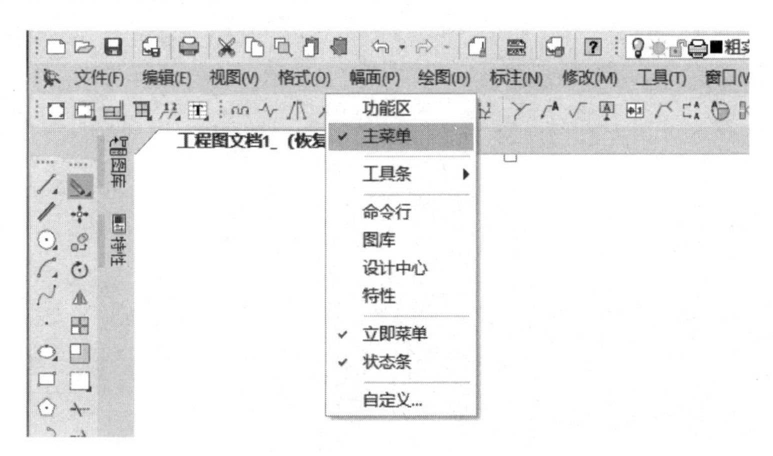

图 1-3 电子图板的菜单按钮

2）菜单按钮的使用方法：

① 单击菜单按钮，调出 Fluent 风格界面下的主菜单。

② 菜单按钮上默认显示最近使用文档，单击文档名称即可直接打开。

③ 将光标在各种菜单上停放即可显示子菜单，单击即可执行相应的子菜单命令。

1.2.2　快速启动工具栏

快速启动工具栏用于组织经常使用的命令，该工具栏可以自定义。

1）电子图板的快速启动工具栏如图 1-4 所示。

图 1-4　电子图板的快速启动工具栏

快速启动工具栏具体的使用方法：

① 单击快速启动工具栏上的图标即可执行对应的命令。

② 右击快速启动工具栏上的图标时弹出自定义快速启动工具栏菜单。

2）自定义快速启动工具栏菜单如图 1-5 所示。

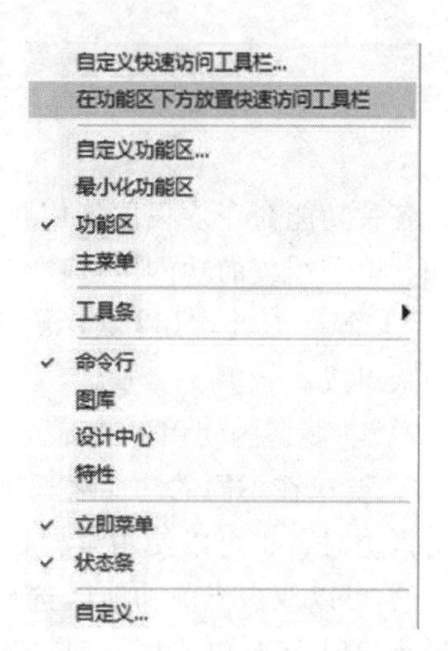

图 1-5　自定义快速启动工具栏菜单

此时可以选择将主菜单中的命令从快速启动工具栏移除，在功能区下方显示快速启动工具栏，也可以通过单击【自定义功能区】，并在弹出的自定义快速启动工具栏对话框中进行自定义。另外，在该菜单中还可以打开或关闭其他界面元素，如主菜单、工具条以及状态条等，其功能与界面元素配置菜单类似。

右击功能区面板或主菜单上的图标，可以在弹出的菜单中选择将该命令添加到快速启动工具栏。

3）自定义快速启动工具栏对话框如图 1-6 所示。

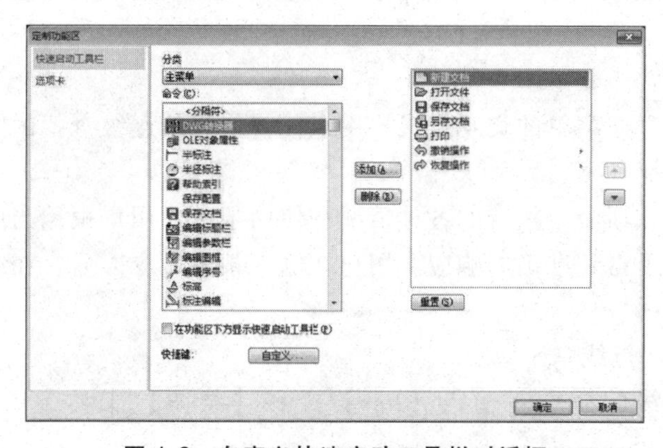

图 1-6　自定义快速启动工具栏对话框

利用自定义快速启动工具栏对话框也可以对快速启动工具栏进行配置。自定义快速启动工具栏对话框可以通过单击自定义快速启动工具栏或在界面元素配置菜单中单击自定义快速启动工具栏调出。该对话框不仅可以实现添加/删除快速启动工具栏项目和在功能区下方显示快速启动工具栏等功能，还能添加/删除分割符，并且可以对快速启动工具栏中的命令进行排序。通过单击【重置】按钮，可以将快速启动工具栏恢复到默认状态。

1.2.3　功能区

Fluent 风格界面中最重要的界面元素为功能区。使用功能区时无须显示工具条，通过单一紧凑的界面使各种命令组织得简洁有序，通俗易懂，同时使绘图区最大化。

功能区通常包括多个功能区选项卡，每个功能区选项卡由各种功能区面板组成。

1）电子图板功能区如图 1-7 所示。

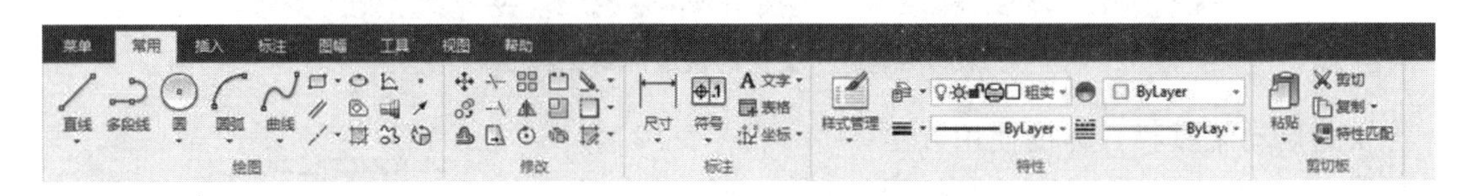

图 1-7　电子图板功能区

各种功能命令均根据使用频率、设计任务有序地排布到功能区选项卡和功能区面板中。例如，电子图板的功能区选项卡包括【常用】【插入】【标注】【图幅】【工具】【视图】【帮助】等，而【常用】选项卡由【绘图】【修改】【标注】【特性】和【剪切板】等功能区面板组成。

2）功能区的使用方法：

① 要求在不同的功能区选项卡间切换时，可以单击要使用的功能区选项卡。当光标在功能区上时，也可以使用滚轮切换不同的功能区选项卡。

② 可以双击当前功能区选项卡的标题，或者在功能区上右击【最小化】功能区。功能区最小化时单击功能区选项卡标题，功能区向下扩展；光标移出时，功能区选项卡自动收起。

③ 在各种界面元素上右击后，可以在弹出的菜单中打开或关闭功能区。

④ 功能区面板上包含各种功能命令和控件，使用方法通常与主菜单或工具条上的相同。

1.2.4　立即菜单

电子图板提供了立即菜单的交互方式，用来代替传统的逐级查找的问答式交互，使得交互过程更加直观和快捷。

立即菜单描述了该项命令执行的各种情况和使用条件。用户根据当前的作图要求，正确地选择某一选项，即可得到准确的响应。用户在输入某些命令以后，在绘图区的底部会弹出一行立即菜单。

【例 1-1】　绘制两点线。

输入一条绘制直线的命令（输入【line】或在【绘图】工具条中单击【直线】按钮），则系统弹出一行立即菜单及相应的操作提示。【直线】立即菜单如图 1-8 所示。

图 1-8　【直线】立即菜单

此菜单表示当前待绘制的直线为两点线方式的连续直线。在显示立即菜单的同时，在其下面显示出【第一点:】。用户按要求输入第一点后，系统会提示【第二点:】，用户再输入第二点，系统在屏幕上从第一点到第二点之间绘制出一条直线。

立即菜单的主要作用是可以选择某一命令的不同功能。可以单击立即菜单中的▾按钮或用快捷键<Alt+数字键>进行激活，如果下拉菜单中有很多可选项时，可使用快捷键<Alt+连续数字键>进行选项的循环。如上例，如果想绘制一条单根直线，那么可以单击立即菜单中的【2.】或用快捷键<Alt+2>激活它，则该菜单变为【2. 单根】。如果要使用【角度线】功能，那么可以单击立即菜单中的【1. 角度线】或用快捷键<Alt+1>激活它。

【例 1-2】 坐标标注命令。

调用【坐标标注】命令后，弹出立即菜单。【坐标标注】立即菜单如图 1-9 所示。

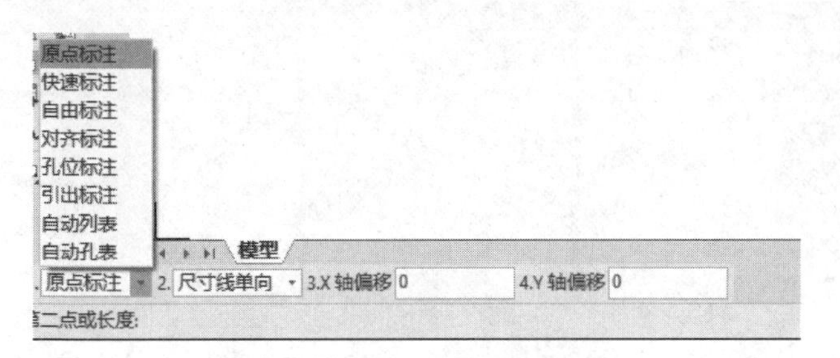

图 1-9　【坐标标注】立即菜单

在立即菜单环境下，单击其中的某一项右侧的▼按钮（如【1.】右侧的▼按钮）或按<Alt+数字>组合键（如<Alt+1>），会在其上方出现一个选项菜单或者改变该项的内容。

1.2.5　界面颜色

电子图板提供界面颜色设置工具，可以修改软件整体界面元素的配色风格。在电子图板界面右上方有界面配色风格下拉菜单，如图 1-10 所示。

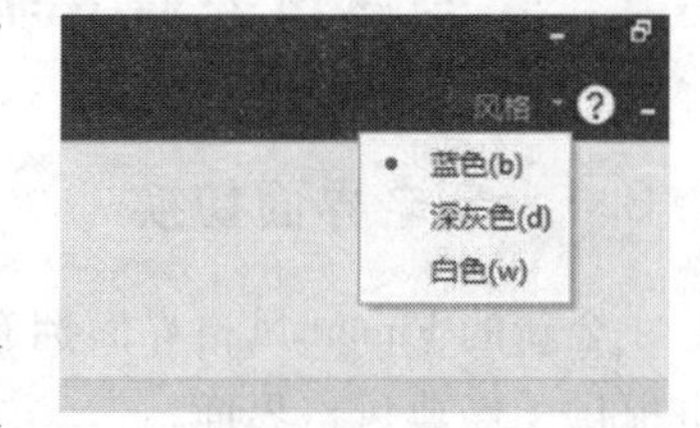

图 1-10　界面配色风格下拉菜单

单击【风格】右侧的下三角按钮展开下拉菜单后，可根据用户个人的喜好选择界面颜色。电子图板默认提供蓝色、深灰色和白色三种风格。

1.2.6　工具选项板

工具选项板是一种特殊形式的交互工具，用来组织和放置图库、属性修改等工具。电子图板的工具选项板有【图库】和【特性】。平时，工具选项板会隐藏在界面左侧的工具选项板工具条内，将光标移动到该工具条的工具选项板按钮上，对应的工具选项板就会弹出。

1）工具选项板工具条如图 1-11 所示。

2）工具选项板的使用方法：

① 在界面元素空白处右击，在弹出的快捷菜单中可以打开或关闭工具选项板。

② 可以左击按住工具选项板标题栏后进行拖动，确定位置，如图 1-12 所示。

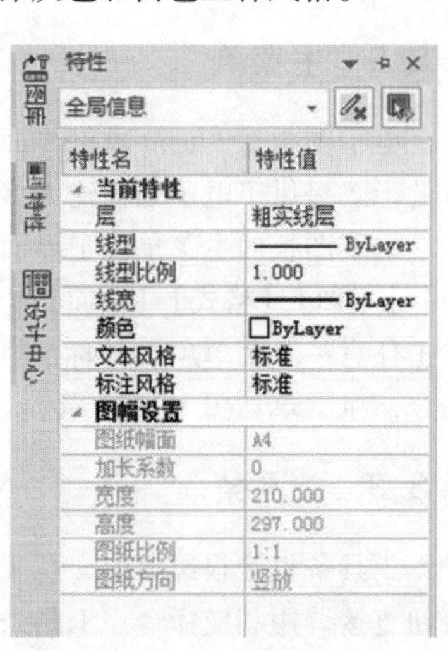

图 1-11　工具选项板工具条

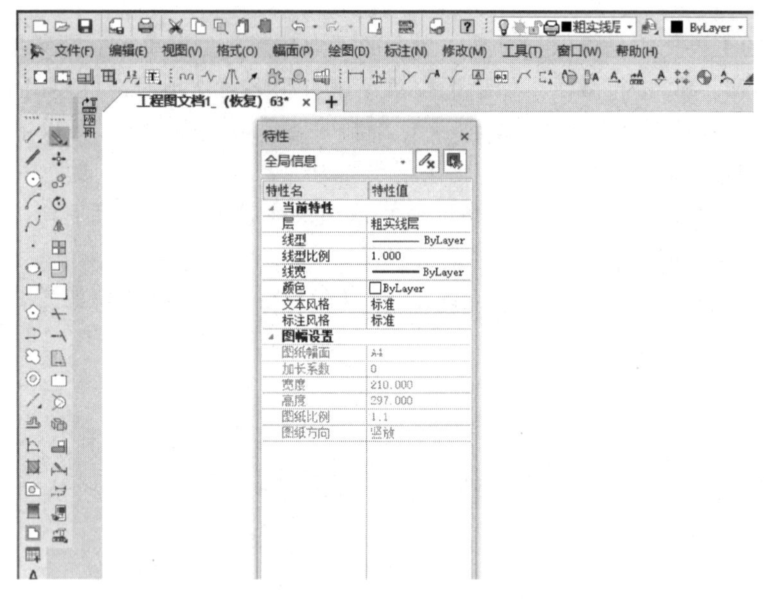

图 1-12 确定工具选项板位置

1.3 经典风格界面介绍

1.3.1 新老界面切换

全新的 Fluent 风格界面拥有很高的交互效率，但为了照顾老用户的使用习惯，电子图板也提供了经典风格界面。

在 Fluent 风格界面下的功能区中选择【视图】→【界面操作】→【切换界面风格】或在主菜单中选择【工具】→【界面操作】→【切换】，就可以在 Fluent 风格界面和经典风格界面中进行切换，该功能的快捷键为<F9>。

1.3.2 主菜单

电子图板在 Fluent 风格界面下仍然保留有传统的主菜单。主菜单通过下拉菜单-扩展菜单的形式提供了电子图板绝大多数命令的功能入口。

电子图板的主菜单位于界面的上方，它由一行菜单及其子菜单组成，包括【文件】【编辑】【视图】【格式】【幅面】【绘图】【标注】【修改】【工具】【窗口】【帮助】等菜单项。单击任意一个菜单项（如标注），都会弹出它的子菜单。单击子菜单上的图标即可执行对应命令。主菜单如图 1-13 所示。

1.3.3 工具条

工具条也是很经典的交互工具。利用工具条，可以在电子图板界面中通过单击功能图标按钮直接调用相应命令。工具条可以自定义位置和是否显示在界面上，也可以建立全新的工具条。工具条如图 1-14 所示。

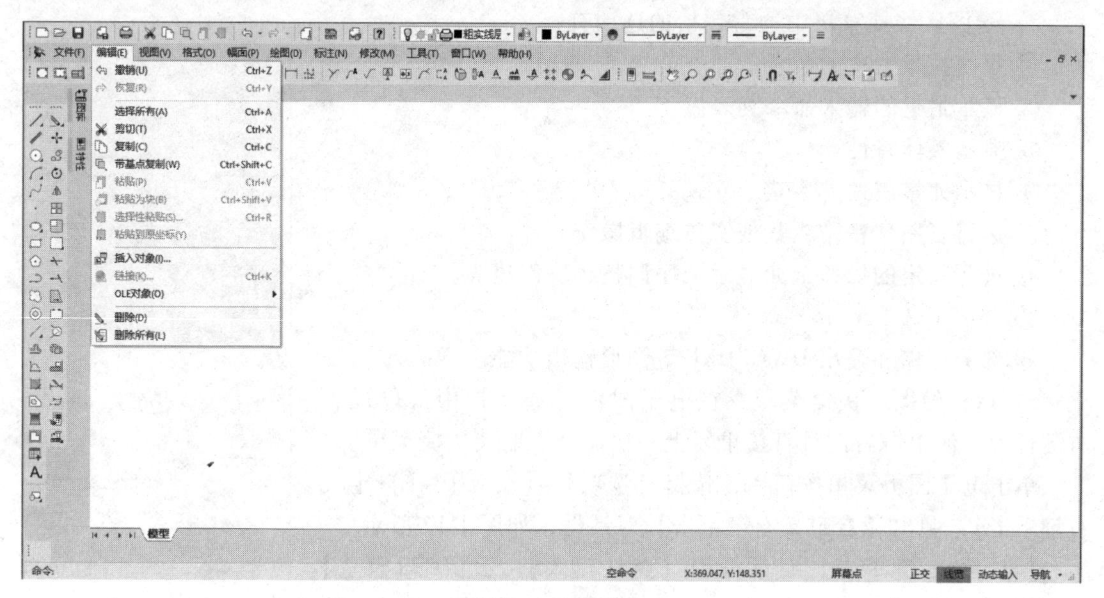

图 1-13　主菜单

1.3.4　命令行

命令行用于显示当前命令的执行状态，并且可以记录本次程序开启后的操作。如果在选项中将交互模式设置为关键字风格，那么在执行一部分命令时，命令行还起到交互提示工具的作用。【命令行】如图 1-15 所示。

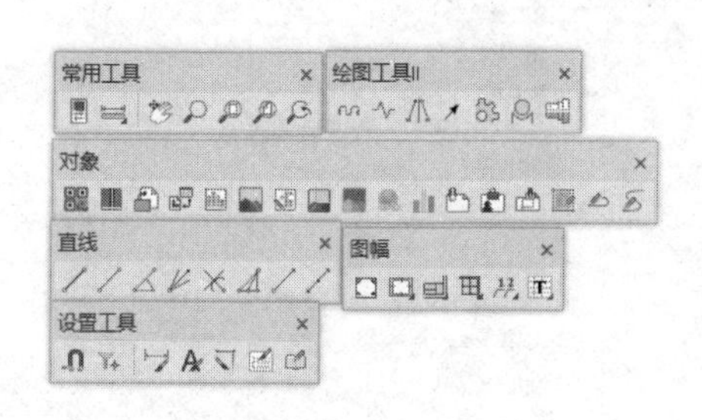

图 1-14　工具条

图 1-15　【命令行】

1.4　快捷菜单

1.4.1　绘图区快捷菜单

当选择对象时，或者在无命令执行状态下，均可以通过右击调出绘图区快捷菜单。

1）绘图区快捷菜单如图 1-16 所示。

在不同的命令状态或拾取状态下，绘图区快捷菜单中的内容也会有所不同。例如，在选中标题栏等实体的状态下的绘图区快捷菜单会比在空命令下多出一些内容，而基本编辑操作的选项会减少。选中其他实体后，绘图区快捷菜单的内容也会随之改变。

2）绘图区快捷菜单中通常包括的选项有：

① 重复执行上次的命令。

② 显示最近的输入命令列表。

③ 显示实体特性。

④ 显示元素属性。

⑤ 进行复制、粘贴或其他实体编辑操作。

⑥ 进行特定的操作，如显示顺序调整、块创建等。

⑦ 全部不选。

⑧ 部分存储和输出 DWG/DXF 等图形输出功能。

3）取消绘图区快捷菜单：在电子图板【选项】中可以设置右键行为，使单击右键时直接重复上一次命令，取消快捷菜单。

单击电子图板菜单按钮后，选择【选项】→【交互】→【自定义右键单击】，弹出【自定义右键单击】对话框，如图 1-17 所示。

【自定义右键单击】对话框中【默认模式】及【编辑模式】分别用于控制在未选择对象和已选择对象时单击右键的行为。选择【快捷菜单】即弹出绘图区快捷菜单；选择【重复上一个命令】则不弹出绘图区快捷菜单，直接调用上一次执行的命令。

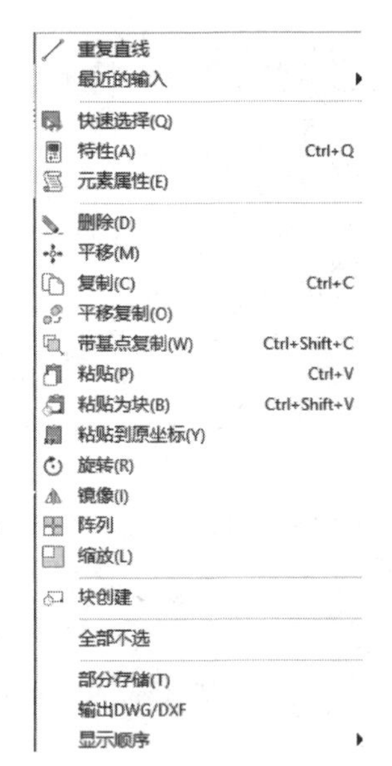

图 1-16　绘图区快捷菜单

图 1-17　【自定义右键单击】对话框

1.4.2　状态栏配置菜单

【状态栏配置】菜单用于控制状态条上各种功能元素的有无。可以选择的元素有【正交】【线宽】【动态输入】等。【状态栏配置】菜单如图 1-18 所示。

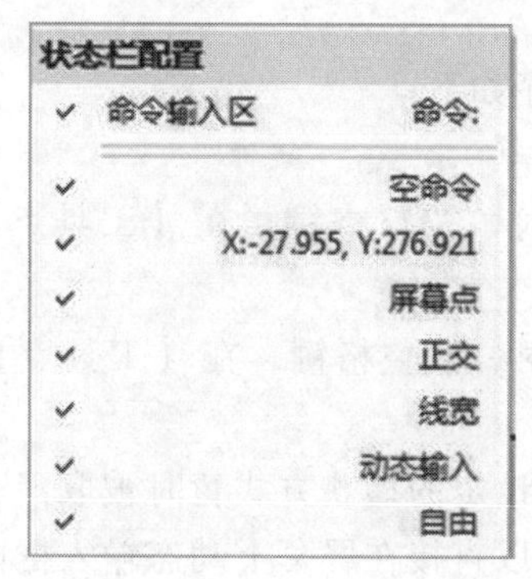

图 1-18 【状态栏配置】菜单

1.5 工具点的捕捉

工具点是在作图过程中具有几何特征的点，如圆心、切点、端点等。

工具点捕捉就是使用光标捕捉工具点菜单中的某个特征点。

用户执行【作图】命令，需要输入特征点时，只要按下空格键，即在屏幕上弹出【工具点】菜单。

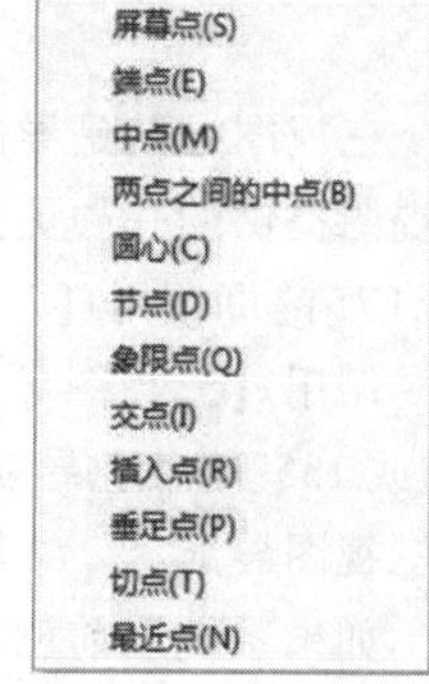

图 1-19 【工具点】菜单

1)【工具点】菜单如图 1-19 所示。

2)【工具点】菜单各选项意义见表 1-1。

表 1-1 【工具点】菜单各选项意义

选项	意义
屏幕点(S)	屏幕上的任意位置点
端点(E)	曲线的端点
中点(M)	曲线的中点
两点之间的中点(B)	两点之间的中点
圆心(C)	圆或圆弧的圆心
节点(D)	屏幕上已存在的点
象限点(Q)	圆或圆弧的象限点
交点(I)	两曲线的交点
插入点(R)	图幅元素及块类对象的插入点
垂足点(P)	曲线的垂足点
切点(T)	曲线的切点
最近点(N)	曲线上距离捕捉光标最近的点

工具点的默认状态为屏幕点，用户在作图时拾取了其他的点状态，即在提示区右下方工具点状态栏中显示出当前工具点捕获的状态。但这种点的捕获只能一次有效，用完后立即自动回到屏幕点状态。

工具点捕获状态的改变，也可以不用【工具点】菜单的弹出与拾取，用户在输入点状态的提示下，可以直接按相应的键盘字符（如“E”代表端点、“C”代表圆心等）进行切换。

3）使用工具点捕捉操作顺序如下：

①【直线】菜单项。

② 当系统提示【第一点】时，按空格键，在【工具点】菜单中选【切点】，拾取圆，捕获【切点】。

③ 当系统提示【第二点】时，按空格键，在【工具点】菜单中选【切点】，拾取另一圆，捕获【切点】。

当使用工具点捕捉时，其他设定的捕获方式暂时被取消，这就是工具点捕捉优先原则。

当启用动态输入工具时，可以直接在屏幕上动态输入框内输入点坐标。

1.6　三视图导航

三视图导航是导航方式的扩充，其目的在于方便用户确定投影关系，为绘制三视图或多面视图提供的一种更方便的导航方式。单击【工具】主菜单下的【三视图导航】按钮或使用<F7>键可调用【三视图导航】命令。

调用【三视图导航】命令后，分别指定导航线的第一点和第二点，屏幕上绘制出一条45°或135°的黄色导航线。如果此时系统为导航状态，则系统将以此导航线为视图转换线进行三视图导航。

如果系统当前已有导航线，单击【三视图导航】按钮，将删除原导航线，然后提示再次指定新的导航线，也可以右击将恢复上一次导航线。

【例 1-3】 图 1-20 所示为三视图导航应用的示例。

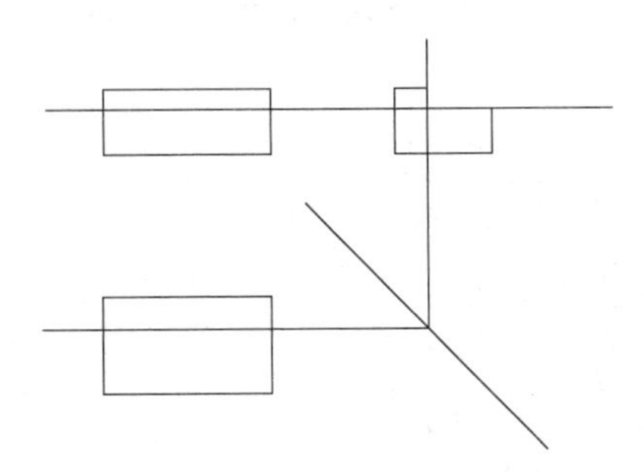

图 1-20　三视图导航应用示例

第2章　基本曲线

本章主要介绍直线、圆、矩形等基本曲线的绘制和使用，以及在操作过程中需要注意的技巧，使读者在常规的作图过程中提高绘图速度。

2.1　直线

1. 图标为

2. 功能

直线是图形构成的基本要素，正确、快捷地绘制直线的关键在于点的选择。在电子图板中拾取点时，可充分利用工具点菜单、智能点、导航点、栅格点等工具。输入点的坐标时，一般以绝对坐标输入，也可以根据实际情况，输入点的相对坐标和极坐标。

3. 操作步骤

用以下方式可以调用【直线】命令：

1）选择【绘图】→【直线】子菜单中的按钮。

2）单击【绘图】工具条中的按钮。

3）单击【常用】选项卡内【绘图】面板中的按钮。

4. 菜单介绍

【直线】命令可使用立即菜单进行交互操作，【直线】立即菜单如图 2-1 所示。

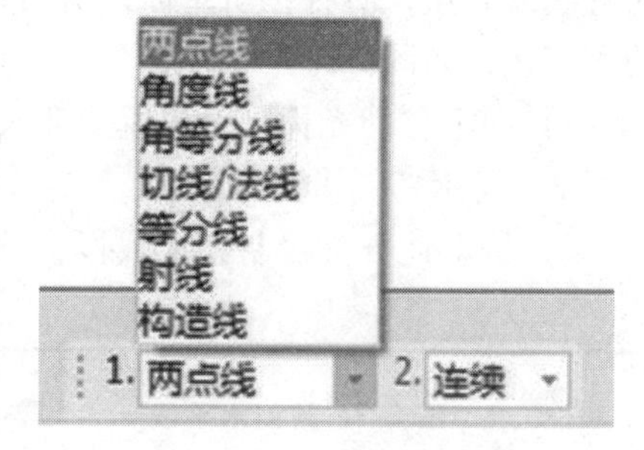

图 2-1 【直线】立即菜单

为了适应各种情况下直线的绘制，电子图板提供了两点线、角度线、角等分线、切线/法线、等分线、射线和构造线共 7 种方式，通过立即菜单进行选择直线生成方式及参数即可。另外，每种直线生成方式都可以单独执行，以便提高绘图效率。

2.1.1　两点线

1. 图标为

2. 功能

按给定两点绘制一条直线段或按给定的连续条件绘制连续的直线段，每条线段都可以单独进行编辑。在非正交情况下，第一点和第二点均可为3种类型的点：切点、垂足点、其他点（【工具点】菜单上列出的点）。根据拾取点的类型可生成切线、垂直线、公垂线、垂直切线及任意的两点线。在正交情况下，生成的直线平行于当前坐标系的坐标轴。

3. 操作步骤

用以下方式可以调用【两点线】命令：

1）选择【绘图】→【直线】子菜单中的按钮。

2）单击【常用】选项卡中【绘图】面板内【直线】命令下拉菜单中的按钮。

3）调用【直线】命令并在立即菜单中选择【两点线】。

4. 菜单介绍

【两点线】命令使用立即菜单进行交互操作，【两点线】立即菜单如图2-2所示。

图2-2　【两点线】立即菜单

单击立即菜单中的【单根】选项，则该项内容由【单根】变为【连续】，其中【连续】表示每个直线段相互连接，前一条直线段的终点为下一条直线段的起点，而【单根】指每次绘制的直线段相互独立，互不相关。

按立即菜单的条件和提示要求输入两点，则一条直线被绘制出来。为了准确地绘制直线，可以使用键盘输入两个点的坐标或距离，也可以通过动态输入即时输入坐标和角度。此命令可以重复进行，右击或按<ESC>键即可退出此命令。

5. 绘图实例

【例2-1】 绘制如图2-5所示的直轴面。

1）选择【绘图】→【直线】子菜单中的按钮，选择【两点线】【连续】，指定一点作为直线的起点，向右移动光标，引出水平线正交导航线，输入长度“150”，绘制长度为150的水平线，如图2-3所示。

2）向上移动光标，引出垂直正交导航线，输入长度“50”，绘制长度为50的垂直线，如图2-4所示。

3）按上述方法绘制其他线段，绘制结果如图2-5所示。

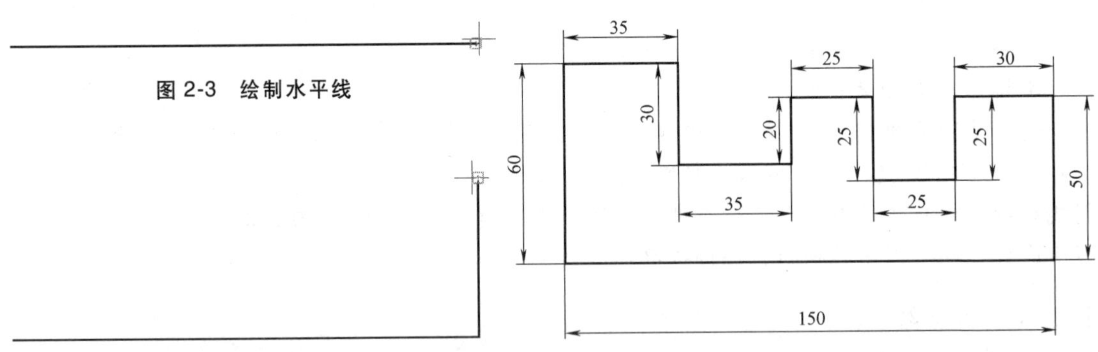

图2-3　绘制水平线

图2-4　绘制垂直线

图2-5　绘制完成的直轴面

【例2-2】 绘制如图2-6所示的直角三角形。

绘制直角三角形时，先指定1点位置，移动光标系统会出现线段预览，切换为正交模式，通过输入坐标值或直接输入距离来确定 2、3 点位置。

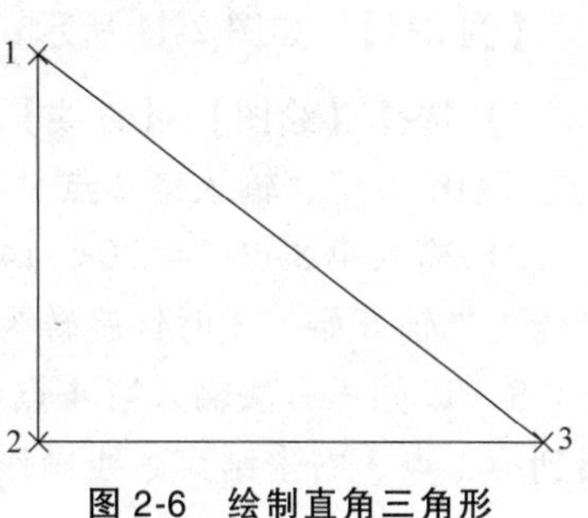

图 2-6　绘制直角三角形

【例 2-3】 绘制如图 2-7 所示圆的公切线。

充分利用【工具点】菜单，可以绘制出多种特殊的直线，这里以利用【工具点】菜单中的【切点】绘制出圆和圆弧的切线为例，介绍【工具点】菜单的使用。首先，执行两点线命令，当系统提示【第一点】时，按空格键弹出工具点菜单，选择【切点】命令；然后按提示拾取第一个圆中“1”所指的位置，在输入第二点时，用同样方法拾取第二个圆中“2”所指的位置。绘制圆的外公切线如图 2-7b 所示。

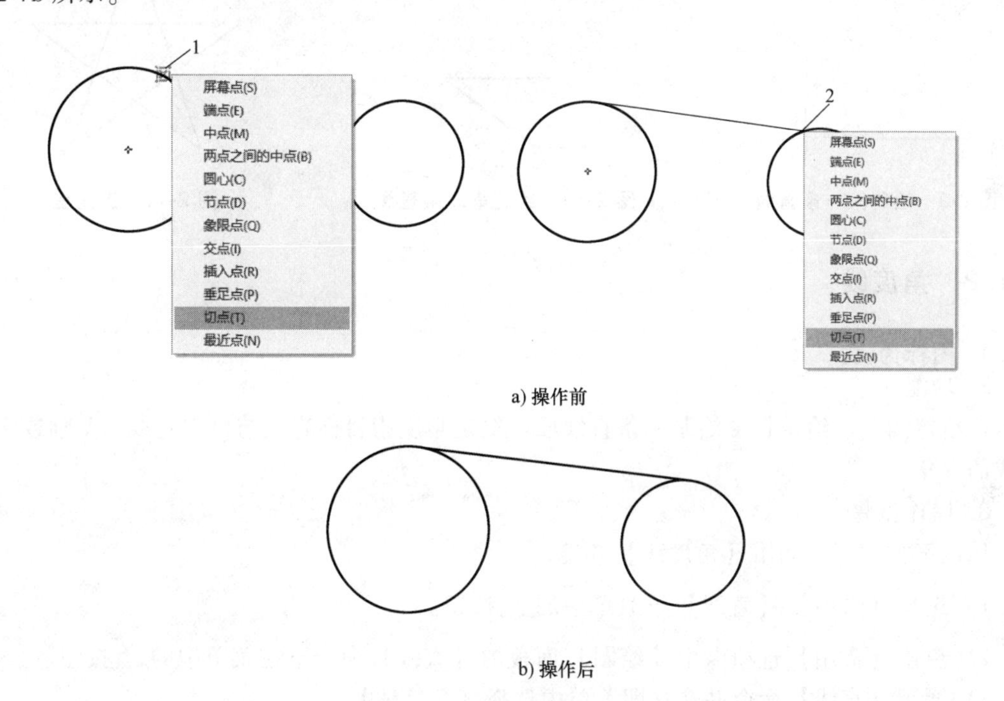

a) 操作前

b) 操作后

图 2-7　绘制圆的外公切线

注意：如果此时点的捕捉模式为智能状态，在拾取第二点时直接按捕捉提示选择点即可，不需要使用【工具点】菜单。另外，在拾取圆时，拾取位置不同，则切线绘制的位置也不同。

如图 2-8 所示，若第二点选在“3”所指位置处，则绘制出两圆的内公切线。

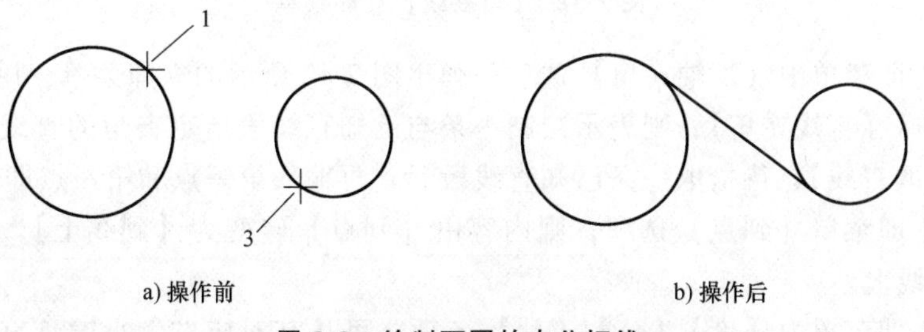

a) 操作前　　b) 操作后

图 2-8　绘制两圆的内公切线

【例 2-4】 如图 2-11 所示，用相对坐标和极坐标绘制边长为 20 的五角星。

1）选择【绘图】→【直线】子菜单中的按钮，选择【两点线】【连续】，然后输入第 1 点“(0，0)”，输入第 2 点“@ 20，0”，这是相对于第 1 点的坐标，如图 2-9 所示。

2）输入第 3 点“@ 20<-144”，这是相对于第 2 点的极坐标，这里极坐标的角度是从横坐标正半轴开始，逆时针旋转为正，顺时针旋转为负，如图 2-10 所示。

3）以同样方法输入第 4 点“@ 20<72”、第 5 点“@ 20<-72”，最后输入“(0，0)”，回到第 1 点，右击结束画线操作，整个五角星绘制完成，如图 2-11 所示。

图 2-9　绘制第一条直线　　图 2-10　绘制第二条直线　　图 2-11　五角星

2.1.2　角度线

1. 图标为

2. 功能

按给定角度、给定长度绘制一条直线段。给定角度指目标直线与已知直线、*X* 轴或 *Y* 轴所成的夹角。

3. 操作步骤

用以下方式可以调用【角度线】功能：

1）选择【绘图】→【直线】子菜单中的按钮。

2）单击【常用】选项卡中【绘图】面板内【直线】命令下拉菜单中的按钮。

3）调用【直线】命令并在立即菜单中选择【角度线】。

4. 菜单介绍

【角度线】命令使用立即菜单进行交互操作，【角度线】立即菜单如图 2-12 所示。

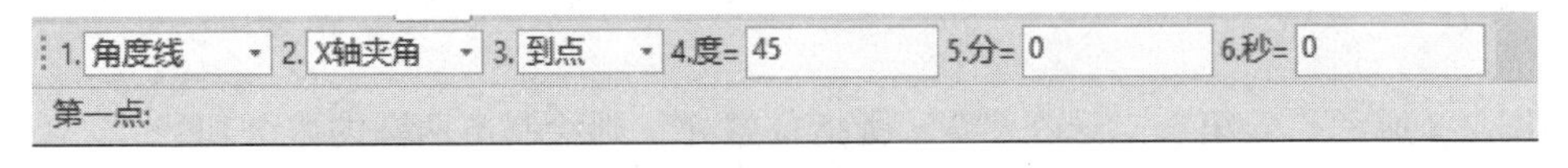

图 2-12　【角度线】立即菜单

1）单击立即菜单中【X 轴夹角】选项，弹出图 2-12 所示的立即菜单，用户可选择夹角类型。如果选择【直线夹角】，则表示绘制一条与已知直线段指定夹角的直线段，此时操作提示变为【拾取直线】，待拾取一条已知直线段后，再输入第一点和第二点即可。

2）单击立即菜单【到点】选项，则内容由【到点】转变为【到线上】，即指定终点位置是在选定直线上。

3）单击立即菜单中【度】【分】【秒】各项，可从其对应右侧小键盘直接输入夹角数值。文本框中的数值为当前立即菜单所选角度的默认值。

4）按提示要求输入第一点，则屏幕界面上显示该点标记。此时，操作提示变为【第二点或长度】。如果用键盘输入一个长度数值并按<Enter>键，则一条按用户设定条件确定的直线段被绘制出来。另外，如果移动光标，则一条绿色的角度线随之出现，待光标位置确定后单击则立即绘制出一条给定长度和倾角的直线段。

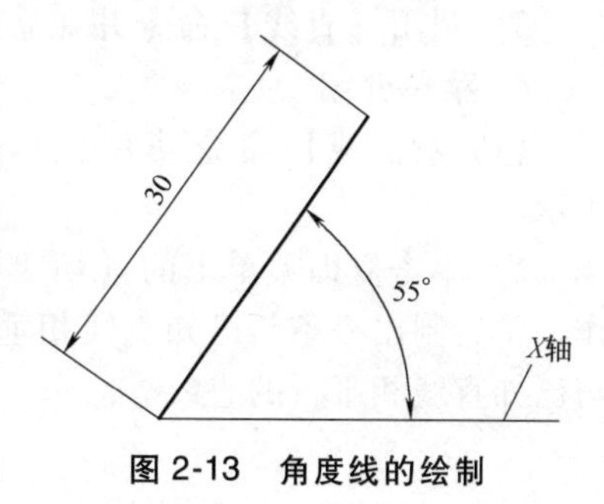

图 2-13　角度线的绘制

【例 2-5】　图 2-13 所示为按立即菜单条件及操作提示要求所绘制的一条与 X 轴成 55°、长度为 30 的一条直线段。

2.1.3　角等分线

1. 图标为

2. 功能

按给定参数绘制一个夹角的等分直线。

3. 操作步骤

用以下方式可以调用【角等分线】命令：

1）选择【绘图】→【直线】子菜单中的按钮。

2）单击【常用】选项卡中【绘图】面板内【直线】命令下拉菜单中的按钮。

3）调用【直线】命令并在立即菜单中选择【角等分线】。

4. 菜单介绍

【角等分线】命令使用立即菜单进行交互操作，【角等分线】立即菜单如图 2-14 所示。

【例 2-6】　图 2-15 是将 90°的角等分为 3 份，等分线长度为 90 的绘制示例。

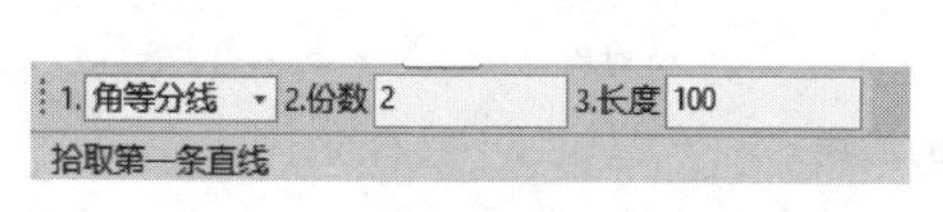

图 2-14　【角等分线】立即菜单

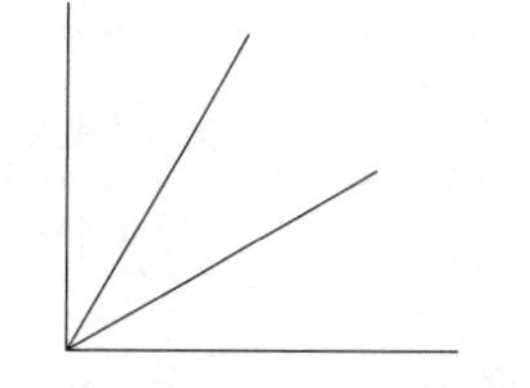
图 2-15　角等分线的绘制

2.1.4　切线/法线

1. 图标为

2. 功能

过给定点作已知曲线的切线或法线。

3. 操作步骤

用以下方式可以调用【切线/法线】命令：

1）选择【绘图】→【直线】子菜单中的按钮。

2）单击【常用】选项卡中【绘图】面板内【直线】命令下拉菜单中的按钮。

3）调用【直线】命令并在立即菜单中选择【切线/法线】。

4. 菜单介绍

【切线/法线】命令使用立即菜单进行交互操作，【切线/法线】立即菜单如图 2-16 所示。

1）单击立即菜单上的【切线】，则该项内容变为【法线】。按改变后的立即菜单进行操作，将绘制出一条与已知直线相垂直的直线，如图 2-17 所示。选择【切线】，则绘制出一条与已知直线相平行的直线。

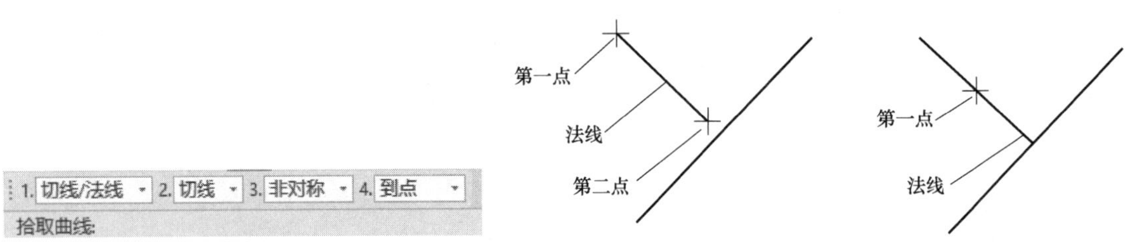

图 2-16 【切线/法线】立即菜单　　图 2-17 直线的法线

2）单击立即菜单中【非对称】，该项内容变为【对称】，这时选择的第一点为所要绘制直线的中点，第二点为直线的一个端点，如图 2-18 所示。

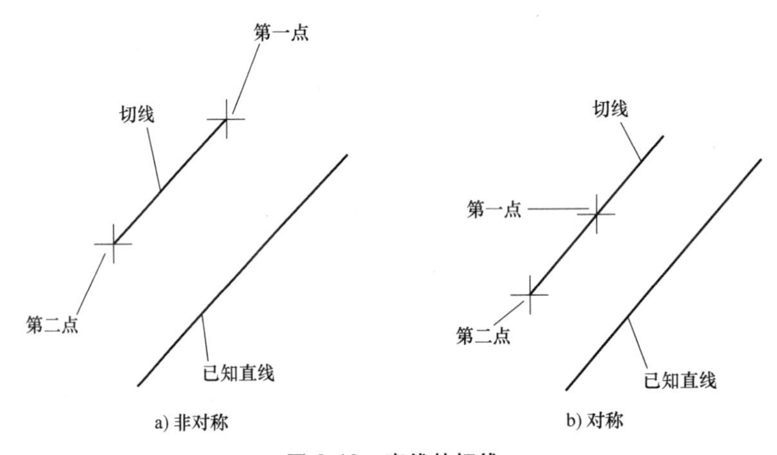

图 2-18 直线的切线

3）单击立即菜单中【到点】，则该项内容变为【到线上】，表示所绘制切线或法线的终点在一条已知线段上。

4）拾取一条已知曲线，命令行提示【输入点】，在给定位置输入第一点，提示又变为【第二点或长度】；此时，再移动光标时，一条过第一点与已知直线段平行的直线段生成，其长度可由鼠标或键盘输入数值决定。图 2-18a 为本操作的示例。

5）如果用户拾取的是圆或弧，也可以按上述步骤操作，但圆弧的法线必在所选第一点与圆心所决定的直线上，而切线垂直于法线，如图 2-19 所示。

2.1.5 等分线

1. 图标为

2. 功能

按两条线段之间的距离 n 等分绘制直线。

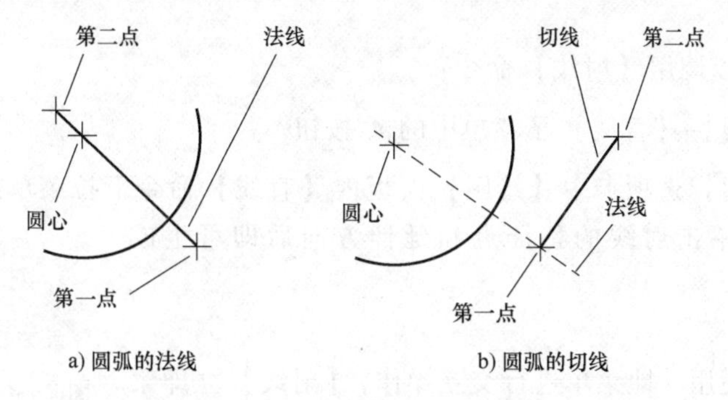

图 2-19　圆弧的切线和法线

生成等分线要求所选两条直线段符合以下条件：

1）两条直线段平行。

2）不平行、不相交，并且其中任意一条线的任意方向的延长线不与另一条线本身相交，可等分。

3）不平行，一条线的某个端点与另一条线的端点重合，并且两直线夹角不等于180°，也可等分。

注意：等分线和角等分线在对具有夹角的直线进行等分时概念是不同的，角等分线是按角度等分，而等分线是按照端点连线的距离等分。

3. 操作步骤

用以下方式可以调用【等分线】命令：

1）选择【绘图】→【直线】子菜单中的按钮。

2）单击【常用】选项卡中【绘图】面板内【直线】命令下拉菜单中的按钮。

3）调用【直线】命令并在立即菜单中选择【等分线】。

4. 菜单介绍

【等分线】命令使用立即菜单进行交互操作，【等分线】立即菜单如图 2-20 所示。

图 2-20　【等分线】立即菜单

执行【等分线】命令后，拾取符合条件的两条直线段，即可在两条线间生成一系列的线，这些线将两条线之间的部分等分成 n 份。

【例 2-7】　如图 2-21a 所示，先后拾取两条平行的直线，等分量设为 6，则最后结果如图 2-21b 所示。

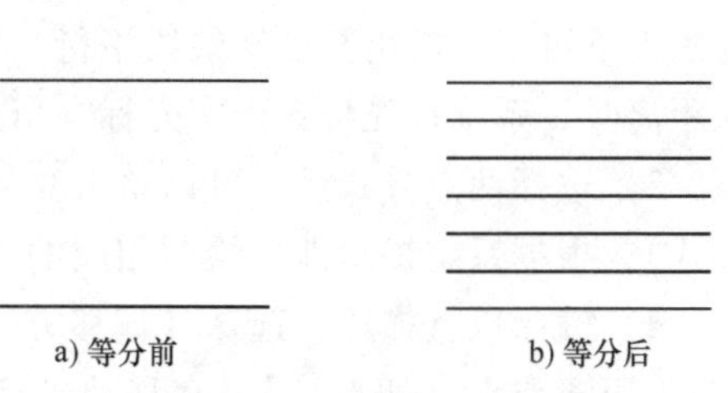

图 2-21　等分线的绘制

2.1.6　射线

1. 图标为

2. 功能

生成一条由特征点向一端无限延伸的射线。

3. **操作步骤**

用以下方式可以调用【射线】命令：

1）选择【绘图】→【直线】子菜单中的按钮。

2）单击【常用】选项卡中【绘图】面板内【直线】命令下拉菜单中的按钮。调用【射线】命令后，单击射线的特征点和延伸方向后即可生成射线。

4. **菜单介绍**

【射线】命令使用立即菜单进行交互操作，【射线】立即菜单如图 2-22 所示。

图 2-22 【射线】立即菜单

2.1.7 平行线

1. **图标为**
2. **功能**

绘制与已知直线平行的直线。

3. **操作步骤**

用以下方式可以调用【平行线】命令：

1）单击【绘图】主菜单中的按钮。

2）单击【绘图】工具条中的按钮。

3）单击【常用】选项卡内【绘图】面板中的按钮。

4. **菜单介绍**

【平行线】命令使用立即菜单进行交互操作，【平行线】立即菜单如图 2-23 所示。

图 2-23 【平行线】立即菜单

1）单击立即菜单【偏移方式】，可以切换【两点方式】。

2）选择偏移方式后，单击立即菜单【单向】，其内容由【单向】变为【双向】，在双向条件下可以绘制出与已知线段平行、长度相等的双向平行线段。在单向模式下，用键盘输入距离时，系统首先根据十字光标在所选线段的哪一侧来判断绘制线段的位置。

3）选择两点方式后，可以单击立即菜单【点方式】，其内容由【点方式】变为【距离方式】，根据系统提示即可绘制相应的线段。

4）按照以上描述，选择【偏移方式】用光标拾取一条已知线段。拾取后，该提示改为【输入距离或点（切点）】。在移动光标时，一条与已知线段平行且长度相等的线段被光标拖动着，待位置确定后单击，一条平行线段被绘制出，也可用键盘输入一个距离数值，这两种方法的效果相同。

5）此命令可以重复进行，右击或按<ESC>键即可退出此命令。

【例 2-8】 绘制已知线段的平行线段，如图 2-24 所示。

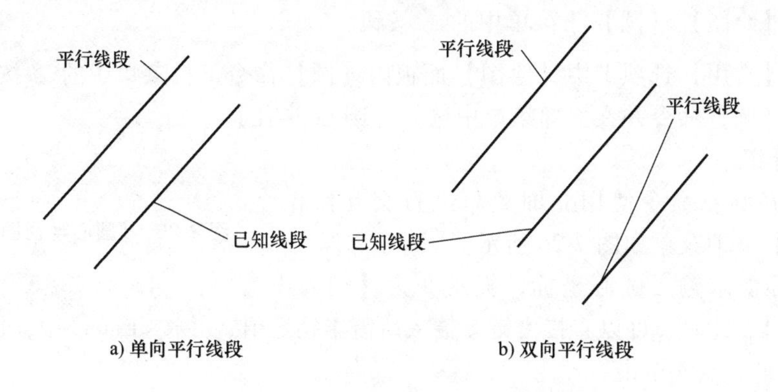

图 2-24　绘制已知线段的平行线段

2.2　圆

1. 图标为

2. 功能

按照各种给定参数绘制圆。要创建圆，可以指定圆心、半径、直径、圆周上的点和其他对象上的点的不同组合。根据不同的绘图要求，还可在绘图过程中通过立即菜单选取圆上是否带有中心线，系统默认为无中心线，此命令在圆的绘制中都可选择。

3. 操作步骤

用以下方式可以调用【圆】命令：

1）单击【绘图】主菜单中的按钮。

2）单击【绘图】工具条中的按钮。

3）单击【常用】选项卡内【绘图】面板中的按钮。

4. 菜单介绍

【圆】命令使用立即菜单进行交互操作，【圆】立即菜单如图 2-25 所示。

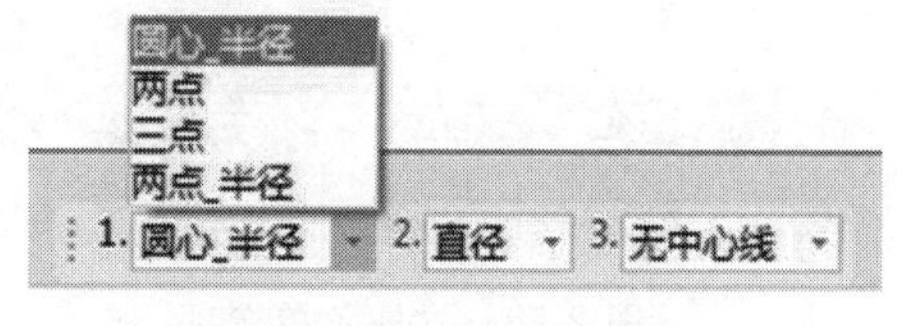

图 2-25　【圆】立即菜单

为了适应各种情况下圆的绘制，电子图板提供了圆心半径绘制圆、两点绘制圆、三点绘制圆和两点半径绘制圆等几种方式，通过立即菜单选择圆生成方式及参数即可。另外，每种圆生成方式都可以单独执行，以便提高绘图效率。

2.2.1　圆心半径绘制圆

1. 图标为

2. 功能

已知圆心和半径绘制圆。

3. 操作步骤

用以下方式可以调用【圆心半径圆】命令：

1）选择【绘图】→【圆】子菜单中的按钮。

2）单击【常用】选项卡中【绘图】面板内【圆】命令下拉菜单中的按钮。

3）调用【圆】命令并在立即菜单中选择【圆心-半径】。

4. 菜单介绍

【圆心半径圆】命令使用立即菜单进行交互操作，【圆心半径圆】立即菜单如图 2-26 所示。

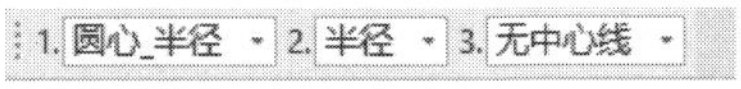

图 2-26　【圆心半径圆】立即菜单

1）按提示要求输入圆心坐标，提示变为【输入半径或圆上一点】。此时，可以直接由键盘输入所需半径数值，并按<Enter>键；也可以移动光标，确定圆上的一点并单击。

2）单击立即菜单【2.】右侧的▼按钮，则显示内容由【半径】变为【直径】，则输入圆心坐标以后，系统提示变为【输入直径或圆上一点】，用户由键盘输入的数值为圆的直径。

3）单击立即菜单【3.】右侧的▼按钮，在下拉菜单中选择【有中心线】，同时可以输入【4. 中心线延伸长度】，如图 2-27 所示。

图 2-27　中心线选项

此命令可以重复进行，右击或按<ESC>键可以退出此命令。

【例 2-9】 绘制圆心在线段 a 中点上、半径为 60mm 的圆，如图 2-29 所示。

操作步骤：

1）单击【直线】按钮，选择【两点线】，绘制正交线段 a。

2）单击【圆】按钮，选择【圆心_半径】；按空格键，选择特征点【中点】；单击线段 a，确定圆心位置；单击立即菜单中的【直径】选项，调整为【半径】【无中心线】；通过键盘输入半径“60”，按<Enter>键即可，如图 2-28 所示。

图 2-28　立即菜单选项

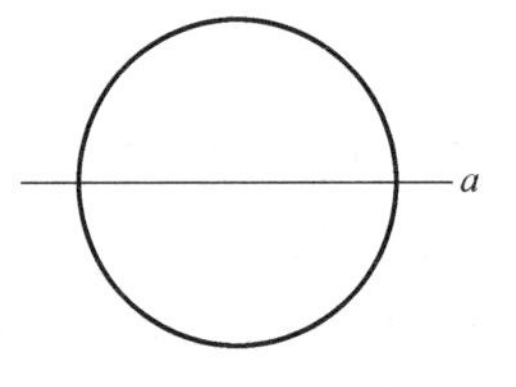

图 2-29　绘制圆

2.2.2　两点画圆

1. 图标为

2. 功能

过圆直径上的两个端点画圆。

3. 操作步骤

用以下方式可以调用【两点圆】命令：

1）选择【绘图】→【圆】子菜单中的按钮。

2）单击【常用】选项卡中【绘图】面板内【圆】命令下拉菜单中的按钮。

3）调用【圆】命令并在立即菜单中选择【两点】。

4. 菜单介绍

【两点圆】命令使用立即菜单进行交互操作，【两点圆】立即菜单如图 2-30 所示。

1. 两点　2. 有中心线　3.中心线延伸长度 3

图 2-30 【两点圆】立即菜单

根据提示输入第一点、第二点，一个完整的圆即被绘制出来，如图 2-31 所示。

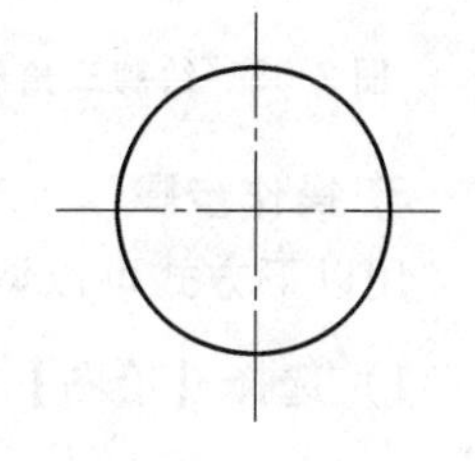

图 2-31 两点绘制圆

2.2.3 三点绘制圆

1. 图标为

2. 功能

过圆周上的三点画圆。

3. 操作步骤

用以下方式可以调用【三点圆】命令：

1）选择【绘图】→【圆】子菜单中的按钮。

2）单击【常用】选项卡中【绘图】面板内【圆】命令下拉菜单中的按钮。

3）调用【圆】命令并在立即菜单中选择【三点】。

4. 菜单介绍

【三点圆】命令使用立即菜单进行交互操作，【三点圆】立即菜单如图 2-32 所示。

1. 三点　2. 有中心线　3.中心线延伸长度 3

图 2-32 【三点圆】立即菜单

按命令输入区提示输入第一点、第二点和第三点后，一个完整的圆被绘制出来。在输入点时可充分利用智能点、栅格点、导航点和工具点菜单。

【例 2-10】 利用三点圆和工具点菜单可以很容易地绘制出三角形的外接圆和内切圆，如图 2-35 所示。

操作步骤：

1）选择【绘图】→【正多边形】，绘制三角形，如图 2-33 所示。

2）选择【绘图】→【圆】子菜单中的按钮，按空格键选择切点，拾取三角形的三条边，绘制内切圆，如图 2-34 所示。

3）选择【绘图】→【圆】子菜单中的按钮，拾取三角形的三个顶点，绘制外接圆，如图 2-35 所示。

2.2.4 两点半径画圆

1. 图标为

2. 功能

过圆周上的两点和已知半径画圆。

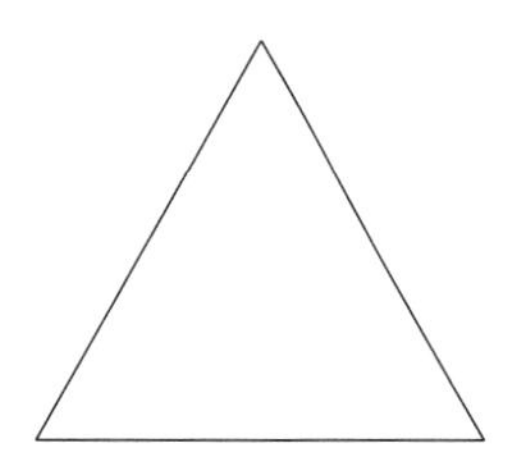

图 2-33 绘制三角形

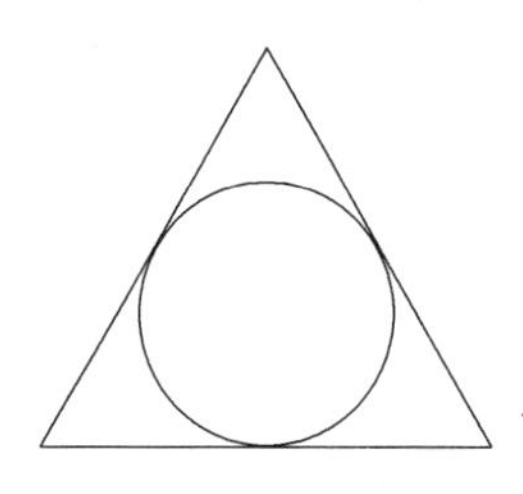

图 2-34 绘制内切圆

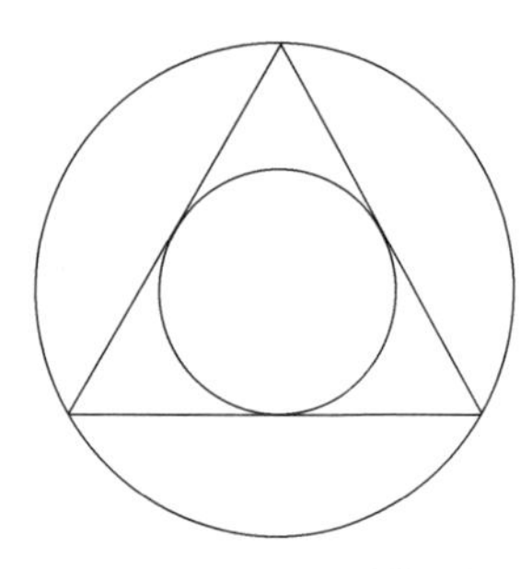

图 2-35 绘制外接圆

3. 操作步骤

用以下方式可以调用【两点半径圆】命令：

1）选择【绘图】→【圆】子菜单中的按钮。

2）单击【常用】选项卡中【绘图】面板内【圆】命令下拉菜单中的按钮。

3）调用【圆】命令并在立即菜单中选择【两点_半径】。

4. 菜单介绍

【两点半径圆】命令使用立即菜单进行交互操作，【两点半径圆】立即菜单如图 2-36 所示。

按提示要求输入第一点、第二点后，在合适位置输入第三点或由键盘输入一个半径值，一个完整的圆被绘制出来，如图 2-37 所示。

1. 两点_半径 2. 有中心线 3.中心线延伸长度 3

图 2-36 【两点半径圆】立即菜单

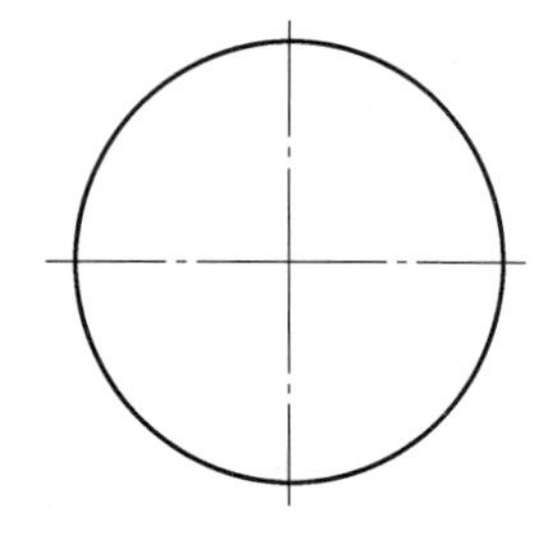

图 2-37 绘制两点半径圆

2.3 圆弧

1. 图标为

2. 功能

按照各种给定参数绘制圆弧。绘制圆弧可以指定圆心、端点、起点、半径、角度等各种组合形式创建圆弧。

3. 操作步骤

用以下方式可以调用【圆弧】命令：

1）单击【绘图】主菜单中的按钮。

2）单击【绘图】工具条中的按钮。

3）单击【常用】选项卡内【绘图】面板中的按钮。

4. 菜单介绍

【圆弧】命令使用立即菜单进行交互操作，【圆弧】立即菜单如图 2-38 所示。

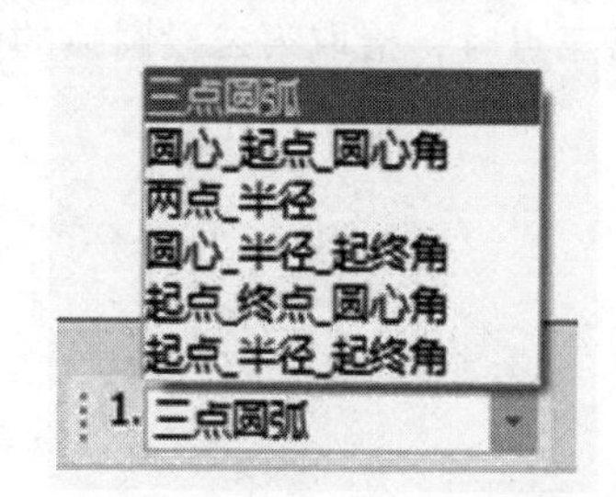

图 2-38 【圆弧】立即菜单

为了适应各种情况下圆弧的绘制，电子图板提供了多种方式，包括三点圆弧、圆心起点圆心角、两点半径、圆心半径起终角、起点终点圆心角、起点半径起终角等，通过立即菜单选择圆生成方式及参数即可。另外，每种圆弧生成方式都可以单独执行，以便提高绘图效率。

2.3.1 三点画圆弧

1. 图标为

2. 功能

通过已知三点绘制圆弧。过三点画圆弧，其中第一点为起点，第三点为终点，第二点决定圆弧的位置和方向。

3. 操作步骤

用以下方式可以调用【三点圆弧】命令：

1）选择【绘图】→【圆弧】子菜单中的按钮。

2）单击【常用】选项卡中【绘图】面板内【圆弧】命令下拉菜单中的按钮。

3）调用【圆弧】命令并在立即菜单中选择【三点圆弧】。

4. 菜单介绍

【三点圆弧】命令使用立即菜单进行交互操作，【三点圆弧】立即菜单如图 2-39 所示。

图 2-39 【三点圆弧】立即菜单

按提示要求指定第一点和第二点，此时一条过上述两点及过光标所在位置的三点圆弧已经显示在界面上；移动光标，正确选择第三点位置，并单击，则一条圆弧被绘制出来。在选择这三个点时，可灵活运用工具点、智能点、导航点、栅格点等工具，也可以直接用键盘输入点坐标。

【例 2-11】 如图 2-40 所示，作与直线相切的圆弧。

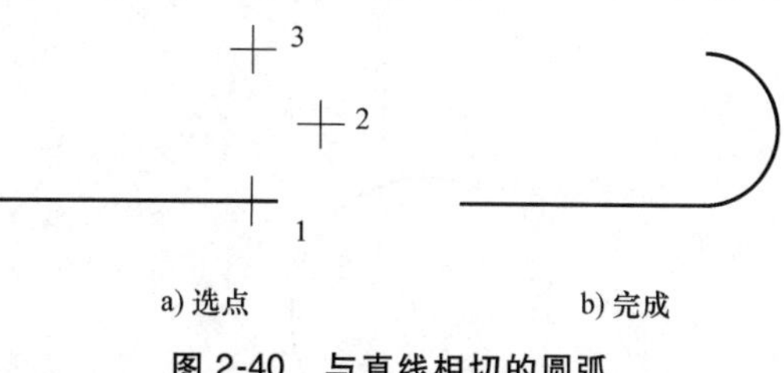

a) 选点　　b) 完成

图 2-40 与直线相切的圆弧

操作步骤：首先选择【三点圆弧】方式，当系统提示第一点时，按空格键弹出【工具点】菜单，单击【切点】，然后按提示拾取直线，再指定圆弧的第二点、第三点，圆弧绘制完成。

【例 2-12】 如图 2-41 所示，作与圆弧相切的圆弧。

操作步骤：首先选择【三点圆弧】方式，当系统提示第一点时，按空格键弹出【工具点】菜单，单击【切点】，然后按提示拾取第一段圆弧，再输入圆弧的第二点，当提示输入第三点时，拾取第二段圆弧的切点，圆弧绘制完成。

a) 选点　　　　b) 操作后

图 2-41　与圆弧相切的圆弧

2.3.2　两点半径绘制圆弧

1. 图标为

2. 功能

已知两点及圆弧半径绘制圆弧。

3. 操作步骤

用以下方式可以调用【两点半径圆弧】命令：

1）选择【绘图】→【圆弧】子菜单中的按钮。

2）单击【常用】选项卡中【绘图】面板内【圆弧】命令下拉菜单中的按钮。

3）调用【圆弧】命令并在立即菜单中选择【两点_半径】。

4. 菜单介绍

【两点半径圆弧】命令使用立即菜单进行交互操作，【两点半径圆弧】立即菜单如图 2-42 所示。

图 2-42　【两点半径圆弧】立即菜单

按提示要求输入第一点和第二点后，系统提示又变为“第三点（半径）”。此时如果输入一个半径值，则系统首先根据十字光标当前的位置判断绘制圆弧的方向。判断规则是：光标当前位置处在第一、二两点所在直线的哪一侧，则圆弧就绘制在哪一侧，如图 2-43a、b 所示。同样的两点 1 和 2，由于光标位置的不同，可绘制出不同方向的圆弧。然后系统根据两点的位置、半径值及判断出的绘制方向来绘制圆弧。如果在输入第二点以后移动光标，则在界面上出现一段由输入的两点及光标所在位置点构成的三点圆弧。移动光标，圆弧发生变化，在确定圆弧大小后单击结束本操作。图 2-43c 所示为光标拖动所绘制的圆弧。

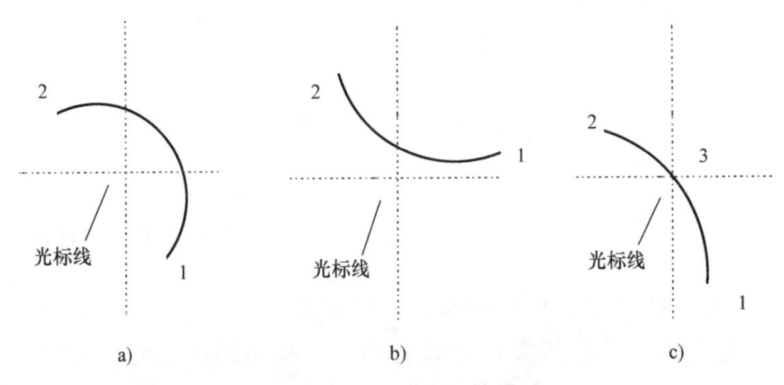

a)　　b)　　c)

图 2-43　绘制两点半径圆弧

【例 2-13】 图 2-44 所示为圆弧与圆相切的实例。

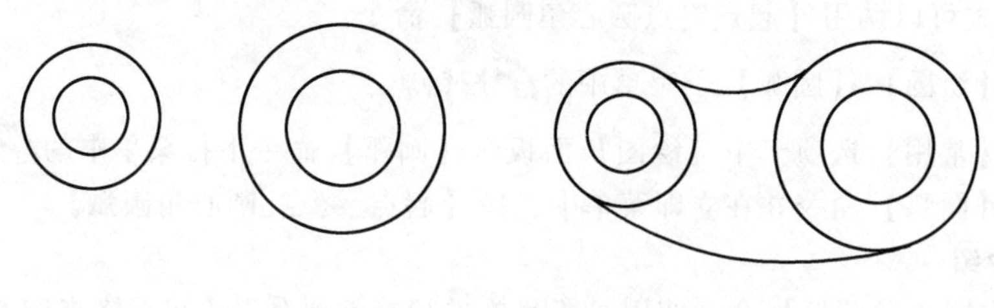

图 2-44　圆弧与圆相切

2.3.3　圆心半径起终角绘制圆弧

1. 图标为

2. 功能

由圆心、半径和起终角绘制圆弧。

3. 操作步骤

用以下方式可以调用【圆心半径起终角圆弧】命令：

1）选择【绘图】→【圆弧】子菜单中的按钮。

2）单击【常用】选项卡中【绘图】面板内【圆弧】命令下拉菜单中的按钮。

3）调用【圆弧】命令并在立即菜单中选择【圆心_半径_起终角圆弧】。

4. 菜单介绍

【圆心半径起终角圆弧】命令使用立即菜单进行交互操作，【圆心半径起终角圆弧】立即菜单如图 2-45 所示。

图 2-45　【圆心半径起终角圆弧】立即菜单

1）单击立即菜单【2. 半径】，其中文本框内数值为默认值，可按要求重新输入半径值。

2）单击立即菜单中的【起始角】或【终止角】，可输入起始角或终止角的数值，其范围为（0°~360°）。注意：起始角和终止角均是从 X 正半轴开始，逆时针旋转为正，顺时针旋转为负。

立即菜单表明了待画圆弧的条件。按提示要求输入圆心点，此时一段圆弧随光标的移动而移动。圆弧的半径、起始角、终止角均为用户刚设定的值，待选好圆心点位置后，单击，则该圆弧显示在界面上。

2.3.4　起点终点圆心角画圆弧

1. 图标为

2. 功能

已知起点、终点和圆心角画圆弧。

3. 操作步骤

用以下方式可以调用【起点终点圆心角圆弧】命令：

1）选择【绘图】→【圆弧】子菜单中的按钮。

2）单击【常用】选项卡中【绘图】面板内【圆弧】命令下拉菜单中的按钮。

3）调用【圆弧】命令并在立即菜单中选择【起点_终点_圆心角圆弧】。

4. 菜单介绍

【起点终点圆心角圆弧】命令使用立即菜单进行交互操作，【起点终点圆心角圆弧】立即菜单如图 2-46 所示。

1. 起点_终点_圆心角 2.圆心角: 90

图 2-46 【起点终点圆心角圆弧】立即菜单

1）用户先单击立即菜单【2. 圆心角】，可按要求输入圆心角的数值，范围是（-360°~360°），其中负角表示从起点到终点顺时针方向作圆弧，而正角是从起点到终点逆时针作圆弧。

2）按系统提示输入起点和终点，则该圆弧显示在界面上。

【例 2-14】 按起点、终点、圆心角绘制圆弧。

由图 2-47 可以看出，起点、终点相同，而圆心角所取的符号不同，则圆弧的方向也不同。其中图 2-46a 的圆心角为 60°，图 2-46b 的圆心角为-60°。

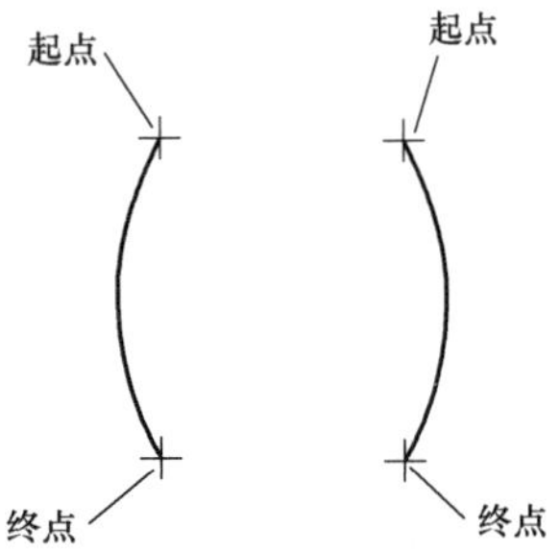

起点 起点 终点 终点

a) b)

图 2-47 起点、终点、圆心角绘制圆弧

2.3.5 起点半径起终角绘制圆弧

1. 图标为

2. 功能

通过已知起点、半径、起终角的方式绘制圆弧。

3. 操作步骤

有以下方式可以调用【起点半径起终角圆弧】命令：

1）选择【绘图】→【圆弧】子菜单中的按钮。

2）单击【常用】选项卡中【绘图】面板内【圆弧】命令下拉菜单中的按钮。

3）调用【圆弧】命令并在立即菜单中选择【起点_半径_起终角】。

4. 菜单介绍

【起点半径起终角圆弧】命令使用立即菜单进行交互操作，【起点半径起终角圆弧】立即菜单如图 2-48 所示。

图 2-48 【起点半径起终角圆弧】立即菜单

1）单击立即菜单中的【2. 半径】，可按要求输入半径值。

2）单击立即菜单中的【3. 起始角】或【4. 终止角】，可以根据作图的需要分别输入起始角或终止角的数值。

立即菜单表明了待画圆弧的条件。按照提示要求输入一起点，起点可由鼠标或键盘输入，则按照前面要求设定的圆弧被绘制出来。

2.4　矩形

1. 图标为
2. 功能

绘制矩形形状的闭合多义线。可以按照【两角点】【长度和宽度】两种方式生成矩形。

3. 操作步骤

用以下方式可以调用【矩形】命令：

1）单击【绘图】主菜单中的按钮。

2）单击【常用】选项卡内【绘图】面板中的按钮。

3）单击【绘图】工具条中的按钮。

4. 菜单介绍

【矩形】命令使用立即菜单进行交互操作，【两角点】立即菜单如图 2-49 所示。

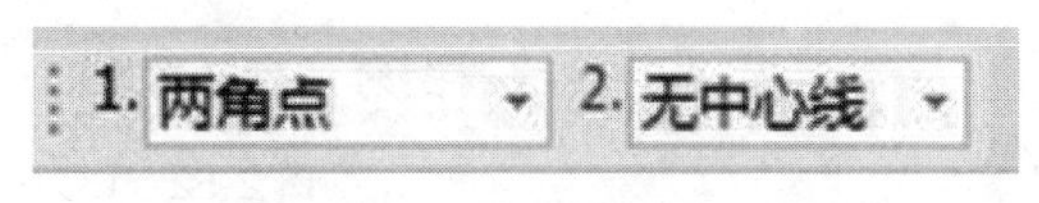

图 2-49　【两角点】立即菜单

在立即菜单中选择【两角点】选项，按提示要求用光标指定第一角点。在指定另一角点的过程中，出现一个跟随光标移动的矩形，待选定好位置单击，这时矩形被绘制出来，也可直接用键盘输入两角点的绝对坐标或相对坐标。例如，第一角点坐标为（20，15），矩形的长为 36，宽为 18，则第二角点绝对坐标为（56，33），相对坐标为“@ 36，18”。不难看出，在已知矩形的长和宽且使用【两角点】命令时，用相对坐标要简单一些。

【长度和宽度】立即菜单如图 2-50 所示。

图 2-50　【长度和宽度】立即菜单

1）单击立即菜单中【2.】右侧的▼按钮，在弹出的下拉菜单中可以选择【顶边中点】或【左上角点定位】。顶点定位是以矩形顶边的中点为定位点绘制矩形，左上角点定位是以左上角点为定位点绘制矩形。

2）单击立即菜单中的【3. 角度】【4. 长度】【5. 宽度】，按顺序分别输入倾斜角度、长度和宽度的参数值，以确定待绘制新矩形的条件。还可绘制出带有中心线的矩形。

立即菜单表明，用长度和宽度为条件绘制一个以中心定位，倾角为零度，长度为 100，宽度为 50 的矩形。按提示要求指定一个定位点，屏幕上显示矩形跟随光标的移动而移动，一旦定位点指定，即以该点为中心，绘制出长度为 100，宽度为 50 的矩形，如图 2-51 所示。

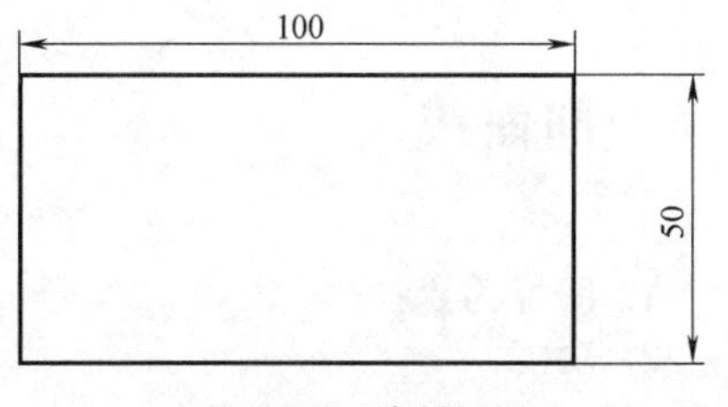

图 2-51　绘制矩形

2.5 多段线

1. 图标为
2. 功能

多段线是作为单个对象创建的相互连接的线段序列。可以创建直线段、弧线段或两者的组合线段。

3. 操作步骤

用以下方式可以调用【多段线】命令：

1）单击【绘图】主菜单中的按钮。

2）单击【常用】选项卡中【绘图】面板上的按钮。

3）单击【绘图】工具条中的按钮。

4. 菜单介绍

【多段线】命令使用立即菜单进行交互操作，其立即菜单，如图2-52所示。

图2-52 【多段线】立即菜单1

1）根据提示指定直线的第一点和第二点，即可生成一段直线，交互方式同两点直线相同；可以连续指定下一点绘制连续的组合线段。

2）单击立即菜单中的【2.】可以设置多义线是否封闭。

3）单击立即菜单中的【3. 起始宽度】和【4. 终止宽度】可以指定多义线的起始宽度和终止宽度。

4）单击立即菜单中的【1.】切换到圆弧状态，【多线段】立即菜单2如图2-53所示。

图2-53 【多段线】立即菜单2

此时按提示指定第一点和第二点即可生成一段圆弧，连续指定下一点时即绘制出连续的组合圆弧线段。

直线和圆弧可以连续组合生成，通过立即菜单进行切换即可。在绘制直线和圆弧时，可以使用动态输入及智能点工具进行精确输入，从而使绘图准确、绘制效率高。

2.6 剖面线

1. 图标为
2. 功能

使用填充图案对封闭区域或选定对象进行填充，生成剖面线。

3. 操作步骤

用以下方式可以调用【剖面线】命令：

1）单击【绘图】主菜单中的按钮。

2）单击【绘图】工具条中的按钮。

3）单击【常用】选项卡内【绘图】面板中的按钮。

4. 菜单介绍

【剖面线】命令使用立即菜单进行交互操作，调用【剖面线】命令后弹出如图 2-54 所示的立即菜单。

图 2-54　【剖面线】立即菜单

生成剖面线的方式分为拾取点和拾取边界两种方式。

2.6.1　拾取点绘制剖面线

1. 功能

根据拾取点的位置，从右向左搜索最小内环，根据环生成剖面线。如果拾取点在环外，则操作无效。

2. 操作步骤

用以下方式可以调用【拾取点】命令：

1）执行【剖面线】命令，在弹出的立即菜单【1.】中选择【拾取点】，如图 2-54 所示。

2）单击立即菜单中【2.】右侧的▼按钮，有两个选项，【不选择剖面图案】将按默认图案生成，【选择剖面图案】需进行拾取点操作并确认后将弹出如图 2-55 所示的对话框。在此对话框中可以设置剖面线的比例、旋转角、间距错开等参数。

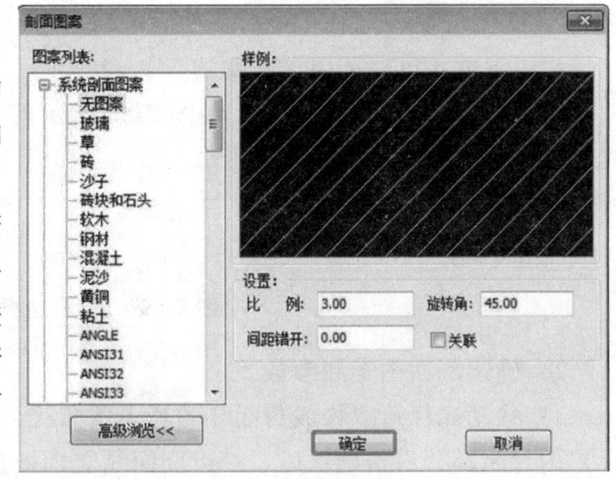

图 2-55　【剖面图案】对话框

3）单击【确定】按钮后，一组按立即菜单上用户定义的剖面线立刻在环内画出。此方法操作简单、方便、迅速，适合各式各样的封闭区域。

注意：对拾取环内点的位置，当用户拾取完点以后，系统首先从拾取点开始，从右向左搜索最小封闭环。

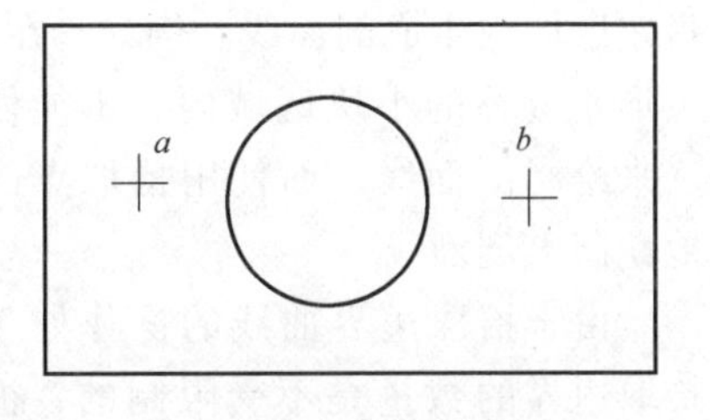

图 2-56　拾取点的位置

【例 2-15】　如图 2-56 所示，矩形为一个封闭环，而其内部又有一个圆，圆也是一个封闭环。若用户拾取点设在 a 点，则从 a 点向左搜索到的最小封闭环是矩形，a 点在矩形封闭环内，可以对矩形做出剖面线。若拾取点设在 b 点，则从 b 点向左搜索到的最小封闭环是圆，但 b

点在圆封闭环外，因此不能对圆做出剖面线。继续向左搜索到的封闭环为矩形，且 *b* 点在矩形封闭环内，可以做出剖面线。

图 2-57 给出了用拾取点方式绘制剖面线的例子。从图 2-56a、b 可看出，拾取点的位置不同，绘制出的剖面线也不同；在图 2-56c 中，先选择 3 点，再选择 4 点，则可以绘制出有孔的剖面；图 2-56d 为更复杂的剖面情况，拾取点的顺序为，先选择 5 点，再选择 6 点，最后选择 7 点。

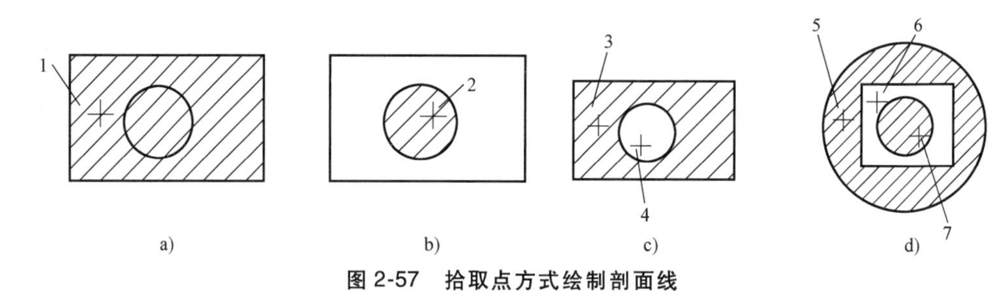

图 2-57　拾取点方式绘制剖面线

2.6.2　拾取边界绘制剖面线

1. 功能

根据拾取到的曲线搜索环生成剖面线。如果拾取到的曲线不能生成互不相交的封闭环，则操作无效。

2. 操作步骤

用以下方式可以调用【拾取边界】命令：

1）执行【剖面线】命令，在图 2-58 所示的立即菜单【1.】下拉菜单中选择【拾取边界】方式。

图 2-58　【拾取边界】立即菜单

2）确定剖面图案和参数。

3）移动光标拾取构成封闭环的若干条曲线，如果所拾取的曲线能够生成互不相交（重合）的封闭环，右击确认后，一组剖面线立即被显示出来，否则操作无效。例如，图 2-59a 所示封闭环拾取圆和矩形后可以绘制出剖面线，而图 2-59b 则由于不能生成互不相交的封闭环，系统认为操作无效，不能正确绘制出剖面线。

4）在拾取边界曲线不能够生成互不相交的封闭环的情况下，应改用拾取点的方式，在指定区域内生成剖面线。例如，在图 2-59b 中圆和四边形相重叠的小块区域内，不能使用拾取边界的方法来绘制剖面线，而使用拾取点的方式可以很容易地绘制出剖面线。

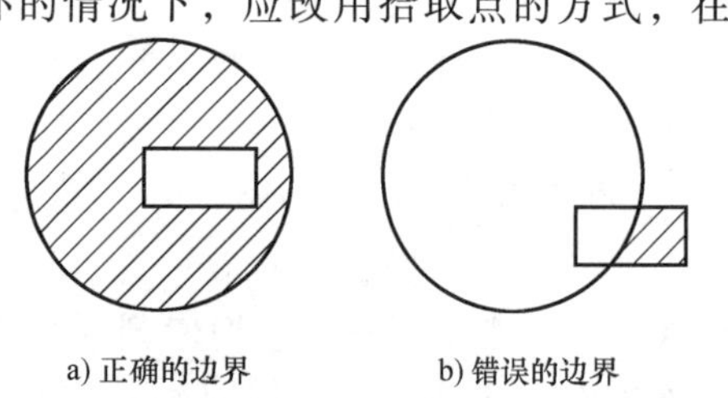

a) 正确的边界　　b) 错误的边界

图 2-59　拾取边界曲线的正误

由于拾取边界曲线的操作处于添加状态，因此拾取边界的数量是不受限制的，被拾取的曲线呈虚线叠加显示，拾取结束后，右击确认。不被确认的拾取操作不能绘制出剖面线，确认后，被拾取的曲线恢复原状态，并在封闭环内绘制出剖面线。

【例 2-16】 图 2-60 所示为用拾取边界方式绘制剖面线的例子。在拾取边界时，可以用窗口拾取，也可以单个拾取每一条曲线。

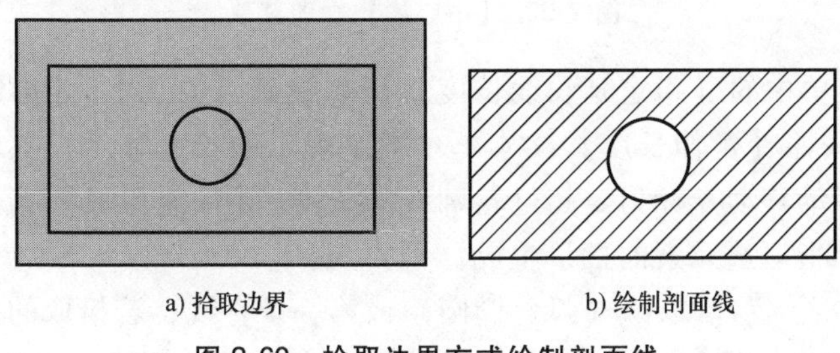

a) 拾取边界　　b) 绘制剖面线

图 2-60　拾取边界方式绘制剖面线

2.7　填充

1. 图标为
2. 功能

对封闭区域的内部进行实心填充。填充实际是一种图形类型，它可对封闭区域的内部进行填充，对于某些制件剖面需要涂黑时可用此功能。

3. 操作步骤

用以下方式可以调用【填充】命令：

1）单击【绘图】主菜单中的按钮。

2）单击【绘图】工具条中的按钮。

3）单击【常用】选项卡中【绘图】面板中的按钮。

调用【填充】命令后，单击要填充的封闭区域内任意一点，即可完成填充操作，如图 2-61 所示。

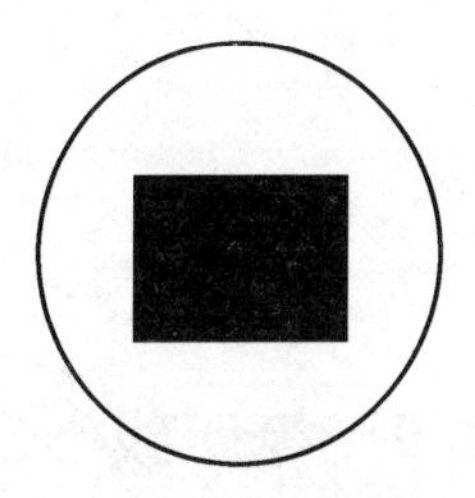

图 2-61　填充

2.8　中心线

1. 图标为
2. 功能

如果拾取一个圆、圆弧或椭圆，则直接生成一对相互正交的中心线。如果拾取两条相互平行或非平行线（如锥体），则生成这两条直线的中心线。

3. 操作步骤

用以下方式可以调用【中心线】命令：

1）单击【绘图】主菜单中的按钮。

2）单击【常用】选项卡中【绘图】面板上的按钮。

3）单击【绘图】工具条上的按钮。

4. 菜单介绍

【中心线】命令使用立即菜单进行交互操作，【中心线】立即菜单如图 2-62 所示。

1. 指定延长线长度 2. 快速生成 3. 使用默认图层 4.延伸长度 3

图 2-62 【中心线】立即菜单

1）单击立即菜单中的【指定延长线长度】可切换到【自由】。【指定延长线长度】指超过轮廓线的长度按照【延伸长度】文本框中数字表示的长度显示，数值可通过键盘重新输入；【自由】指手动移动光标指定超过轮廓线的长度。【快速生成】指一个元素的中心线生成；【批量生成】指框选元素的批量生成。

2）按命令输入区提示拾取圆（弧、椭圆）或第一条直线，若拾取的是圆（弧、椭圆），则在被拾取的圆或圆弧上绘制出一对相互正交垂直且超出其轮廓线一定长度的中心线；若拾取的是第一条直线，提示变为拾取另一条直线。当拾取完以后，在被拾取的两条直线之间画出一条中心线。

【例 2-17】 图 2-63 所示为绘制中心线的示例。

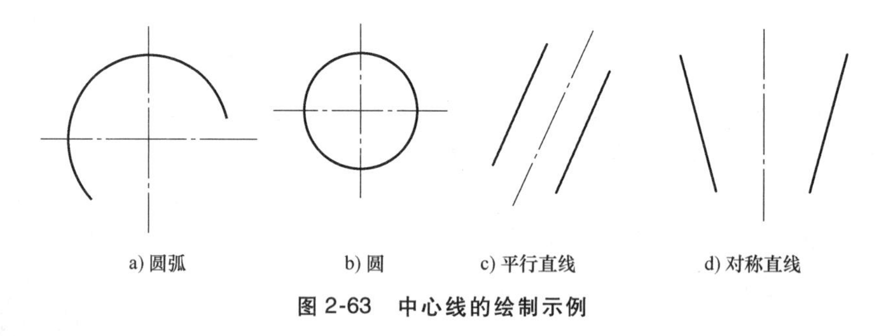

图 2-63 中心线的绘制示例

2.9 等距线

1. 图标为

2. 功能

绘制给定曲线的等距线。可以生成等距线的对象有直线、圆弧、圆、椭圆、多段线、样条曲线。等距线方式具有链拾取功能，它能把首尾相连的图形元素作为一个整体进行等距，从而提高操作效率。

3. 操作步骤

用以下方式可以调用【等距线】命令：

1）单击【绘图】主菜单中的按钮。

2）单击【常用】选项卡中【修改】面板上的按钮。

3）单击【绘图】工具条上的按钮。

4. 菜单介绍

【等距线】命令使用立即菜单进行交互操作，其立即菜单如图 2-64 所示。

1）在立即菜单【1.】中选择【单个拾取】或【链拾取】，若是【单个拾取】，则只拾

1. 单个拾取 2. 指定距离 3. 单向 4. 空心 5.距离 5 6.份数 1 7. 保留源对象

图 2-64 【等距线】立即菜单

取一个元素；若是【链拾取】，则拾取首尾相连的元素。

2）在立即菜单【2.】中可选择【指定距离】或【过点方式】。【指定距离】指选择箭头方向确定等距方向，按给定距离的数值来确定等距线的位置，如图 2-65 所示；【过点方式】指过已知点绘制等距线，如图 2-66 所示。等距功能默认为指定距离的方式。

3）在立即菜单【3.】中可选择【单向】或【双向】。【单向】指只在一侧绘制等距线，而【双向】是指在直线两侧均绘制等距线。

4）在立即菜单【4.】中可选择【空心】或【实心】。【实心】指原曲线与等距线之间进行填充，而【空心】指只画等距线，不进行填充。

5）单击立即菜单【5. 距离】，可输入等距线与原直线的距离，文本框中的数值为系统默认值。

6）单击立即菜单【6. 份数】，则可输入所需等距线的份数。

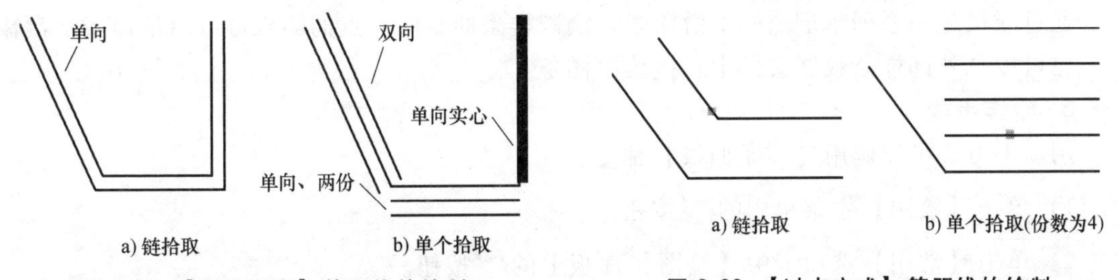

图 2-65 【指定距离】等距线的绘制

图 2-66 【过点方式】等距线的绘制

第3章　高级曲线的绘制

3.1　样条曲线

1. 图标为

2. 功能

通过或接近一系列给定点的平滑曲线。绘制样条曲线时，点的输入可以由鼠标或键盘输入，也可以从外部样条数据文件中直接读取样条。

3. 操作步骤

用以下方式可以调用【样条曲线】命令：

1）单击【绘图】主菜单中的按钮。

2）单击【常用】选项卡中【绘图】面板上的按钮。

3）单击【绘图】工具条上的按钮。

4. 菜单介绍

【样条曲线】命令使用立即菜单进行交互操作，【样条曲线】立即菜单如图 3-1 所示。

图 3-1　【样条曲线】立即菜单

1）若在立即菜单【1.】中选取【直接作图】，则按提示用鼠标或键盘输入一系列控制点，一条光滑的样条曲线自动画出。

2）若在立即菜单【1.】中选取【从文件读入】，则屏幕弹出【打开样条数据文件】对话框，从中可选择数据文件，单击【确认】按钮后，系统可根据文件中的数据绘制出样条曲线。

3）绘制样条曲线时，可通过【3.】选项进行开曲线和闭合曲线间的切换。

【例 3-1】　图 3-2 所示为通过一系列样条插值点绘制的一条样条曲线。

【例 3-2】　绘制雨伞。

1）单击【绘图】主菜单【圆弧】子菜单中的按钮，绘制一个角度为 180° 的圆弧，如图 3-3 所示。

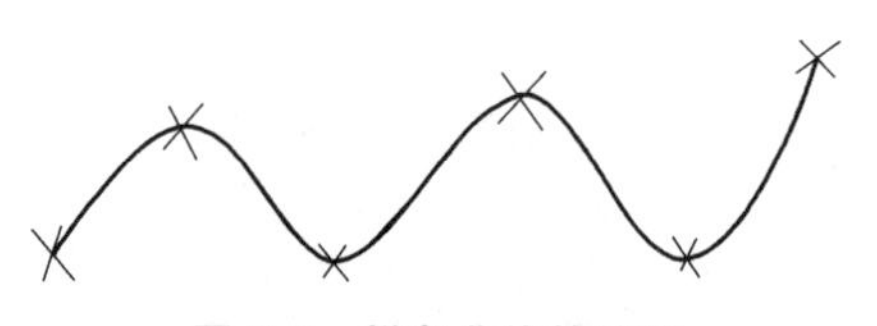

图 3-2　样条曲线的绘制

2）单击【选择绘图】主菜单中的【样条曲线】，

选择【直接作图】，如图 3-4 所示。

3）单击【绘图】主菜单中的【圆弧】，选择【三点圆弧】，绘制伞面的各条圆弧，如图 3-5 所示。

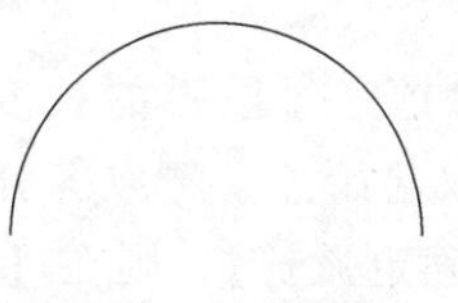

图 3-3　绘制圆弧

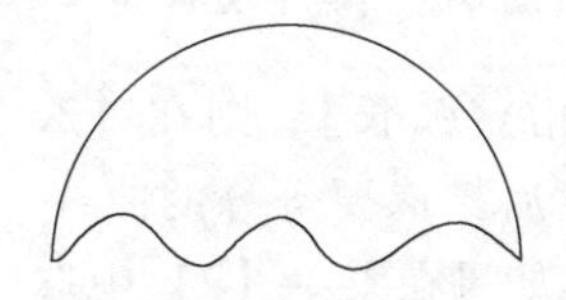

图 3-4　绘制样条曲线

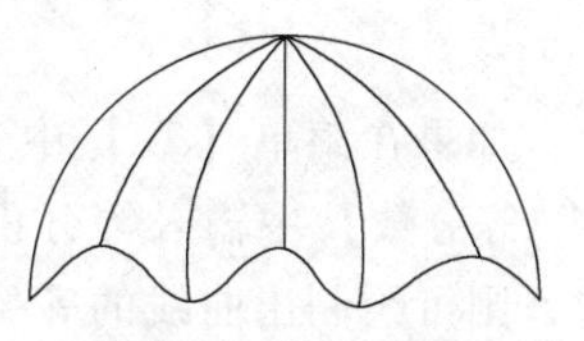

图 3-5　绘制伞面

4）单击【绘图】主菜单中的【直线】，选择【两点线】，绘制伞杆部，如图 3-6 所示。

5）单击【绘图】主菜单中的【圆弧】，选择【三点圆弧】，绘制手柄，如图 3-7 所示。

图 3-6　绘制伞杆部

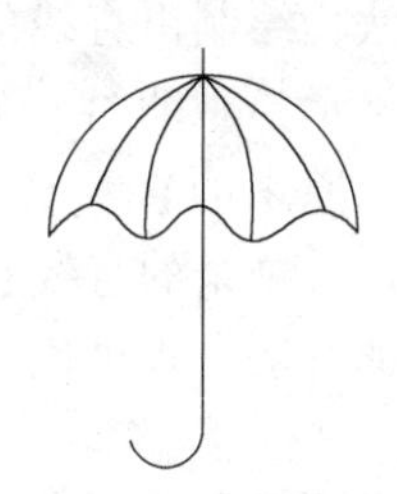

图 3-7　绘制手柄

3.2　点

1. 图标为

2. 功能

在屏幕上绘制点，可以是孤立点，也可以是曲线上的等分点。

3. 操作步骤

用以下方式可以调用【点】命令：

1）单击【绘图】主菜单中的按钮。

2）单击【常用】选项卡中【绘图】面板上的按钮。

3）单击【绘图】工具条上的按钮。

4. 菜单介绍

【点】命令使用立即菜单进行交互操作，【点】立即菜单 1 如图 3-8 所示。

单击立即菜单【1.】，可使用【孤立点】【等分点】或【等距点】等 3 种方式。

图 3-8　【点】立即菜单 1

1）若选【孤立点】，则可用光标拾取或用键盘直接输入点，利用【点】立即菜单，则可画出端点、中点、圆心等特征点。

2）若选【等分点】，输入等分数，然后拾取要等分的曲线，则可绘制出曲线的等分点。

注意：这里只是做出等分点，而不会将曲线打断，若想对某段曲线进行等分，则除了本操作外，还应使用第四章中的【打断】命令。

3）若选【等距点】，则将圆弧按指定的弧长划分，【点】立即菜单2如图3-9所示。

1. 等距点 2. 指定弧长 3.弧长 10 4.等分数 3

图3-9 【点】立即菜单2

如果在菜单【2.】中选取【指定弧长】，则在【3. 弧长】中指定每段弧的长度，在【4. 等分数】中输入等分份数，然后拾取要等分的曲线，接着拾取起始点，选取等分的方向，则可绘制出曲线的等弧长点；如果在菜单【2】中选取【两点确定弧长】，则在【4. 等分数】中输入等分份数，然后拾取要等分的曲线，拾取起始点，在圆弧上选取等弧长点，则可绘制出曲线的等弧长点。

【例3-3】 将一条直线三等分，如图3-10所示，首先按照前面介绍的方法，绘制出直线的三等分点1和2，调用【打断】命令，然后按提示拾取直线，再拾取1点，这时如果再拾取直线，则可以看到原来的直线已在1点处被打断成两条线段。用同样的方法可以将剩余的直线在2点处打断，此时，原来的直线已被等分为三条互不相关的线段。用同样的方法，也可以将其他曲线（如圆、圆弧）等分。

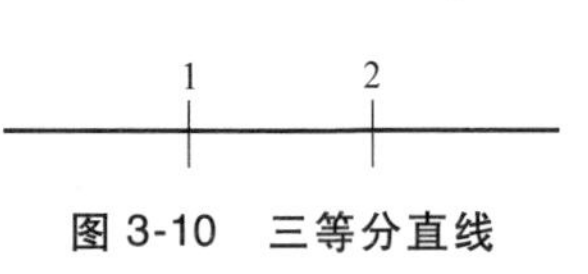

图3-10 三等分直线

3.3 公式曲线

1. 图标为

2. 功能

根据数学公式或参数表达式快速绘制出相应的数学曲线。公式的给出既可以是直角坐标形式，也可以是极坐标形式。公式曲线为用户提供一种更方便、更精确的作图手段，以适应某些精确型腔、轨迹线形的作图设计。用户只要交互输入数学公式，给定参数，计算机便会自动绘制出该公式描述的曲线。

3. 操作步骤

用以下方式可以调用【公式曲线】命令：

1）单击【绘图】主菜单中的按钮。

2）单击【常用】选项卡中【绘图】面板上的按钮。

3）单击【绘图】工具条上的按钮。

4. 菜单介绍

调用【公式曲线】命令后将弹出图3-11所示【公式曲线】对话框，用户可以在对话框中选择是在直角坐标系下还是在极坐标系下输入公式。

1）填写需要给定的参数：参变量、起始值和终止值（即给定变量范围），并选择变量的单位。

2）在文本框中输入公式名、公式及精度。单击【预显】按钮，在左侧的预览框中可以看到设定的曲线。

3）对话框中【存储】按钮是针对当前曲线而言，保存当前曲线；【删除】按钮是对已存在的曲线进行删除操作，系统默认公式不能被删除。设定完曲线后，单击【确定】按钮，按照系统提示输入定位点以后，一条公式曲线就绘制出来了，如图 3-12 所示。

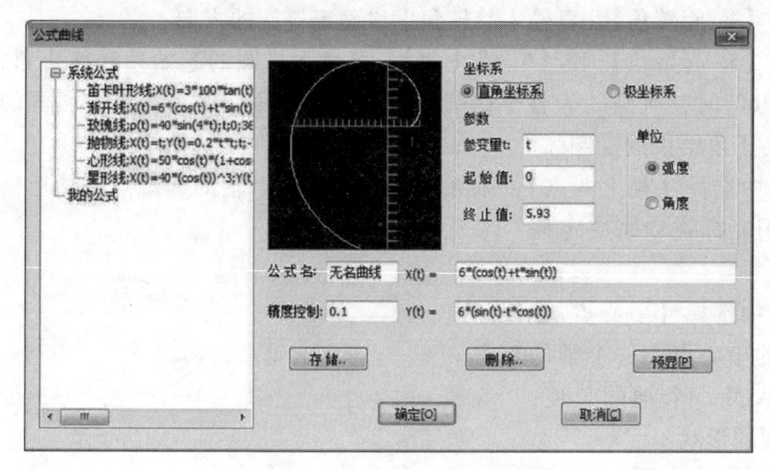

图 3-11 【公式曲线】对话框

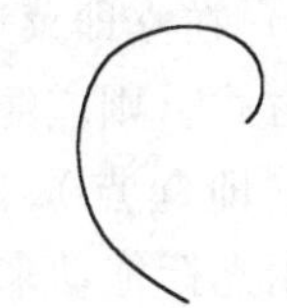

图 3-12 公式曲线

3.4 椭圆

1. 图标为
2. 功能

绘制椭圆或椭圆弧。绘制椭圆或椭圆弧的方法，包括如下 3 种生成方式：

1）给定长短轴。

2）轴上两点。

3）中心点起点。

3. 操作步骤

用以下方式可以调用【椭圆】命令：

1）单击【绘图】主菜单中的按钮。

2）单击【常用】选项卡中【绘图】面板上的按钮。

3）单击【绘图】工具条上的按钮。

4. 菜单介绍

【椭圆】命令使用立即菜单进行交互操作，【椭圆】立即菜单如图 3-13 所示。

图 3-13 【椭圆】立即菜单

屏幕下方弹出的立即菜单的含义为，以定位点为中心画一个旋转角为 0°，长半轴为 100，短半轴为 50 的整个椭圆。此时，用鼠标或键盘输入一个定位点，一旦位置确定，椭圆即被绘制出来。用户会发现，在移动光标确定定位点时，一个长半轴为 100，短半轴为 50 的椭圆随光标的移动而移动。

1）单击立即菜单中的【2. 长半轴】或【3. 短半轴】，可重新定义待画椭圆的长、短轴的半径值。

2）单击立即菜单中的【4. 旋转角】，可输入旋转角度以确定椭圆的方向。

3）单击立即菜单中的【5. 起始角】和【6. 终止角】，可输入椭圆的起始角和终止角，当起始角为0°、终止角为360°时，所画的为整个椭圆，当改变起始角、终止角时，所画的为一段从起始角开始，到终止角结束的椭圆弧。

4）在立即菜单【1.】中选择【轴上两点】，则系统提示输入一个轴的两端点，然后输入另一个轴的长度，也可用光标拖动来决定椭圆的形状。

5）在立即菜单【1.】中选择【中心点_起点】方式，则应输入椭圆的中心点和一个轴的端点（即起点），然后输入另一个轴的长度，也可用光标拖动来决定椭圆的形状。

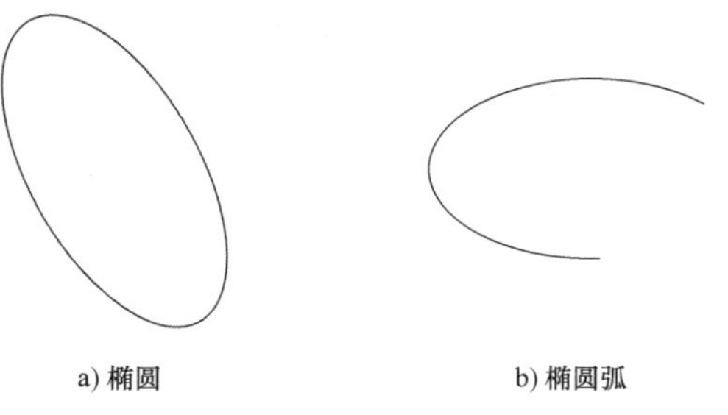

a) 椭圆　　b) 椭圆弧

图3-14　绘制椭圆

【例3-4】 图3-14所示为按上述步骤绘制的椭圆和椭圆弧。图3-14a是旋转角为120°的整个椭圆，图3-14b是起始角为30°，终止角为270°的一段椭圆弧。

3.5　正多边形

1. 图标为

2. 功能

绘制等边闭合的多边形。在给定点处绘制一个给定半径、给定边数的正多边形，多边形生成后属性为多段线。可以通过各种参数快速绘制多边形，包括半径、边数、内接或外切等。

3. 操作步骤

用以下方式可以调用【正多边形】命令：

1）单击【绘图】主菜单中的按钮。

2）单击【常用】选项卡中【绘图】面板上的按钮。

3）单击【绘图】工具条上的按钮。

4. 菜单介绍

【正多边形】命令使用立即菜单进行交互操作，【正多边形】立即菜单1如图3-15所示。

图3-15　【正多边形】立即菜单1

单击立即菜单【1.】选择【中心定位】方式。

1）如果单击立即菜单【2.】，可选择【给定半径】方式或【给定边长】方式。若选择【给定半径】方式，则用户可根据提示输入正多边形的内切（或外接）圆半径；若选择【给定边长】方式，则输入每一边的长度。

2）当使用【给定半径】方式时，单击立即菜单中的【3. 边数】可选择【内接】或【外切】方式，这表示所画的正多边形为某个圆的内接或外切正多边形。

3）当使用【给定边长】方式时，单击立即菜单中的【3. 边数】可按照操作提示重新输入待画正多边形的边数。

4）单击立即菜单【4. 旋转角】，用户可以根据提示输入一个新的角度值，以决定正多边形的旋转角度。

5）立即菜单中的内容全部设定完以后，用户可根据提示输入一个中心点，则提示变为【圆上一点或边长】。如果输入一个半径值或输入圆上一个点，则由立即菜单所决定的内接正多边形被绘制出来。点与半径的输入既可用鼠标也可用键盘来完成。

如果单击立即菜单【1. 】中选择【底边定位】，则立即菜单和操作提示如图 3-16 所示。

图 3-16 【正多边形】立即菜单 2

此菜单的含义为画一个以底边为定位基准的正多边形，其边长和旋转角都可以用上面介绍的方法进行操作。按提示要求输入第一点，则提示会要求输入【第二点或边长】，根据这个要求如果输入了第二点或边长，就决定了正多边形的大小。当输入完第二点或边长后，就会立即画出一个以第一点和第二点为边长的正六边形，且旋转角为用户设定的角度。

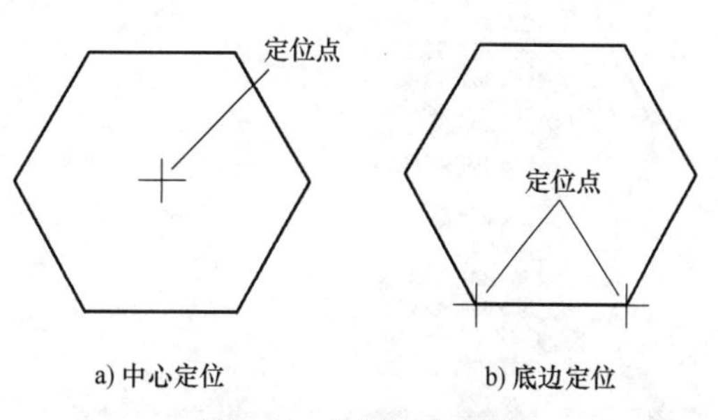

图 3-17 绘制正多边形

【例 3-5】 图 3-17a、b 分别为按上述操作方法绘制的中心定位和底边定位的正六边形。

3.6 圆弧拟合样条

1. 图标为

2. 功能

用多段圆弧拟合已有样条曲线，可以指定拟合的精度。配合查询功能使用，可以使加工代码编程更方便。

3. 操作步骤

用以下方式可以调用【圆弧拟合样条】命令：

1）单击【绘图】主菜单中的按钮。

2）单击【常用】选项卡中【绘图】面板上的按钮。

3）单击【绘图工具Ⅱ】工具条上的按钮。

4. 菜单介绍

【圆弧拟合样条】命令使用立即菜单进行交互操作，【圆弧拟合样条】立即菜单如

图 3-18 所示。

1. 不光滑连续　2. 保留原曲线　3.拟合误差 0.05　4.最大拟合半径 9999

图 3-18　【圆弧拟合样条】立即菜单

1）单击立即菜单【1.】右侧的▼按钮，可选取【不光滑连续】或【光滑连续】。

2）单击立即菜单【2.】右侧的▼按钮，可选取【保留原曲线】或【删除原曲线】。

3）拾取需要拟合的样条线。

4）通过查询工具的【元素属性】命令，可以查询各圆弧拟合样条属性，如图 3-19 所示。

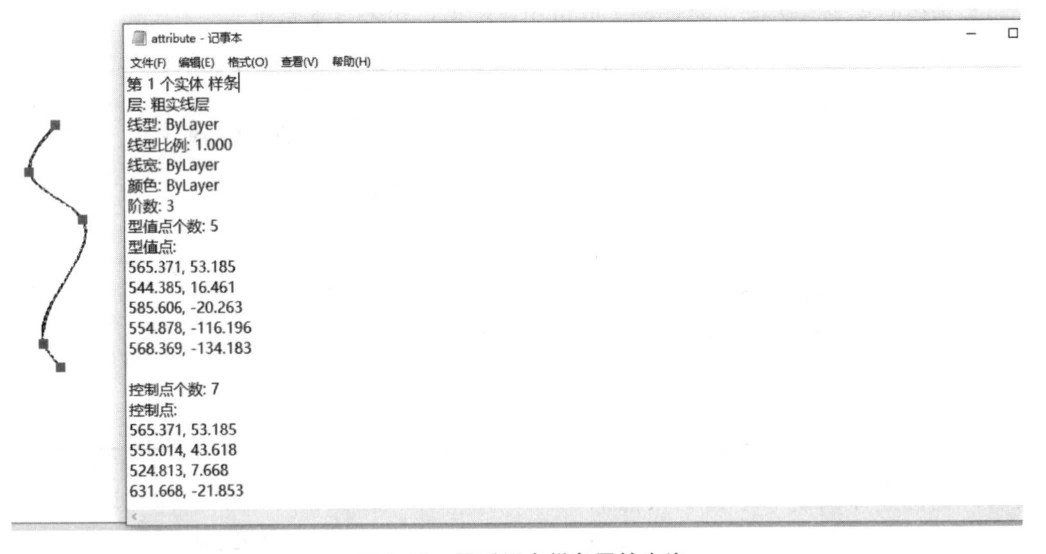
attribute - 记事本

文件(F)　编辑(E)　格式(O)　查看(V)　帮助(H)

第 1 个实体 样条
层: 粗实线层
线型: ByLayer
线型比例: 1.000
线宽: ByLayer
颜色: ByLayer
阶数: 3
型值点个数: 5
型值点:
565.371, 53.185
544.385, 16.461
585.606, -20.263
554.878, -116.196
568.369, -134.183

控制点个数: 7
控制点:
565.371, 53.185
555.014, 43.618
524.813, 7.668
631.668, -21.853

图 3-19　圆弧拟合样条属性查询

3.7　创建表格对象

1. 图标为

2. 功能

创建空的表格对象，表格对象是在行和列中包含数据的复合对象。可以创建空的表格对象，还可以链接 Excel 表格中的数据。

3. 操作步骤

用以下方式可以调用【创建表格对象】命令：

1）单击【绘图】主菜单中的按钮。

2）单击【常用】选项卡中【标注】面板上的按钮。

3）单击【绘图】工具条上的按钮。

4. 菜单介绍

调用【创建表格对象】命令后弹出如图 3-20 所示对话框。

1）表格样式：在要从中创建表格的当前图形中选择表格样式，用户可以在【样式管

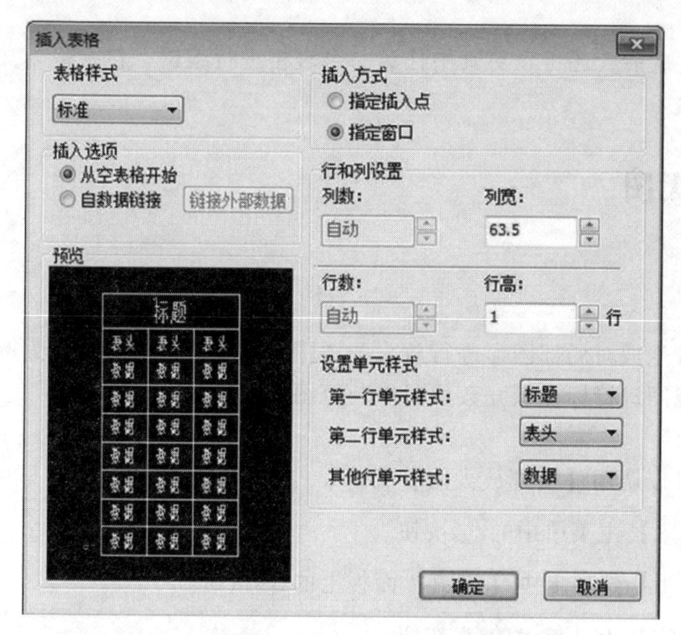

图 3-20　【插入表格】对话框

理】中创建新的表格样式。

2）插入选项：从空表格开始创建可以手动填充数据的空表格，从数据链接开始即用外部电子表格中的数据创建表格。

3）插入方式：

① 指定插入点：指定表格左上角的位置。如果表格样式将表格的方向设定为由下而上，则插入点位于表格的左下角。

② 指定窗口：指定表格的大小和位置。选定此选项时，行数、列数、列宽和行高取决于窗口的大小以及列和行设置。

4）行和列设置：

① 列数：指定表格的列数。选定【指定窗口】选项时，【自动】选项将被选定，且列数由表格的宽度控制。

② 列宽：指定列的宽度。选定【指定窗口】选项并指定列数时，则选定了【自动】选项，且列宽由表格的宽度控制。最小列宽为一个字符。

③ 行数：指定表格的行数。选定【指定窗口】选项时，则选定了【自动】选项，且行数由表格的高度控制。带有标题行和表头行的表格样式最少应有三行。

④ 行高：按照行数指定行高。文字行高基于文字高度和单元边距，这两项均在【表格样式】中设置。选定【指定窗口】选项并指定行数时，则选定了【自动】选项，且行高由表格的高度控制。

5）设置单元样式：

① 第一行单元样式：指定表格中第一行的单元样式。默认情况下，使用标题单元样式。

② 第二行单元样式：指定表格中第二行的单元样式。默认情况下，使用表头单元样式。

③ 其他行单元样式：指定表格中所有其他行的单元样式。默认情况下，使用数据单元

样式。

另外，表格生成后，还可以对其中任意一个表格进行编辑，包括输入文字和改变表格大小等。

3.8　局部放大图

1. 图标为

2. 功能

按照给定参数生成对局部图形进行放大的视图。可以设置边界形状为圆形边界或矩形边界。对放大后的视图进行标注尺寸数值时应与原图形保持一致。

3. 操作步骤

用以下方式可以调用【局部放大图】命令：

1）单击【绘图】主菜单中的按钮。

2）单击【常用】选项卡中【绘图】面板上的按钮。

3）单击【标注】工具条上的按钮。

4. 菜单介绍

【局部放大图】命令使用立即菜单进行交互操作，【局部放大图】立即菜单1如图3-21所示。

图3-21　【局部放大图】立即菜单1

局部放大根据边界设置不同分为圆形边界和矩形边界两种方式，下面分别进行介绍。

（1）圆形边界局部放大

1）从立即菜单【1.】中选择【圆形边界】。

2）单击立即菜单【2.】右侧的▼按钮可选择是否添加引线，【3. 放大倍数】和【4. 符号】可输入放大比例和该局部视图的名称，【5.】可选择局部放大图是否使用原图剖面线比例。

3）按状态栏提示【输入局部放大图形中心点】，然后输入半径或圆上一点确定局部放大边界。

4）此时提示为【符号插入点】，如果不需要标注符号文字则右击。否则，移动光标在屏幕上选择合适的符号文字插入位置后，单击插入符号文字。

5）此时提示为【实体插入点】。已放大的局部放大图形虚像随着光标的移动动态显示，在屏幕上指定合适的位置输入实体插入点后，生成局部放大图形。

6）如果在第4步输入了符号插入点，此时提示【符号插入点】，移动光标在屏幕上选择合适的符号文字插入位置，单击插入符号文字。

（2）矩形边界局部放大

1）从图3-21所示立即菜单【1.】中选择【矩形边界】，【局部放大图】立即菜单2如图3-22所示。

1. 矩形边界　2. 边框不可见　3.放大倍数 2　4.符号 B　5. 保持剖面线图样比例

图 3-22 【局部放大图】立即菜单 2

2）单击立即菜单【2.】右侧的▼按钮可选择矩形框可见或不可见，【3. 放大倍数】和【4. 符号】可输入放大比例和该局部视图的名称，【5.】可选择局部放大图是否使用原图剖面线比例。

3）按系统提示输入局部放大图形矩形两角点，如果步骤 1 中选择边框可见，生成矩形边框，否则不生成。

4）此时系统弹出新的立即菜单，可选择是否加引线。

5）此时提示为【符号插入点】，如果不需要标注符号文字则右击。否则，移动光标在屏幕上选择合适的符号文字插入位置后，单击插入符号文字。

6）此时提示为【实体插入点】，已放大的局部放大图形虚像随着光标的移动动态显示，在屏幕上指定合适的位置输入实体插入点后，生成局部放大图形。

7）如果在第 5 步输入了符号插入点，此时提示【符号插入点】，移动光标在屏幕上选择合适的符号文字插入位置，单击插入符号文字。

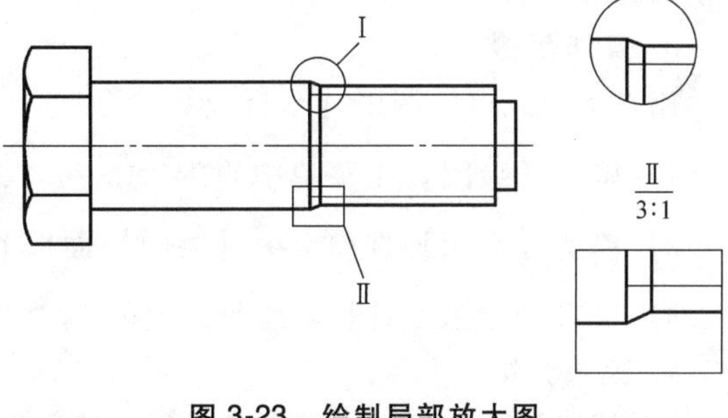

图 3-23　绘制局部放大图

【例 3-6】 图 3-23 所示为局部放大的实例，图中将螺栓中螺纹与光杆连接处用圆形窗口和矩形窗口两种方式进行放大。

3.9　波浪线

1. 图标为

2. 功能

按给定方式生成波浪曲线，改变波峰高度可以调整波浪线各曲线段的曲率和方向。

3. 操作步骤

用以下方式可以调用【波浪线】命令：

1）单击【绘图】主菜单中的按钮。

2）单击【常用】选项卡中【绘图】面板上的按钮。

3）单击【绘图工具Ⅱ】工具条上的按钮。

4. 菜单介绍

【波浪线】命令使用立即菜单进行交互操作，【波浪线】立即菜单如图 3-24 所示。单击立即菜单【1. 波峰】，用户可以输入波峰的数值，以确定浪峰的高度，使用【2. 波浪线段数】确定波浪线一次性

图 3-24 【波浪线】立即菜单

生成的段数。按菜单提示要求，用光标在界面上连续指定几个点，一条波浪线随即显示出来，在每两点之间绘制出一个波峰和一个波谷，右击即可结束。

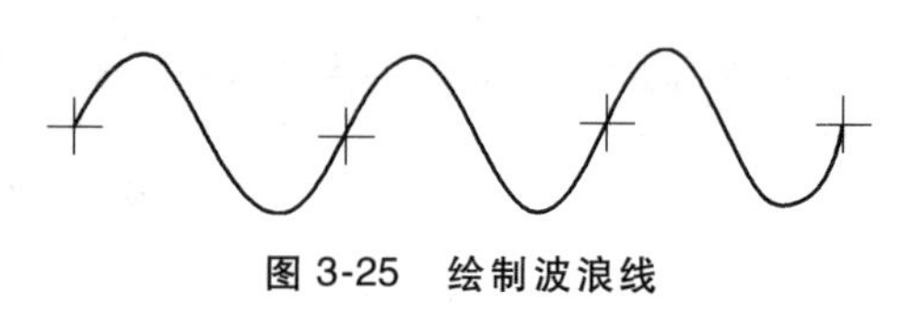

图 3-25　绘制波浪线

【例 3-7】　图 3-25 所示为用上述操作方法绘制的波浪线。

3.10　双折线

1. 图标为
2. 功能

由于图幅限制，有些图形无法按比例画出，可以用双折线表示。在绘制双折线时，对折点距离进行控制。

3. 操作步骤

用以下方式可以调用【双折线】命令：

1）单击【绘图】主菜单中的按钮。

2）单击【常用】选项卡中【绘图】面板上的按钮。

3）单击【绘图工具Ⅱ】工具条上的按钮。

4. 菜单介绍

【双折线】命令使用立即菜单进行交互操作，【双折线】立即菜单如图 3-26 所示。

图 3-26　【双折线】立即菜单

1）如果在立即菜单【1.】中选择【折点距离】，在【2. 长度 =】中输入距离值，在【3. 峰值】中输入双折线高度，按状态栏提示【拾取直线或第一点】则生成给定折点距离的双折线。

2）如果在立即菜单【1.】中选择【折点个数】，在【2. 个数】中输入折点的个数值，在【3. 峰值】中输入双折线高度，按状态栏提示【拾取直线或第一点】则生成给定折点个数的双折线，如图 3-27 所示。

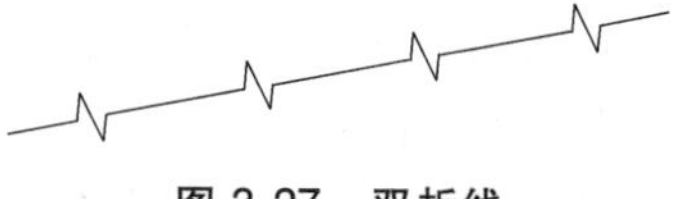

图 3-27　双折线

3.11　箭头

1. 图标为
2. 功能

在直线、圆弧、样条或某一点处，按指定的正方向或反方向绘制一个实心箭头。

3. 操作步骤

用以下方式可以调用【箭头】命令：

1）单击【绘图】主菜单中的 按钮。

2）单击【常用】选项卡中【绘图】面板上的 按钮。

3）单击【绘图工具Ⅱ】工具条上的 按钮。

4. 菜单介绍

【箭头】命令使用立即菜单进行交互操作，【箭头】立即菜单如图 3-28 所示。

图 3-28 【箭头】立即菜单

1）单击立即菜单【1.】则可进行【正向】和【反向】的切换，在【2. 箭头大小】中可定义箭头的大小。允许用户在直线、圆弧或某一点处画一个正向或反向的箭头。

2）系统对箭头方向的定义如下。

① 直线：当箭头指向与 X 正半轴的夹角大于等于 0°，小于 180°时为正向，大于等于 180°小于 360°时为反向，如图 3-29 所示。

② 圆弧：逆时针方向为箭头的正方向，顺时针方向为箭头的反方向，如图 3-30 所示。

③ 样条：逆时针方向为箭头的正方向，顺时针方向为箭头的反方向，如图 3-31 所示。

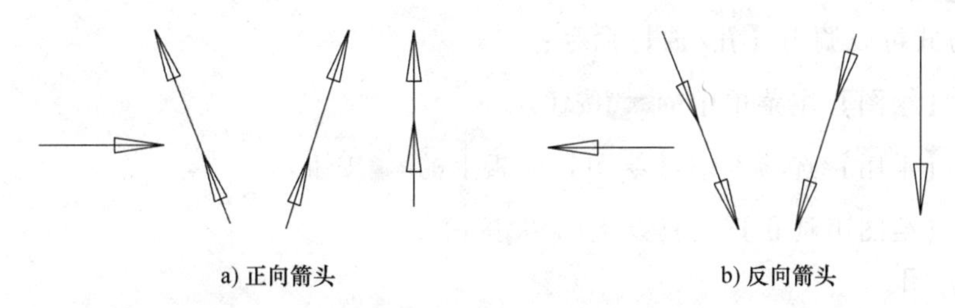

a) 正向箭头　　b) 反向箭头

图 3-29　直线上的箭头

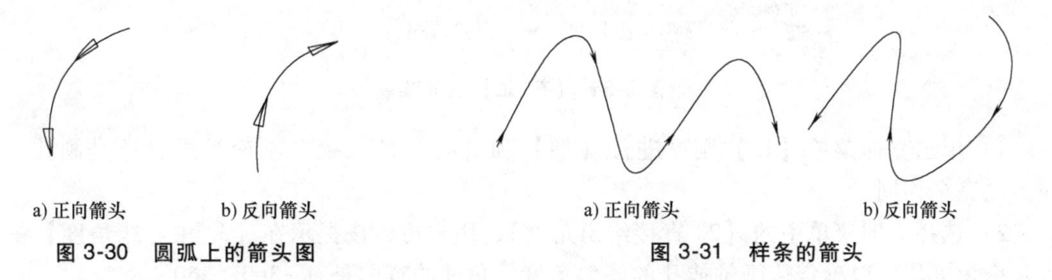

a) 正向箭头　b) 反向箭头　　a) 正向箭头　b) 反向箭头

图 3-30　圆弧上的箭头图　　图 3-31　样条的箭头

④ 指定点：指定点的箭头无正、方向之分，它总是指向该点的，如图 3-32 所示。

3）按操作提示要求，用光标拾取直线、圆弧或某一点，拾取后会看到在移动光标时，一个绿色的箭头已经显示出来，且随光标的移动而在直线或圆弧上滑动，选好位置后单击，则箭头被画出。

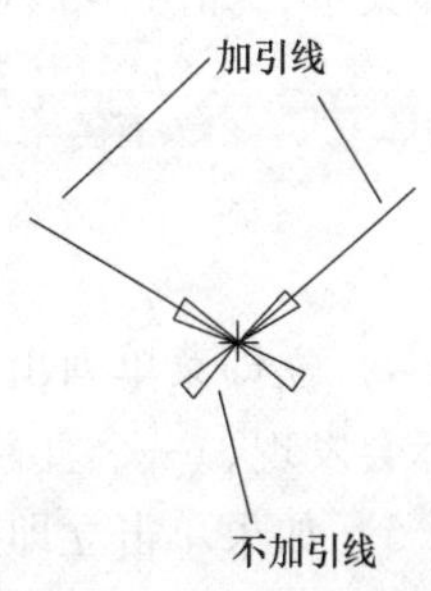

图 3-32　指定点处的箭头

4）箭头的方向在 360°范围内，拖动光标可看到引线的长度和方向跟随光标的移动而变化，当认为合适时，单击即可画出箭头及引线，若不需画引线，则选定箭头位置后，不必拖动光标，直接单击即可。

5）还可以像画两点线一样绘制带箭头的直线，若选【正

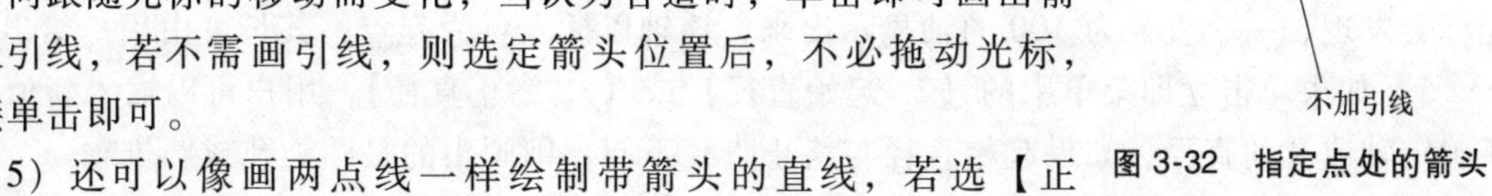

向】，则箭头由第二点指向第一点，若选【反向】，则箭头由第一点指向第二点，结果如图 3-33 所示。

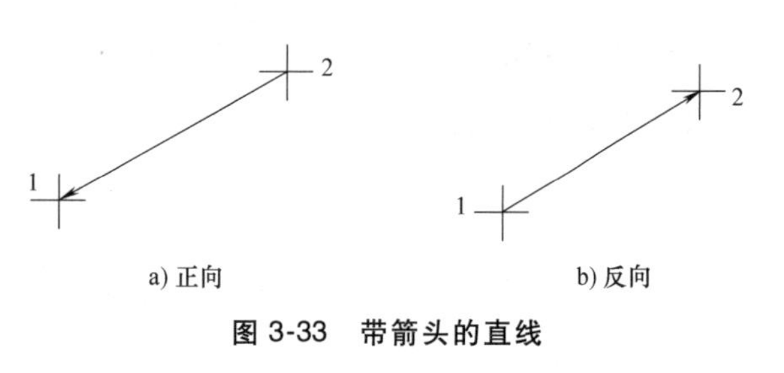

a) 正向　　b) 反向

图 3-33　带箭头的直线

绘制方法是，当系统提示【拾取直线、圆弧或第一点】时，单击屏幕绘图区内任意指定一点，拖动光标，可以看到一条动态的带箭头直线随光标的移动而变化，当移动到合适位置时，再单击输入第二点，则带箭头的直线绘制完成。

3.12　孔/轴

1. 图标为

2. 功能

在给定位置画出带有中心线的轴和孔或画出带有中心线的圆锥孔和圆锥轴。

3. 操作步骤

用以下方式可以调用【孔/轴】命令：

1）单击【绘图】主菜单中的按钮。

2）单击【常用】选项卡中【绘图】面板上的按钮。

3）单击【绘图工具Ⅱ】工具条上的按钮。

4. 菜单介绍

【孔/轴】命令使用立即菜单进行交互操作，【孔/轴】立即菜单如图 3-34 所示。

图 3-34　【孔/轴】立即菜单

1）单击立即菜单【1.】则可进行【轴】和【孔】的切换，不论是画轴还是画孔，操作方法完全相同。

2）选择立即菜单中的【2. 直接给出角度】，用户可以按提示在【3. 中心线角度】中输入一个角度值，以确定待画轴或孔的倾斜角度，角度的范围是（−360，360）。

3）按提示要求，移动光标或用键盘输入一个插入点，这时在立即菜单处出现一个新的立即菜单，如图 3-35 所示。

图 3-35　【轴】立即菜单

4）立即菜单列出了待画轴的已知条件，提示表明下面要进行的操作。此时，如果移动光标会发现，一个直径为 100 的轴显示出来，该轴以插入点为起点，其长度由用户给出。

5）如果单击立即菜单中的【2. 起始直径】或【3. 终止直径】，用户可以输入新值以重新确定轴或孔的直径，如果起始直径与终止直径不同，则画出的是圆锥孔或圆锥轴。

6）立即菜单【4.】中的【有中心线】表示在轴或孔绘制完后，会自动添加上中心线，如果单击【无中心线】则不会添加上中心线。

7）当立即菜单中的所有内容设定完后，用光标确定轴或孔上一点，或由键盘输入轴或孔的轴长度，一旦输入结束，一个带有中心线的轴或孔被绘制出来。

【例 3-8】 图 3-36a、b 分别为用上述操作所画的孔和轴，但在实际绘图过程中孔应绘制在实体中，图 3-36c 为阶梯轴和孔的综合例子。

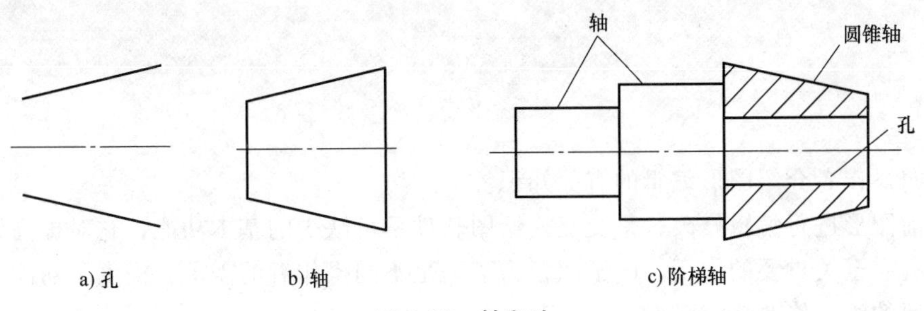

图 3-36　轴和孔

第4章　图 形 编 辑

本章向操作者介绍图形编辑的有关知识。

对当前图形进行编辑修改，是交互式绘图软件不可缺少的基本功能，它对提高绘图速度及质量都具有至关重要的作用。电子图板为了满足不同操作者的需求，提供了功能齐全、操作灵活方便的编辑修改功能。

电子图板的编辑修改功能包括基本编辑、图形编辑和属性编辑三个方面。本章主要介绍基本编辑和图形编辑，基本编辑主要是一些常用的编辑功能，如复制、剪切和粘贴等；图形编辑是对各种图形对象进行平移、裁剪、旋转等操作；属性编辑是对各种图形对象进行图层、线型、颜色等属性的修改。

4.1　基本编辑

4.1.1　复制

1. 图标为

2. 功能

将选中的图形存储到剪贴板中，以供图形粘贴时使用。

3. 操作步骤

用以下方式可以调用【复制】命令：

1）单击【编辑】主菜单中的按钮。

2）单击【常用】选项卡中【剪切板】面板上的按钮。

3）单击【标准】工具条上的按钮。

4）使用<Ctrl+C>快捷键。

执行命令以后，拾取要复制的图形对象并确认，所拾取的图形对象被存储到Windows的剪切板中，以供粘贴使用。【复制】命令支持先拾取后操作，即先拾取对象再调用【复制】命令。

4.1.2　带基点复制

1. 图标为

2. 功能

将含有基点信息对象存储到剪贴板中，以供图形粘贴时使用。

3. 操作步骤

用以下方式可以调用【带基点复制】命令：

1）单击【编辑】主菜单中的按钮。

2）单击【常用】选项卡中【剪切板】面板上的按钮。

3）单击【标准】工具条上的按钮。

4）使用<Ctrl+Shift+C>快捷键。

调用【带基点复制】命令后，在绘图区选中需要复制的对象并拾取基点，选定对象及基点信息即被保存到剪贴板中。

4.1.3 剪切

1. 图标为

2. 功能

从图形中删除选定对象并将它们存储到剪贴板中，以供图形粘贴时使用。剪切与复制不论在功能上还是在使用上都基本一致，只是复制不删除用户拾取的图形，而剪切相当于删除掉用户拾取的图形对象并且将它们存储到剪贴板上。

3. 操作步骤

用以下方式可以调用【剪切】命令：

1）单击【编辑】主菜单中的按钮。

2）单击【常用】选项卡中【剪切板】面板上的按钮。

3）单击【标准】工具条上的按钮。

4）使用<Ctrl+X>快捷键。

执行命令以后，拾取要剪切的图形对象并确认，所拾取的图形对象被删除并且存储到Windows的剪切板，以供粘贴使用。【剪切】命令支持先拾取后操作，即先拾取对象再调用【剪切】命令。

4.1.4 粘贴

1. 图标为

2. 功能

将剪贴板中的内容粘贴到指定位置。Windows应用程序使用不同的内部格式存储剪贴板信息，将对象复制到剪贴板时，将以所有可用格式存储信息。但将剪贴板的内容粘贴到图形中时，将使用保留信息最多的格式。例如，剪切板中的内容是在电子图板中拾取的图形对象，粘贴到电子图板窗口中时与拾取内容保持不变，同样是电子图板的图形对象。

3. 操作步骤

用以下方式可以调用【粘贴】命令：

1）单击【编辑】主菜单中的按钮。

2）单击【常用】选项卡中【剪切板】面板上的按钮。

3）单击【标准】工具条上的按钮。

4）使用<Ctrl+V>快捷键。

注意：在不同的 Windows 应用程序间复制粘贴时，拾取的内容将以 OLE 对象的方式存在。

4.1.5 选择性粘贴

1. 图标为

2. 功能

选择性粘贴功能可以选择不同的粘贴方式，如 Windows 图元格式，这种格式也包含了屏幕矢量信息，而且此类文件可以在不降低分辨率的情况下进行缩放和打印，但是无法使用电子图板的图形编辑功能进行编辑。

3. 操作步骤

1）单击【编辑】主菜单中的按钮。

2）单击【常用】选项卡中【剪切板】面板上的按钮。

3）单击【标准】工具条上的按钮。

4.1.6 删除

1. 图标为

2. 功能

从图形中删除对象。

3. 操作步骤

用以下方式可以调用【删除】命令：

1）单击【修改】主菜单中的按钮。

2）单击【常用】选项卡中【修改】面板上的按钮。

3）单击【编辑】工具条上的按钮。

执行命令以后，拾取要删除的图形对象并确认，所拾取的对象就被删除掉。如果想中断本命令，则在确认前按下<ESC>键退出即可。【删除】命令支持先拾取后操作，即先拾取对象再调用【删除】命令。

4.2 图形编辑

图形编辑主要是对电子图板生成的图形对象，如曲线、块、文字、标注等进行编辑操作。这些功能主要包括：夹点编辑、删除重线、平移、复制、裁剪、齐边、过渡、旋转、镜像、比例缩放、阵列、打断、拉伸、打散等。

图形编辑的每个命令都可以通过以下方式来执行：执行对应键盘命令或快捷键、单击【编辑】主菜单对应按钮、单击常用功能区选项卡对应按钮、单击工具条上对应按钮。

4.2.1 平移

1. 图标为

2. 功能

以指定的角度和方向进行移动拾取到的图形对象。

3. 操作步骤

用以下方式可以调用【平移】命令：

1）单击【修改】主菜单中的按钮。

2）单击【常用】选项卡中【修改】面板上的按钮。

3）单击【编辑】工具条上的按钮。

4. 菜单介绍

【平移】命令使用立即菜单进行交互操作，【平移】命令的立即菜单如图 4-1 所示。

图 4-1 【平移】立即菜单

菜单参数说明如下：

1）偏移方式：给定两点或给定偏移。给定两点是指通过两点的定位方式完成图形移动；给定偏移是用给定偏移量的方式进行平移。

2）图形状态：将图素移动到一个指定位置上，可根据需要在立即菜单【2.】中选择【保持原态】和【平移为块】。

3）旋转角：图形在进行平移时，允许指定图形的旋转角度。

4）比例：进行平移操作之前，允许用户指定被平移图形的缩放系数。

调用【平移】命令后，拾取要平移的图形对象、设置立即菜单的参数并确认，即可完成对图形对象的平移。立即菜单中，给定两点与给定偏移的交互方式有所不同，其区别在于：

1）通过给定两点方式拾取图形后，通过键盘输入或单击确定第一点和第二点位置，完成平移操作。

2）通过给定偏移方式拾取图形后，系统自动给出一个基准点（一般来说，直线的基准点定在中点处，圆、圆弧、矩形的基准点定在中心处，其他如样条曲线的基准点也定在中心处），此时输入 X 和 Y 方向偏移量或位置点，即按平移量完成平移操作。

4.2.2 平移复制

1. 图标为

2. 功能

以指定的角度和方向创建拾取图形对象的副本。

3. 操作步骤

用以下方式可以调用【平移复制】命令：

1）单击【修改】主菜单中的按钮。

2）单击【常用】选项卡中【修改】面板上的按钮。

3）单击【编辑】工具条上的按钮。

4. 菜单介绍

调用【平移复制】命令后，拾取要平移复制的图形对象，设置立即菜单的参数并进行确认即可完成对图形对象的平移复制。【平移复制】命令使用立即菜单进行交互操作，【平移复制】立即菜单如图 4-2 所示。

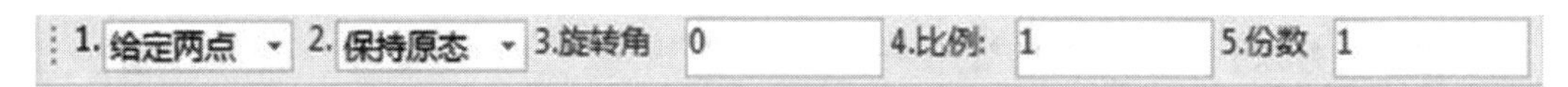

图 4-2 【平移复制】立即菜单

菜单参数说明如下：

1）偏移方式：给定两点或给定偏移。给定两点是指通过两点的定位方式完成图形平移复制；给定偏移是用给定偏移量的方式进行平移复制。

2）图形状态：将图素移动到一个指定位置上，可根据需要在立即菜单【2.】中选择【保持原态】和【粘贴为块】。

3）旋转角：图形在进行平移复制时，允许指定图形的旋转角度。

4）比例：进行平移复制操作之前，允许用户指定被平移复制图形的缩放系数。

5）份数：份数是指要复制的图形数量。系统根据用户指定的两点距离和份数，计算每份的间距，然后再进行复制。

注意：如果立即菜单中的份数值大于1，则系统要根据给出的基准点与用户指定的目标点以及份数，来计算各复制图形间的间距。具体地说，就是按基准点和目标点之间所确定的偏移量和方向，朝着目标点方向安排若干个被复制的图形。

立即菜单中，给定两点与给定偏移的交互方式有所不同，其区别在于：

1）通过给定两点方式拾取图形后，通过键盘输入或单击确定第一点和第二点位置，完成平移复制操作。

2）通过给定偏移方式拾取图形后，系统自动给出一个基准点（一般来说，直线的基准点定在中点处，圆、圆弧、矩形的基准点定在中心处，其他如样条曲线的基准点也定在中心处），此时输入 X 和 Y 方向偏移量或位置点即按偏移量完成平移复制操作。

使用坐标、栅格捕捉、对象捕捉或动态输入等工具可以精确平移复制对象，并且可以切换正交、极轴等操作状态。【平移复制】命令支持先拾取后操作，即先拾取对象再执行此命令。

4.2.3　裁剪

1. 图标为

2. 功能

裁剪对象，使它们精确地终止于由其他对象定义的边界。

3. 操作步骤

用以下方式可以调用【裁剪】命令：

1）单击【修改】主菜单中的按钮。

2）单击【常用】选项卡中【修改】面板上的按钮。

3）单击【编辑】工具条上的按钮。

4. 菜单介绍

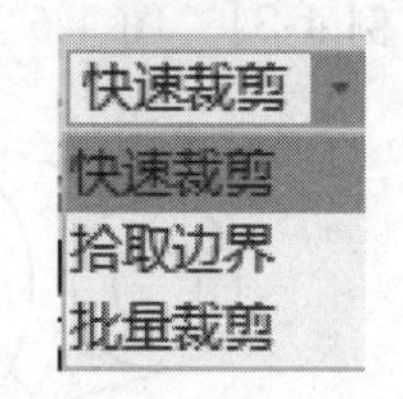

图 4-3 【裁剪】立即菜单

电子图板中的裁剪操作分为快速裁剪、拾取边界裁剪和批量裁剪等 3 种方式，通过立即菜单的选项可以进行选择，【裁剪】立即菜单如图 4-3 所示。

4.2.3.1　快速裁剪

1. 功能

用光标直接拾取被裁剪的曲线，系统自动判断边界并做出裁剪响应。快速裁剪时，允许用户在各交叉曲线中进行任意裁剪的操作。其操作方法是直接用光标拾取要被裁剪掉的线段，系统根据与该线段相交的曲线自动确定出裁剪边界，待单击后，将被拾取的线段裁剪掉。

2. 操作步骤

调用【裁剪】命令并通过立即菜单选择【快速裁剪】然后直接单击要裁剪的对象即可，按<ESC>键可退出【裁剪】命令，也可以单击立即菜单选择其他裁剪方式。

【例 4-1】 图 4-4 中的几个实例说明，在快速裁剪操作中，拾取同一曲线的不同位置，将产生不同的裁剪结果。

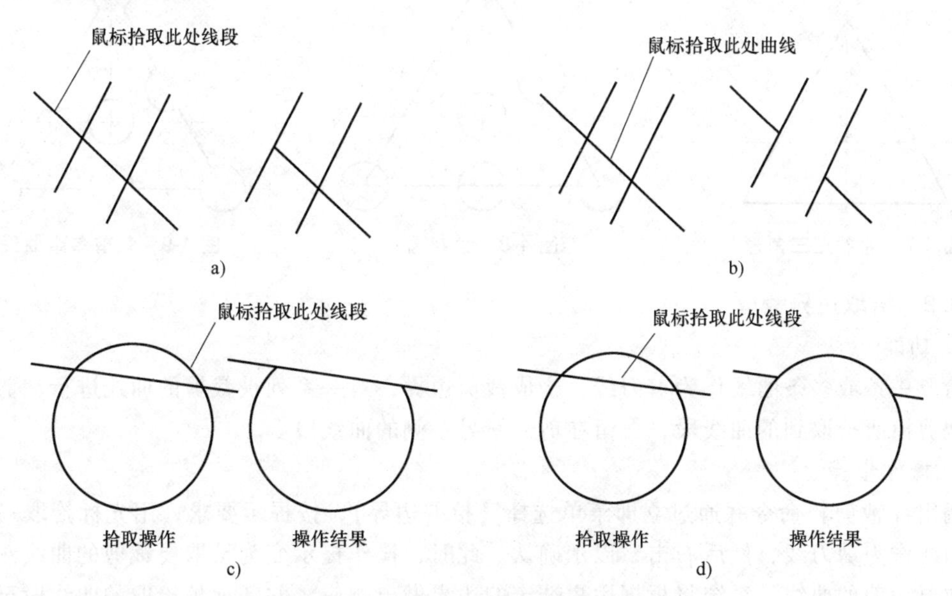

图 4-4　快速裁剪中的拾取位置

【例 4-2】 图 4-5 为快速裁剪直线的一个实例。

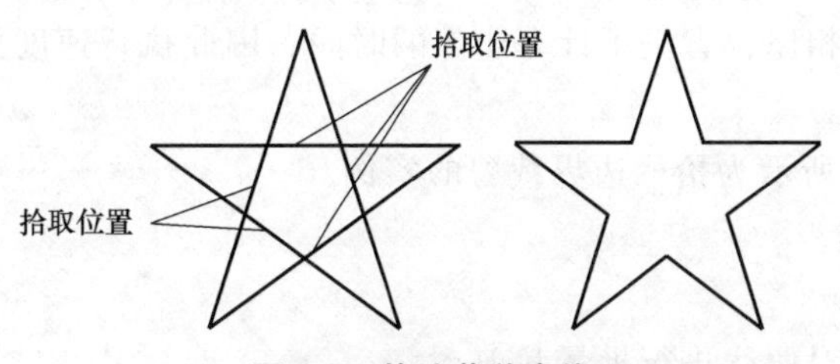

图 4-5　快速裁剪直线

【例 4-3】 图 4-6 为对圆和圆弧快速裁剪的实例。

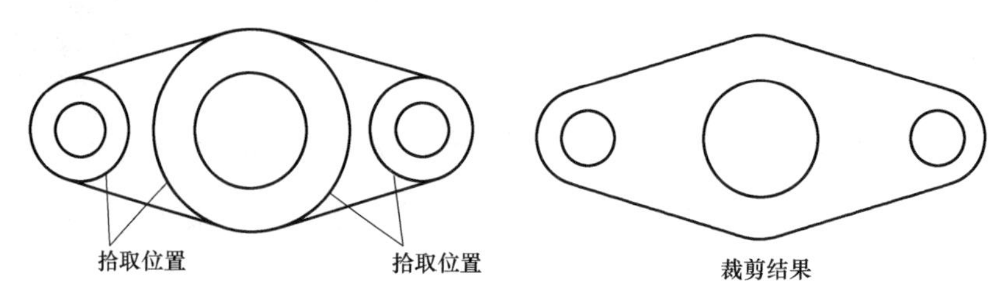

图 4-6　快速裁剪圆和圆弧

【例 4-4】 绘制三角铁。

1）单击【绘图】面板中【正多边形】，绘制一个边长为 100 的正三角形，如图 4-7 所示。

2）单击【绘图】面板中【圆】，分别以三角形的顶点、中点、中心点为圆心绘制 7 个半径为 10 的圆，如图 4-8 所示。

3）单击【修改】主菜单中的按钮，裁剪多余曲线，裁剪结果如图 4-9 所示。

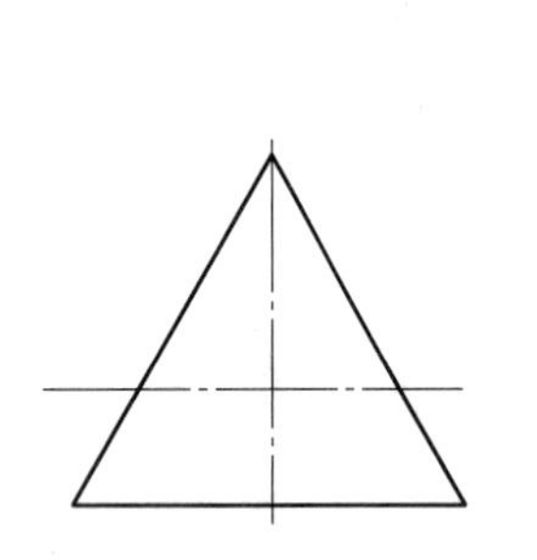

图 4-7　绘制正三角形

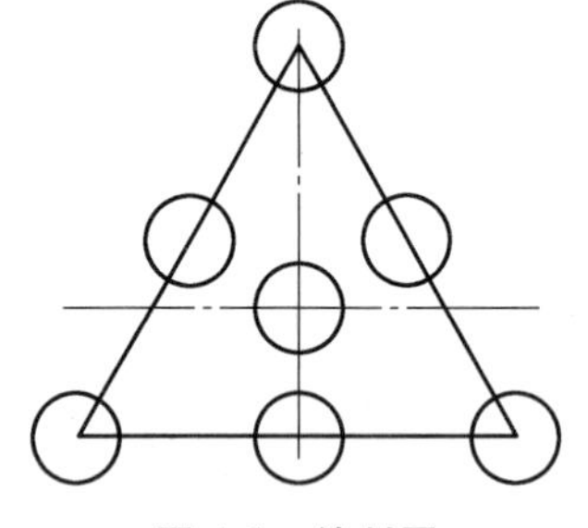

图 4-8　绘制圆

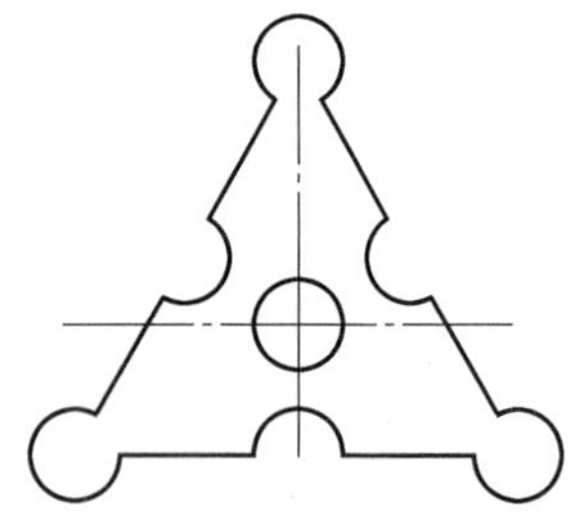

图 4-9　裁剪多余曲线

4.2.3.2　拾取边界裁剪

1. 功能

拾取一条或多条曲线作为剪刀线，构成裁剪边界，对一系列被裁剪的曲线进行裁剪。系统将裁剪掉所拾取到的曲线段，保留在剪刀线另一侧的曲线段。

2. 操作步骤

调用【裁剪】命令并通过立即菜单选择【拾取边界】，按提示要求，用光标拾取一条或多条曲线作为剪刀线，然后右击，以示确认。此时，操作提示变为拾取要裁剪的曲线。用光标拾取要裁剪的曲线，系统将根据用户选定的边界做出响应，并裁剪掉拾取的曲线段至边界部分，保留边界另一侧的部分。

拾取边界操作方式可以在选定边界的情况下对一系列的曲线进行精确的裁剪。此外，拾取边界裁剪与快速裁剪相比，省去了计算边界的时间，因此执行速度比较快，这一点在边界复杂的情况下更加明显。

【例 4-5】 图 4-10 所示为拾取边界裁剪的实例。

4.2.3.3　批量裁剪

1. 功能

当曲线较多时，可对曲线进行批量裁剪。

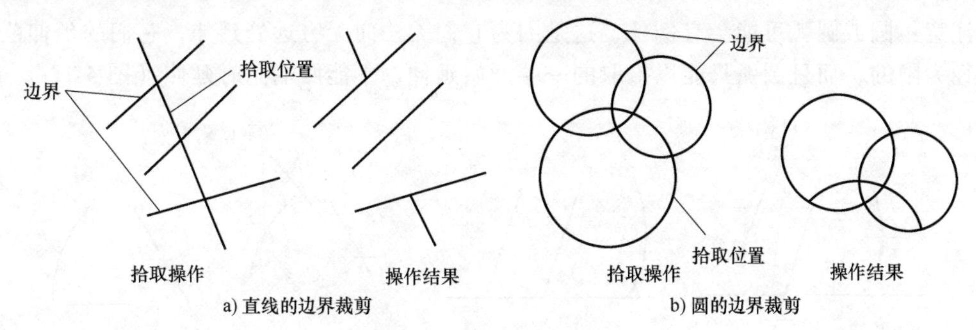

图 4-10　拾取边界裁剪

2. 操作步骤

调用【裁剪】命令并通过立即菜单选择【批量裁剪】，按提示要求拾取剪刀链并确认，用窗口拾取要裁剪的曲线，单击右键确认。选择要裁剪的方向，裁剪完成。

剪刀链可以是一条曲线，也可以是首尾相连的多条曲线。

【例 4-6】 图 4-11 所示为批量裁剪的实例。

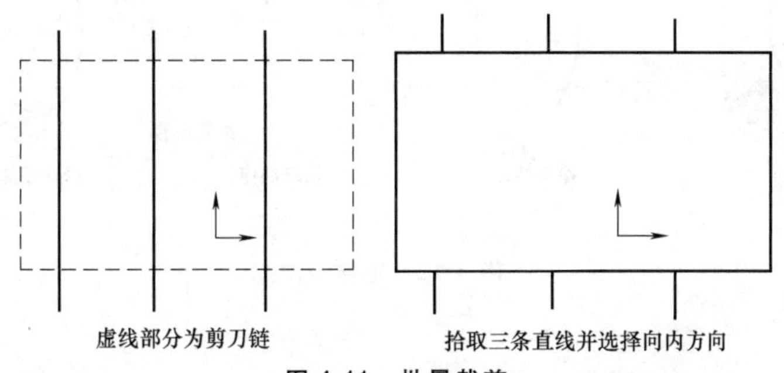

图 4-11　批量裁剪

4.2.4　延伸

1. 图标为

2. 功能

以一条曲线为边界对一系列曲线进行裁剪或延伸。

3. 操作步骤

用以下方式可以调用【延伸】命令：

1）单击【修改】主菜单中的按钮。

2）单击【常用】选项卡中【修改】面板上的按钮。

3）单击【编辑】工具条上的按钮。

4. 菜单介绍

执行命令后按操作提示拾取剪刀线作为边界，则提示改为【拾取要编辑的曲线】。根据作图需要可以拾取一系列曲线进行编辑修改。

如果拾取的曲线与边界曲线有交点，则系统按【裁剪】命令进行操作，系统将裁剪所拾取的曲线至边界为止。如果被延伸的曲线与边界曲线没有交点，那么系统将把曲线按其本身的趋势（如直线的方向、圆弧的圆心和半径均不发生改变）延伸至边界（图 4-12a、b）。

注意：圆或圆弧可能会有例外，这是因为它们无法向无穷远处延伸，它们的延伸范围是以半径为限的，而且圆弧只能以拾取的一端开始延伸，不能两端同时延伸（图 4-12c、d）。

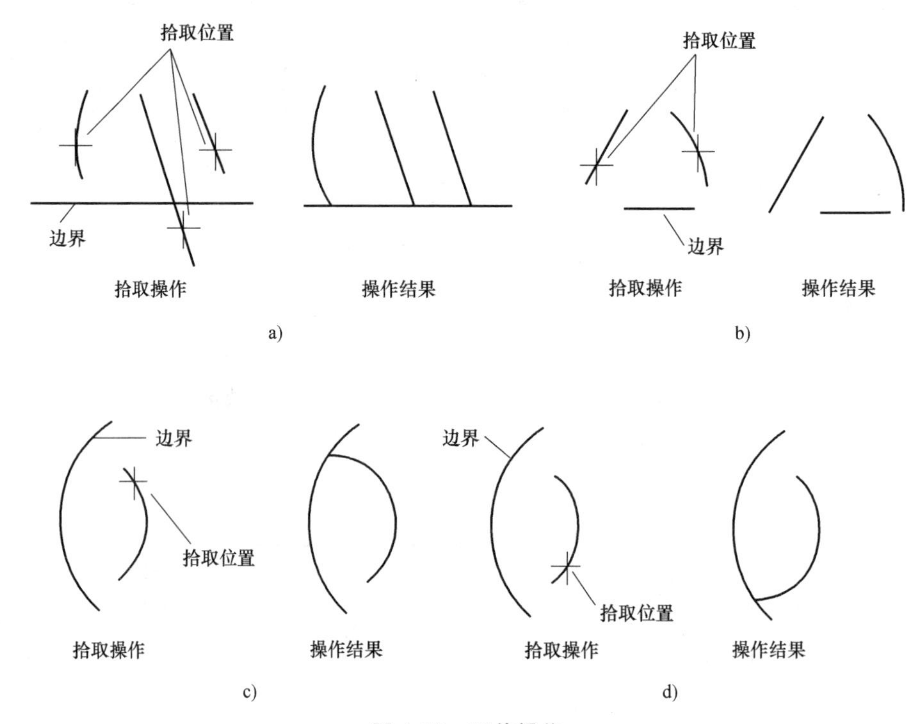

图 4-12 延伸操作

4.2.5 过渡

1. 图标为

2. 功能

修改对象，使其以圆角、倒角等方式连接。

3. 操作步骤

用以下方式可以调用【过渡】命令：

1）单击【修改】主菜单中的按钮。

2）单击【常用】选项卡中【修改】面板上的按钮。

3）单击【编辑】工具条上的按钮。

4. 菜单介绍

过渡操作分为圆角、多圆角、倒角、外倒角、内倒角、多倒角和尖角等多种方式，可通过立即菜单进行选择，【过渡】立即菜单如图 4-13 所示。

图 4-13 【过渡】立即菜单

4.2.5.1 圆角

1. 图标为

2. 功能

在两直线（或圆弧）之间用圆角进行光滑

过渡。

3. **操作步骤**

用以下方式可以调用【圆角】命令：

1）单击【修改】主菜单中【过渡】子菜单中的按钮。

2）单击【常用】选项卡中【过渡】功能子菜单的按钮。

3）单击【过渡】工具条上的按钮。

4. **菜单介绍**

执行【过渡】命令后，弹出图4-13所示的立即菜单。

1）单击立即菜单【1.】，则在立即菜单上方弹出选项菜单，用户可以在选项菜单中根据作图需要选择不同的过渡形式，选项菜单如图4-14所示。

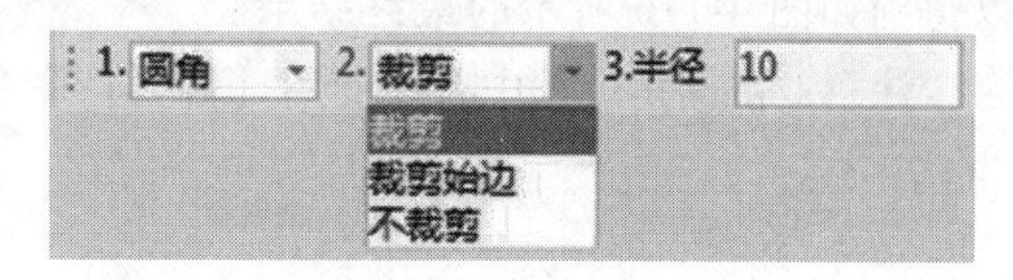

图4-14 选项菜单

2）单击立即菜单中的【2.】右侧的▼按钮，则在其上方也弹出一个如图4-14所示的选项菜单。

单击可以对其进行裁剪方式的切换。选项菜单的含义如下：

① 裁剪：裁剪掉过渡后所有边的多余部分，如图4-15a所示。

② 裁剪起始边：只裁剪掉起始边的多余部分，起始边也就是用户拾取的第一条曲线，如图4-15b所示。

③ 不裁剪：执行过渡操作以后，原线段保留原样，不被裁剪，如图4-15c所示。

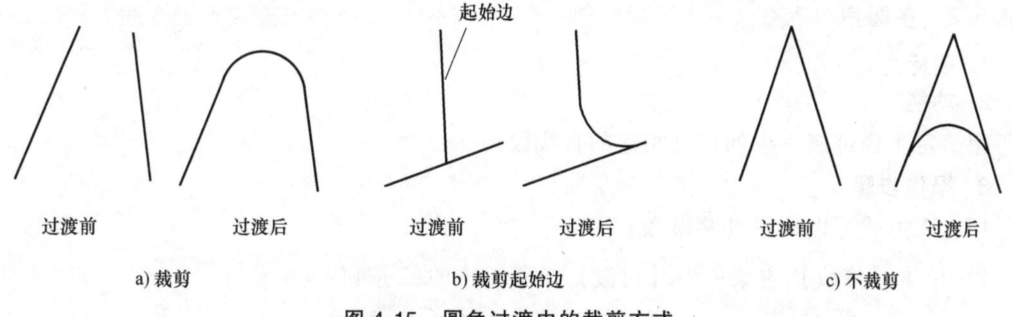

图4-15 圆角过渡中的裁剪方式

3）用户单击立即菜单【3. 半径】后，可按照提示输入过渡圆弧的半径值。

4）按当前立即菜单的条件及操作和提示的要求，用光标拾取待过渡的第一条曲线，被拾取到的曲线呈红色显示，而操作提示变为【拾取第二条曲线】，再用光标拾取第二条曲线以后，在两条曲线之间用一个圆弧光滑过渡。

注意：用光标拾取的曲线位置的不同，会得到不同的结果，而且，过渡圆弧半径的大小应合适，否则也将得不到正确的结果。

【例4-7】 从图4-16中给出的几个例子可以看出，拾取曲线位置的不同，其结果也不同。

【例4-8】 在机械零件中经常会遇到安装件倒圆角和铸造圆角等工艺要求，图4-17就

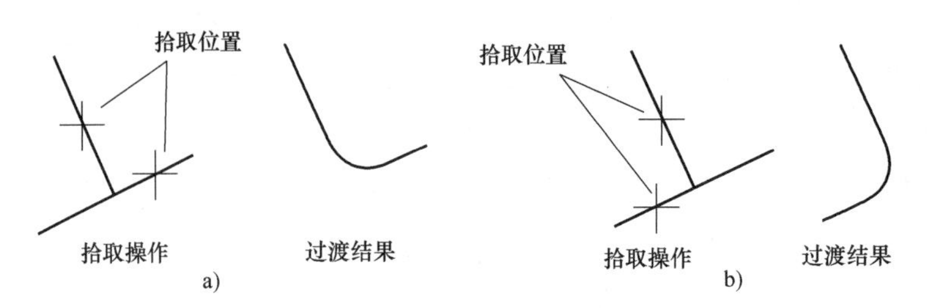

图 4-16 圆角过渡的拾取位置

属于这种情况。首先如图 4-17a 所示，绘制出基本图线，如直线、圆和矩形，然后将两肋板相重叠的四条短线段用上一节介绍的方法裁剪掉，接下来进行倒圆角操作。操作完成后，可以得到如图 4-17b 所示的最终结果。

注意：倒圆角过程中有些使用【裁剪】命令，有些使用【裁剪起始边】命令，应加以区别。

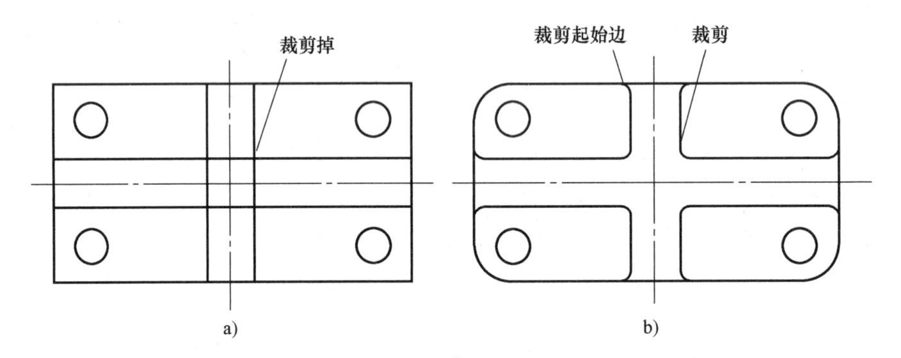

图 4-17 过渡中的裁剪操作

4.2.5.2 多圆角

1. 图标为

2. 功能

用给定半径过渡一系列首尾相连的直线段。

3. 操作步骤

用以下方式可以调用【多圆角】命令：

1）单击【修改】主菜单中【过渡】子菜单中的按钮。

2）单击【常用】选项卡中【过渡】功能子菜单的按钮。

3）单击【过渡】工具条上的按钮。

4. 菜单介绍

1）在【过渡】立即菜单中单击【1.】，并在菜单选项中选择【多圆角】。

2）单击【过渡】立即菜单中的【3. 半径】，按操作提示用户可用键盘输入一个实数，重新确定过渡圆弧的半径。

3）按当前立即菜单的条件及操作提示的要求，用光标拾取待过渡的一系列首尾相连的直线，这一系列首尾相连的直线可以是封闭的，也可以是不封闭的，如图 4-18 所示。

【例 4-9】 图 4-19 所示为多圆角过渡在实际中的一个应用，它可以将一个矩形的直角连接变为圆角过渡，图 4-17 中的矩形也可以使用多圆角过渡。

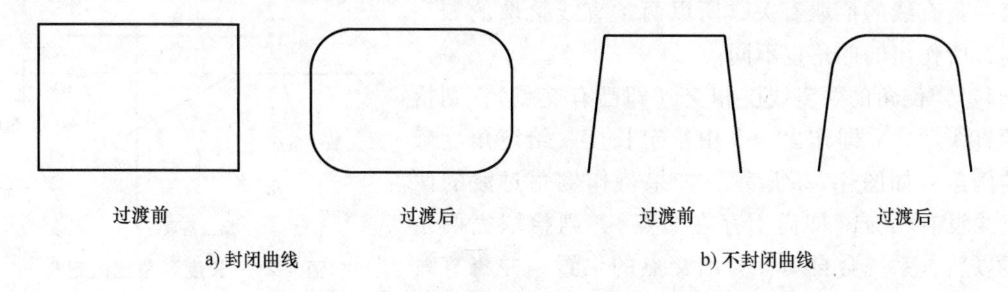

图 4-18　多圆角过渡中的曲线形式

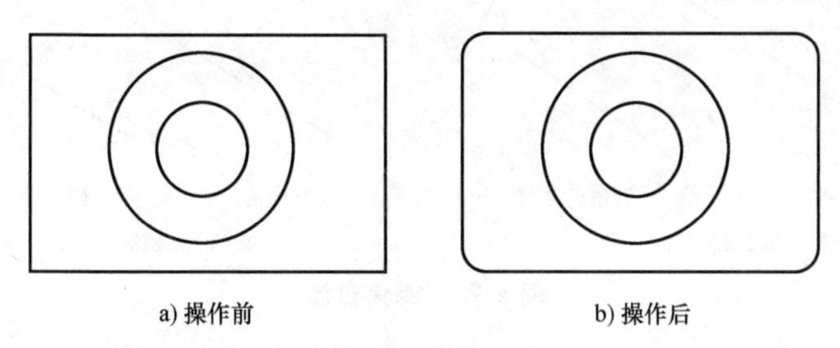

图 4-19　多圆角过渡

4.2.5.3　倒角

1. 图标为

2. 功能

在两直线间进行倒角过渡，直线可被裁剪或向角的方向延伸。

3. 操作步骤

用以下方式可以调用【倒角】命令：

1）单击【修改】主菜单中【过渡】子菜单中的按钮。

2）单击【常用】选项卡中【过渡】功能子菜单的按钮。

3）单击【过渡】工具条上的按钮。

4. 菜单介绍

执行【倒角】命令弹出立即菜单，如图 4-20 所示。

图 4-20　【倒角】立即菜单

1）在立即菜单中单击菜单【1.】，并在菜单选项中选择【倒角】。

2）用户可从立即菜单【2.】中选择裁剪的方式，操作方法及各选项的含义与 4.2.5.1 节中所介绍的一样。

3）立即菜单中的【4. 长度】和【5. 角度】两项内容表示倒角的轴向长度和倒角的角度。根据系统提示，用键盘输入新值可改变倒角的长度与角度，其中【轴向长度】是指从两直线的交点开始，沿所拾取的第一条直线方向的长度；【角度】是指倒角线与所拾取第一条直线的夹角，其范围是（0，180），其定义如图 4-21 所示。由于轴向长度和角度的定义均与第一条直线的拾取有关，所以两条直线拾取的顺序不同，所作出的倒角也不同。

4）需倒角的两直线已相交（即已有交点），则拾取两直线后，立即作出一个由给定长度、给定角度确定的倒角，如图 4-22a 所示。如果待作倒角过渡的两条直线没有相交（即尚不存在交点），则拾取完两条直线以后，系统会自动计算出交点的位置，并将直线延伸，而后作出倒角，如图 4-22b 所示。

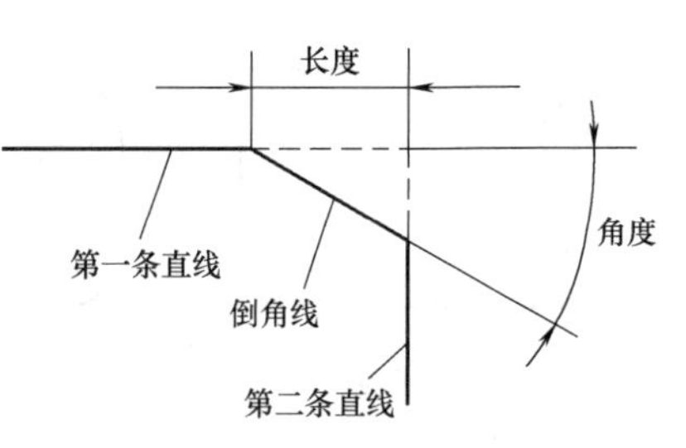

图 4-21 长度和角度的定义

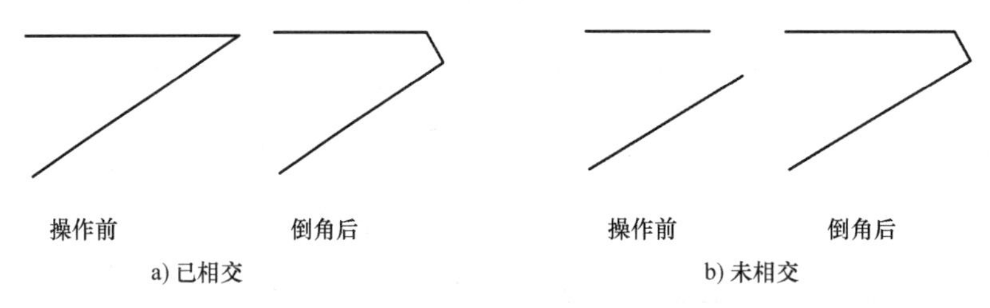

a) 已相交　　b) 未相交

图 4-22 倒角过渡

【例 4-10】 从图 4-23 中可以看出，轴向长度均为 3，角度均为 60°的倒角，由于拾取直线的顺序不同，倒角的结果也不同。

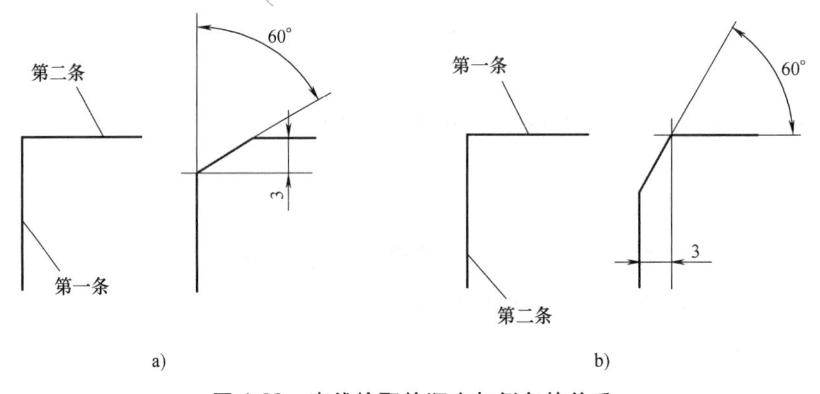

a)　　b)

图 4-23 直线拾取的顺序与倒角的关系

4.2.5.4 多倒角

1. 图标为

2. 功能

倒角过渡一系列首尾相连的直线。

3. 操作步骤

用以下方式可以调用【多倒角】命令：

1）单击【修改】主菜单中【过渡】子菜单中的按钮。

2）单击【常用】选项卡中【过渡】功能子菜单的按钮。

3）单击【过渡】工具条上的按钮。

4. 菜单介绍

执行【多倒角】命令弹出立即菜单，如图 4-24 所示。

1）在立即菜单中单击【1.】，并在菜单选项中选择【多倒角】。

1. 多倒角 2.长度 2 3.倒角 45

图 4-24 【多倒角】立即菜单

2）立即菜单中的【2. 长度】和【3. 倒角】两项内容表示倒角的轴向长度和倒角的角度，用户可按照系统提示，用键盘输入新值，改变倒角的长度与角度。然后根据系统提示，选择首尾相连的直线，具体操作方法与【多圆角】的操作方法十分相似。

4.2.5.5 内倒角

1. 图标为

2. 功能

拾取一对平行线及其垂线分别作为两条母线和端面线生成内倒角。

3. 操作步骤

用以下方式可以调用【内倒角】命令：

1）单击【修改】主菜单中【过渡】子菜单中的按钮。

2）单击【常用】选项卡中【过渡】功能子菜单的按钮。

3）单击【过渡】工具条上的按钮。

4. 菜单介绍

执行【内倒角】命令弹出立即菜单，如图 4-25 所示。

1. 内倒角 2. 长度和角度方式 3.长度 2 4.角度 45

图 4-25 【内倒角】立即菜单

1）在立即菜单中单击【1.】，并在菜单选项中选择【内倒角】。

2）立即菜单中的【2.】切换倒角方式，【3. 长度】和【4. 角度】两项内容表示倒角的轴向长度和倒角的角度（或宽度）。用户可按照系统提示，用键盘输入新值，改变倒角的长度与角度（或宽度）。

3）然后根据系统提示，选择三条相互垂直的直线，这三条相互垂直的直线是指类似于图 4-26 所示的三条直线，即直线 a、b 同时垂直于 c，并且在 c 的同侧。

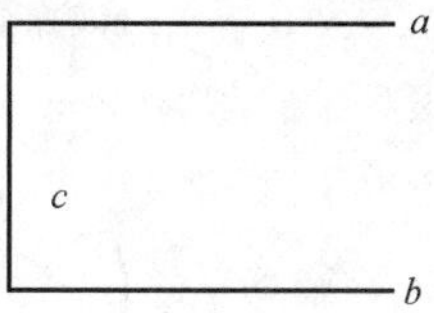

a

c

b

图 4-26 相互垂直的直线

4）内倒角的结果与三条直线拾取的顺序无关，只决定于三条直线的相互垂直关系，如图 4-27 所示。

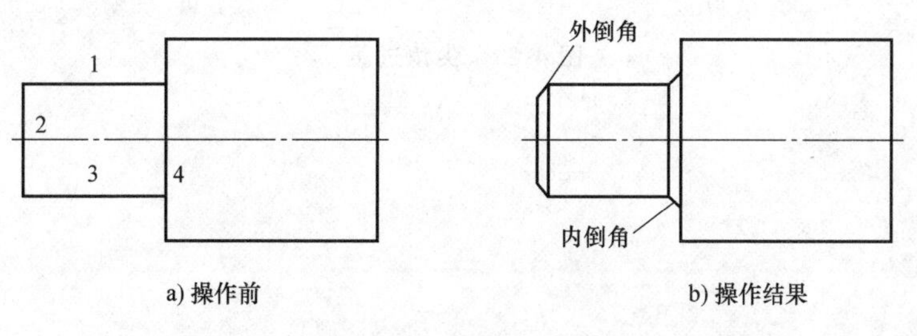

图 4-27 内倒角的绘制

4.2.5.6　尖角

1. 图标为

2. 功能

在两条曲线（直线、圆弧、圆等）的交点处，形成尖角过渡。两曲线若有交点，则以交点为界，多余部分被裁剪掉；两曲线若无交点，则系统首先计算出两曲线的交点，再将两曲线延伸至交点处。

3. 操作步骤

用以下方式可以调用【尖角】命令：

1）单击【修改】主菜单中【过渡】子菜单中的按钮。

2）单击【常用】选项卡中【过渡】功能子菜单的按钮。

3）单击【过渡】工具条上的按钮。

4. 菜单介绍

执行【尖角】命令弹出立即菜单，如图4-28所示。

图4-28　【尖角】立即菜单

在立即菜单中单击【1.】，并在菜单选项中选择【尖角】。按提示要求连续拾取第一条曲线和第二条曲线以后，即可完成尖角过渡的操作。

注意： 光标拾取的位置不同，将产生不同的结果。

【例4-11】 图4-29为尖角过渡的几个实例，其中图4-29a、b为由于拾取位置的不同而结果不同的例子，图4-29c、d为两曲线已相交和尚未相交的例子。

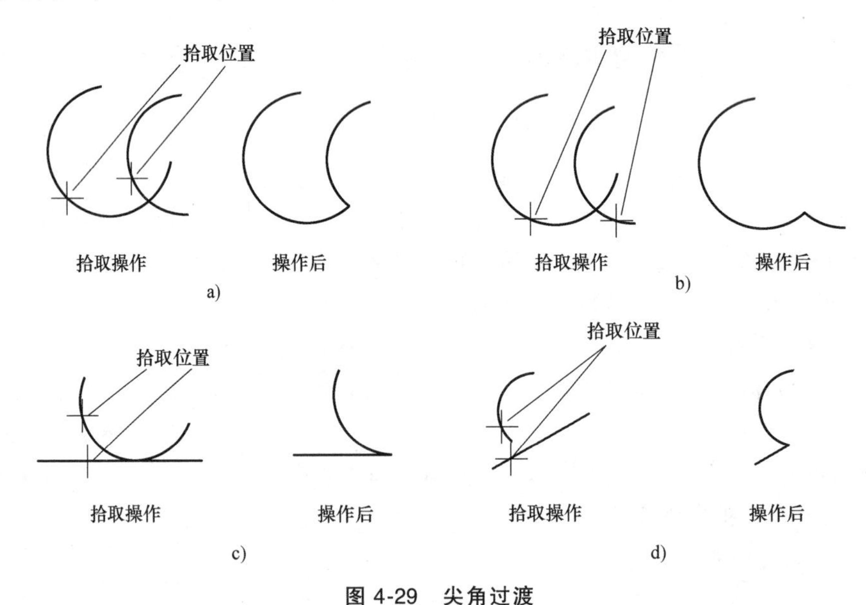

图4-29　尖角过渡

4.2.6　旋转

1. 图标为

2. 功能

对拾取到的图形进行旋转或旋转复制。

3. 操作步骤

用以下方式可以调用【旋转】命令：

1）单击【修改】主菜单中的旋转按钮。

2）单击【常用】选项卡中【修改】面板上的按钮。

3）单击【编辑】工具条上的按钮。

4. 菜单介绍

执行【旋转】命令后弹出立即菜单，如图 4-30 所示。

图 4-30 【旋转】立即菜单

1）按系统提示拾取要旋转的图形，可单个拾取，也可用窗口拾取，拾取到的图形以虚线显示，拾取完成后右击加以确认。

2）这时操作提示变为【基点】，用光标指定一个旋转基点。操作提示变为【旋转角】，此时，可以由键盘输入旋转角度，也可以移动光标来确定旋转角。由光标确定旋转角时，拾取的图形随光标的移动而旋转。当确定了旋转位置之后，单击左键，旋转操作结束。还可以通过动态输入旋转角度。

3）切换【给定角度】为【起始终止点】，首先按立即菜单提示选择旋转基点，然后通过移动光标来确定起始点和终止点，完成图形的旋转操作。

4）如果用光标在【2.】下拉菜单中选择【旋转】，则该项内容变为【拷贝】。用户按这个菜单内容能够进行复制操作。复制操作的方法与操作过程与旋转操作完全相同，只是复制后原图不消失。

【例 4-12】 图 4-31 是一个只旋转不复制的例子，它要求将有键槽的轴的断面图旋转 90°放置。

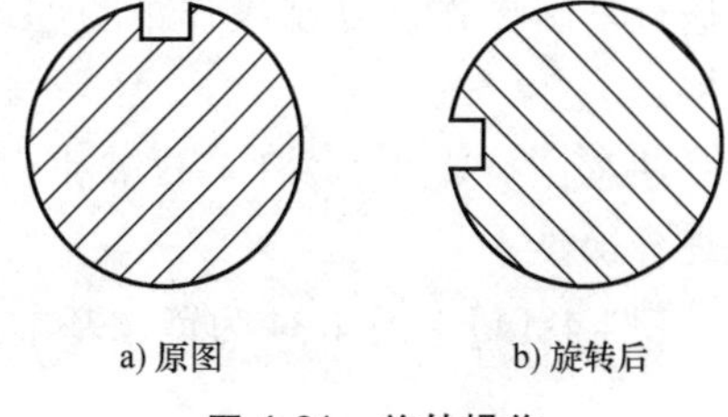

图 4-31 旋转操作

【例 4-13】 图 4-32 是一个旋转复制的例子。

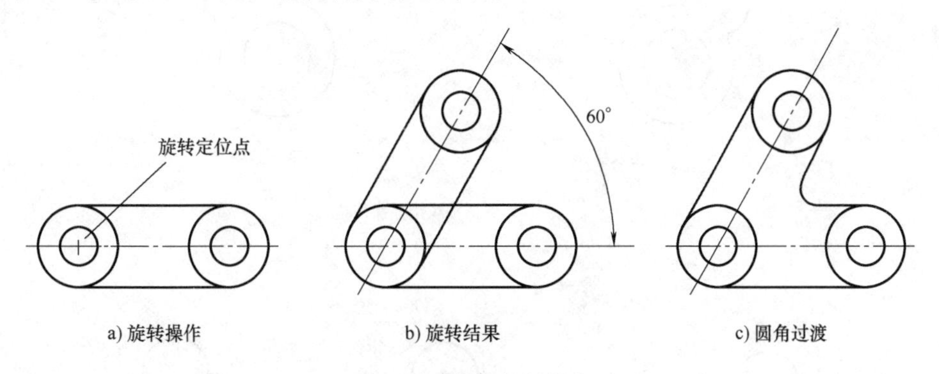

图 4-32 旋转复制操作

4.2.7 镜像

1. 图标为

2. 功能

将拾取到的图素以某一条直线为对称轴，进行对称镜像或对称复制。

3. 操作步骤

用以下方式可以调用【镜像】命令：

1）单击【修改】主菜单中的按钮。

2）单击【常用】选项卡中【修改面板】上的按钮。

3）单击【编辑】工具条上的按钮。

4. 菜单介绍

执行【镜像】命令后弹出立即菜单，如图4-33所示。

1）按系统提示拾取要镜像的图素，可单个拾取，也可用窗口拾取，拾取到的图素以虚线显示，拾取完成后右击加以确认。

图4-33 【镜像】立即菜单

2）这时操作提示变为【选择轴线】，用光标拾取一条作为镜像操作的对称轴线，一个以该轴线为对称轴的新图形显示出来，原来的实体即刻消失。

3）如果单击立即菜单中的【选择轴线】，则该项内容变为【给定两点】，其含义为允许用户指定两点，两点连线作为镜像的对称轴线，其他操作与前面相同。

4）如果单击立即菜单中的【镜像】，则该项内容变为【复制】，用户按这个菜单内容能够进行复制操作。复制操作的方法与操作过程与镜像操作完全相同，只是复制后原图不消失。

注意：如果用户在平移过程中需要将图形正交移动，可按<F7>键或单击状态栏正交按钮进行切换。

【例4-14】 图4-34为镜像基本操作的实例。

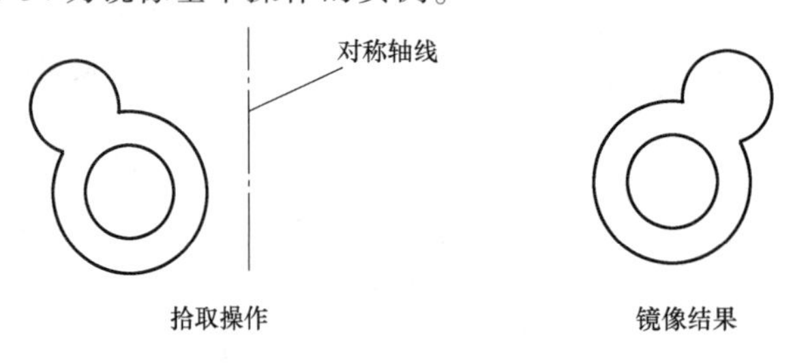

a) 选择轴线镜像操作

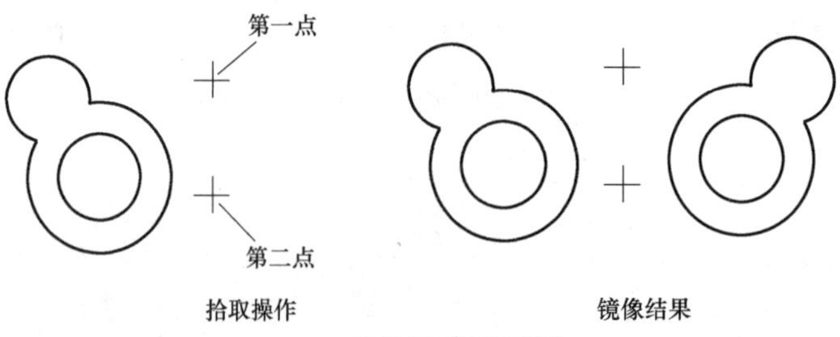

b) 选择两点镜像操作

图4-34 镜像基本操作

【例 4-15】 图 4-35 是一个在实际绘图中应用镜像功能的例子。首先绘制并拾取图 4-35a 中的实体，选择直线的两端点为对称基准进行镜像操作，结果如图 4-35b 所示，再用快速裁剪将多余的线条裁剪掉，可得到如图 4-35c 所示的最终结果。

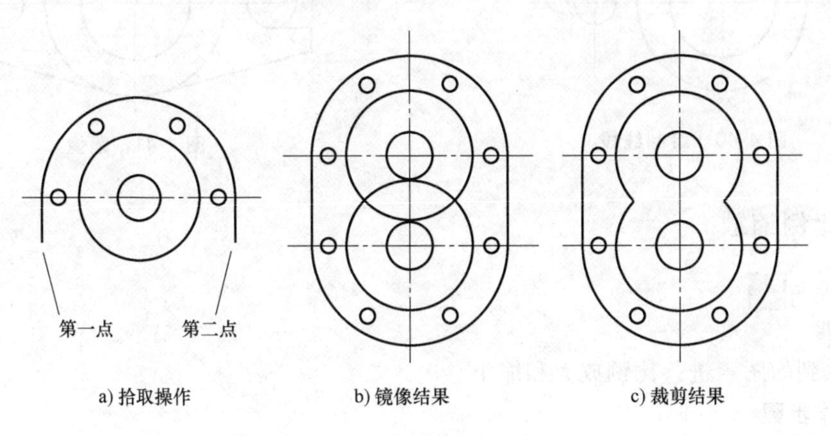

a) 拾取操作　　b) 镜像结果　　c) 裁剪结果

图 4-35　镜像复制应用

【例 4-16】 绘制卡盘，如图 4-36 所示。

操作步骤：

1）单击【绘图】主菜单【圆】子菜单中的按钮，绘制直径分别为 25、40 的同心圆，如图 4-37 所示。

2）单击【绘图】主菜单中的按钮，绘制垂直中心线的平行线，距离为 30，并拉伸水平中心线和此线相交，如图 4-38 所示。

3）单击【绘图】主菜单【圆】子菜单中的按钮，绘制半径为 5 的圆，如图 4-39 所示。

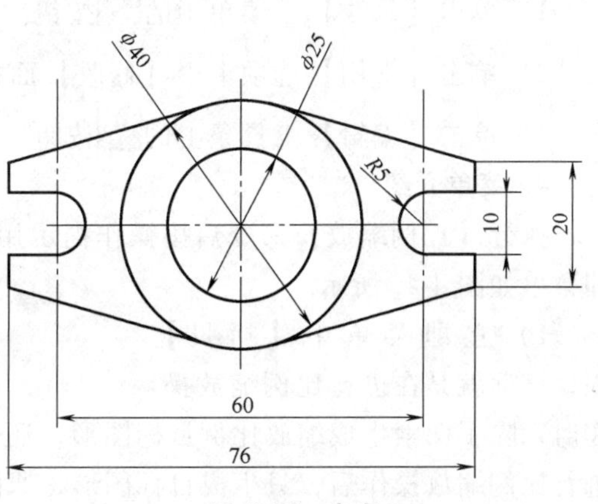

图 4-36　卡盘

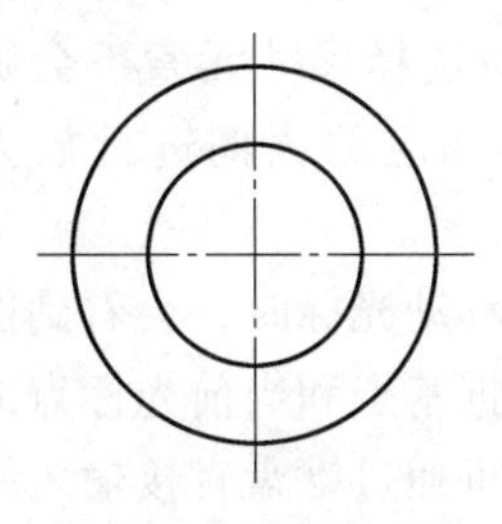

图 4-37　绘制同心圆

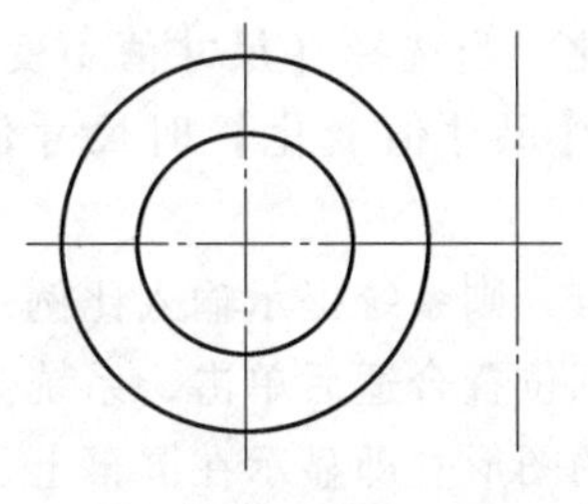

图 4-38　绘制中心线

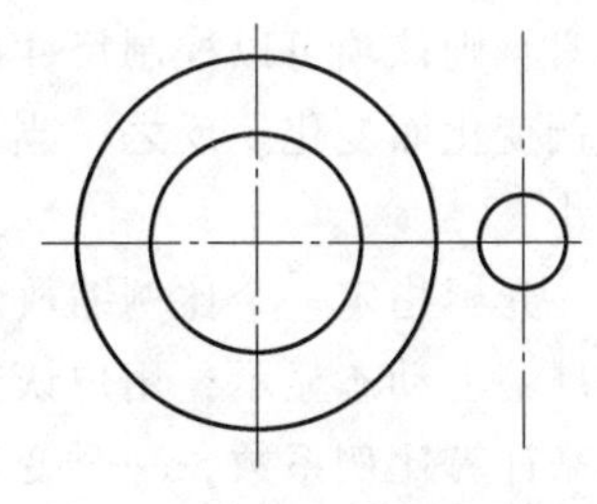

图 4-39　绘制圆

4）单击【绘图】主菜单【直线】子菜单中的按钮，选择【两点线】和【连续】，绘制线段，如图 4-40 所示。

5）单击【修改】主菜单中的按钮，拾取要镜像的元素和轴线，如图 4-41 所示。

6）单击【修改】主菜单中的按钮，裁剪去多余曲线，裁剪结果如图 4-37 所示。

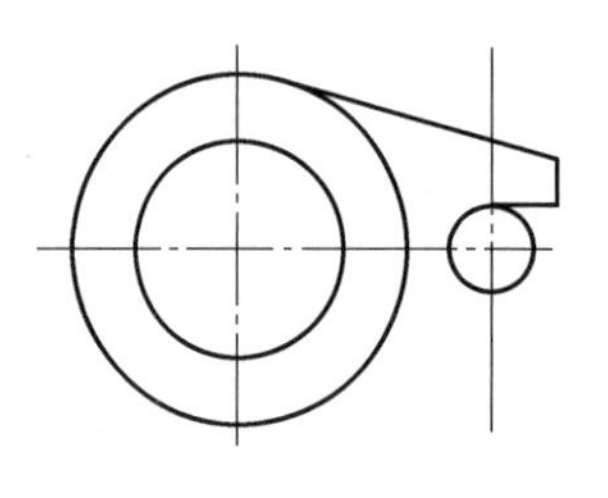

图 4-40　绘制线段

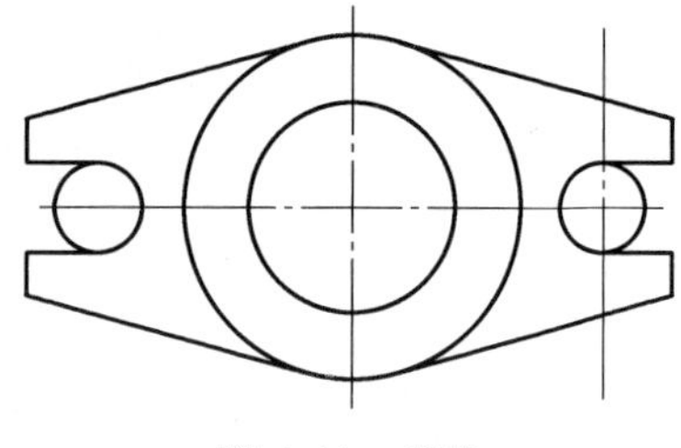

图 4-41　镜像

4.2.8　比例缩放

1. 图标为

2. 功能

对拾取到的图素进行比例放大和缩小。

3. 操作步骤

用以下方式可以调用【比例缩放】命令：

1）单击【修改】主菜单中的按钮。

2）单击【常用】选项卡中【修改】面板上的按钮。

3）单击【编辑】工具条上的按钮。

4. 菜单介绍

执行【比例缩放】命令后按操作提示用光标拾取图素，拾取结束后右击确认，弹出立即菜单如图 4-42 所示。

1. 平移　2. 比例因子　3. 尺寸值变化　4. 比例变化

图 4-42　【比例缩放】立即菜单

1）立即菜单中【拷贝】项，该项就是在进行比例缩放操作时，除了图素生成缩放比例目标图形，还会保留原图形。单击该项，切换到【平移】项，进行比例缩放操作后，只生成目标图形，原图在屏幕上消失。

2）可以使用比例因子与参考方式两种缩放方式。

3）单击【尺寸值不变】，则该项内容变为【尺寸值变化】。如果拾取的图素中包含尺寸元素，则该项可以控制尺寸的变化。当选择【尺寸值不变】时，所选择尺寸元素不会随着比例变化而变化。反之，当选择【尺寸值变化】时尺寸值会根据相应的比例进行放大或缩小。

光标指定一个比例缩放的基点，则系统提示输入比例系数。当移动光标时，会看到图形在屏幕上动态显示，用户认为光标位置合适后单击，系统会自动根据基点和当前光标点的位置来计算比例系数，一个变换后的图形立即显示在屏幕上。用户也可通过键盘直接输入缩放的比例系数。

4.2.9　阵列

1. 图标为

2. 功能

通过一次操作可同时生成若干个相同的图形，以提高作图效率。

3. 操作步骤

由以下方式可以调用【阵列】命令：

1）单击【修改】主菜单中的按钮。

2）单击【常用】选项卡中【修改】面板上的按钮。

3）单击【编辑】工具条上的按钮。

4. 菜单介绍

阵列的方式有圆形阵列、矩形阵列和曲线阵列3种，使用立即菜单（图4-43）进行选择。

图4-43 【阵列】立即菜单

每种阵列方式的概念和操作方式都不同，下面分别进行介绍。

4.2.9.1 圆形阵列

1. 功能

对拾取到的图素，以某基点为圆心进行阵列复制。

2. 操作步骤

1）调用【阵列】命令弹出立即菜单，按当前立即菜单和操作提示要求，可以进行一次圆形阵列的操作，其阵列结果为阵列后的图形均匀分布，份数为4，如图4-44所示。

图4-44 【圆形阵列】立即菜单1

2）用光标拾取元素，拾取的图形变为虚线显示，拾取完成后右击加以确认。按照操作提示，单击拾取阵列图形的中心点和基点后，一个阵列复制的结果显示出来。

3）系统根据立即菜单中的【2. 旋转】在阵列时自动对图形进行旋转。

4）系统根据立即菜单中的【3. 均布】和【4. 份数】自动计算各插入点的位置，且各点之间夹角相等。各阵列图形均匀地排列在同一圆周上，其中的份数数值应包括用户拾取的实体。

5）单击立即菜单中的【3. 均布】，则立即菜单转换为图4-45所示的内容。

图4-45 【圆形阵列】立即菜单2

此立即菜单的含义为用给定夹角的方式进行圆形阵列，各相邻图形夹角为30°，阵列的填充角度为360°。其中阵列填充角的含义为从拾取的实体所在位置起，绕中心点逆时针方向转过的夹角，相邻夹角和阵列填充角都可以由键盘输入确定。

【例4-17】 图4-47是圆形阵列操作的实例，其中图4-46a为均布方式，图4-46b为给定夹角方式，夹角为60°，阵列填角为180°。

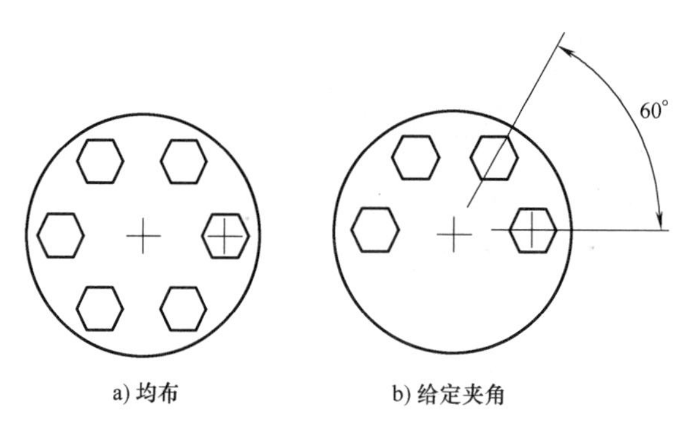

图 4-46　圆形阵列

【例 4-18】　绘制花键。

操作步骤：

1）单击【绘图】主菜单中的按钮，分别绘制半径为 18 和 16 的同心圆，如图 4-47 所示。

2）单击【绘图】主菜单中的按钮，将垂直中心线双向偏移 3 个绘图单位，如图 4-48 所示。

3）单击【修改】主菜单中的按钮，修剪图形，如图 4-49 所示。

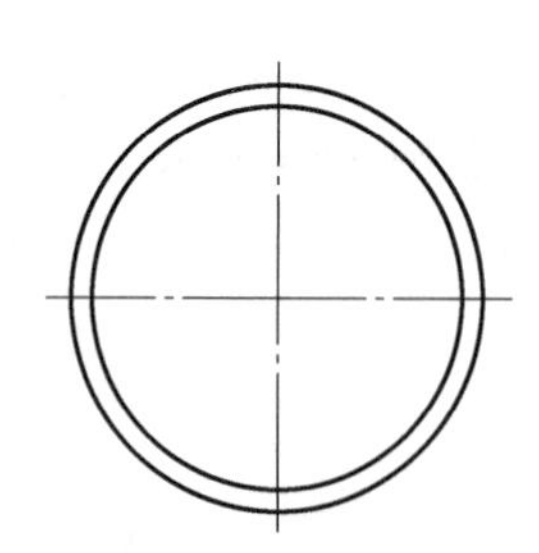

图 4-47　绘制同心圆

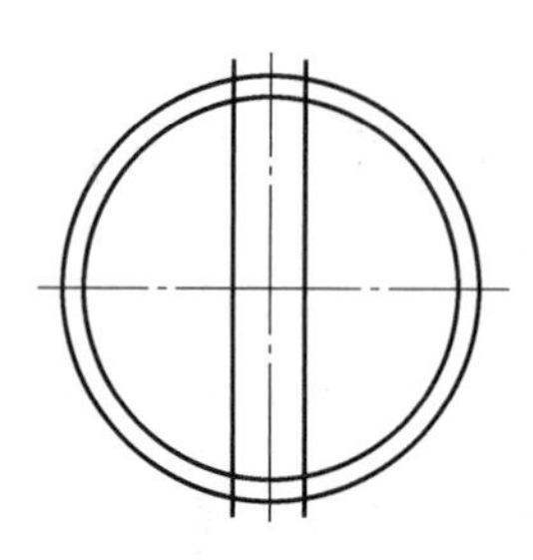

图 4-48　平移复制

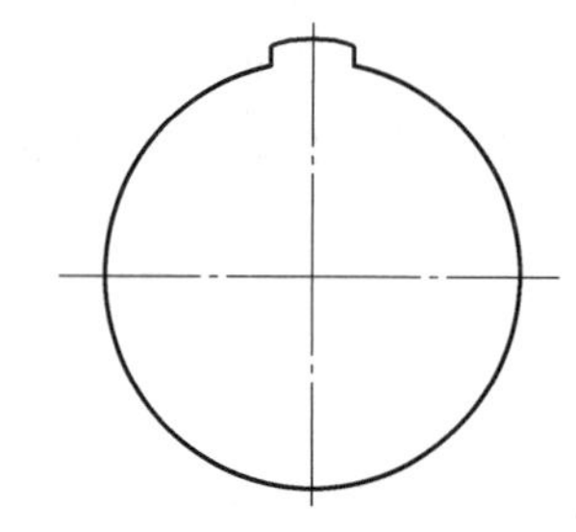

图 4-49　裁剪后的图形

4）单击【修改】主菜单中的按钮，选择【圆形阵列】，份数为 8，阵列结果如图 4-50 所示。

5）单击【修改】主菜单中的按钮，修剪图形，如图 4-51 所示。

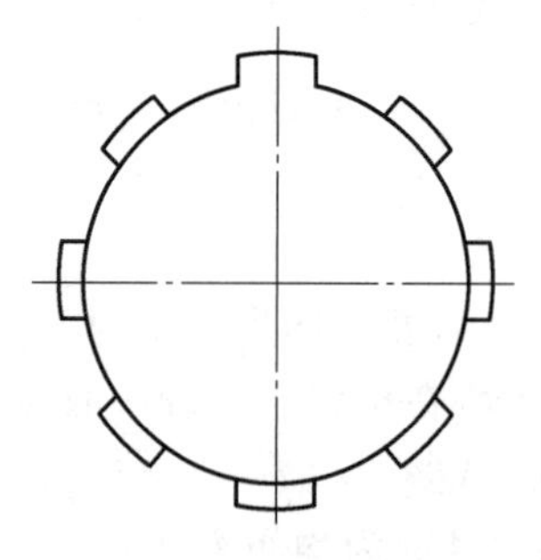

图 4-50　圆形阵列

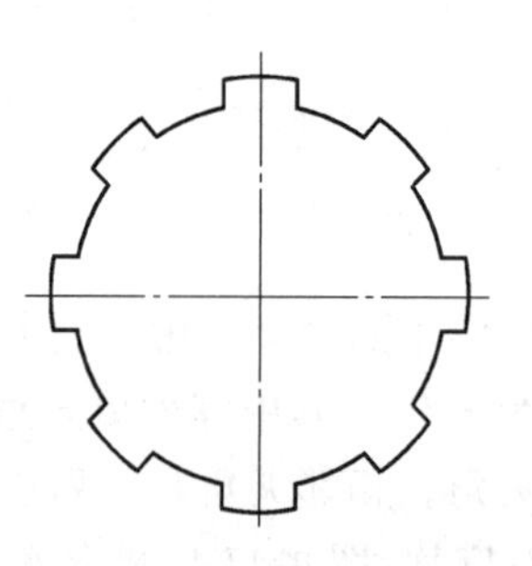

图 4-51　绘制完成的花键

4.2.9.2 矩形阵列

1. 功能

对拾取到的实体按矩形阵列的方式进行阵列复制。

2. 操作步骤

1）调用【阵列】命令弹出立即菜单。可以通过单击立即菜单【1.】中的【矩形阵列】【圆形阵列】以及【曲线阵列】进行切换，【矩形阵列】立即菜单如图 4-52 所示。

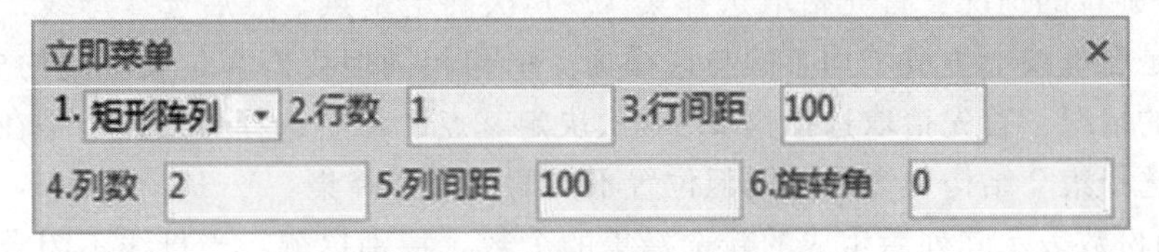

图 4-52 【矩形阵列】立即菜单

2）如图 4-52 所示，当前立即菜单中规定了矩形阵列的行数、行间距、列数、列间距以及旋转角的默认值，这些值均可通过键盘输入进行修改。

3）行、列间距指阵列后各元素基点之间的间距大小，旋转角指与 x 轴正方向的夹角。

【例 4-19】 图 4-53 是矩形阵列的两个实例，其中图 4-53a 的行数为 3，行间距为 7，列数为 4，列间距为 8，旋转角为 0°；图 4-53b 的行数为 2，行间距为 5，列数为 3，列间距为 6，旋转角为 45°。

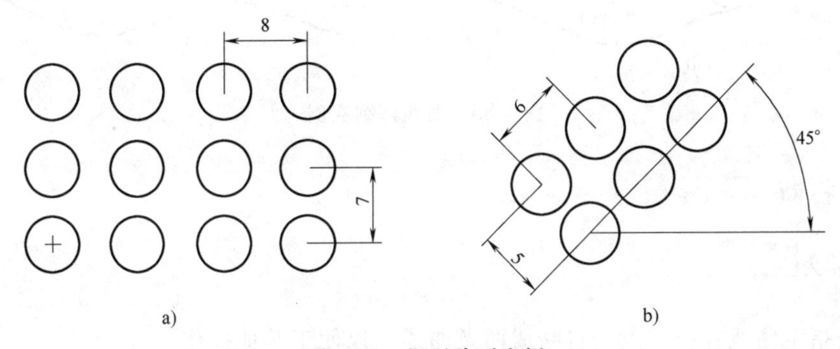

图 4-53 矩形阵列实例

4.2.9.3 曲线阵列

1. 功能

在一条或多条首尾相连的曲线上生成均布的图形选择集。各图形选择集的结构相同，位置不同，其姿态是否相同取决于【旋转/不旋转】选项。

2. 操作步骤

1）调用【阵列】命令弹出立即菜单，可以通过单击立即菜单中的第一项进行切换。【曲线阵列】立即菜单如图 4-54 所示。

2）母线拾取方式：拾取母线可单个拾取也可链拾取。单个拾取时仅拾取单根母线；链

图 4-54 【曲线阵列】立即菜单

拾取时可拾取多根首尾相连的母线集，也可只拾取单根母线。单个拾取母线时，阵列从母线的端点开始；链拾取母线时，阵列从单击的那根曲线的端点开始。对于单个拾取母线，可拾取的曲线种类有：直线、圆弧、圆、样条、椭圆、多段线；对于链拾取母线，链中只能有直线、圆弧或样条。单个拾取母线时的多段线，主要是从 AutoCAD 而来。若多段线内的曲线均为直线段，则 EB. exe（应用程序）能够正常读入为多段线，所以可作为母线；若多段线内存在圆弧，EB. exe 读入时就会把多段线读为块，所以不能作为母线。

3）对于旋转的情况：首先拾取选择集 1，其次确定基点，然后选择母线，最后确定生成方向，于是在母线上生成了均布的与选择集 1 结构相同但姿态与位置不同的多个选择集。对于不旋转的情况：首先拾取选择集 2，其次决定基点，然后选择母线，于是在母线上生成了均布的与选择集 2 结构与姿态相同但位置不同的多个选择集。

4）阵列份数表示阵列后生成的新选择集的个数。特别提醒，当母线不闭合时，母线的两个端点均生成新选择集，新选择集的总份数不变。

【例 4-20】 图 4-55 是曲线阵列的两个实例，其中图 4-55a 是单个拾取母线，选择旋转，份数为 4；图 4-55b 是同种条件下，选择不旋转情况的阵列结果。

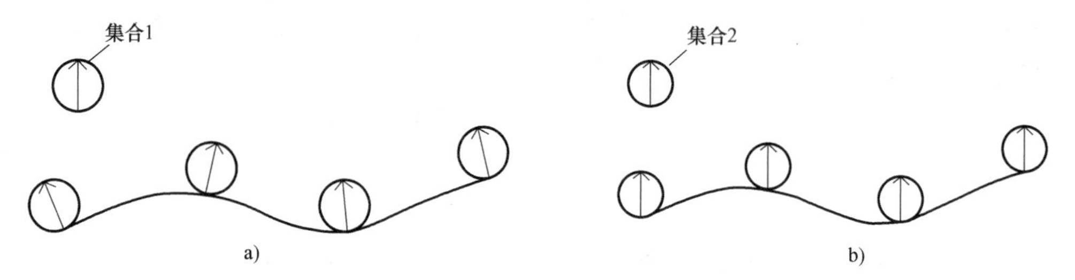

图 4-55 曲线阵列实例

4.2.10 打断

1. 图标为

2. 功能

将一条指定曲线在指定点处打断成两条曲线，以便于其他操作。

3. 操作步骤

用以下方式可以调用【打断】命令：

1）单击【修改】主菜单中的按钮。

2）单击【常用】选项卡中【修改】面板上的按钮。

3）单击【编辑】工具条上的按钮。

打断有一点打断和两点打断两种形式。

4.3 样式管理

1. 图标为

2. 功能

集中设置系统的图层、线型、标注样式、文字样式等，并可对全部样式进行管理。

3. 操作步骤

用以下方式可以调用【样式管理】命令：

1）单击【格式】主菜单下的按钮。

2）单击【设置工具】工具条的按钮。

3）单击【常用】选项卡中【特性】面板的按钮。

4）使用<Ctrl+T>快捷键。

4. 菜单介绍

调用【样式管理】命令后，弹出图 4-56 所示的对话框。

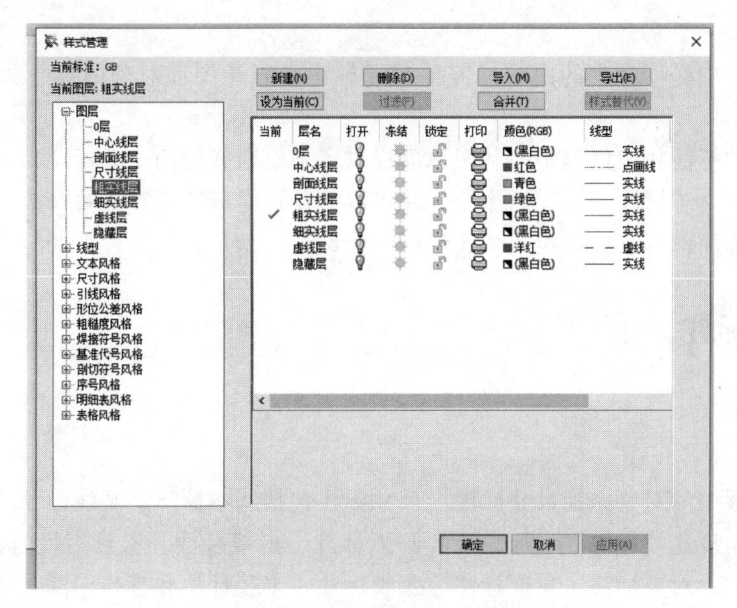

图 4-56　【样式管理】对话框

在【样式管理】对话框中可以设置各种样式的参数，也可以对所有的样式进行管理操作。

第5章　标　　注

标注是图样中必不可少的内容，需要通过标注来表达图形对象的尺寸大小和各种注释信息。

电子图板的标注功能依据相关制图标准提供了丰富而智能的尺寸标注功能，包括尺寸标注、坐标标注、文字标注、工程标注等，并可以方便地对标注进行编辑修改。另外，电子图板各种类型的标注都可以通过相应样式进行参数设置，满足各种条件下的标注需求。

5.1　尺寸标注

1. 图标为
2. 功能

向当前图形中的对象添加尺寸标注。尺寸标注包括基本标注、基线标注、连续标注、三点角度标注、角度连续标注、半标注、大圆弧标注、射线标注、锥度/斜度标注、曲率半径标注、线性标注、对齐标注、角度标注、弧长标注、半径标注和直径标注。这些标注命令均可以通过调用【尺寸标注】命令并在立即菜单中切换选择，也都可以单独执行。执行每个标注命令时，都可以在立即菜单中临时切换到以上各种标注命令。图 5-1 所示为常见的尺寸标注图例。

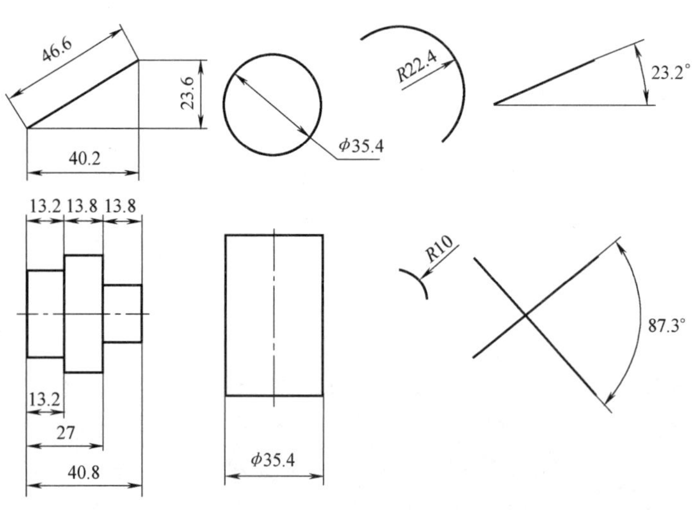

图 5-1　尺寸标注图例

3. 操作步骤

用以下方式可以调用【尺寸标注】命令：

1）单击主菜单【标注】下拉菜单中的按钮。

2）单击【标注】选项卡中【尺寸】面板上的按钮。

3）单击【标注】工具条上的按钮。

4. 菜单介绍

【尺寸标注】命令使用立即菜单进行交互操作，调用【尺寸标注】命令后弹出图5-2所示的立即菜单。

在立即菜单【1.】中选择标注方式，然后再选择要标注的对象即可。

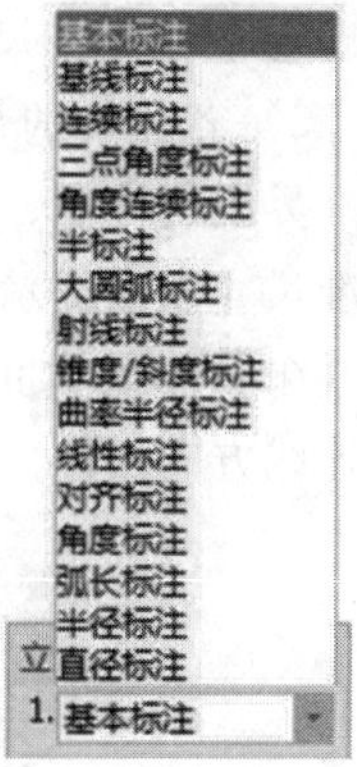

基本标注
基线标注
连续标注
三点角度标注
角度连续标注
半标注
大圆弧标注
射线标注
锥度/斜度标注
曲率半径标注
线性标注
对齐标注
角度标注
弧长标注
半径标注
直径标注
1. 基本标注

图5-2 【尺寸标注】立即菜单

5.1.1 基本标注

1. 图标为

2. 功能

快速生成线性尺寸、直径尺寸、半径尺寸、角度尺寸等基本类型的标注。尺寸标注的类型非常多，电子图板的基本标注可以根据所拾取对象自动判别要标注的尺寸类型，智能而又方便。

3. 操作步骤

用以下方式可以调用【基本标注】命令：

1）单击【尺寸标注】按钮处子菜单中的按钮。

2）调用【基本标注】命令后，根据提示拾取要标注的对象，然后再确认标注的参数和位置即可。拾取单个对象和先后拾取两个对象的概念与操作方法不同。

5.1.2 基线标注

1. 图标为

2. 功能

从同一基点处引出多个标注。

3. 操作步骤

用以下方式可以调用【基线标注】命令：

1）单击【尺寸标注】按钮处子菜单中的按钮。

2）调用【尺寸标注】命令并在立即菜单中选择【基线标注】。

调用【基线标注】命令，按提示操作即可连续生成多个标注，拾取一个已有标注或引出点操作方法略有不同。

4. 菜单介绍

1）若拾取一个已标注的线性尺寸，则该线性尺寸就作为【基线标注】中的第一基准尺寸，并按拾取点的位置确定尺寸基准界线，再按提示标注后续基准尺寸，对应的立即菜单，如图5-3所示。

立即菜单中各选项的含义如下：

图 5-3 【基线标注】立即菜单 1

① 可以在【2.】中选择【文字平行】、【文字水平】、【ISO 标准】，控制尺寸文字的方向。

②【3. 尺寸线偏移】指尺寸线的间距，默认为 10mm，可以修改。

③【4. 前缀】可在尺寸前加前缀。

④【6. 基本尺寸】默认为实际测量值，还可以重新输入数值。

2）若拾取的是【第一引出点】，弹出的立即菜单如图 5-4 所示。以此引出点作为尺寸基准界线引出点，拾取【第二引出点】指定尺寸线位置后，即可标注两个引出点间的第一基准尺寸。按提示可以反复拾取【第二引出点】，即可标注出一组基准尺寸。其中，立即菜单【4.】中的【正交】指尺寸线平行于坐标轴，可切换为【平行】，它指尺寸线平行于两点连线方向。

图 5-4 【基线标注】立即菜单 2

图 5-5 所示为基线标注的图例。

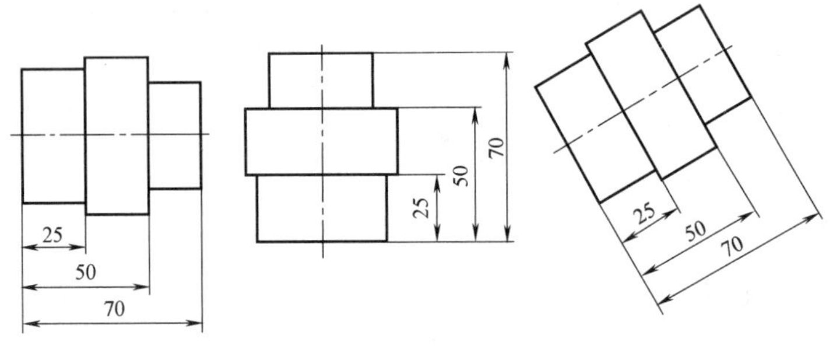

图 5-5 基线标注图例

5.1.3 连续标注

1. 图标为

2. 功能

生成一系列首尾相连的线性尺寸标注。

3. 操作步骤

用以下方式可以调用【连续标注】命令：

1）单击【尺寸标注】按钮处子菜单中的按钮。

2）调用【尺寸标注】命令并在立即菜单中选择【连续标注】。

调用【连续标注】命令，按提示操作即可连续生成多个标注，拾取一个已有标注或引出点操作方法不同。

4. 菜单介绍

1）若拾取一个已标注的线性尺寸，则该线性尺寸就作为连续尺寸中的第一个尺寸，并按拾取点的位置确定尺寸基准界线，沿另一方向可标注后续的连续尺寸，此时相应的立即菜单如图 5-6 所示。

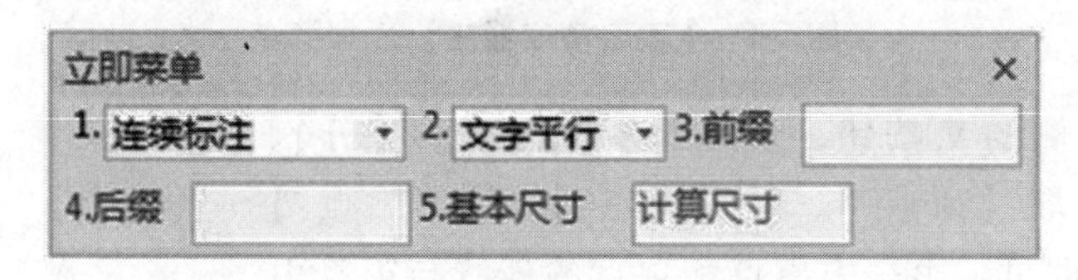

图 5-6 【连续标注】立即菜单 1

给定第二引出点后，按提示可以反复拾取适当的【第二引出点】，即可标注出一组连续尺寸。

2）若拾取的是【第一引出点】，则此引出点为尺寸基准界线的引出点，按提示拾取【第二引出点】后，立即菜单 2 变为如图 5-7 的内容。

图 5-7 【连续标注】立即菜单 2

可以标注两个引出点间的 *X* 轴方向、*Y* 轴方向或沿两点方向的连续尺寸中的第一尺寸，系统重复提示【第二引出点:】，此时，用户通过反复拾取适当的【第二引出点】，即可标注出一组连续尺寸。图 5-8 所示为连续标注的图例。

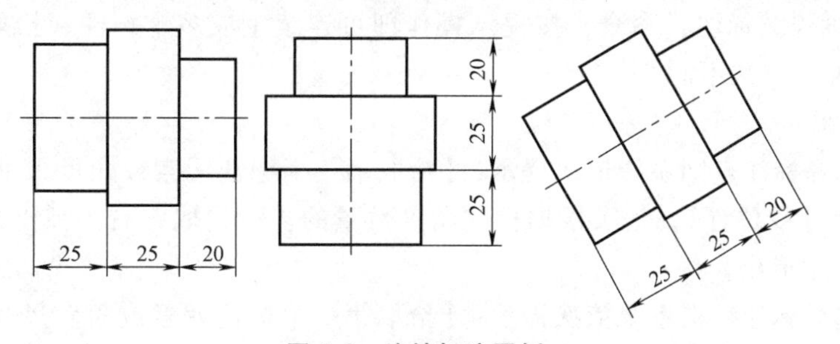

图 5-8 连续标注图例

5.1.4 三点角度标注

1. 图标为

2. 功能

生成一个三点角度标注。

3. 操作步骤

用以下方式可以调用【三点角度标注】命令：

1）单击【尺寸标注】按钮处子菜单中的按钮。

2）调用【尺寸标注】命令并在立即菜单中选择【三点角度标注】。

4. 菜单介绍

调用【三点角度标注】命令后，立即菜单如图 5-9 所示。

图 5-9　【三点角度标注】立即菜单

单击【3.】右侧的▼按钮，可以选择【度】、【分】、【秒】。根据提示拾取【顶点:】、【第一点:】、【第二点:】并确认标注的位置即可。第一引出点和顶点的连线与第二引出点和顶点的连线之间的夹角即为【三点角度标注】的角度值。图 5-10 所示为三点角度标注图例。

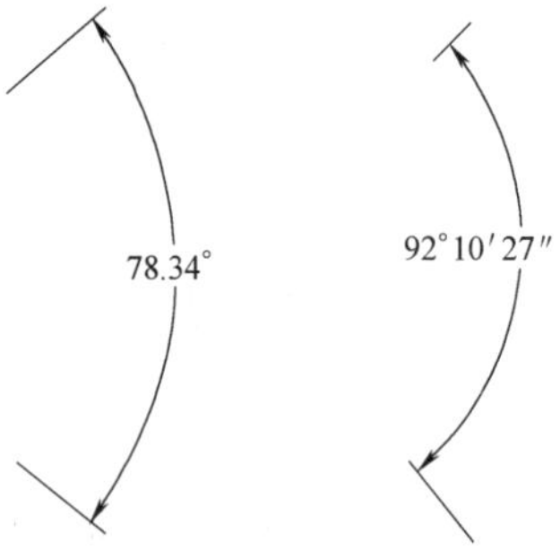

图 5-10　三点角度标注图例

5.1.5　角度连续标注

1. 图标为

2. 功能

连续生成一系列角度标注。

3. 操作步骤

用以下方式可以调用【角度连续标注】命令：

1）单击【尺寸标注】按钮处子菜单中的按钮。

2）调用【尺寸标注】命令并在立即菜单中选择【角度连续标注】。

调用【角度连续标注】命令，按提示操作即可连续生成多个标注，拾取一个已有角度标注或引出点操作方法不同。

4. 菜单介绍

1）如果选择标注点则系统依次提示：【拾取第一个标注元素或角度尺寸】、【起始点】、【终止点】、【尺寸线位置】，依次根据标注角度数量的多少拾取，右击弹出快捷菜单，选择【退出】按钮确定退出。

2）如果选择标注线则系统依次提示：【拾取第一个标注元素或角度尺寸】、【拾取另一条直线】、【尺寸线位置】，依次根据标注角度数量的多少拾取，右击弹出快捷菜单，选择【退出】按钮确定退出。

图 5-11 所示为角度连续标注图例。

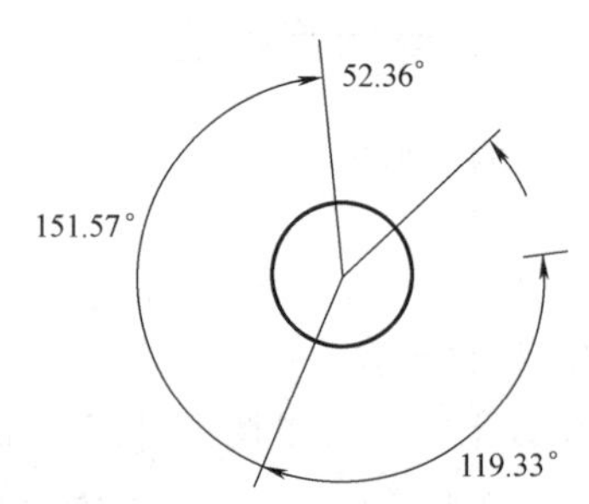

图 5-11　角度连续标注图例

5.1.6　半标注

1. 图标为

2. 功能

生成半标注。

3. 操作步骤

用以下方式可以调用【半标注】命令：

1）单击【尺寸标注】按钮处子菜单中的按钮。

2）调用【尺寸标注】命令并在立即菜单中选择【半标注】。

4. 菜单介绍

调用【半标注】命令后，立即菜单如图 5-12 所示。

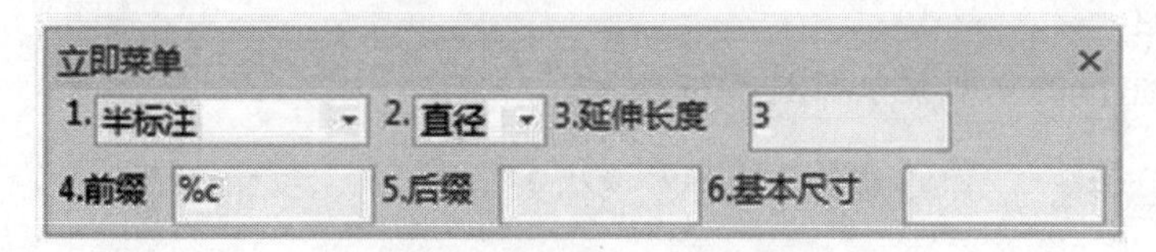

图 5-12 【半标注】立即菜单

立即菜单中各选项的含义如下：

① 单击【1.】右侧的▼按钮可以切换其他尺寸标注命令。

② 单击【2.】右侧的▼按钮可以切换标注直径或长度。

③ 单击【3. 延伸长度】可以设置半标注的尺寸线延伸长度。

④ 单击【4. 前缀】可以输入尺寸文字前缀，当【2.】为【直径】时会自动添加%c 符号。

设置好立即菜单的参数后，根据如下提示操作：

1）拾取直线或第一点。如果拾取到一条直线，系统提示【拾取与第一条直线平行的直线或第二点:】；如果拾取到一个点，系统提示【拾取直线或第二点:】。

2）拾取第二点或直线。如果两次拾取的都是点，第一点到第二点距离的 2 倍为尺寸值；如果拾取的是点和直线，点到被拾取直线的垂直距离的 2 倍为尺寸值；如果拾取的是两条平行的直线，两直线之间距离的 2 倍为尺寸值。尺寸值的测量值在立即菜单【6. 基本尺寸】中显示，用户也可以输入数值。输入第二个元素后，系统提示【尺寸线位置:】。

3）确定尺寸线位置。用光标动态拖动尺寸线，在适当位置确定尺寸线位置后，即完成标注。半标注的尺寸界线引出点总是从第二次拾取元素上引出，尺寸线箭头指向尺寸界线。图 5-13 所示为半标注图例，其中图 5-13a 为两次拾取的都是点的标注形式；图 5-13b 为第一次拾取的是点，第二次拾取的是直线的标注形式；图 5-13c 为拾取两条平行直线的标注形式；图 5-13d 为第一次拾取的是直线，第二次拾取的是点的标注形式。

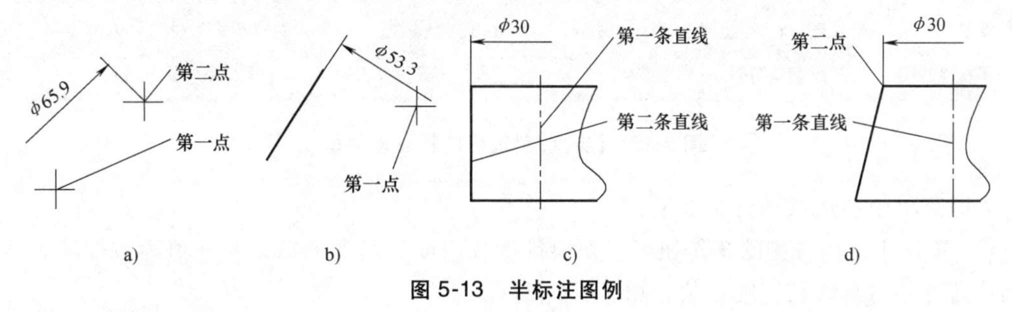

图 5-13 半标注图例

5.1.7 大圆弧标注

1. 图标为

2. 功能

生成大圆弧标注。

3. 操作步骤

用以下方式可以调用【大圆弧标注】命令：

1）单击【尺寸标注】按钮处子菜单中的按钮。

2）调用【尺寸标注】命令并在立即菜单中选择【大圆弧标注】。

4. 菜单介绍

【大圆弧标注】的立即菜单如图 5-14 所示。

图 5-14 【大圆弧标注】立即菜单

先拾取圆弧，拾取圆弧之后，圆弧的尺寸值在立即菜单【4. 基本尺寸】中显示，用户也可以输入尺寸值。依次指定【第一引出点】、【第二引出点】和【定位点】后即完成大圆弧标注。图 5-15 所示为大圆弧标注图例。

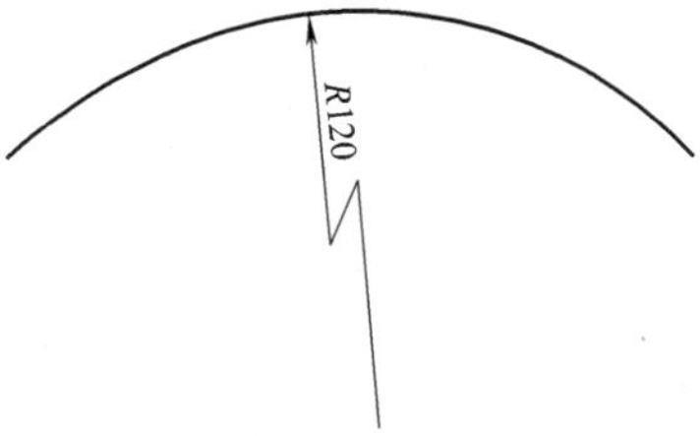

R120

图 5-15 大圆弧标注图例

5.1.8 锥度/斜度标注

1. 图标为

2. 功能

生成锥度或斜度标注。

3. 操作步骤

用以下方式可以调用【锥度/斜度标注】命令：

1）单击【尺寸标注】按钮处子菜单中的按钮。

2）调用【尺寸标注】命令并在立即菜单中选择【锥度/斜度标注】。

4. 菜单介绍

【锥度/斜度标注】的立即菜单如图 5-16 所示。

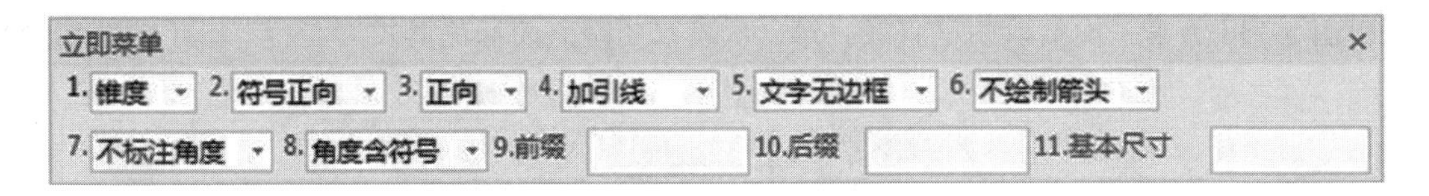

图 5-16 【锥度/斜度标注】立即菜单

立即菜单中各选项的含义如下：

1）单击【1.】右侧的▼按钮可以切换锥度或斜度，斜度的默认尺寸值为被标注直线相对轴线高度差与直线长度的比值，用 1 : X 表示。

2）单击【2.】右侧的▼按钮可以切换符号正向/符号反向，用来调整锥度或斜度符号的方向。

3）单击【3.】右侧的▼按钮可以切换正向/反向，用来调整锥度或斜度标注文字的方向。

4）单击【4.】右侧的▼按钮控制是否添加引线。

5）单击【5.】右侧的▼按钮设置标注的文字是否加边框。

6）单击【6.】右侧的▼按钮设置是否绘制引出线的剪头。

7）单击【7.】右侧的▼按钮设置是否添加角度标注。

确认立即菜单的参数后，先拾取轴线，再拾取直线。拾取直线后，在立即菜单中显示默认尺寸值，用户也可以输入尺寸值。用光标拖动尺寸线，在适当位置输入文字定位点即完成锥度标注。图 5-17 所示为锥度和斜度标注图例。

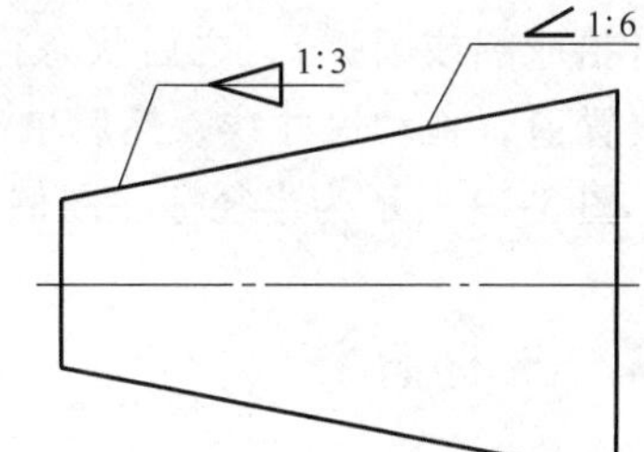

图 5-17　锥度和斜度标注图例

5.1.9　角度标注

1. 图标为

2. 功能

用于标注圆弧的圆心角、圆的一部分的圆心角、两直线间的夹角、三点角度。

3. 操作步骤

用以下方式可以调用【角度标注】命令：

1）单击【尺寸标注】按钮处子菜单中的按钮。

2）调用【尺寸标注】命令并在立即菜单中选择【角度标注】。

4. 菜单介绍

执行【角度标注】命令，状态行提示【拾取圆弧、圆、直线或指定顶点:】，选取不同的对象，以下的操作过程也有所区别，分述如下：

1）拾取圆弧：单击圆弧，状态行提示【尺寸线位置:】，拖动光标可看到标注的圆弧圆心角，单击确认标注。

2）拾取圆：用于标注圆的一部分的圆心角，在圆上某处（作为标注的第一点）单击后，状态行提示【第二点:】，在圆上其他部分单击选取一点，即可标出两点间圆弧的圆心角。

3）拾取直线：拾取直线后，状态行提示【拾取另一直线:】，单击另一直线，标注出两条直线间的夹角。

4）指定顶点：若要指定顶点，首先按下空格键，状态行提示【顶点:】，选取一点作为顶点后，状态行依次提示【第一点:】、【第二点:】，拾取两点后，标注出三点角度。

图 5-18 所示为角度标注图例。

图 5-18　角度标注图例

5.1.10　半径标注

1. 图标为

2. 功能

专用于标注圆弧或圆的半径，标注时自动在尺寸值前加前缀“R”。

3. 操作步骤

用以下方式可以调用【半径标注】命令：

1）单击【尺寸标注】按钮处子菜单中的◷按钮。

2）调用【尺寸标注】命令并在立即菜单中选择【半径标注】。

4. 菜单介绍

执行【半径标注】命令，根据状态行提示【拾取圆或圆弧】，之后状态行提示【尺寸线位置:】，拖动尺寸线，然后单击完成标注。

图5-19所示为半径标注图例。

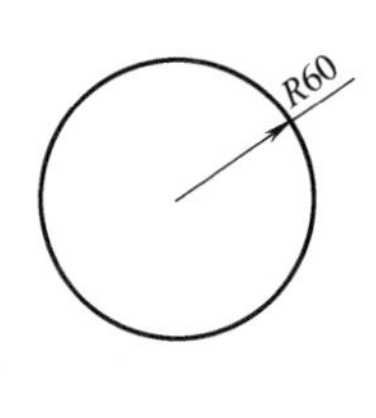

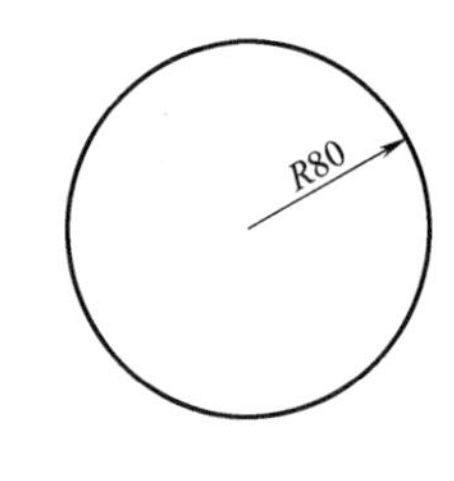

图5-19　半径标注图例

5.2　坐标标注

1. 图标为

2. 功能

标注坐标原点，选定点或圆心（孔位）的坐标值尺寸。坐标标注包括原点标注、快速标注、自由标注、对齐标注、孔位标注、引出标注、自动列表、自由孔表。这些标注命令均可以通过调用【坐标标注】命令并在立即菜单中切换选择，也都可以单独执行。执行每个标注命令时，都可以在立即菜单中临时切换到以上各种标注命令。

3. 操作步骤

用以下方式可以调用【坐标标注】命令：

1）单击【标注】主菜单中的按钮。

2）单击【标注】选项卡中【坐标】面板上的按钮。

3）单击【尺寸】工具条上的按钮。

4. 菜单介绍

【坐标标注】命令使用立即菜单进行交互操作，调用【坐标标注】命令后弹出图5-20所示立即菜单。

图5-20　【坐标标注】立即菜单

单击立即菜单【1.】右侧的▼按钮，选择标注方式，然后再选择要标注的对象即可。下面对坐标标注的各种方式进行详细介绍。

5.2.1　原点标注

1. 图标

2. 功能

标注当前坐标系原点的 X 坐标值和 Y 坐标值。

3. 操作步骤

用以下方式可以调用【原点标注】命令：

1）单击【坐标标注】按钮处子菜单中的按钮。

2）调用【坐标标注】命令并在立即菜单中选择【原点标注】。

4. 菜单介绍

调用【原点标注】命令后，立即菜单及系统提示如下：

1）输入第二点或长度。尺寸线从原点出发，用第二点确定标注尺寸文字的定位点，这个定位点也可以通过输入长度数值来确定。根据光标的拖动位置确定首先标注 X 轴方向上的坐标还是 Y 轴方向上的坐标。输入第二点或长度后，系统接着提示【第二点或长度:】，如果只需要标注一个坐标轴方向的坐标，右击或按<Enter>键结束。如果还需要标注另一个坐标轴方向的坐标，接着输入第二点或长度即可。

2）原点标注的格式用立即菜单中的选项来选定。【原点标注】立即菜单中各选项的含义如下：

【尺寸线双向/尺寸线单向】：【尺寸线双向】指尺寸线从原点出发，分别向坐标轴两端延伸；【尺寸线单向】指尺寸线从原点出发，向坐标轴靠近拖动点一端延伸。

【文字双向/文字单向】：当选择【尺寸线双向】时，【文字双向】指在尺寸线两端均标注尺寸值；【文字单向】指只在靠近拖动点一端标注尺寸值。

【X 轴偏移】：原点的 X 坐标值。

【Y 轴偏移】：原点的 Y 坐标值。

图 5-21 所示为原点标注图例。

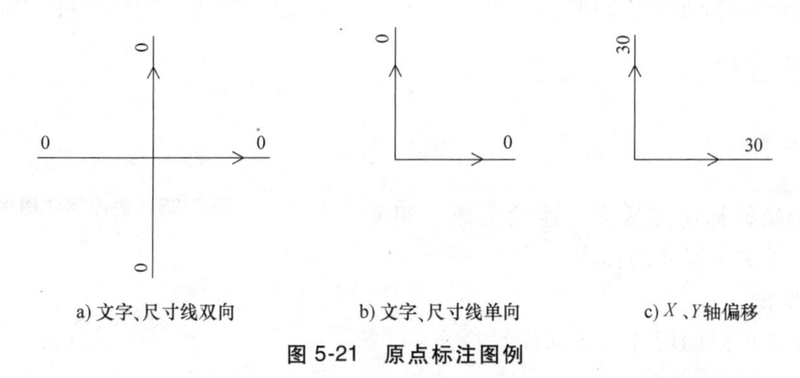

a) 文字、尺寸线双向　　b) 文字、尺寸线单向　　c) X、Y轴偏移

图 5-21　原点标注图例

5.2.2　快速标注

1. 图标为

2. 功能

标注当前坐标系下任一标注点的 X 坐标值或 Y 坐标值。标注格式由立即菜单给定，用户只需输入标注点就能完成标注。

3. 操作步骤

用以下方式可以调用【快速标注】命令：

1）单击【坐标标注】按钮处子菜单中的按钮。

2）调用【坐标标注】命令并在立即菜单中选择【快速标注】。

4. 菜单介绍

调用【快速标注】命令，弹出图 5-22 所示的立即菜单。

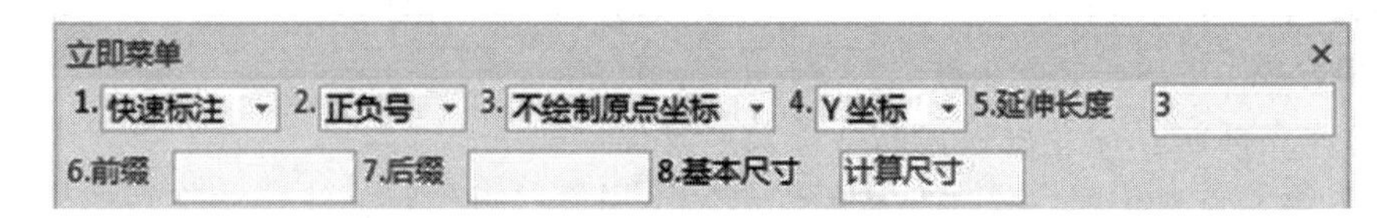

图 5-22　【快速标注】立即菜单

立即菜单中部分选项的含义如下：

1）【正负号/正号】：当尺寸值等于计算值时，选择【正负号】，则所标注的尺寸值取实际值（如果是负数保留负号）；如果选择【正号】，则所标注的尺寸值取绝对值。

2）【Y 坐标/X 坐标】：控制是标 *Y* 坐标值还是标 *X* 坐标值。

3）【延伸长度】：控制尺寸线的长度。尺寸线长度为延伸长度加文字字串长度，默认为 3mm，也可以按<Alt+5>用键盘输入数值。

4）【前缀】：设置尺寸的前缀。

5）【基本尺寸】：如果立即菜单【4.】为【Y 坐标】时，默认尺寸值为标注点的 *Y* 坐标值，否则为标注点的 *X* 坐标值。用户也可以用组合键<Alt+5>输入尺寸值，此时【正负号】不起作用。

图 5-23 所示为快速标注图例。

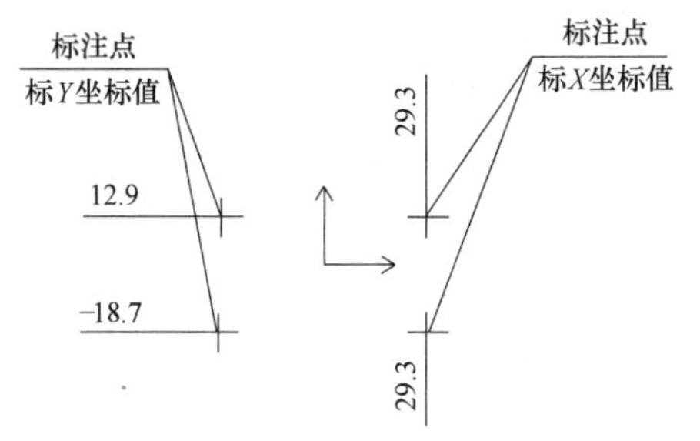

图 5-23　快速标注图例

5.2.3　对齐标注

1. 图标为

2. 功能

以第一个坐标标注为基准，连续生成一组平行尺寸线，尺寸文字对齐的标注。

3. 操作步骤

用以下方式可以调用【对齐标注】命令：

1）单击【坐标标注】按钮处子菜单中的按钮。

2）调用【坐标标注】命令并在立即菜单中选择【对齐标注】。

4. 菜单介绍

调用【对齐标注】命令，弹出图 5-24 所示的立即菜单。

图 5-24　【对齐标注】立即菜单

立即菜单中部分选项的含义如下：

1）【正负号/正号】：如果选择【正负号】，则所标注的尺寸值取实际值（如果是负数保留负号）；如果选择【正号】，则所标注的尺寸值取绝对值。

2）【绘制引出点箭头】：只有尺寸线处于关闭状态下才出现，控制尺寸线一端是否要画出箭头。

3)【绘制/不绘制原点坐标】：是否绘制原点坐标。

4)【对齐点延伸】：定义延伸长度。

5)【前缀】：设置尺寸的前缀。

6)【后缀】：设置尺寸的后缀。

7)【基本尺寸】：默认为标注点坐标值。用户也可以用组合键<Alt+8>输入尺寸值，此时【正负号】选项不起作用。

确定立即菜单的参数后，先生成第一个坐标标注，标注方法与自由标注相同。然后再生成后续尺寸，对后续的坐标尺寸，只出现提示【标注点:】，用户选定一系列标注点，即可完成一组尺寸文字对齐的坐标标注。

图 5-25 所示为对齐标注图例。

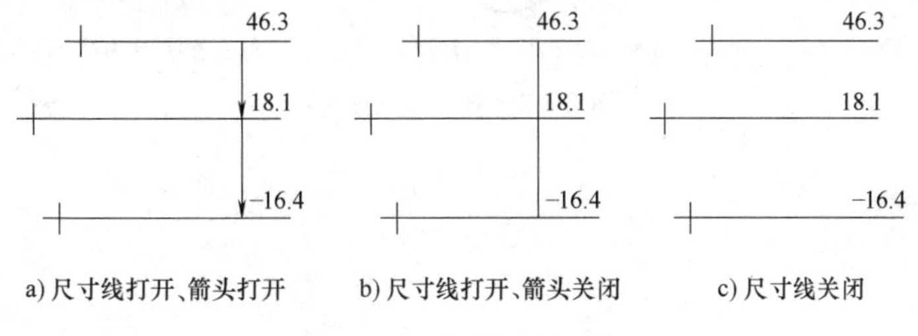

a) 尺寸线打开、箭头打开　　b) 尺寸线打开、箭头关闭　　c) 尺寸线关闭

图 5-25　对齐标注图例

5.2.4　孔位标注

1. 图标为

2. 功能

标注圆心或点的 *X*、*Y* 坐标值。

3. 操作步骤

用以下方式可以调用【孔位标注】命令：

1) 调用【坐标标注】命令并在立即菜单中选择【孔位标注】。

2) 单击【坐标标注】按钮处子菜单中的按钮。

4. 菜单介绍

调用【孔位标注】命令，弹出图 5-26 所示的立即菜单。

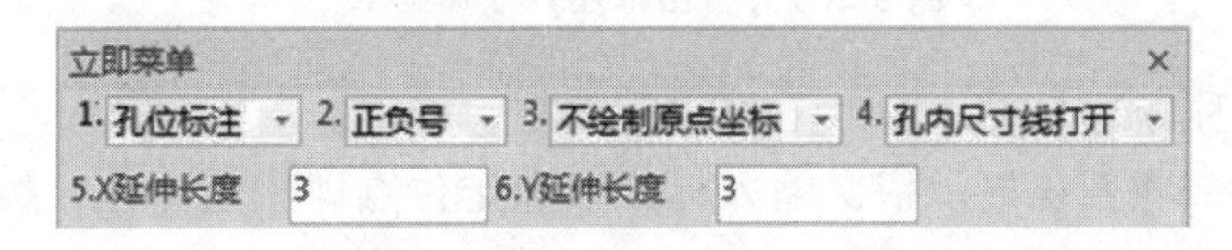

图 5-26 【孔位标注】立即菜单

立即菜单中部分选项的含义如下：

1)【正负号/正号】：如果选择【正负号】，则所标注的尺寸值取实际值（如果是负数保留负号）；如果选择【正号】，则所标注的尺寸值取绝对值。

2)【孔内尺寸线打开/关闭】：标注圆心坐标时，控制位于圆内的尺寸界线是否画出。

3）【X 延伸长度】：控制沿 X 坐标轴方向，尺寸界线延伸出圆外的长度或尺寸界线自标注点延伸的长度，默认值为 3mm，用户可以修改。

4）【Y 延伸长度】：控制沿 Y 坐标轴方向，尺寸界线延伸出圆外的长度或尺寸界线自标注点延伸的长度，默认值为 3mm，用户可以修改。

5）【绘制/不绘制原点坐标】：是否绘制原点坐标。

确定立即菜单的参数后，根据提示拾取圆或点即可生成孔位标注。

图 5-27 所示为孔位标注图例。

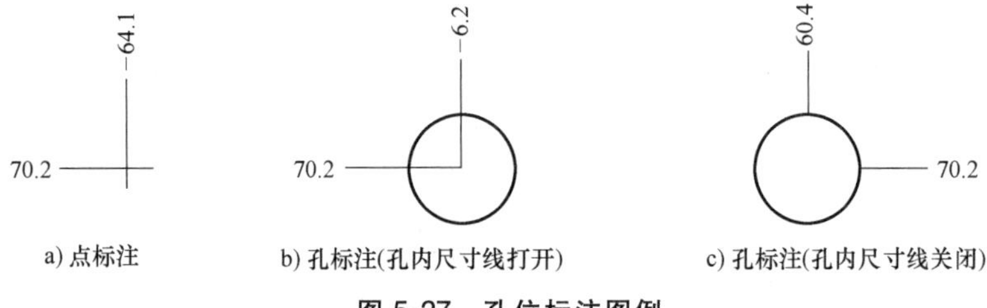

图 5-27 孔位标注图例

5.2.5 引出标注

1. 图标为

2. 功能

用于坐标标注中尺寸线或文字过于密集时，将数值标注引出来的标注。

3. 操作步骤

用以下方式可以调用【引出标注】命令：

1）单击【坐标标注】按钮处子菜单中的按钮。

2）调用【坐标标注】命令并在立即菜单中选择【引出标注】。

4. 菜单介绍

调用【引出标注】命令，弹出图 5-28 所示的立即菜单。

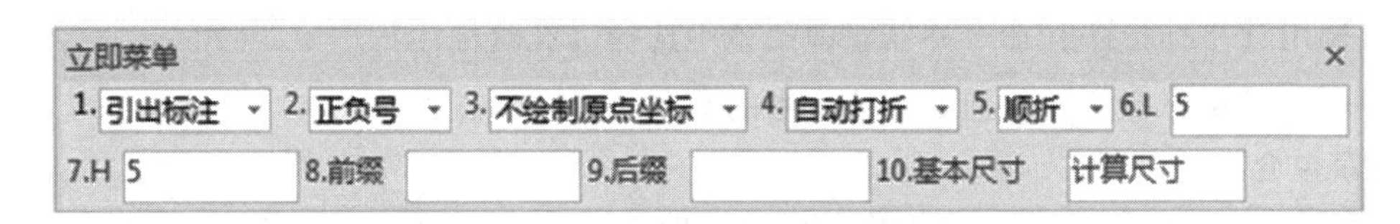

图 5-28 【引出标注】立即菜单 1

引出标注分两种标注方式：自动打折和手工打折。

（1）自动打折 按系统提示依次输入标注点和定位点即完成标注，标注格式由立即菜单中的选项控制。

立即菜单中各选项的含义如下：

1）【正负号/正号】：当尺寸值为默认值时，控制尺寸值的正负号。如果选择【正负号】，则所标注的尺寸值取实际值（如果是负数保留负号）；如果选择【正号】，则所标注的尺寸值取绝对值。

2）【绘制/不绘制原点坐标】：是否绘制原点坐标。

3)【自动打折/手工打折】：用来切换引出标注的方式。

4)【顺折/逆折】：控制转折线的方向。

5)【L】：控制第一条转折线的长度。

6)【H】：控制第二条转折线的长度。

7)【前缀】：设置尺寸文字的前缀。

8)【后缀】：设置尺寸文字的后缀。

9)【基本尺寸】：默认为标注点坐标值。用户也可以用组合键<Alt+10>输入尺寸值，此时【正负号】选项不起作用。

(2) 手工打折切换立即菜单【4.】为【手工打折】，立即菜单变为图 5-29 所示内容。

图 5-29 【引出标注】立即菜单 2

按系统提示依次输入标注点、第一引出点、第二引出点和定位点即完成标注。

立即菜单 2 中部分选项的含义如下：

1)【正负号/正号】：当尺寸值为默认值时，控制尺寸值的正负号。如果选择【正负号】，则所标注的尺寸值取实际值（如果是负数保留负号）；如果选择【正号】，则所标注的尺寸值取绝对值。

2)【绘制/不绘制原点坐标】：是否绘制原点坐标。

3)【自动打折/手工打折】：用来切换引出标注的方式。

4)【前缀】：设置尺寸文字的前缀。

5)【基本尺寸】：默认为标注点坐标值。用户也可以用组合键<Alt+4>输入尺寸值，此时【正负号】选项不起作用。

图 5-30 所示为引出标注图例。

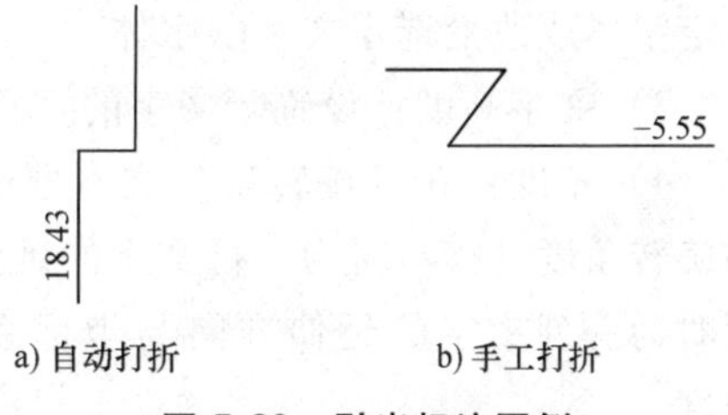

图 5-30 引出标注图例

5.3 文字标注

图样中通常需要添加文字注释以表达各种信息，如说明信息、技术要求等。电子图板的文字标注功能包括文字、引出说明、技术要求等。

5.3.1 文字

1. 图标为 A

2. 功能

生成文字对象到当前图形中。

3. 操作步骤

用以下方式可以调用【文字】命令：

1）单击【绘图】主菜单中的 A 按钮。

2）单击【绘图】工具条中的 A 按钮。

3）单击【标注】选项卡中【文字】面板上的 A 按钮。

生成文字时有指定两点、搜索边界和拾取曲线三种方式，

4. 菜单介绍

执行【文字】命令后，在立即菜单中选择【指定两点】，根据提示用光标指定要标注文字的矩形区域的第一角点和第二角点，然后系统将弹出文本编辑器，如图5-31所示。

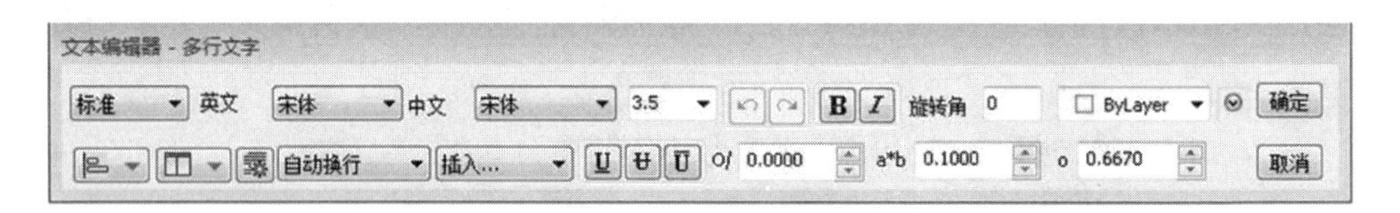

图5-31　文本编辑器

设置文字参数后，在文本框中输入文字，然后单击【确定】即可。文本编辑器中各选项的含义和用法如下：

1）样式：单击【样式】下拉列表框可以选择要生成文字的文字风格，文字风格的切换对整段文字有效。如果将新样式应用到当前编辑的文字对象中，用于字体、高度和粗体或斜体属性的字符格式将被替代，下划线和颜色属性将保留在应用了新样式的字符中。

2）字体：单击【英文】和【中文】右侧的▼按钮，可在下拉列表框中为新输入的文字指定字体或改变选定文字的字体。

3）文字高度：设置新文字的字符高度或修改选定文字的高度。

4）角度：在【旋转角】文本框中可以为新输入的文字设置旋转角度或改变已选定文字的旋转角度。横写时为一行文字的延伸方向与坐标系的 x 轴正方向按逆时针测量的夹角；竖写时为一列文字的延伸方向与坐标系的 y 轴负方向按逆时针测量的夹角。旋转角的单位为度。

5）颜色：指定新文字的颜色或更改选定文字的颜色。

6）粗体B：单击该选项，打开或关闭新文字或选定文字的粗体格式。此选项仅适用于使用TrueType字体的字符。

7）倾斜I：单击该选项，打开或关闭新文字或选定文字的斜体格式。此选项仅适用于使用TrueType字体的字符。

8）下划线U：单击该选项，为新文字或选定文字添加或去除下划线。

9）中间线U：单击该选项，为新文字或选定文字添加或去除中间线。

10）上划线U：单击该选项，为新文字或选定文字添加或去除上划线。

11）插入：单击【插入】右侧的▼按钮可以在下拉列表框中选择各种特殊符号，包括直径符号、角度符号、正负号、偏差、上下标、分数、表面粗糙度、尺寸特殊符号等。

12）自动换行：单击【自动换行】右侧的▼按钮可以设置文字自动换行、压缩文字或手动换行。自动换行指文字到达指定区域的右边界（横写时）或下边界（竖写时）时，自

动以汉字、单词、数字或标点符号为单位换行，并可以避头尾字符，使文字不会超过边界（例外情况是当指定的区域很窄而输入的单词、数字或分数等很长时，为保证不将一个完整的单词、数字或分数等结构拆分到两行，生成的文字会超出边界）；压缩文字是当指定的字型参数会导致文字超出指定区域时，系统自动修改文字的高度、中西文宽度系数和字符间距系数，以保证文字完全在指定的区域内；手动换行指在输入标注文字时只要按<Enter>键，就能完成文字换行。

13）对齐：包括左上、中上、右上、左中、居中、右中、左下、中下、右下九种对齐方式。

14）分栏：默认为不分栏状态，通过下拉列表框可以选择动态分栏（包括手动高度和自动高度）、静态分栏、插入分栏符及分栏设置。其中【插入分栏符】选项默认为灰色不可选状态，只有成功分栏后才可以插入分栏符作为分栏界限。

15）段落设置：图 5-32 所示为【段落设置】对话框。可以在该对话框中，通过制表位、左缩进、右缩进、段落对齐、段落间距和段落行距对文本进行设定。

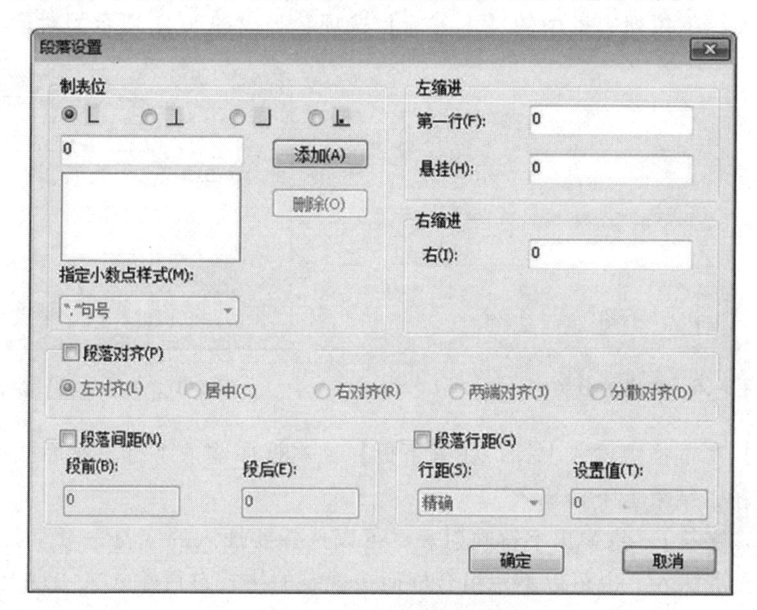

图 5-32 【段落设置】对话框

5.3.2 插入符号

在图 5-31 文本编辑器【插入】下拉列表框中选择【偏差】，弹出图 5-33 所示【上下偏差】对话框。

在【上偏差】、【下偏差】文本框中输入上、下偏差值，然后按<Enter>键或单击【确定】按钮完成上、下偏差输入。输入的上偏差值必须大于下偏差值。偏差存在负值时必须输入负号，否则按正值输出。例如：在【上偏差】文本框中输入 0.005，【下偏差】文本框中输入-0.004，单击【确定】按钮，生成的上下偏差，如图 5-34 所示。

图 5-33 【上下偏差】对话框

选择【插入】下拉列表框中的【分数】选项，弹出图 5-35 所示的对话框。

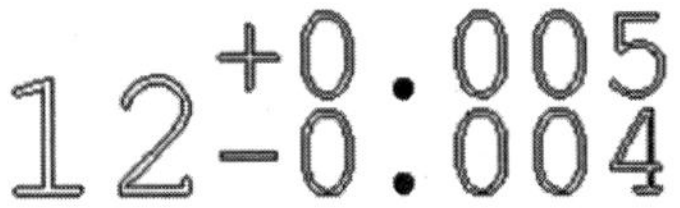

$12^{+0.005}_{-0.004}$

图 5-34　生成的偏差

图 5-35　【分数】对话框

在【分子】文本框中输入分子，【分母】文本框中输入分母，按<Enter>键或单击【确定】按钮即可完成分数输入。例如：在【分子】文本框中输入 1，【分母】文本框中输入 10，单击【确定】按钮生成分数，如图 5-36 所示。

选择【插入】下拉列表框中的【上下标】选项，弹出图 5-37 所示的对话框。

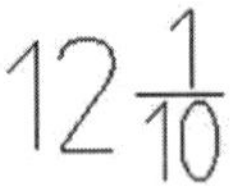

$12\frac{1}{10}$

图 5-36　生成的分数

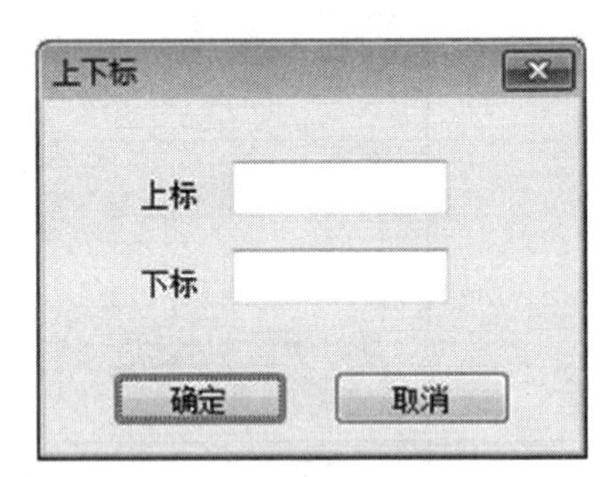

图 5-37　【上下标】对话框

在【上标】文本框中输入上标，在【下标】文本框中输入下标，然后按<Enter>键或单击【确定】按钮，结束上下标输入。

对于【特殊字符】，将弹出字符映射表，可以选择要插入的字符；对于其他选项，系统直接将对应的文本插入，也可以不用组合框而按规定的格式自行输入来实现上述特殊格式和符号。

5.3.3　引出说明

1. 图标为

2. 功能

用于标注引出注释，由文字和引出线组成。引出点处可带箭头，文字可输入中文和西文。

3. 操作步骤

用以下方式可以调用【引出说明】命令：

1）单击【标注】主菜单中的按钮。

2）单击【标注】工具条中的按钮。

3）单击【标注】选项卡中【符号】面板上的按钮。

4. 菜单介绍

调用【引出说明】命令后弹出图 5-38 所示的对话框。

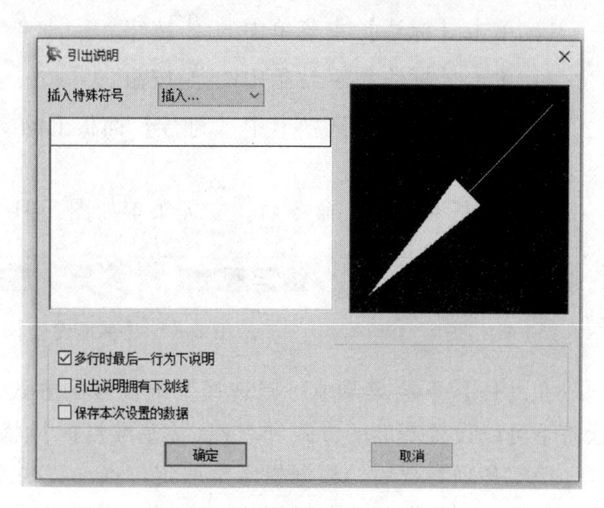

图 5-38 【引出说明】对话框

在对话框中输入相应上下说明文字，若只需一行说明则只输入上说明。单击【确定】按钮，进入下一步操作；单击【取消】按钮，结束此命令。

单击【确定】按钮后弹出图 5-39 所示的立即菜单。

根据提示输入第一点和下一点，直到确认位置右击结束命令，即可完成引出说明标注。

图 5-39 【引出说明】立即菜单

图 5-40 所示为引出说明图例。

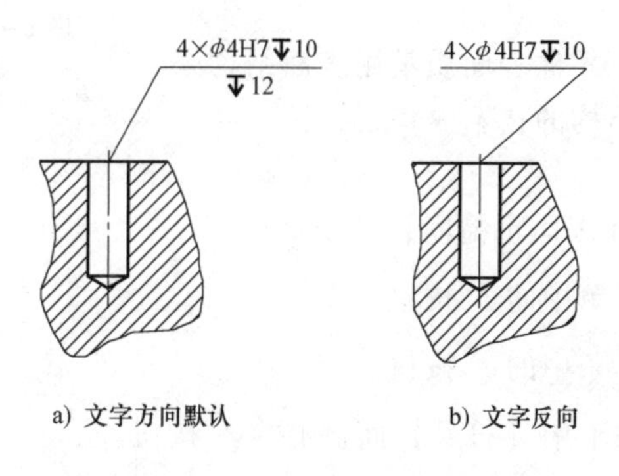

图 5-40 引出说明图例

5.4 工程标注

5.4.1 基准代号

1. 图标为

2. 功能

用于标注几何公差中基准部位的代号。

3. 操作步骤

用以下方式可以调用【基准代号】命令：

1）单击【标注】主菜单中的 按钮。

2）单击【标注】工具条中的 按钮。

3）单击【标注】选项卡中【符号】面板上的 按钮。

4. **菜单介绍**

调用【基准代号】命令后，立即菜单如图5-41所示。

1. 基准标注　2. 给定基准　3. 默认方式　4.基准名称　A

图5-41　【基准代号】立即菜单

在【1.】下拉菜单中可以选择基准代号的方式，即基线标注和基准目标。【基线标注】状态下可以设置基准的方式和名称，【基准目标】状态下可以设置目标标注或代号标注。

确定各项参数后，根据提示拾取定位点、直线或圆弧并确认标注位置，即可生成基准代号。若拾取的是定位点，可用拖动方式或用键盘输入旋转角，即可完成基准代号的标注。若拾取的是直线或圆弧，将标注出与直线或圆弧相垂直的基准代号。

图5-42所示为基准代号标注图例。

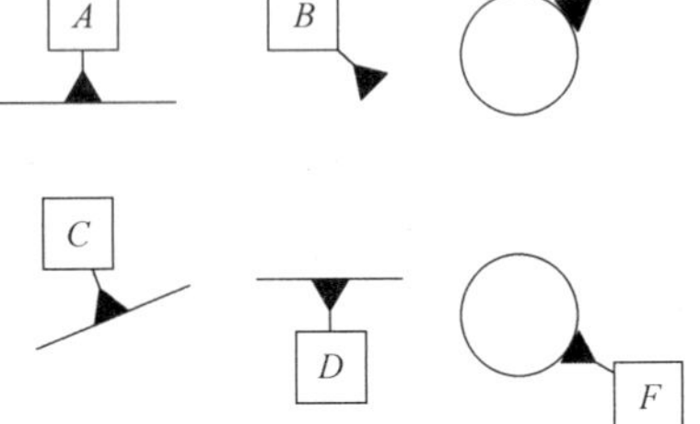

图5-42　基准代号标注图例

5.4.2　表面粗糙度

1. **图标为**

2. **功能**

标注表面粗糙度代号。零件表面质量用表面结构来定义，表面粗糙度是表面结构的技术内容之一。

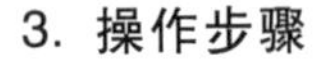

3. **操作步骤**

用以下方式可以调用【表面粗糙度】命令：

1）单击【标注】主菜单中的 按钮。

2）单击【标注】工具条中的 按钮。

3）单击【标注】选项卡中【符号】面板上的 按钮。

4. **菜单介绍**

调用【粗糙度】命令，立即菜单如图5-43所示。

1. 简单标注　2. 默认方式　3. 去除材料　4.数值　1.6　5.

图5-43　【表面粗糙度】立即菜单

立即菜单【1.】中有两个选项：简单标注和标准标注，即表面粗糙度标注可分为简单标注和标准标注两种方式。

（1）简单标注　简单标注只标注表面处理方法和表面粗糙度值。表面处理方法可通过立即菜单【3.】选择：去除材料/不去除材料/基本符号。表面粗糙度值可通过立即菜单【4.】输入。

（2）标准标注　切换立即菜单【1.】为【标准标注】，同时弹出图5-44所示的对话框

（根据选择标准不同，对话框会有区别）。

对话框中包括了表面粗糙度的各种标注：基本符号、纹理方向、上限值、下限值及说明标注等，用户可以在预显框里看到标注结果，然后单击【确定】按钮即可。

图 5-45 所示为表面粗糙度标注图例。

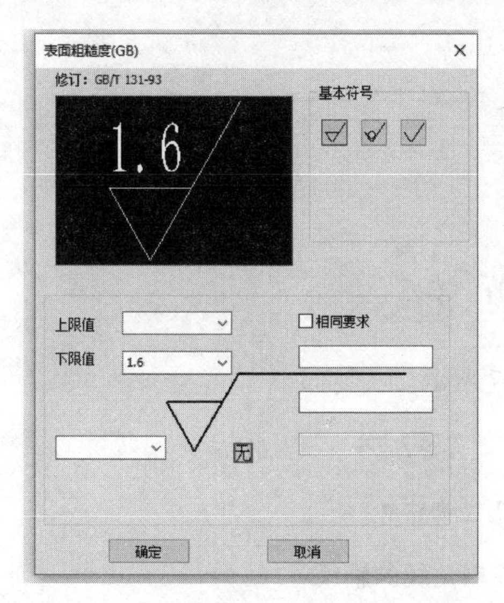

图 5-44 【表面粗糙度（GB）】对话框

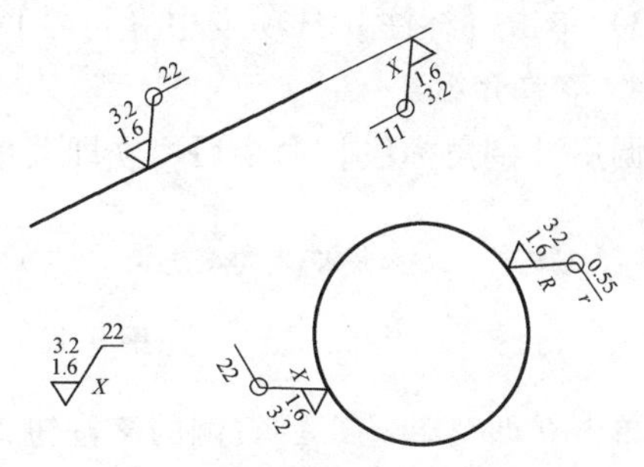

图 5-45 表面粗糙度标注图例

5.4.3 剖切符号

1. 图标为

2. 功能

标出剖面的剖切位置。

3. 操作步骤

用以下方式可以调用【剖切符号】命令：

1）单击【标注】主菜单中的按钮。

2）单击【标注】工具条中的按钮。

3）单击【标注】选项卡中【符号】面板上的按钮。

4. 菜单介绍

调用【剖切符号】命令后，根据提示先以两点线的方式画出剖切轨迹线，当绘制完成后，右击结束画线状态。此时在剖切轨迹线的终止点显示出沿最后一段剖切轨迹线法线方向的两个箭头标识，并提示【请拾取所需的方向:】，可以在两个箭头的一侧单击以确定箭头的方向，或者右击取消箭头。然后系统提示【指定剖面名称标注点:】，拖动一个表示文字大小的矩形到所需位置单击左键确认，此步骤可以重复操作，直至右击结束。

图 5-46 所示为剖切符号图例。

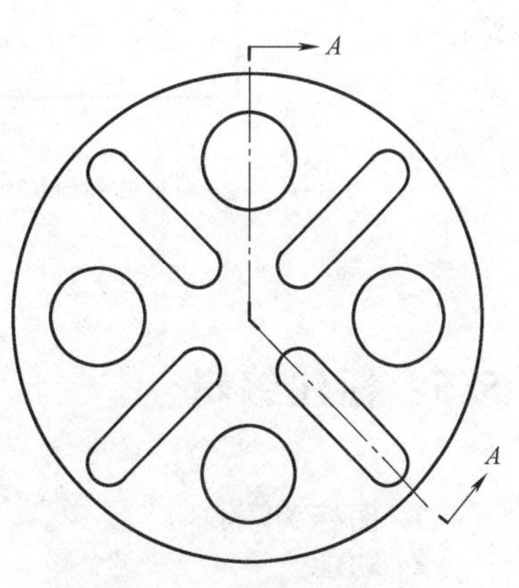

图 5-46 剖切符号图例

5.4.4 倒角标注

1. 图标为

2. 功能

标注倒角尺寸。

3. 操作步骤

用以下方式可以调用【倒角标注】命令：

1）单击【标注】主菜单中的按钮。

2）单击【标注】工具条中的按钮。

3）单击【标注】选项卡中【符号】面板上的按钮。

4. 菜单介绍

调用【倒角标注】命令后，立即菜单如图5-47所示。

图5-47 【倒角标注】立即菜单

单击立即菜单【2.】右侧的▼按钮，可以选择倒角线的轴线方式：

1）【轴线方向为x轴方向】：轴线与x轴平行。

2）【轴线方向为y轴方向】：轴线与y轴平行。

3）【拾取轴线】：自定义轴线。

用户拾取一段倒角后，立即菜单中显示出该直线的标注值，可以编辑标注值，然后再指定尺寸线位置即可。

当倒角角度为45°时，单击立即菜单【4.】右侧的▼按钮可以选择倒角标注的方式为简化倒角，如$C1$代表1×45°的倒角。

图5-48所示为倒角标注图例。

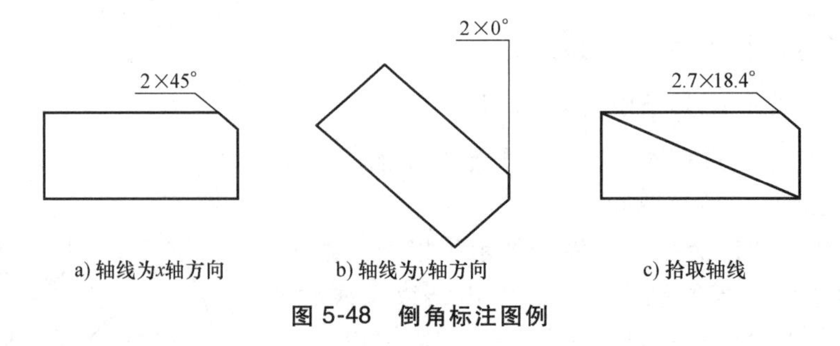

a) 轴线为x轴方向　b) 轴线为y轴方向　c) 拾取轴线

图5-48 倒角标注图例

5.5 标注编辑

1. 图标为

2. 功能

拾取要编辑的标注对象，进入对应的编辑状态。

3. 操作步骤

用以下方式可以调用【标注编辑】命令：

1）单击【修改】主菜单中的按钮。

2）单击【编辑】工具条中的按钮。

3）单击功能区【标注】选项卡中的按钮。

调用【标注编辑】命令，拾取要编辑的标注并进入该标注对象的编辑状态。接下来可以通过立即菜单、尺寸标注属性设置、夹点编辑等多种方式进行编辑。对于大多数标注对象，双击时将自动调用【标注编辑】命令。

5.5.1　立即菜单标注编辑

在尺寸标注或尺寸编辑中，立即菜单中的【基本尺寸】或【前缀】等文本框中可以直接输入特殊字符。

在尺寸值输入中，一些特殊符号，如直径符号“ϕ”（可用动态键盘输入）、角度符号“°”、公差的上下极限偏差值等，可通过电子图板规定的前缀和后缀符号来实现。

直径符号：用“%c”表示，如输入“%c40”，则标注为“ϕ40”。

角度符号：用“%d”表示，如输入“30%d”，则标注为“30°”。

公差符号：用%p表示，如基本尺寸为50，在【后缀】文本框中输入%p0.5，则标注为50±0.5，偏差值的字高与尺寸值字高相同。

下面介绍线性尺寸、直径尺寸或半径尺寸、角度尺寸等尺寸类标注的编辑方法。

（1）编辑线性尺寸　拾取一个线性尺寸，出现图5-49所示的立即菜单。

图5-49　编辑线性尺寸立即菜单

立即菜单【1.】中有四个选项：【尺寸线位置】、【文字位置】、【文字内容】、【箭头形状】，默认为【尺寸线位置】。

1）编辑尺寸线位置。在图5-49所示立即菜单中可以修改文字的方向、界线的角度及尺寸值。其中，立即菜单中的【界线角度】选项，指尺寸界线与水平线的夹角。输入新的尺寸线位置点后即完成编辑操作。图5-50所示为编辑线性尺寸的尺寸线位置图例。其中，界线角度由90°改为60°，尺寸值由71.8改为90。

71.8

a) 原尺寸

90

b) 编辑后的尺寸

图5-50　编辑线性尺寸的尺寸线位置图例

2）编辑文字位置。文字位置的编辑只修改文字的定位点、文字角度和尺寸值，尺寸线及尺寸界线不变。切换图5-49所示立即菜单【1.】为【文字位置】，相应的立即菜单变为图5-51所示的内容。

在立即菜单中可以选择是否加引线，修改文字的角度及尺寸值。输入文字新位置点后即完成编辑操作。图 5-52 所示为编辑线性尺寸文字位置图例。

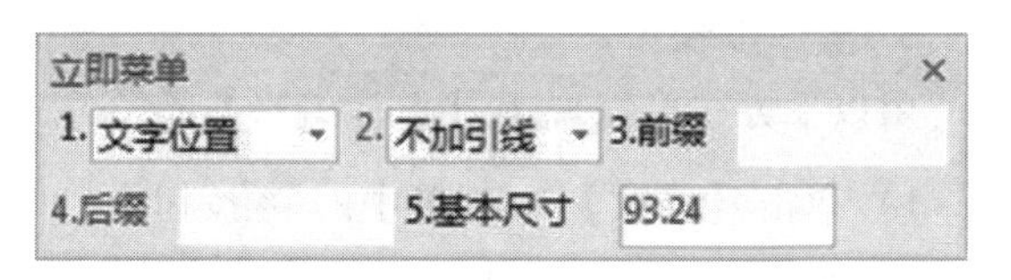

图 5-51 编辑线性尺寸文字位置立即菜单

（2）修改箭头形状 修改左箭头和右箭头的形状，可在图 5-53 所示的【箭头形状编辑】对话框中进行，选择完毕后，单击【确定】按钮即完成修改。

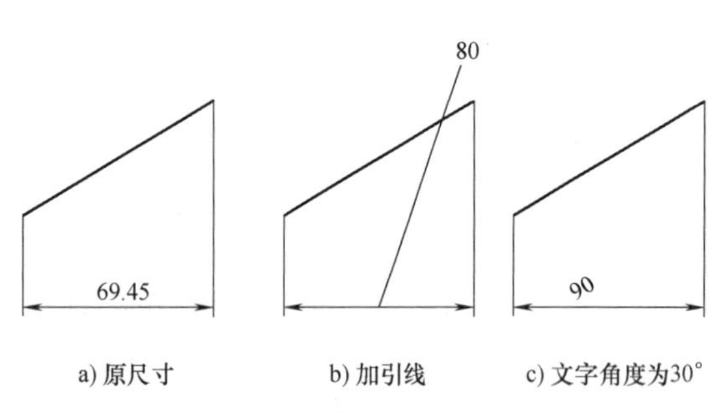

图 5-52 编辑线性尺寸文字位置图例

图 5-53 【箭头形状编辑】对话框

图 5-54 所示为选择不同箭头形状所标注出的尺寸。

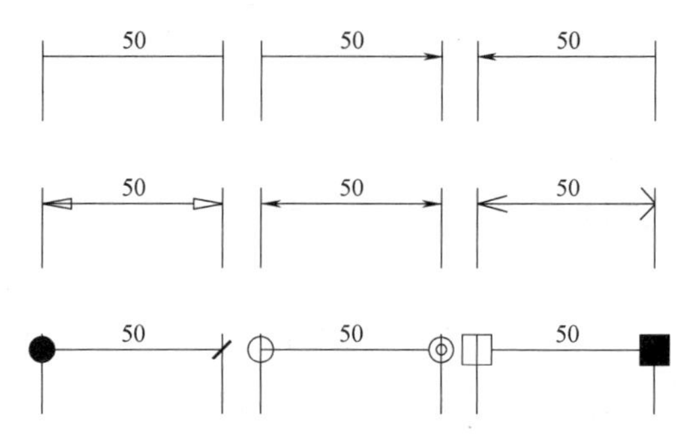

图 5-54 选择不同箭头形状所标注出的尺寸

（3）编辑直径尺寸或半径尺寸 拾取一个直径尺寸或半径尺寸，出现图 5-55 所示的立即菜单。

立即菜单【1.】中有两个选项：尺寸线位置/文字位置，默认为尺寸线位置。

1）编辑直径尺寸或半径尺寸的尺寸线位置。在图 5-55 所示立即菜单中可以修改文字的方向及尺寸值。输入新的尺寸线位置点后即完成编辑操作。图 5-56 所示为编辑直径尺寸的尺寸线位置图例。其中，文字平行改为文字水平，尺寸值改为 ϕ80。

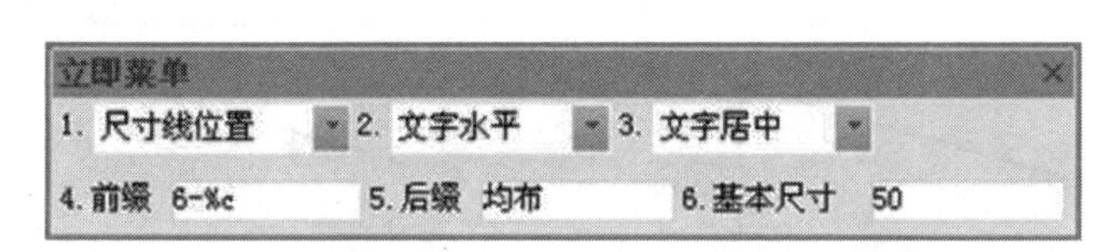

图 5-55 编辑直径尺寸或半径尺寸立即菜单

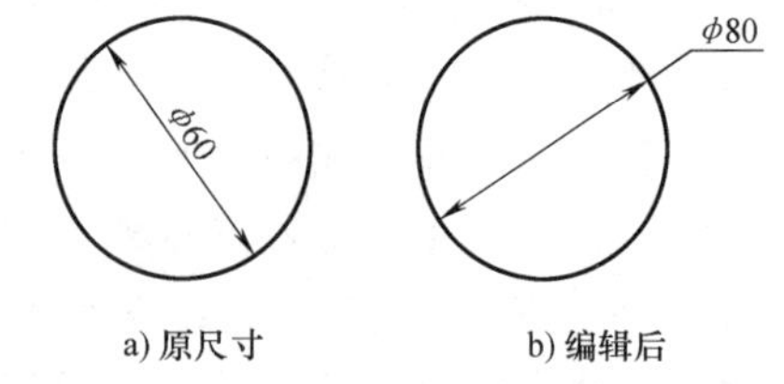

图 5-56 编辑直径尺寸的尺寸线位置图例

2）编辑直径尺寸或半径尺寸的文字位置。切换图 5-55 所示立即菜单【1.】为【文字位置】，相应的立即菜单变为图 5-57 所示的内容。

1. 文字位置	2. 前缀 6-%c	3. 后缀 均布	4. 基本尺寸 50

图 5-57 编辑直径尺寸或半径尺寸文字位置立即菜单

在图 5-57 所示立即菜单中可以选择是否加引线，修改文字的角度及尺寸值。输入新的文字位置点后即完成编辑操作。图 5-58 所示为编辑直径尺寸的文字位置图例。

（4）编辑角度尺寸　拾取一个角度尺寸，出现图 5-59 所示的立即菜单。

ϕ60
ϕ60
a) 原尺寸
b) 编辑后

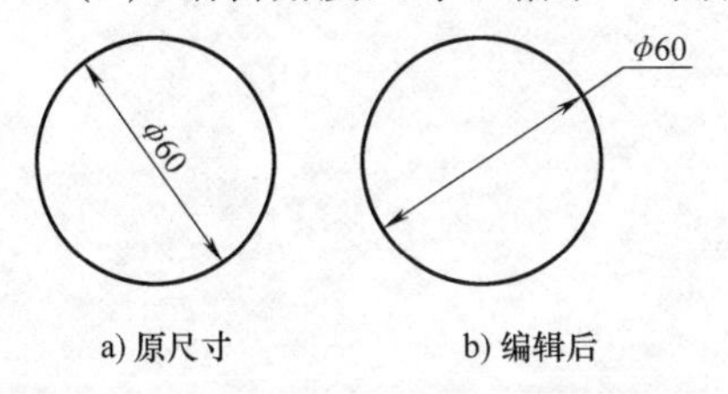

图 5-58　编辑直径尺寸的文字位置图例

立即菜单
1. 尺寸线位置
2. 文字水平
3. 度
4. 文字居中
5.前缀
6.后缀
7.基本尺寸
34.26%d

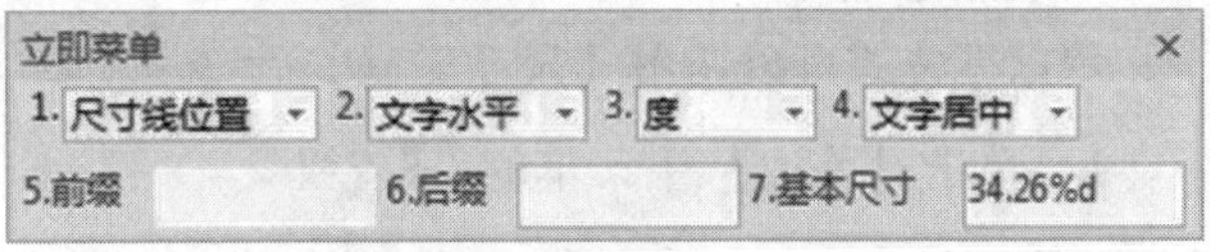

图 5-59　编辑角度尺寸立即菜单

立即菜单第一项有两个选项：尺寸线位置/文字位置，默认为尺寸线位置。

1）角度尺寸的尺寸线位置编辑。在图 5-59 所示立即菜单中可以修改尺寸值。输入新的尺寸线位置点后即完成编辑操作。图 5-60 所示为编辑角度尺寸的尺寸线位置图例。

60°
60°
a) 原尺寸
b) 编辑后

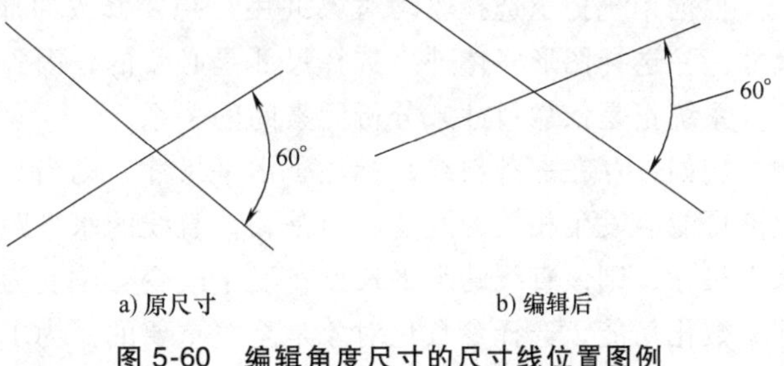

图 5-60　编辑角度尺寸的尺寸线位置图例

2）角度尺寸的文字位置编辑。切换立即菜单第一项为【文字位置】，相应的立即菜单变为图 5-61 所示。

立即菜单
1. 文字位置
2. 文字水平
3. 度
4. 不加引线
5.前缀
6.后缀
7.基本尺寸
34.26%d

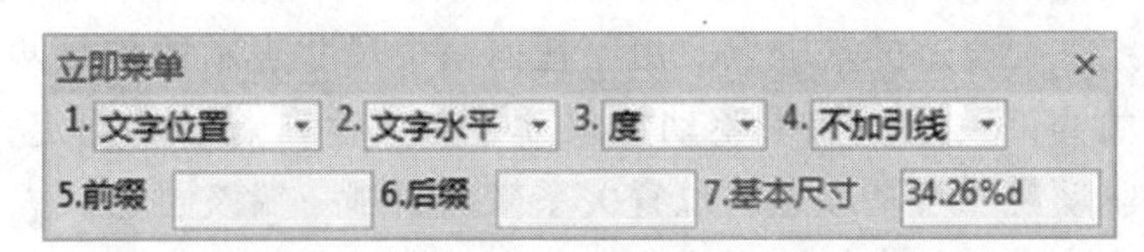

图 5-61　编辑角度尺寸文字位置立即菜单

在图 5-61 所示立即菜单中可以选择是否加引线，修改文字的尺寸值。图 5-62 所示为编辑角度尺寸文字位置图例。

38.8°
50°
a) 原尺寸
b) 编辑后

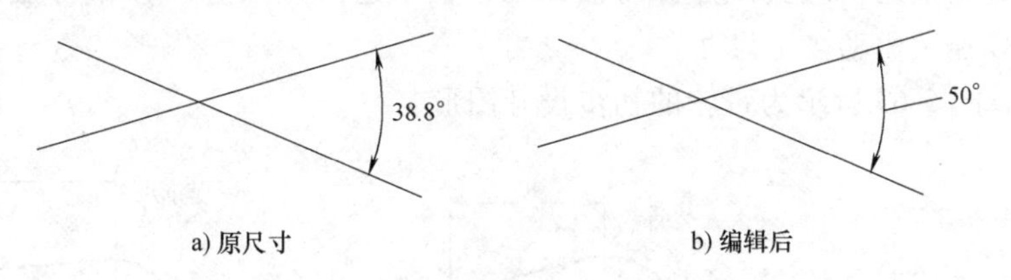

图 5-62　编辑角度尺寸文字位置图例

5.5.2　尺寸驱动

1. 图标为

2. 功能

拾取要编辑的标注对象，进入对应的编辑状态。尺寸驱动是系统提供的一套局部参数化功能。用户在选择一部分实体及相关尺寸后，系统将根据尺寸建立实体间的拓扑关系，当用户选择想要改动的尺寸并改变其数值时，相关实体及尺寸也将受到影响发生变化，但元素间的拓扑关系保持不变，如相切、相连等。另外，系统还可自动处理过约束及欠约束的图形。此功能在很大程度上使用户可以在画完图以后再对尺寸进行规整、修改，提高作图速度，对已有的图样进行修改也变得更加简单。

3. 操作步骤

用以下方式可以调用【尺寸驱动】命令：

1）单击【修改】主菜单的按钮。

2）单击【编辑】工具条上的按钮。

3）单击功能区【标注】选项卡下的按钮。

根据系统提示选择驱动对象（用户想要修改的部分），系统将只分析选中部分的实体及尺寸。除选择图形实体外，选择尺寸是必要的，因为工程图样是依靠尺寸标注来避免二义性的，系统正是依靠尺寸来分析元素间的关系。

例如，存在一条斜线，标注了水平尺寸，则当其他尺寸被驱动时，该直线的斜率及垂直距离可能会发生相关的改变，但是，该直线的水平距离将保持为标注值。同样，如果驱动该水平尺寸，则该直线的水平长度将发生改变，改变为与驱动后的尺寸值一致。因而，对于局部参数化功能，选择参数化对象是至关重要的。为了使驱动的结果与设想一致，在选择驱动对象之前作必要的尺寸标注，对该驱动的和不该驱动的关系作必要的定义。

一般说来，某实体如果没有必要的尺寸标注，系统将会根据【连接】、【正交】、【相切】等一般的默认准则判断实体之间的约束关系。

然后用户应指定一个合适的基准点。由于任何一个尺寸表示的均是两个（或两个以上）图形对象之间的相关约束关系，如果驱动该尺寸，必然存在着一端固定，另一端移动的问题，系统将根据被驱动尺寸与基准点的位置关系来判断哪一端该固定，从而驱动另一端。具体指定哪一点为基准，多用几次后用户将会有清晰的体验。一般情况下，应选择一些特殊位置的点，例如圆心、端点、中心点、交点等。

在前两步的基础上，最后驱动某一尺寸（提示 3）。选择被驱动的尺寸，而后按提示输入新的尺寸值，则被选中的实体部分将被驱动，在不退出该状态（该部分驱动对象）的情况下，用户可以连续驱动多个尺寸。

【例 5-1】 图 5-63 所示为带轮的初步设计图形。

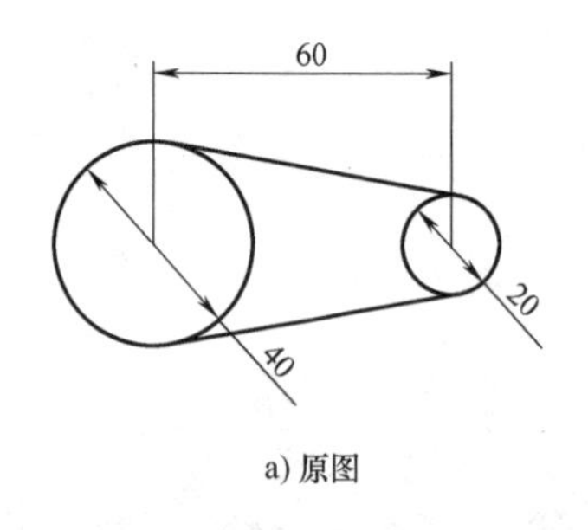

a) 原图

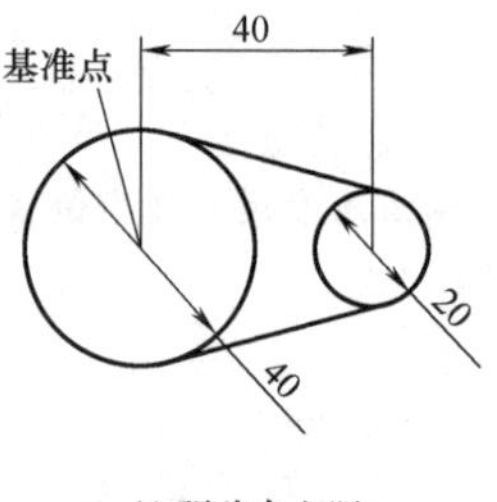

b) 驱动中心距

c) 驱动半径

图 5-63 尺寸驱动实例

第6章　图　　幅

工程图样中通常还包括零件序号、图框、标题栏、参数栏、明细表等内容，并且后续需要进行图样打印以及产品信息输出。

电子图板可以快速设置图样尺寸、调入图框、标题栏、参数栏、填写图样属性信息。电子图板也可以快速生成符合标准的各种样式的零件序号、明细表，并且零件序号与明细表可以保持相互关联，极大提高编辑修改的效率。

6.1　图幅设置

1. 图标为

2. 功能

为一个图样指定图样尺寸、图样比例、图样方向等参数。在进行图幅设置时，还可以调入图框和标题栏并设置当前图样内所绘装配图中的零件序号、明细表风格等。国家标准规定了5种基本图幅，并分别用A0、A1、A2、A3、A4表示。电子图板除了设置了这5种基本图幅以及相应的图框、标题栏和明细栏外，还允许自定义图幅和图框。

3. 操作步骤

用以下方式可以调用【图幅设置】命令：

1）单击【幅面】主菜单中的按钮。

2）单击【图幅】工具条中的按钮。

3）单击【图幅】选项卡中【图幅】面板的按钮。

4. 菜单介绍

调用【图幅设置】命令后，弹出图6-1所示的对话框。

【图幅设置】对话框中包括图纸幅面、图框、调入及当前风格等部分。

5. 幅面参数

（1）图纸幅面设置　单击【图纸幅面】项右边的按钮，弹出一个下拉列表框，列表框中有从A0到A4标准图纸幅面选项和用户定义选项可供选择。当所选择的幅面为基本幅面时，在【宽度】和【高度】文本框中显示该图纸幅面的宽度值和高度值，但不能修改；当选择用户定义时，在【宽度】和【高度】文本框中输入用户所需图纸幅面的宽度值和高度值。

(2) 图纸比例设置 系统绘图比例的默认值为 1 : 1，这个比例直接显示在【绘图比例】中。如果用户想改变绘图比例，单击【绘图比例】项右边的按钮，弹出一个下拉列表框，列表框中的值为国家标准规定的比例系列值。选中某一项后，所选的值在【绘图比例】中显示，用户也可以激活文本框由键盘直接输入新的比例数值。

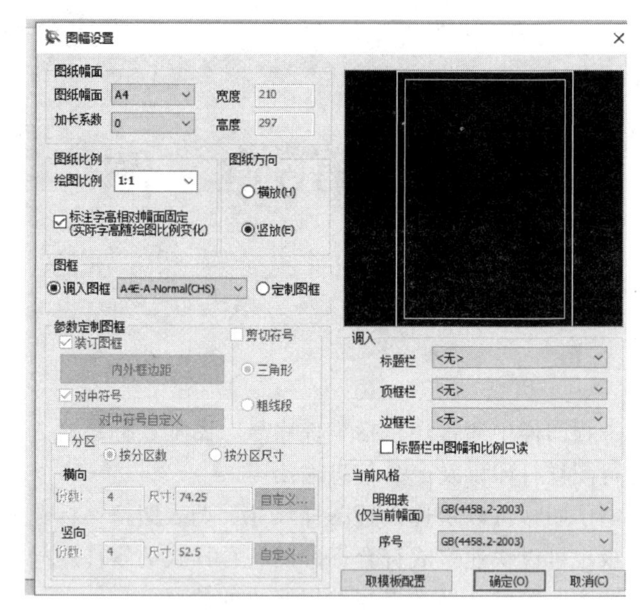

图 6-1 【图幅设置】对话框

(3) 图纸方向设置 图纸方向由【横放】或【竖放】两个单选按钮控制，被选中者呈黑点显示状态。

(4) 标注字高设置 如果需要标注的字高相对幅面固定，即实际字高随绘图比例变化，请选中【标注字高相对幅面固定】复选按钮。反之，请将此复选按钮撤选。

6. 调入幅面元素

(1) 调入图框 首先选中【调入图框】激活【图框】。单击【图框】下拉菜单，在下拉菜单中有电子图板模板路径下包含的全部图框，单击需要的图框后，所选图框会自动在预显框中显示出来。

(2) 调入标题栏 单击【标题栏】下拉菜单，在下拉菜单中有电子图板模板路径下包含的全部标题栏。单击需要的标题栏后，所选标题栏会自动在预显框中显示出来。

(3) 调入顶框栏 单击【顶框栏】下拉菜单，在下拉菜单中有电子图板模板路径下包含的全部顶框栏。单击需要的顶框栏后，所选顶框栏会自动在预显框中显示出来。

(4) 调入边框栏 单击【边框栏】下拉菜单，在下拉菜单中有电子图板模板路径下包含的全部边框栏。单击需要的边框栏后，所选边框栏会自动在预显框中显示出来。

7. 参数定制图框

除调入电子图板自带的图框外，【图幅设置】命令还可以通过设置图框参数来生成符合国家标准规定的图框。

在默认选中【调入图框】的状态下，【参数定制图框】的全部功能将被屏蔽。在【图框】组中单击【定制图框】，【参数定制图框】的功能就会被激活。【参数定制图框】选项组如图 6-2 所示。

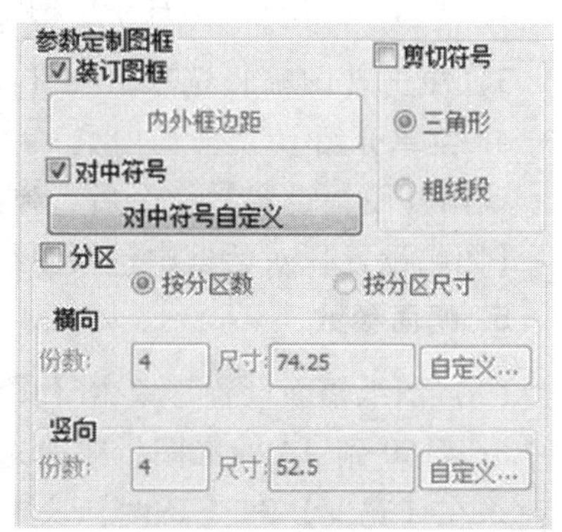

图 6-2 【参数定制图框】选项组

6.2　调入图框

1. 图标为
2. 功能

为当前图样调入一个图框。电子图板的图框尺寸可随图纸幅面大小的变化而发生相应的比例调整，比例调整的原点为标题栏的插入点。一般来说，标题栏的插入点位于标题栏的右下角。

除了可以在【图幅设置】对话框中调入图框外，也可以直接调用【调入图框】命令。

3. 操作步骤

用以下方式可以调用【调入图框】命令：

1）单击【幅面】主菜单中的按钮。

2）单击【图框】工具条中的按钮。

3）单击【图幅】选项卡中【图框】面板的按钮。

4. 菜单介绍

调用【读入图框】命令后，弹出图6-3所示对话框。

对话框中列出了在当前设置的模板路径下的符合当前图样幅面的标准图框或非标准图框的文件名，用户可根据当前作图需要从中选取。选中图框文件，单击【导入】按钮，即可调入所选取的图框文件。

图6-3　【读入图框文件】对话框

6.3　填写图框

1. 图标为
2. 功能

填写当前图形中具有属性图框的属性信息。如果定义图框时拾取的对象中包含【属性定义】，那么调入该图框后可以对这些属性进行填写。

3. 操作步骤

用以下方式可以调用【填写图框】命令：

1）单击【幅面】主菜单中的按钮。

2）单击【图框】工具条中的按钮。

3）单击【图幅】选项卡中【图框】面板的按钮。

调用【填写图框】命令后并拾取可以填写的图框将弹出图6-4所示对话框。

图 6-4 【填写图框】对话框

在【属性值】单元格处直接进行填写编辑即可。

6.4 调入标题栏

1. 图标为

2. 功能

为当前图样调入一个标题栏。如果屏幕上已有一个标题栏，则新标题栏将替代原标题栏，标题栏调入时的定位点为其右下角点。除了可以在【图幅设置】对话框中调入标题栏外，也可以直接调用【调入标题栏】命令。

3. 操作步骤

用以下方式可以调用【调入标题栏】命令：

1）单击【幅面】主菜单中的按钮。

2）单击【标题栏】工具条或【图幅】工具条中的按钮。

3）单击【图幅】选项卡中【标题栏】面板的按钮。

4. 菜单介绍

调用【调入标题栏】命令后，弹出图 6-5 所示对话框。

对话框中列出了已有标题栏的文件名，选取其中之一，然后单击【导入】按钮，一个由所选文件确定的标题栏就显示在图框的标题栏定位点处。

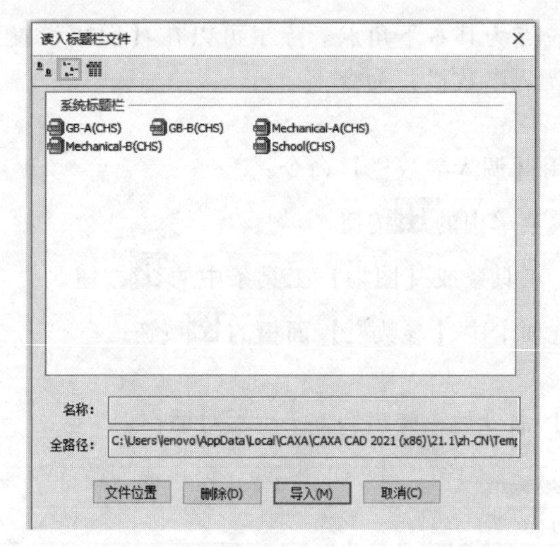

图 6-5 【读入标题栏文件】对话框

6.5 填写标题栏

1. 图标为

2. 功能

填写当前图形中标题栏的属性信息。

3. 操作步骤

用以下方式可以调用【填写标题栏】命令：

1）单击【幅面】主菜单中的按钮。

2）单击【标题栏】工具条中的按钮。

3）单击【图幅】选项卡中【标题栏】面板的按钮。

4. 菜单介绍

调用【填写标题栏】命令后并拾取可以填写的标题栏将弹出图 6-6 所示对话框。

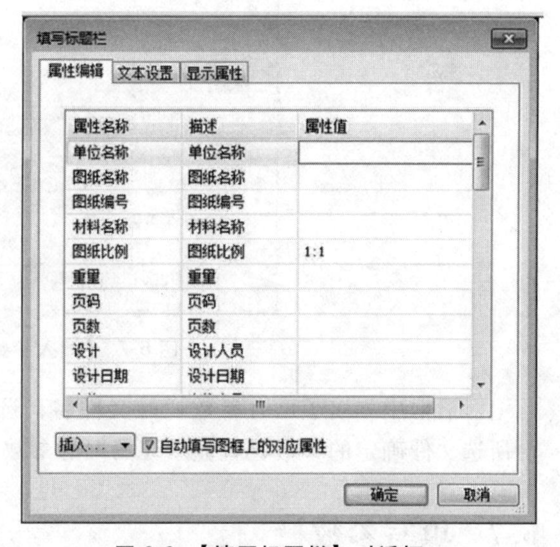

图 6-6 【填写标题栏】对话框

在【属性值】单元格处直接进行填写编辑即可。如果勾选【自动填写图框上的对应属性】复选按钮，可以自动填写图框中与标题栏相同字段的属性信息。

6.6 调入参数栏

1. 图标为

2. 功能

为当前图样调入一个参数栏。如果屏幕上已有一个参数栏，则新参数栏将替代原参数栏，参数栏调入时的定位点为其右下角点。除了可以在【图幅设置】对话框中调入参数栏外，也可以直接调用【调入参数栏】命令。

3. 操作步骤

用以下方式可以调用【调入参数栏】命令：

1）单击【幅面】主菜单中的按钮。

2）单击【参数栏】工具条或【图幅】工具条中的按钮。

3）单击【图幅】选项卡中【参数栏】面板的按钮。

4. 菜单介绍

调用【调入参数栏】命令后，弹出图6-7所示对话框。

图6-7 【读入参数栏文件】对话框

对话框中列出了已有参数栏的文件名，选取其中之一，然后单击【导入】按钮，一个由所选文件确定的参数栏就显示在图框的参数栏定位点处。

6.7 填写参数栏

1. 图标为

2. 功能

填写当前图形中参数栏的属性信息。

3. 操作步骤

用以下方式可以调用【填写参数栏】命令：

1）单击【幅面】主菜单中的按钮。

2）单击【参数栏】工具条中的按钮。

3）单击【图幅】选项卡中【参数栏】面板的按钮。

4. 菜单介绍

调用【填写参数栏】命令后并拾取可以填写的参数栏将弹出图 6-8 所示的对话框。

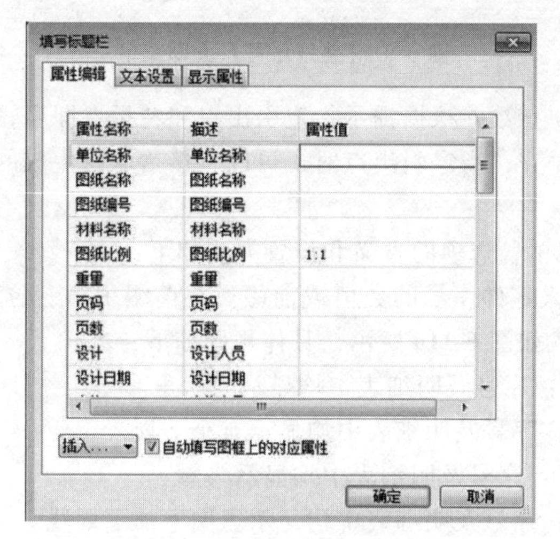

图 6-8 【填写标题栏】对话框

在【属性值】单元格处直接进行填写编辑即可。如果勾选【自动填写图框上的对应属性】复选按钮，可以自动填写图框中与标题栏相同字段的属性信息。

6.8　生成序号

1. 图标为

2. 功能

生成零件序号用来标识零件，生成的零件序号与当前图形中的明细表是关联的。在生成零件序号的同时，可以通过立即菜单切换是否填写明细表中的属性信息。如果生成序号时指定的引出点是在从图库中提取的图符上，这个图符本身带有的属性信息将会自动填写到明细表对应的字段上。

3. 操作步骤

首先确定要使用的序号风格，然后再调用【生成序号】命令。可以通过【序号风格】命令设置当前序号风格，也可以在【图幅】选项卡→【序号】面板中单击【序号风格】进行选择。

用以下方式可以调用【生成序号】命令：

1）单击【幅面】主菜单中的按钮。

2）单击【序号】工具条或【图幅】工具条中的按钮。

3）单击【图幅】选项卡中【序号】面板的按钮。

4. 菜单介绍

【生成序号】命令需要借助立即菜单进行交互，执行该命令后弹出图 6-9 所示的立即菜单。

图 6-9 【生成序号】立即菜单

设定立即菜单的各项参数并根据提示指定引出点和转折点即可，指定转折点时可以通过已生成的序号进行导航对齐；指定引出点时也可以直接拾取已生成的零件序号，生成连续序号如图 6-11b 所示。

【生成序号】立即菜单各选项的含义和设置方法如下：

1）【序号】可以输入零件序号的数值或前缀。在前缀中第一位为符号“@”标志，为零件序号中加圈的形式，如图 6-11a 所示，具体规则如下：

第一位符号为“~”：序号及明细表中均显示为六角。

第一位符号为“!”：序号及明细表中均显示有小下划线。

第一位符号为“@”：序号及明细表中均显示为圈。

第一位符号为“#”：序号及明细表中均显示为圈下加下划线。

第一位符号为“$”：序号显示为圈，明细表中显示没有圈。

2）系统可根据当前零件序号值判断是生成零件序号或插入零件序号。

生成零件序号：系统根据当前序号自动生成下次标注时的序号值。如果输入序号值只有前缀而无数字，根据当前序号情况生成新序号，新序号值为当前前缀的最大值加 1。

插入零件序号：如果输入序号值小于当前相同前缀的最大序号值，且大于等于最小序号值时标注零件序号，系统会提示是否插入序号，如果选择插入序号形式，则系统重新排列相同前缀的序号值和相关的明细栏。

重号的处理：如果输入的序号与已有序号相同，系统弹出图 6-10 所示的对话框。如果单击【插入】按钮，则生成新序号，在此序号后的其他相同前缀的序号依次顺延；如果单击【取消】按钮，则输入序号无效，需要重新生成序号；如果单击【取重号】按钮，则生成与已有序号重复的序号。

图 6-10　重号【注意】对话框

3）【2. 数量】可以指定一次生成序号的数量。若数量大于 1，则使用共同指引线形式表示，如图 6-11b 所示。

4）【3. 】：选择零件序号水平或垂直的排列方向，如图 6-11c 所示。

5）【4. 】：零件序号标注方向由内至外/由外至内，如图 6-11d 所示。

6）【5. 】：可以选择显示或隐藏明细表。

7）【6. 】：可以在标注完当前零件序号后选择填写明细栏，也可以选择不填写。利用明细栏的填写表或读入数据等方法填写。

图 6-11 所示为零件序号各种标注形式。

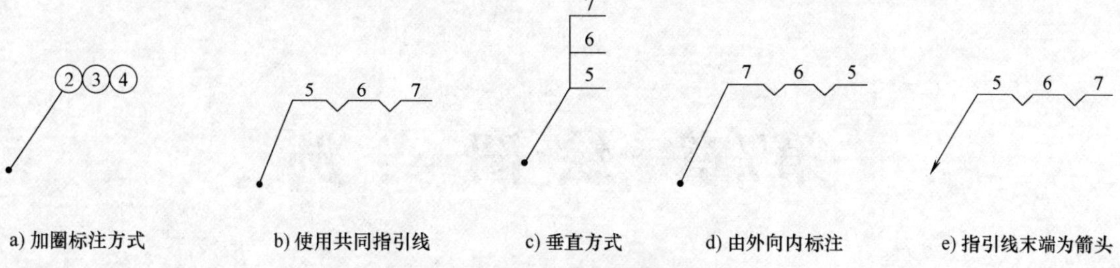

图 6-11　零件序号各种标注形式

第7章　绘图实例

7.1　基本曲线的应用

【例 7-1】 绘制起重钩。

操作步骤:

1）单击【绘图】主菜单中的【直线】，以（100，100）为左下角点，绘制长度为 7、宽为 35 的矩形，如图 7-1 所示。

2）单击【修改】主菜单中的【旋转】，在立即菜单中选择【给定角度】、【拷贝】，将矩形的一边复制并旋转 60°，如图 7-2 所示。

3）单击【绘图】主菜单中的【圆】，选择【圆心_半径】以（137，115）为圆心分别绘制半径 6 和 11 的圆，以（112，98）为圆心绘制半径为 5 的圆，如图 7-3 所示。

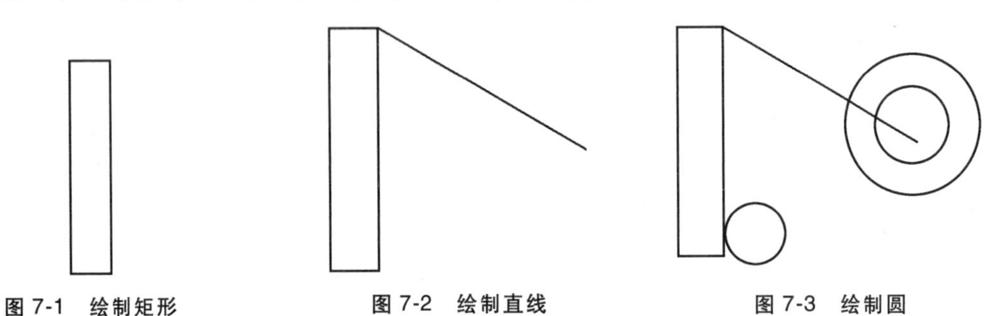

图 7-1　绘制矩形　　图 7-2　绘制直线　　图 7-3　绘制圆

4）单击【绘图】主菜单中的【圆】，选择【两点_半径】，拾取切点，绘制半径为 20 的圆，如图 7-4 所示。

5）单击【修改】主菜单中的【过渡】、【圆角】，圆角半径为 10，如图 7-5 所示。

6）单击【修改】主菜单中的【裁剪】，修剪图形，如图 7-6 所示。

【例 7-2】 绘制拨叉轮。

操作步骤:

1）单击【绘图】主菜单中的【圆】，绘制直径分别为 2.5、3、6 和 8 的圆，如图 7-7 所示。

2）单击【修改】主菜单中的【阵列】，以圆心为基点将左边的小圆环形成阵列，如图 7-8 所示。

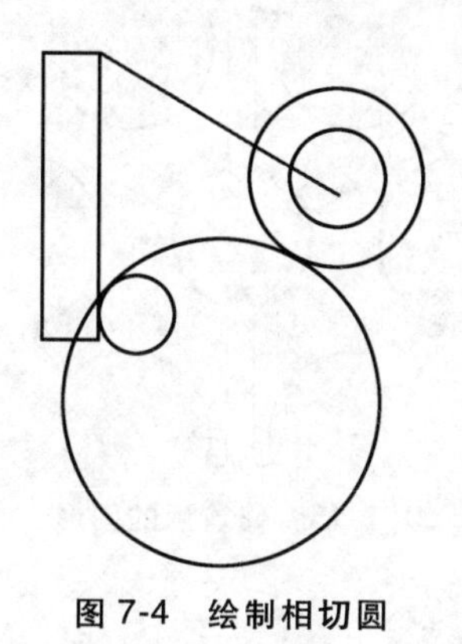
图 7-4　绘制相切圆

图 7-5　圆角

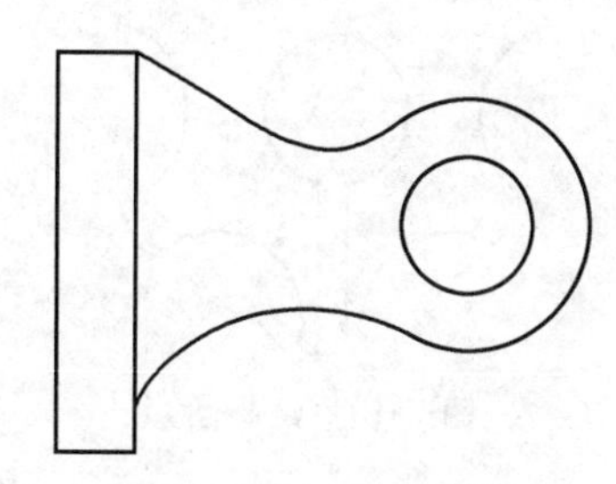
图 7-6　绘制完成的起重钩

3）修剪并删除圆和圆弧，如图 7-9 所示。

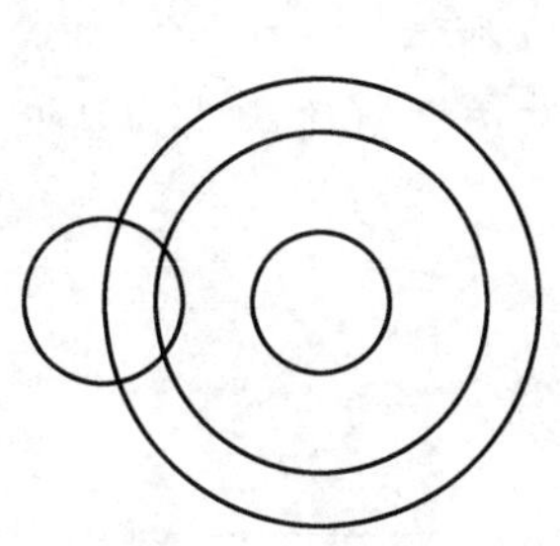
图 7-7　绘制圆

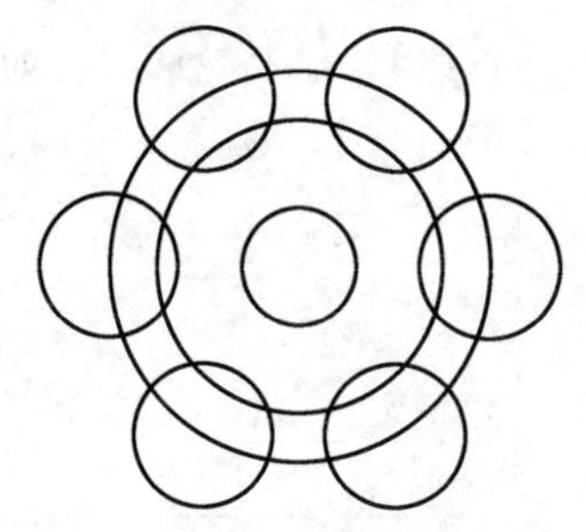
图 7-8　环形阵列左边的小圆

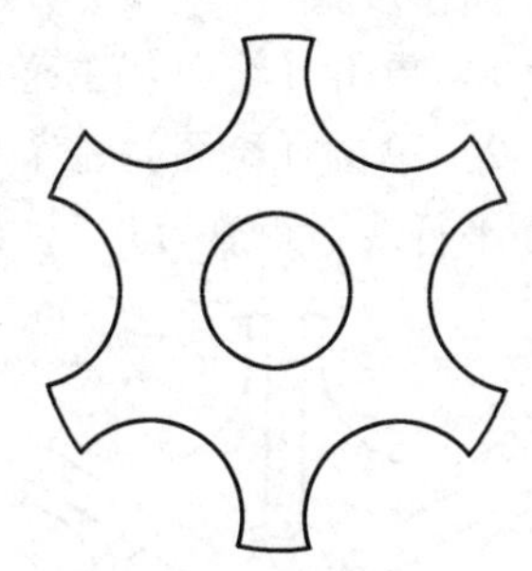
图 7-9　裁剪多余曲线

4）单击【绘图】主菜单中的【中心线】，绘制中心线，删除水平中心线，保留垂直中心线，如图 7-10 所示。

5）单击【修改】主菜单中的【平移复制】，将垂直中心线向左、右各偏移 0.25，如图 7-11 所示。

6）修剪并删除辅助线，如图 7-12 所示。

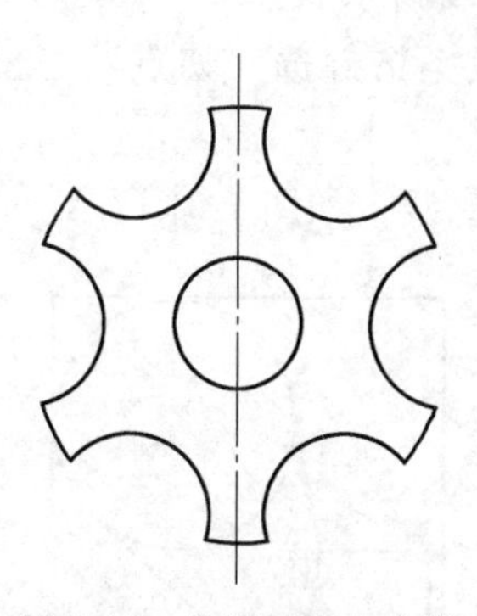
图 7-10　绘制垂直中心线

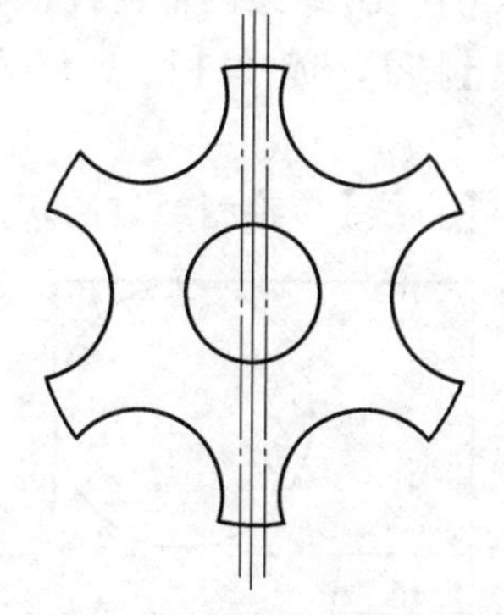
图 7-11　平移复制中心线

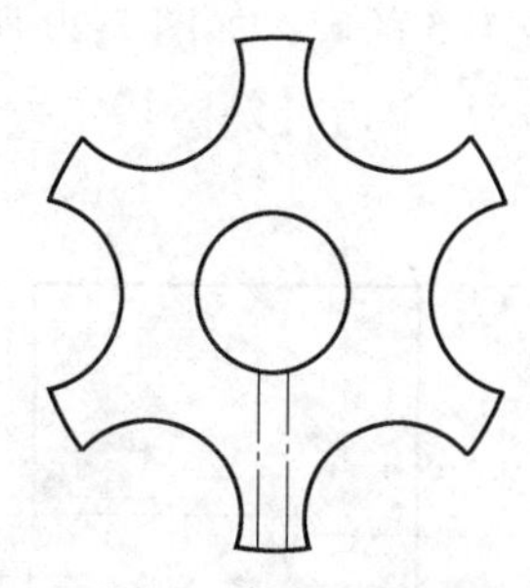
图 7-12　修剪后的图形

7）单击【绘图】主菜单中的【圆】，选择【两点_半径】，绘制半径为 0.25 的圆，并裁剪多余曲线，如图 7-13 所示。

8）单击【修改】主菜单中的【阵列】，选择【圆形阵列】，如图 7-14 所示。

9）单击【修改】主菜单中的【裁剪】，修剪图形，如图 7-15 所示。

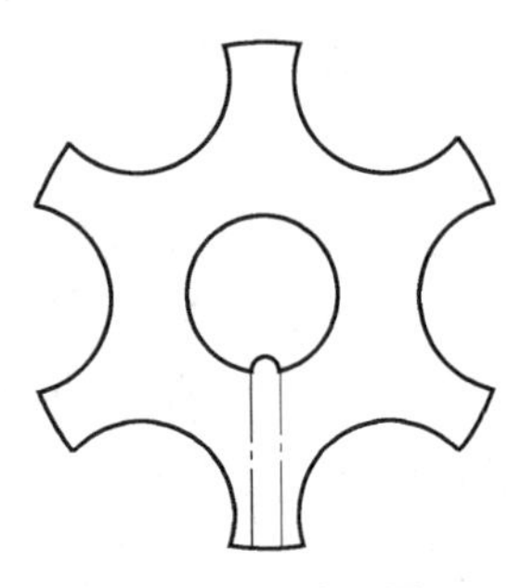

图 7-13 绘制圆

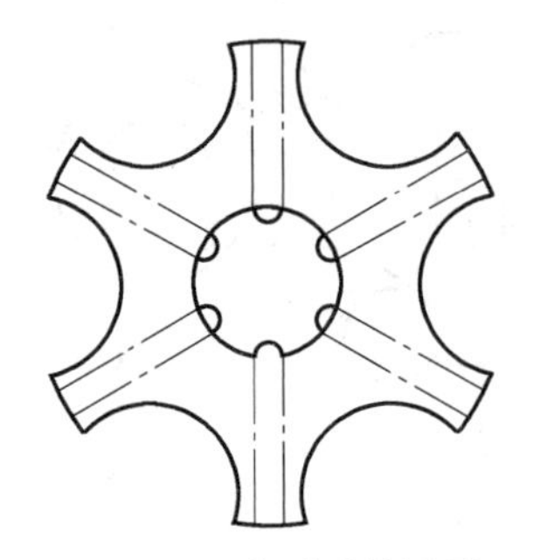

图 7-14 阵列后的图形

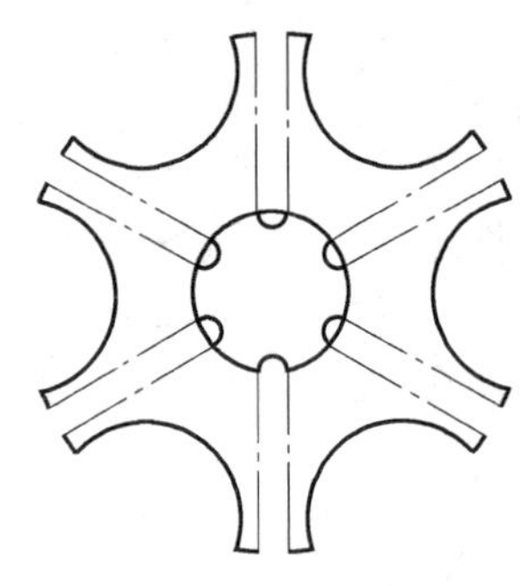

图 7-15 修剪后的图形

10）转换辅助线与圆的图层，完成拨叉轮的绘制，如图 7-16 所示。

【例 7-3】 绘制蝶形螺母。

操作步骤：

1）单击【绘图】主菜单中的【直线】，绘制轮廓线，如图 7-17 所示。

2）单击【绘图】主菜单中的【平行线】，选择【单向】，以左边垂直轮廓线为基准向右作平行线，距离为 0.5，如图 7-18 所示。

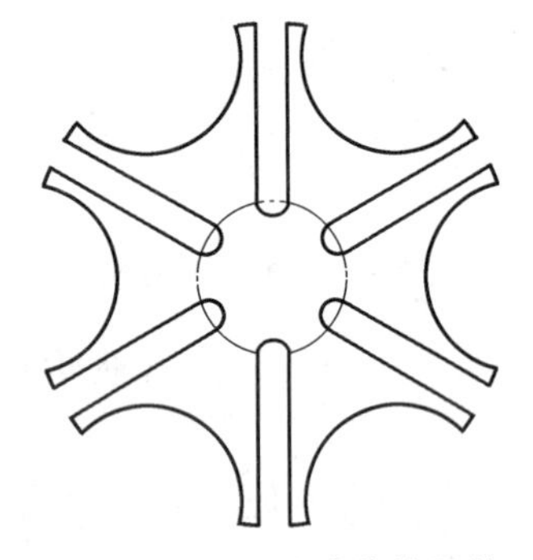

图 7-16 绘制完成的拨叉轮

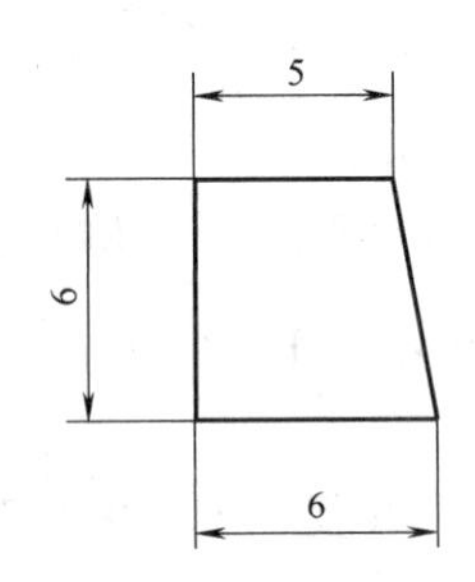

图 7-17 绘制轮廓线

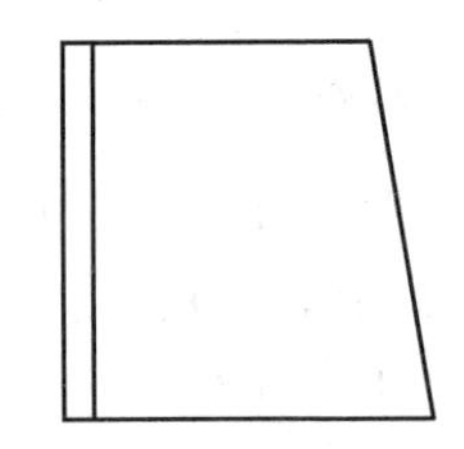

图 7-18 绘制平行线

3）单击【绘图】主菜单中的【直线】，绘制辅助线，如图 7-19 所示。

4）单击【绘图】主菜单中的【圆】，选择【两点_半径】，按空格键选“切点”，绘制半径为 5 的圆，如图 7-20 所示。

5）单击【绘图】主菜单中的【直线】，绘制经过圆切点的轮廓线，如图 7-21 所示。

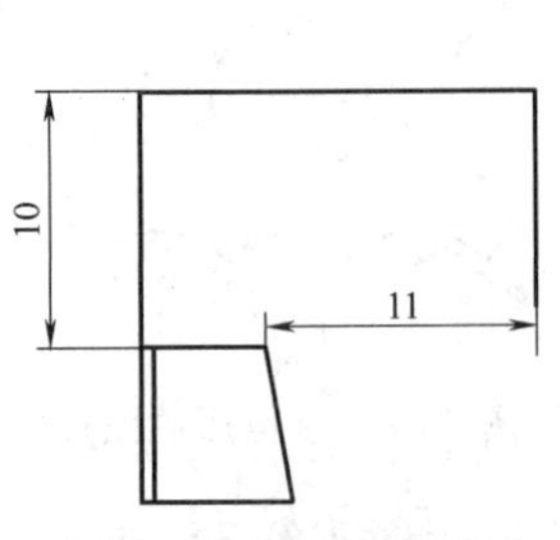

图 7-19 绘制辅助线

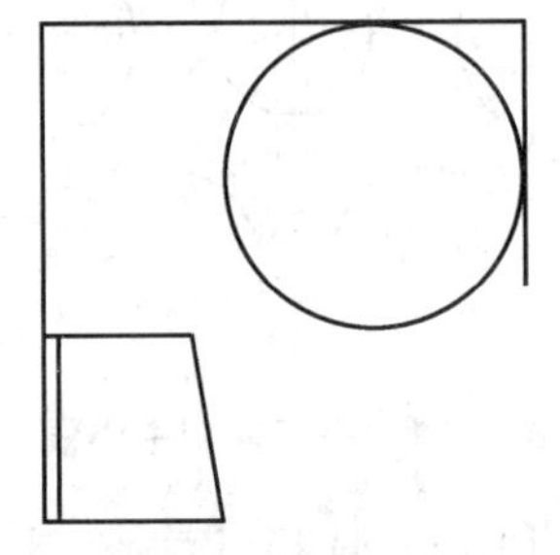

图 7-20 绘制圆

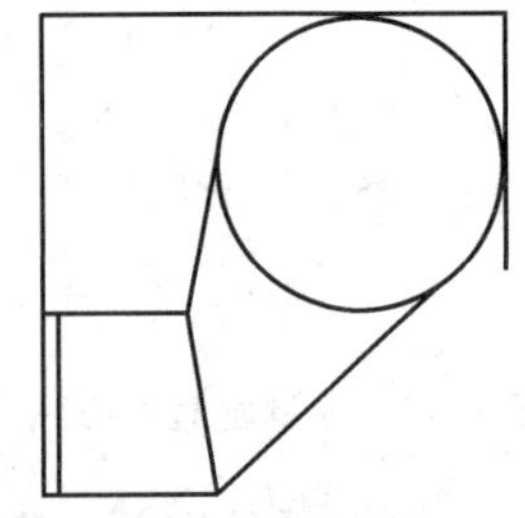

图 7-21 绘制轮廓线

6）单击【修改】主菜单中的【裁剪】，修剪图形，如图 7-22 所示。

7）单击【修改】主菜单中的【镜像】，形成镜像图形，如图 7-23 所示。

8）单击【绘图】主菜单中的【剖面线】，拾取环内点，如图 7-24 所示。

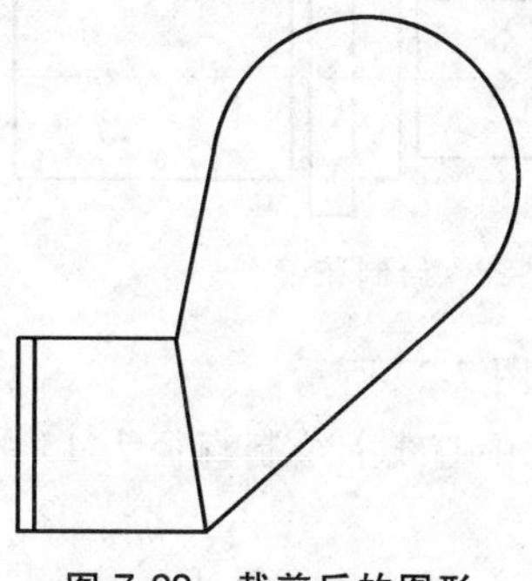

图 7-22　裁剪后的图形

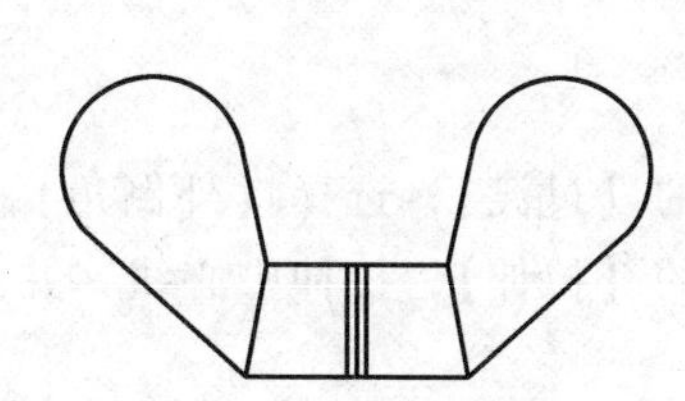

图 7-23　镜像后的图形

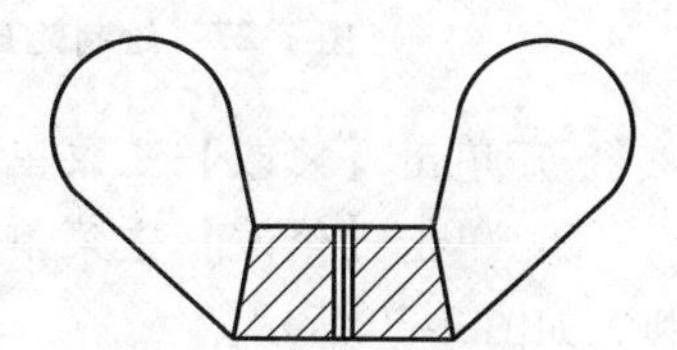

图 7-24　绘制剖面线

9）把中间的直线改为中心线并拉伸，如图 7-25 所示。

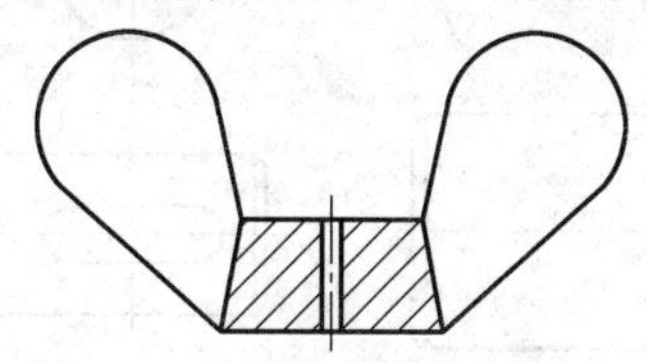

图 7-25　绘制完成的蝶形螺母

7.2　高级曲线的应用

【例 7-4】　绘制轴零件图。

操作步骤：

1）单击【绘图】主菜单中的【孔/轴】，绘制轴，如图 7-26 所示。

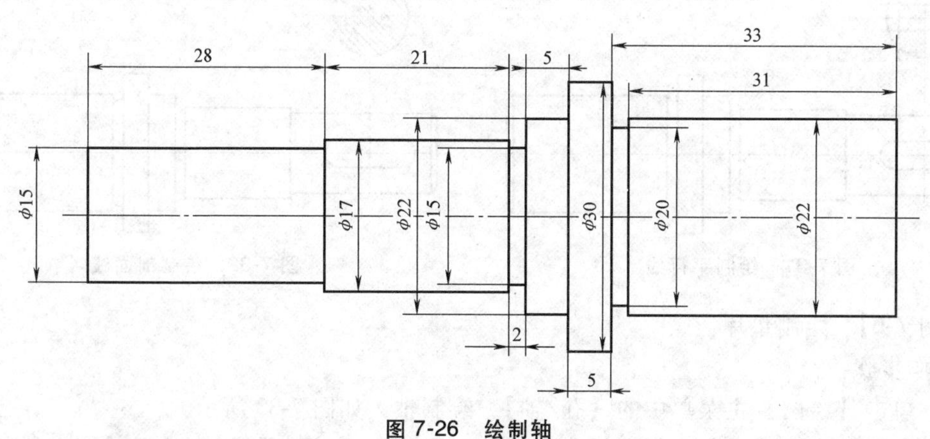

图 7-26　绘制轴

2）把图层改为中心线层，单击【绘图】主菜单中的【平行线】，输入距离 13，绘制键的中心线；把图层调回 0 层，单击【绘图】主菜单中的【矩形】，绘制长为 12、宽为 5 的矩形，如图 7-27 所示。

3）单击【绘图】主菜单中的【圆】，绘制直径为 5 的圆，并裁剪多余曲线，如图 7-28 所示。

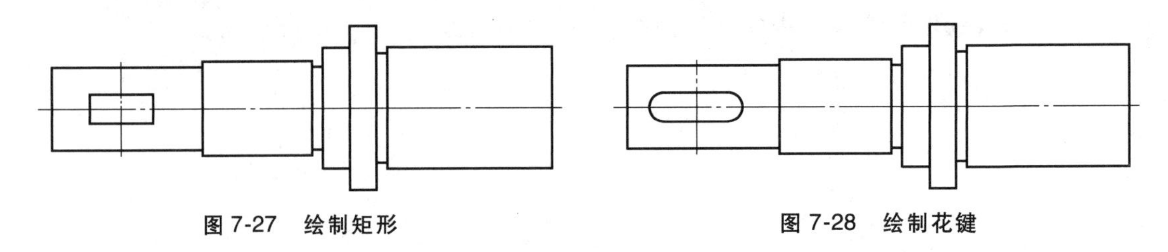

图 7-27　绘制矩形　　　　图 7-28　绘制花键

4）单击【修改】主菜单中的【过渡】，选择【外倒角】，如图 7-29 所示。

5）单击【修改】主菜单中的【拉伸】，拉伸中心线，并在此中心线上绘制直径为 15 的圆，如图 7-30 所示。

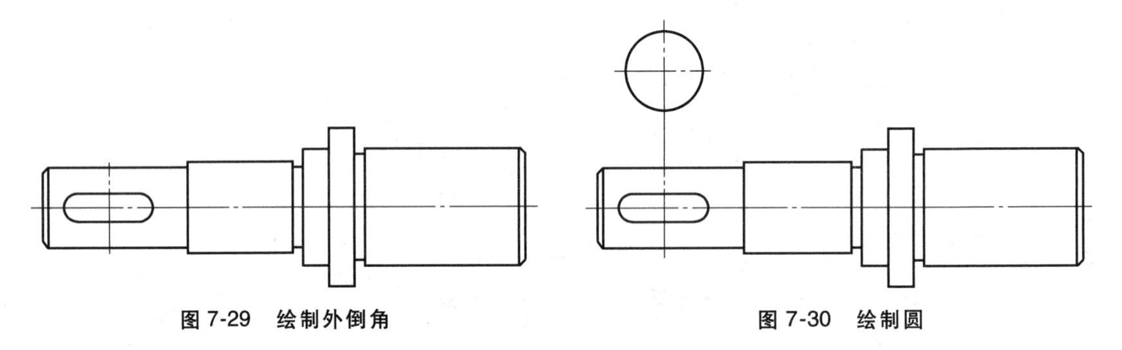

图 7-29　绘制外倒角　　　　图 7-30　绘制圆

6）单击【绘图】主菜单中的【平行线】，选择【双向】，输入距离 2.5，绘制水平平行线，输入距离 3，绘制垂直平行线，如图 7-31 所示。

7）单击【修改】主菜单中的【裁剪】，裁去多余曲线；单击【绘图】主菜单中的【剖面线】，绘制剖面线，如图 7-32 所示。

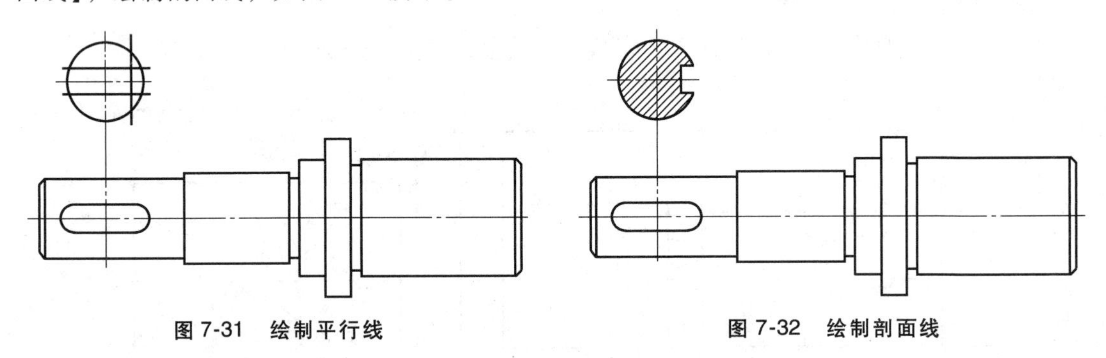

图 7-31　绘制平行线　　　　图 7-32　绘制剖面线

【例 7-5】 绘制垫片

操作步骤：

1）单击【绘图】主菜单中的【孔/轴】，绘制轴，如图 7-33 所示。

2）把图层改为中心线层，单击【绘图】主菜单中的【平行线】，选择【双向】输入距离 10，绘制键的中心线；选择【单向】输入距离 6.5，操作结果如图 7-34 所示。

3）把图层调回 0 层，单击【绘图】主菜单中的【孔/轴】，绘制孔，如图 7-35 所示。

4）单击【绘图】主菜单中的【直线】，选择【角度线】，绘制 45°角度线，如图 7-36 所示。

5）单击【修改】主菜单中的【镜像】，镜像 45°角度线，如图 7-37 所示。

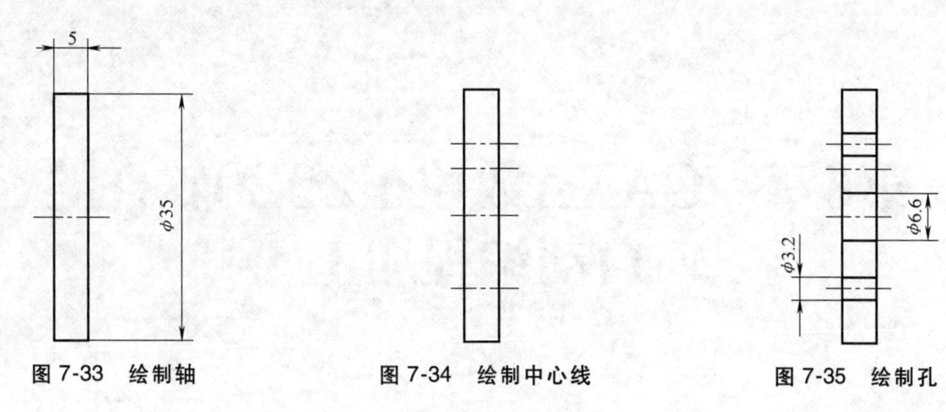

图 7-33　绘制轴　　图 7-34　绘制中心线　　图 7-35　绘制孔

6）单击【修改】主菜单中的【裁剪】，裁去多余曲线，单击【绘图】主菜单中的【直线】，画内孔截面线，如图 7-38 所示。

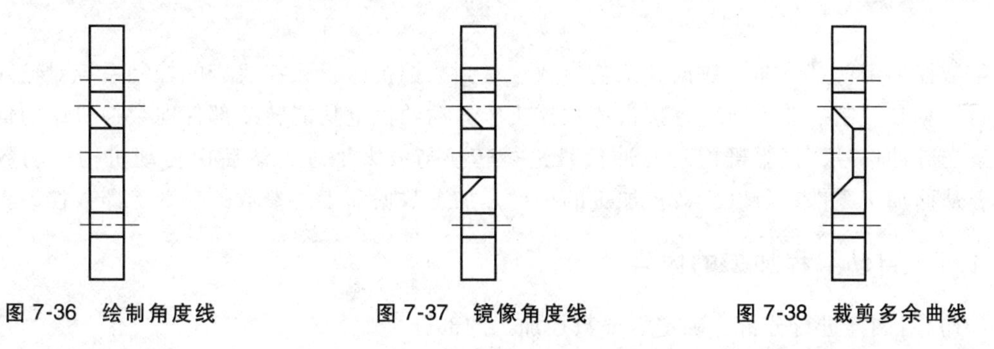

图 7-36　绘制角度线　　图 7-37　镜像角度线　　图 7-38　裁剪多余曲线

7）单击【修改】主菜单中的【过渡】，选择【外倒角】，操作完成后删除多余曲线，如图 7-39 所示。

8）单击【绘图】主菜单中的【剖面线】命令，拾取环内点，绘制剖面线，如图 7-40 所示。

图 7-39　绘制外倒角　　图 7-40　绘制剖面线

第8章　CAXA数控车2020软件的自动编程加工

8.1　概述

数控加工就是将加工数据和工艺参数输入到数控机床，数控机床的控制系统对输入信息进行运算与控制，并不断地直接指挥数控机床运动的机电功能转换部件向数控机床的伺服机构发送脉冲信号，伺服机构对脉冲信号进行转换与放大处理，然后由传动机构驱动数控机床，从而加工零件。所以，数控加工的关键是加工数据和工艺参数的获取，即数控编程。

8.1.1　自动编程加工的内容

1）对图样进行分析，确定需要数控加工的部分。

2）利用绘图软件对需要数控加工的部分造型。

3）根据加工条件，选择合适的加工参数生成刀具路径。（包括粗加工、半精加工、精加工刀具路径）

4）刀具路径的仿真检验。

5）传给机床加工。

8.1.2　数控加工的主要优点

1）零件一致性好，质量稳定。因为数控机床的定位精度和重复定位精度都很高，很容易保证零件尺寸的一致性，而且，大大减少了人为因素的影响。

2）可加工任何复杂的产品，且精度不受复杂程度的影响。

3）降低工人的劳动强度，从而节省出时间，从事创造性的工作。

8.1.3　数控车加工基本概念

（1）CAXA数控车2020加工的一般步骤

1）分析加工图样和工艺清单：在加工前，首先要读懂图样，分析加工零件各项要求，再从工艺清单中确定各项内容的具体要求，把零件的各尺寸和位置联系起来，初步确定加工路线。

2）加工路线和装夹方法的确定：按图样、工艺清单的要求来确定加工路线。为保证零件的尺寸和位置精度要求，选择适当的加工顺序和装夹方法。

3）用 CAXA 数控车 2020 的 CAD 模块绘制加工零件的零件轮廓循环车削加工工艺图。

4）编制加工程序：根据零件的工艺清单、工艺图和实际加工情况，使用 CAXA 数控车 2020 软件的 CAM 部分确定切削用量和刀具路径，合理设置机床的参数，生成加工程序代码。

5）加工操作：将生成的加工程序传输到机床，调试机床和加工程序，进行车削加工。

6）加工零件检验：根据工艺要求逐项检验零件的各项加工要求，确定零件是否合格。

（2）零件加工轮廓　轮廓加工是一系列首尾相接曲线的集合，如外轮廓、内轮廓、端面轮廓等，如图 8-1 所示。

（3）零件毛坯轮廓　针对粗加工，需要制定被加工体的毛坯。毛坯轮廓是一系列首尾相接曲线的集合，如外轮廓毛坯、内轮廓毛坯、端面轮廓毛坯等，在进行数控编程和交互指定待加工图形时，常常需要指定毛坯的轮廓，用来界定被加工的表面或被加工的毛坯本身，如图 8-2 所示。如果毛坯轮廓是用来界定被加工表面的，则要求指定的轮廓是闭合的；如果加工的是毛坯轮廓本身，则毛坯轮廓也可以不闭合。

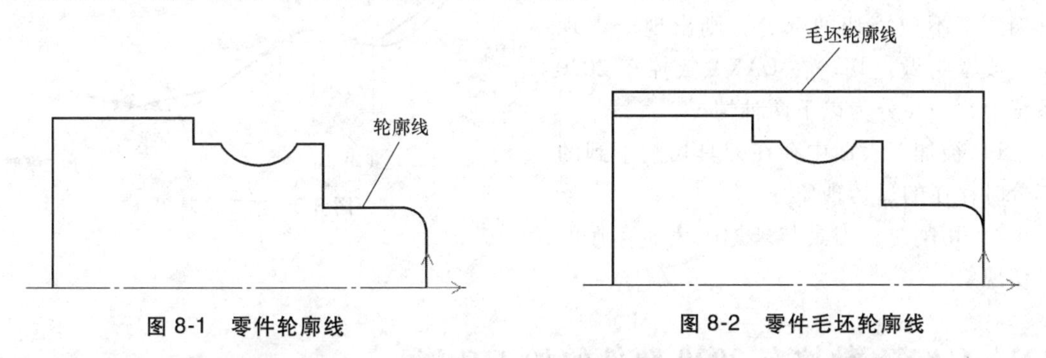

图 8-1　零件轮廓线　　　图 8-2　零件毛坯轮廓线

（4）机床参数　数控车床的一些速度参数，包括主轴转速、接近速度、进给速度和退刀速度。

1）主轴转速为切削时机床主轴转动的角速度。

2）接近速度为从进刀点到切入工件前刀具行进的线速度，又称进刀速度。

3）进给速度为正常切削时刀具行进的线速度（mm/min）。

4）退刀速度为刀具离开工件回到退刀位置时刀具行进的线速度。

这些速度参数的给定一般依赖于加工的经验，原则上讲，它们与机床本身、工件材料、刀具材料、工件加工精度和表面粗糙度要求等相关。

（5）刀具路径和刀位点　刀具路径是系统按给定工艺要求生成的对给定加工图形进行切削时刀具行进的路线，系统以图形方式显示，如图 8-3 所示。刀具路径由一系列有序的刀位点和连接这些刀位点的直线（直线插补）或圆弧（圆弧插补）组成。本系统的刀具路径是按刀尖位置来显示的。

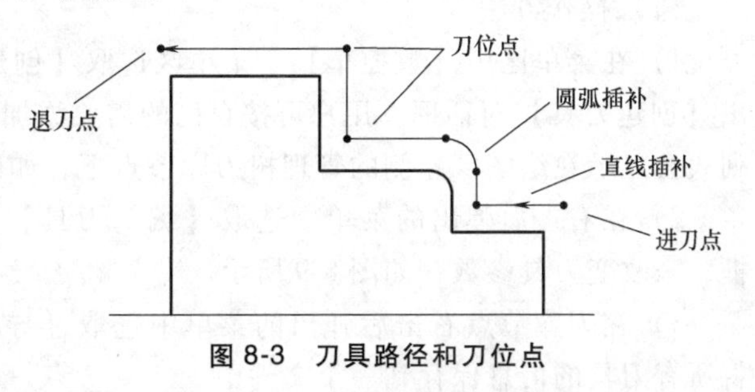

图 8-3　刀具路径和刀位点

（6）加工余量　数控车加工是一个去除余量的过程，即从毛坯开始逐步除去多余的材料，以得到需要的零件。这种过程往往由粗加工和精加工构成，必要时还需要进行半精加工，即需经过多道工序的加工。在前一道工序中，往往需给下一道工序留下一定的余量。实际的加工轮廓是指定加工轮廓按给定的加工余量进行等距的结果，如图 8-4 所示。

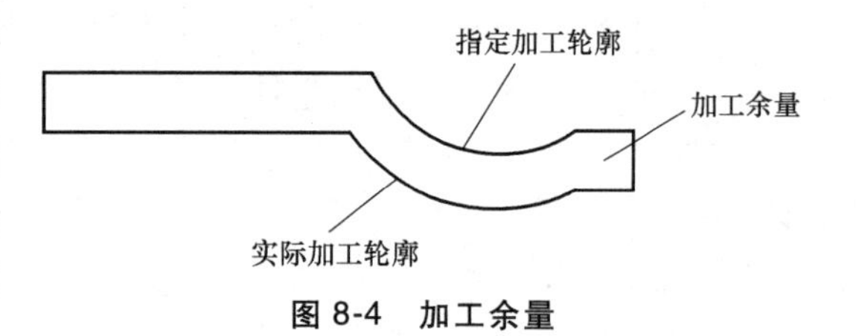

图 8-4 加工余量

（7）加工误差 刀具路径和实际加工模型的偏差即为加工误差。可通过控制加工误差来控制加工的精度，加工误差是刀具路径同加工模型之间的最大允许偏差，系统保证刀具路径与实际加工模型之间的偏离不大于加工误差。应根据实际工艺要求给定加工误差，如在进行粗加工时，加工误差可以较大，否则加工效率会受到不必要的影响；而进行精加工时，需根据表面要求等给定加工误差。在两轴加工中，对于直线和圆弧的加工不存在加工误差，加工误差指对样条线进行加工时用折线段逼近样条时的误差，如图 8-5 所示。

（8）干涉 切削被加工表面时，如刀具切到了不应该切的部分，则出现干涉现象，或者叫做过切。在 CAXA 数控车 2020 系统中，干涉分为以下两种情况：

1）被加工表面中存在刀具切削不到的部分时存在的过切现象。

2）切削时，刀具与未加工表面存在的过切现象。

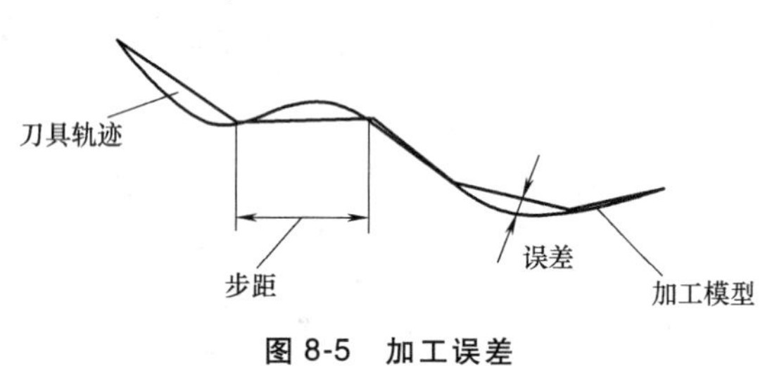

图 8-5 加工误差

8.2 CAXA 数控车 2020 软件的加工功能

8.2.1 CAXA 数控车 2020 软件的设置

刀具库与车削刀具

刀具库功能定义、确定刀具的有关数据，以便于用户从刀具库中获取刀具信息和对刀具库进行维护。车削刀具包括轮廓车刀、切槽刀具、螺纹车刀和钻孔刀具四种刀具类型的管理。

（1）操作方法

1）在菜单区中【数控车】子菜单区选取【创建刀具】菜单项，如图 8-6 所示。系统弹出【创建刀具】对话框，用户可按自己的需要添加新的刀具，如图 8-7 所示。新创建的刀具列表会显示在绘图区左侧的管理树刀库节点下，如图 8-8 所示。

2）在右击后弹出的菜单中选取【编辑刀具】命令刀具节点，弹出【编辑刀具】对话框，来改变刀具参数，如图 8-9 所示。

3）在刀库节点右击后弹出的菜单中选取【导出刀具】菜单项，如图 8-10 所示，可以将所有刀具的信息保存到一个文件中。

4）在刀库节点右击后弹出的菜单中选取【导入刀具】菜单项，如图 8-10 所示，可以将保存到文件中的刀具信息全部读入到文档中，并添加到刀库节点下。

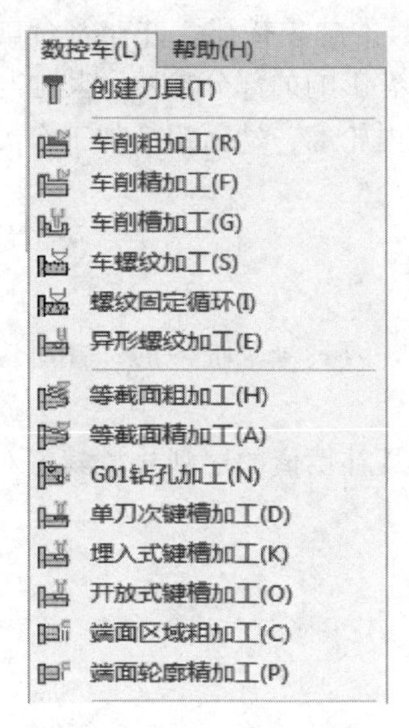

图 8-6　数控车功能对话框

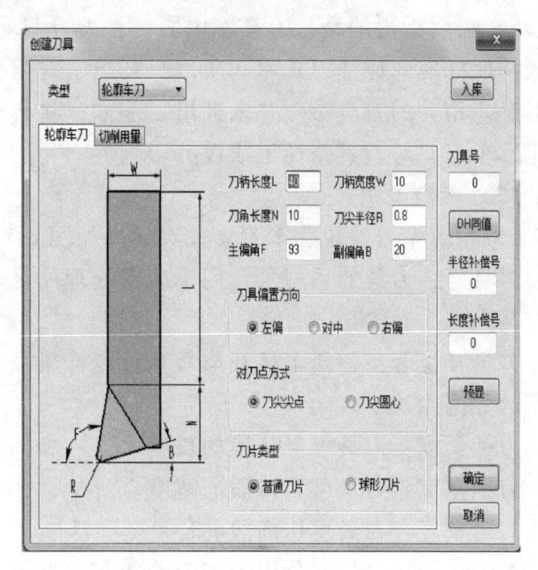

图 8-7　【创建刀具】对话框

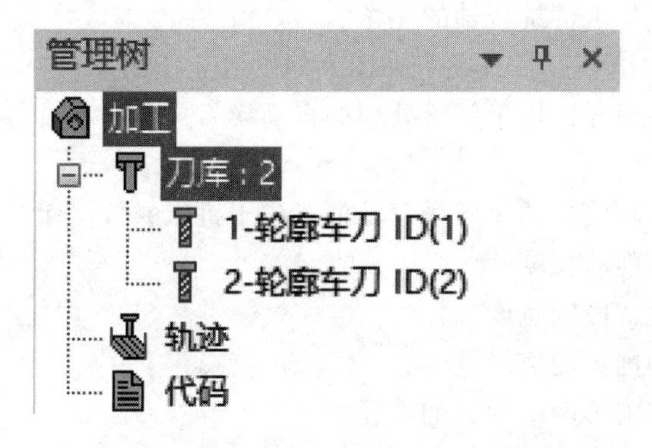

图 8-8　刀具列表对话框

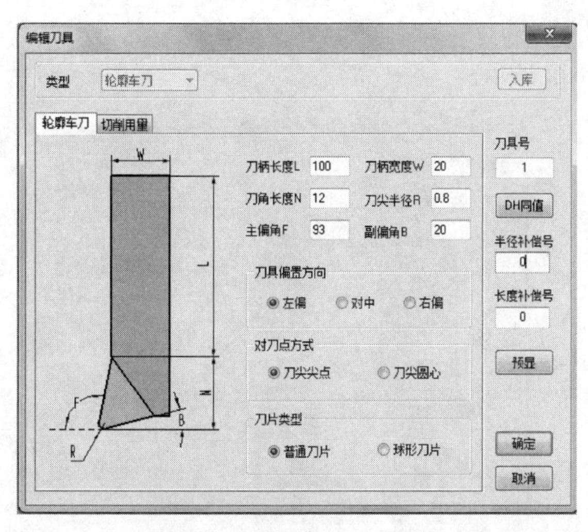

图 8-9　【编辑刀具】对话框

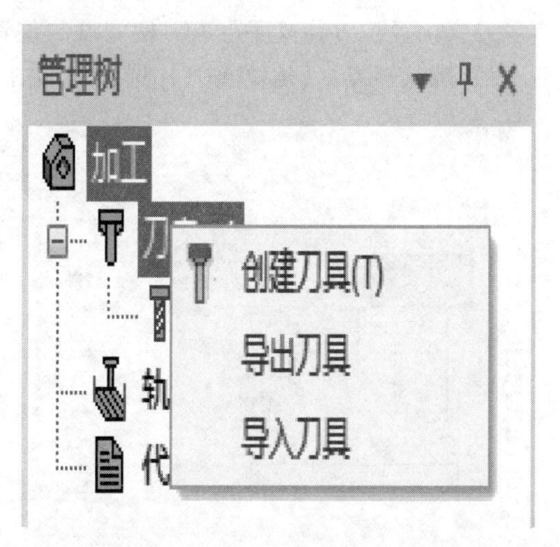

图 8-10　导入、导出刀具对话框

5）需要指出的是，刀具库中的各种刀具只是同一类刀具的抽象描述，并非符合国家标准或其他标准的详细刀具库。所以只列出了对刀具路径生成有影响的部分参数，其他与具体加工工艺相关的刀具参数并未列出。例如，将各种外轮廓，内轮廓，端面粗精加工车刀均归为轮廓车刀，对刀具路径生成没有影响。

（2）参数说明

1）轮廓车刀，轮廓车刀参数对话框如图 8-7 所示。

刀具号：刀具的系列号，用于后置处理的自动换刀指令。刀具号是唯一的，并对应机床的刀具库。

刀具补偿号：包括半径补偿号和长度补偿号，是代表刀具补偿值的序列号，其值对应于机床的数据库。

刀柄长度：刀具可夹持段的长度。

刀柄宽度：刀具可夹持段的宽度。

刀角长度：刀具可切削段的长度。

刀尖半径：刀尖部分用于切削的圆弧的半径。

主偏角：刀具前刃与工件旋转轴的夹角。

副偏角：刀具后刃与工件旋转轴的夹角。

2）切槽刀具，【切槽车刀】选项卡如图 8-11 所示。

刀具号：刀具的系列号，用于后置处理的自动换刀指令。刀具号是唯一的，并对应机床的刀具库。

刀具补偿号：刀具补偿值的序列号，其值对应于机床的数据库。

刀具长度：刀具切削的长度。

刀具宽度：刀片夹持段的宽度。

刀刃宽度：刀具切削刃的宽度。

刀尖半径：刀具切削刃两端圆弧的半径。

刀具引角：刀具切削段两侧边与垂直于切削方向的夹角。

刀柄宽度：刀柄夹持段的宽度。

刀具位置：刀具宽度距离刀柄宽度的位置。

3）螺纹车刀，【螺纹车刀】选项卡如图 8-12 所示。

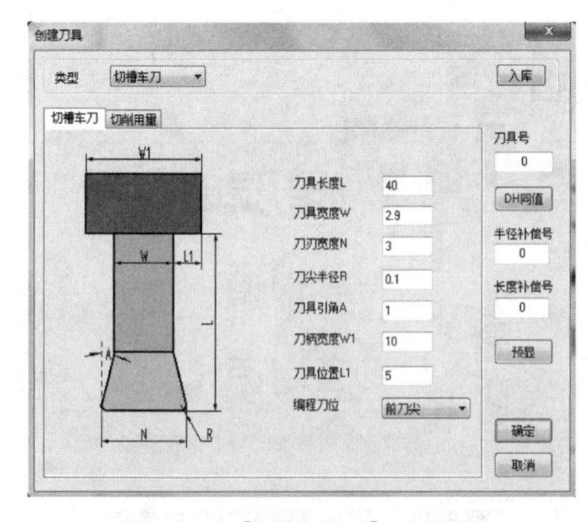

图 8-11 【切槽车刀】选项卡

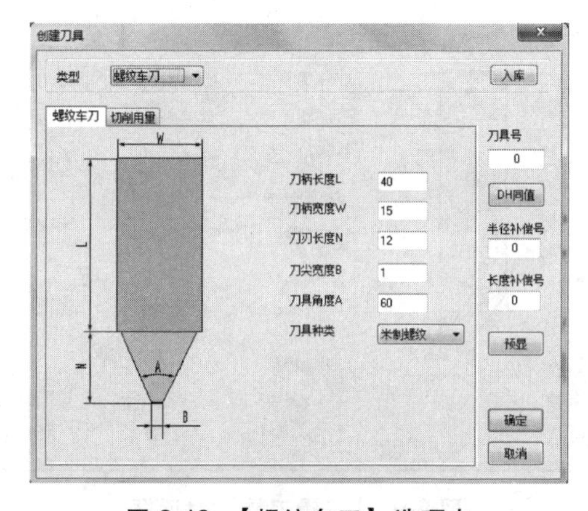

图 8-12 【螺纹车刀】选项卡

刀具号：刀具的系列号，用于后置处理的自动换刀指令。刀具号是唯一的，并对应机床的刀具库。

刀具补偿号：刀具补偿值的序列号，其值对应机床的数据库。

刀柄长度：刀柄可夹持段的长度。

刀柄宽度：刀柄可夹持段的宽度。

刀刃长度：刀具切削刃的长度。

刀尖宽度：螺纹牙底宽度，对于三角螺纹车刀，刀尖宽度等于0。

刀具角度：刀具切削段两侧边与垂直于切削方向的夹角，该角度决定了车削出的螺纹的牙型角。

4）钻头【钻头】选项卡如图8-13所示。

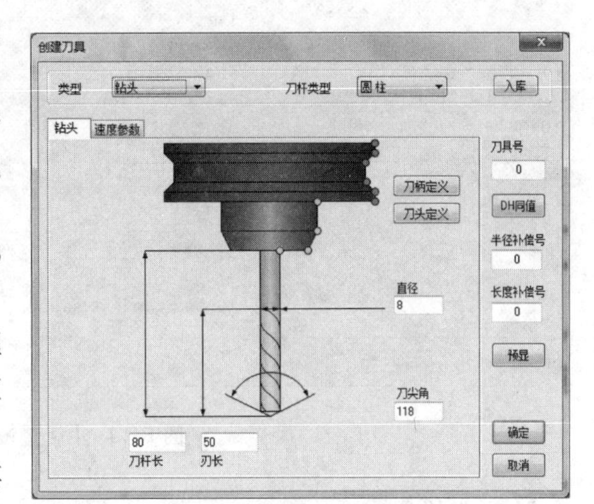

图8-13 【钻头】选项卡

刀具号：刀具的系列号，用于后置处理的自动换刀指令。刀具号是唯一的，并对应机床的刀具库。

刀具补偿号：刀具补偿值的序列号，其值对应机床的数据库。

直径：刀具的直径。

刀尖角：钻头前段尖部的角度。

刃长：刀具的刀杆可用于切削部分的长度。

刀杆长：刀尖到刀柄之间的距离。刀杆长度应大于刀刃有效长度。

8.2.2 CAXA数控车2020软件的后置设置

1. 后置设置

后置设置就是针对不同的机床，不同的数控系统，设置特定的数控代码、数控程序格式及参数，并生成配置文件。生成数控程序时，系统根据该配置文件的定义生成用户所需要的特定代码格式的加工指令。

后置设置给用户提供了一种灵活方便的设置系统配置的方法。对不同的机床进行适当的配置，具有重要的实际意义。通过设置系统配置参数，后置处理所生成的数控程序可以直接输入数控机床或加工中心进行加工，而无需进行修改。如果已有的机床类型中没有所需的机床，可增加新的机床类型以满足使用需求，并可对新增的机床进行设置。【后置设置】对话框如图8-14所示，左侧的上下两个列表中分别列出了现有的控制系统与机床配置文件，在中间的各个标签页中对相关参数进行设置，在右侧的测试栏中，可以选中刀具路径，并单击生成代码按钮，可以在代码标签页中看到在当前的后置设置下选中刀具路径所生成的G代码，便于用户对照后置设置的效果。

操作说明：在【数控车】子菜单区中选取【后置设置】功能项，系统弹出【后置设置】对话框，用户可按自己的需求增加新的或更改已有的控制系统和机床配置。单击【确定】按钮可将用户的更改保存，单击【取消】按钮则放弃已做的更改。

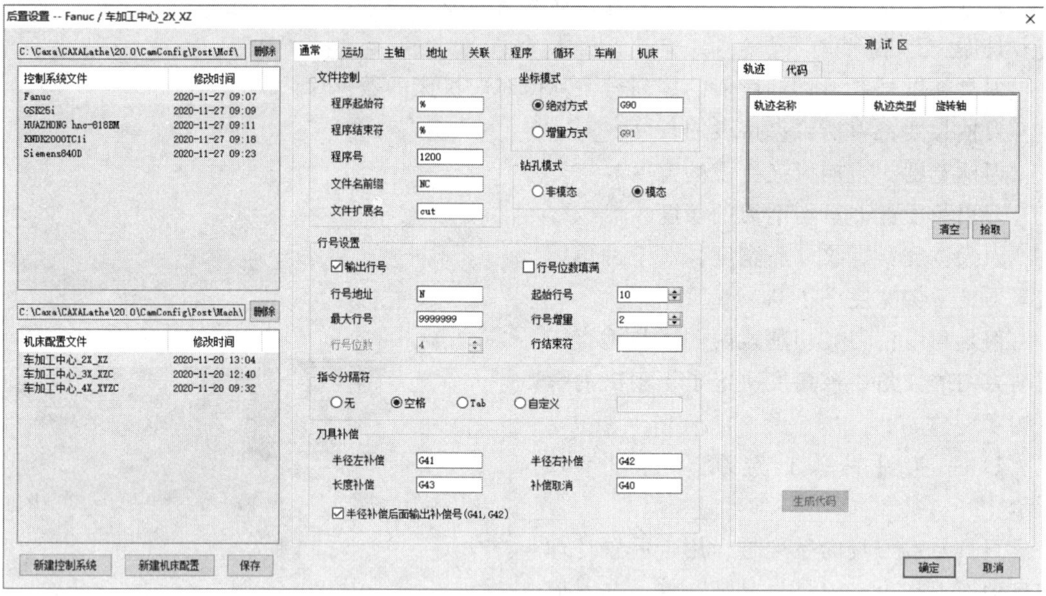

图 8-14 【后置设置】对话框

2. 通常设置

在【后置设置】对话框中间部分的【通常】标签中，可以对 G 代码的基本格式进行设置，如图 8-15 所示。

文件控制：设定 G 代码的起始和中止符号，设定程序编号，文件扩展名。

坐标模式：设定按绝对坐标和相对上一点增量坐标的两种坐标模式的 G 代码指令。

行号设置：设定是否输出行号，行号的起始和结束符号、位数、是否填满位数、最大最小行号、增量。

指令分隔符：设定数控指令之间的分隔符号。

刀具补偿：设定各种刀具补偿模式的 G 代码指令。

3. 运动设置

在【后置设置】对话框中间部分的【运动】标签中，可以对 G 代码中与刀具运动相关的参数进行设置，如图 8-16 所示。

直线：设置刀具快速移动和做直线插补运动的 G 代码指令。

圆弧：设置刀具做顺时针、逆时针圆弧插补运动的 G 代码指令。

输出平面：设置平面圆弧插补时，圆弧所在不同平面的 G 代码指令。

空间圆弧：设置空间圆弧插补的处理方式。

坐标平面圆弧的控制方式：设置圆弧插补段的 G 代码中，圆点（I,J,K）坐标的含义。

4. 主轴设置

在【后置设置】对话框中间部分的【主轴】标签中，可以对 G 代码中的机床主轴行为进行设置，如图 8-17 所示。

主轴：设置主轴正转、反转、停止的 G 代码指令。

速度：设置快速移动速度的输出方式。

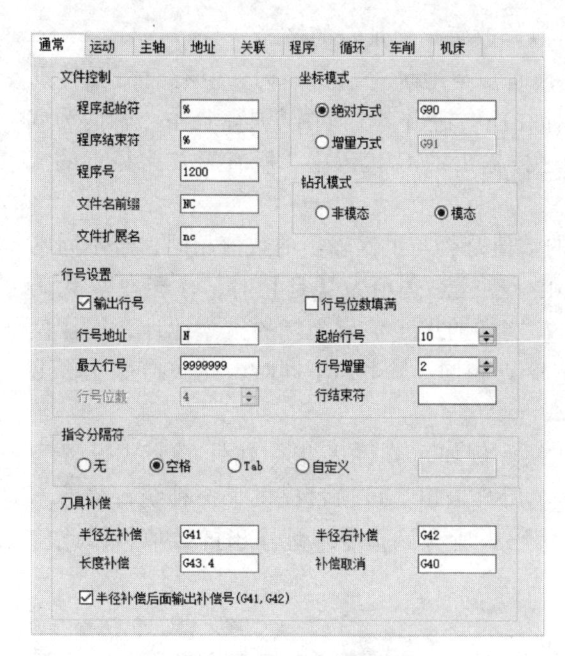

图 8-15 【通常】设置选项卡

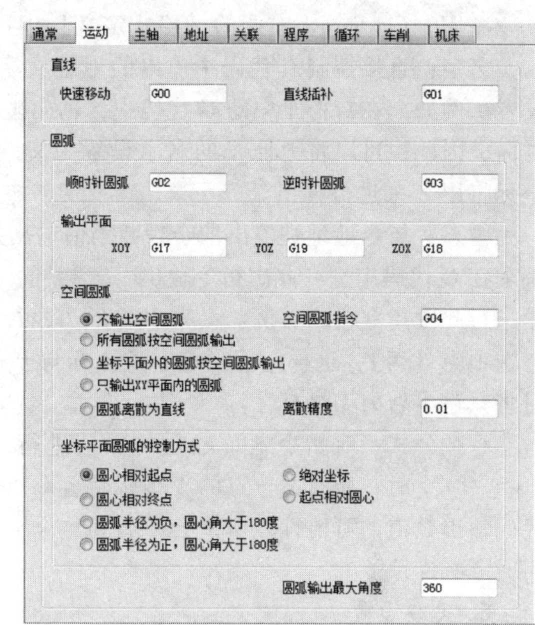

图 8-16 【运动】设置选项卡

冷却液：设置开、关冷却液的 G 代码指令。

程序代码：设置程序暂停和停止的 G 代码指令。

5. 地址设置

在【后置设置】对话框中间部分的【地址】标签中，可以对 G 代码的各指令地址的输出格式进行设置，如图 8-18 所示。

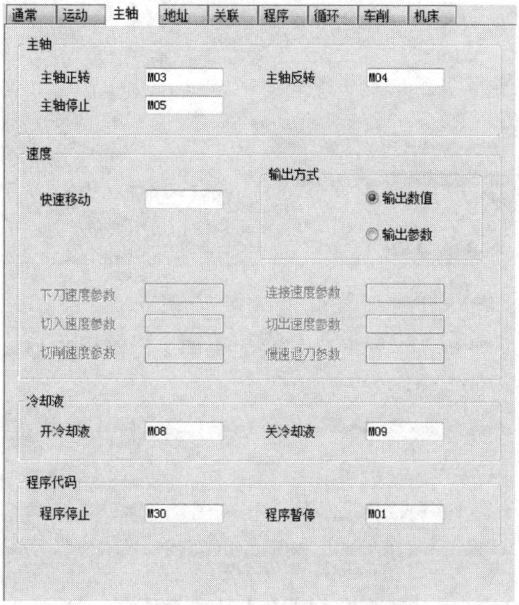

通常 运动 主轴 地址 关联 程序 循环 车削 机床
主轴
主轴正转 M03
主轴反转 M04
主轴停止 M05
速度
快速移动
输出方式
输出数值
输出参数
下刀速度参数
连接速度参数
切入速度参数
切出速度参数
切削速度参数
慢速退刀参数
冷却液
开冷却液 M08
关冷却液 M09
程序代码
程序停止 M30
程序暂停 M01

图 8-17 【主轴】设置对话框

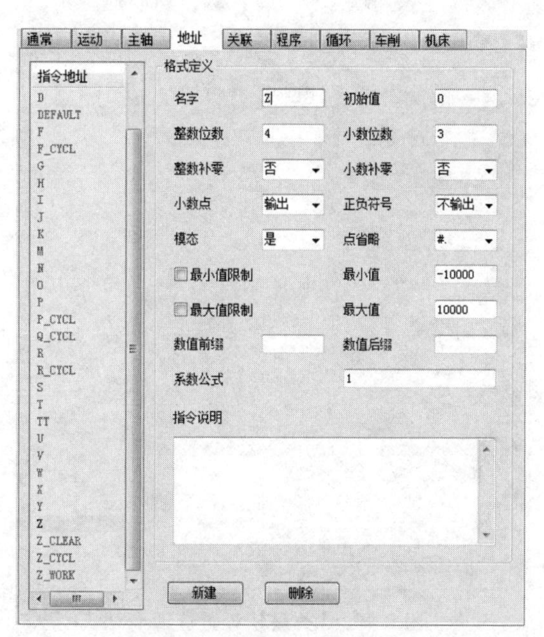

图 8-18 【地址】设置选项卡

标签左侧的【指令地址】列表列出了所有可用的地址符，常用的有 *X*，*Y*，*Z*，*I*，*J*，

K，*G*，*M*，*F*，*S* 等。右侧的【格式定义】中可以修改每个地址符的格式。

名字：直接控制 G 代码中输出的地址文字，通常与地址符自身相同，但有时需要特别设置。例如，在数控车中的 G 代码中，轴向坐标往往会输出 *Z*，而在刀具路径中，轴向为 *X* 方向，因此，可以将地址 *X* 的名字设置为 *Z*，这样输出的 G 代码中，所有刀具路径点的 *X* 坐标将用 *Z* 来进行输出。

模态：指令地址在输出前会判断当前输出的数值是否与上次输出的数值相同，若不同则必须在 G 代码中进行此次指令输出，若相同，则只有模态选项为【是】时，才会在 G 代码中进行此次指令输出。例如，*X*，*Y*，*Z*，*I*，*J*，*K* 这样的用于输出坐标的指令地址，往往模态选项为【否】，这样，若当前点 *X* 坐标与上一个点相同，*Y* 坐标不同时，此次指令在输出时将只输出新的 *Y* 坐标。

系数公式：对指令地址输出的数值进行变换。例如，若将 *X* 指令地址的公式设置为“*(-1)”时，所有刀位点的 *X* 坐标将会乘以-1 后再输出。该项目提供了一种统一修改 G 代码输出数值的可能性，但是会影响到整个 G 代码中所有该指令地址输出的数值，因此使用时务必谨慎。

6. 关联设置

在【后置设置】对话框中间部分的【关联】标签中，可以对 G 代码中各项数值输出时使用的指令地址进行设置。左侧的【系统变量】列表中列出了部分可以修改指令地址的数值变量，如图 8-19 所示。

7. 程序设置

在【后置设置】对话框中间部分的【程序】标签中，可以对各段加工过程的 G 代码函数进行设置，如图 8-20 所示。

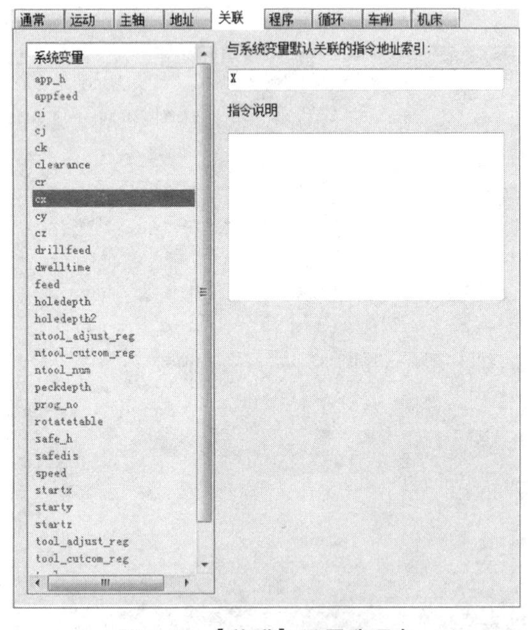

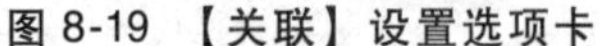

图 8-19 【关联】设置选项卡

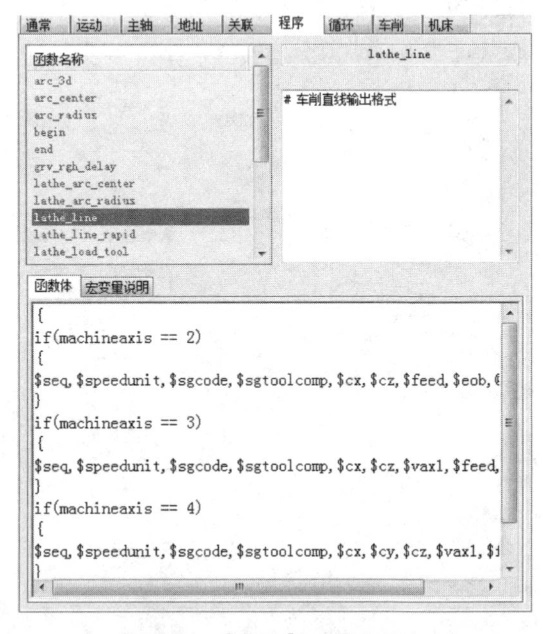

图 8-20 【程序】设置选项卡

左侧的【函数名称】列表中列出了所有可用的函数名称，下方的【函数体】显示了选中函数的输出格式。

例如：lathe_line 函数用于输出直线插补加工段的 G 代码，其函数体内容为“ $seq, $ speedunit， $sgcode， $cx， $cz， $feed， $eob，@ ”，其中各变量的含义如下：

seq：行号。

speedunit：进给速度单位。一般情况下，G98 代表每分进给（mm/r），G99 代表每转进给（mm/r）。

sgcode：进给指令。直线插补指令一般为 G01。

cx：径向坐标值。

cz：轴向坐标值。

feed：进给速度。

eob：结束符，表示该函数结束。

按照以上定义，若刀具需要以直线进给的方式前进到点（50，20），进给速度为 20mm/min，则这段加工过程输出的 G 代码为：N10　G98 G01 X50.0 Z20.0 F20。

8. 循环设置

在【后置设置】对话框中间部分的【循环】标签中，可以对循环代码中各项数值输出时使用的指令地址进行设置。左侧的变量列表中列出了部分螺纹循环参数，可以修改指令地址的数值变量，如图 8-21 所示。

9. 车削设置

在【后置设置】对话框中间部分的【车削】标签中，可以对 G 代码中车削特有的一些独特参数进行设置，如图 8-22 所示。

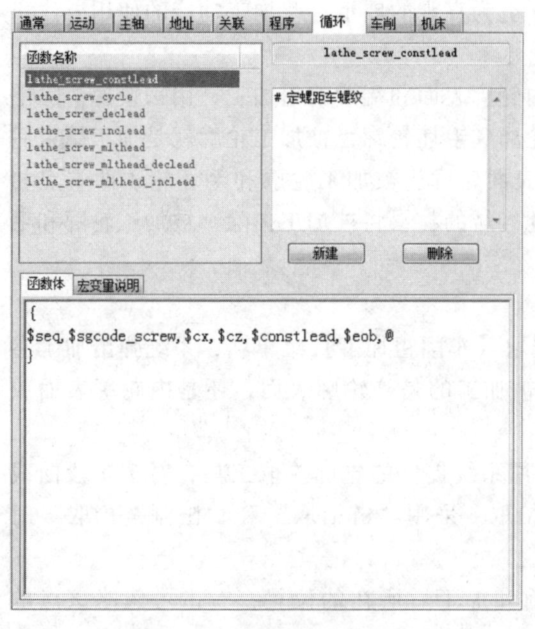

图 8-21 【循环】设置选项卡

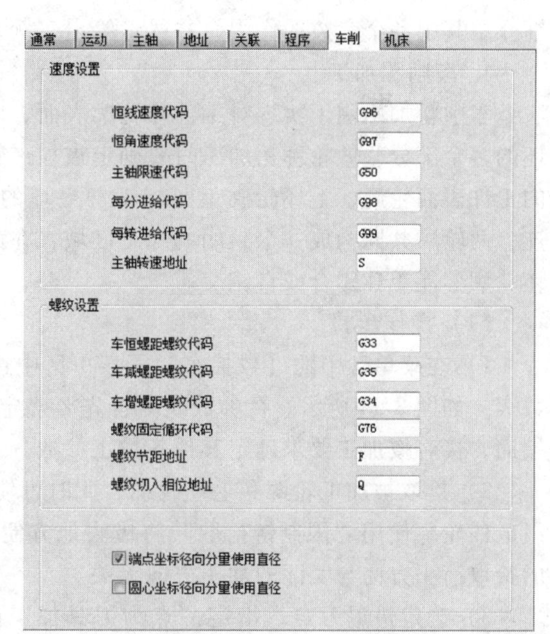

图 8-22 【车削】设置选项卡

端点坐标径向分量使用直径：刀具路径中的径向坐标值使用的是半径值，但是在 G 代码中往往需要以直径值来输出。勾选此复选按钮后，G 代码中即以直径值来输出径向坐标。例如刀具路径中的径向坐标为 20，勾选此复选按钮后，G 代码中会输出 X40.0。

圆心坐标径向分量使用直径：与直线插补一样，刀具路径中圆弧插补段的圆心坐标使用的也是半径值，若需要在G代码中以直径输出圆心坐标，可以勾选此复选按钮。勾选后，若刀具路径中圆心径向坐标为20，则输出的G代码为I40.0。

10. 机床设置

在【后置设置】对话框中间部分的【机床】标签中，可以对机床信息进行设置，如图8-23所示。

如图所示，当前选择的三轴车削加工中心，可以设置三个线性轴的初始值和最大、最小值。若机床为四轴机床，还可以设置旋转轴的相关信息，如角度范围、旋转轴向量等。

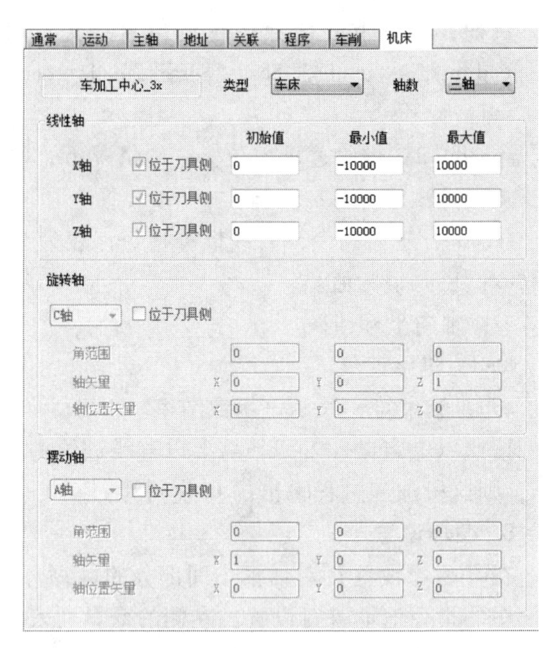

图8-23 【机床】设置选项卡

8.2.3 CAXA数控车2020软件的刀具路径

刀具路径是使用数控车软件进行加工的关键步骤，本节将介绍几种常用的加工功能，详细介绍其中各个参数的作用，并尽量给出实例来更为直观的展示这些加工功能的使用方法。

1. 车削粗加工

车削粗加工用于实现对工件外轮廓表面、内轮廓表面和端面的粗加工，用来快速清除毛坯的多余部分。做轮廓粗加工时要确定被加工轮廓和毛坯轮廓，被加工轮廓就是加工结束后的工件表面轮廓，毛坯轮廓就是加工前毛坯的表面轮廓。被加工轮廓和毛坯轮廓两端点相连，两轮廓共同构成一个封闭的加工区域，在此区域的材料将被加工去除。被加工轮廓和毛坯轮廓不能单独闭合或自相交。

（1）操作步骤

1）在菜单区中的【数控车】子菜单区中选取【车削粗加工】菜单项，系统弹出加工参数表，如图8-24所示。在参数表中首先要确定被加工的是外轮廓表面，还是内轮廓表面或端面，接着按加工要求确定其他各加工参数。

2）拾取被加工轮廓和毛坯轮廓，此时可使用系统提供的轮廓拾取工具，对于多段曲线组成的轮廓使用“限制链拾取”将极大地方便拾取。采用“链拾取”和“限制链拾取”时的拾取箭头方向与实际的加工方向无关。

3）确定进退刀点，指定一点为刀具加工前和加工后所在的位置，右击可忽略该点的输入。

完成上述步骤后即可生成粗车刀具路径。在【数控车】菜单区中选取【后置处理】功能项，拾取刚生成的刀具路径，即可生成加工指令。

（2）加工参数　单击图8-24所示对话框中的【加工参数】标签即进入加工参数表，加工参数表主要用于对粗加工中的各种工艺条件和加工方式进行限定。

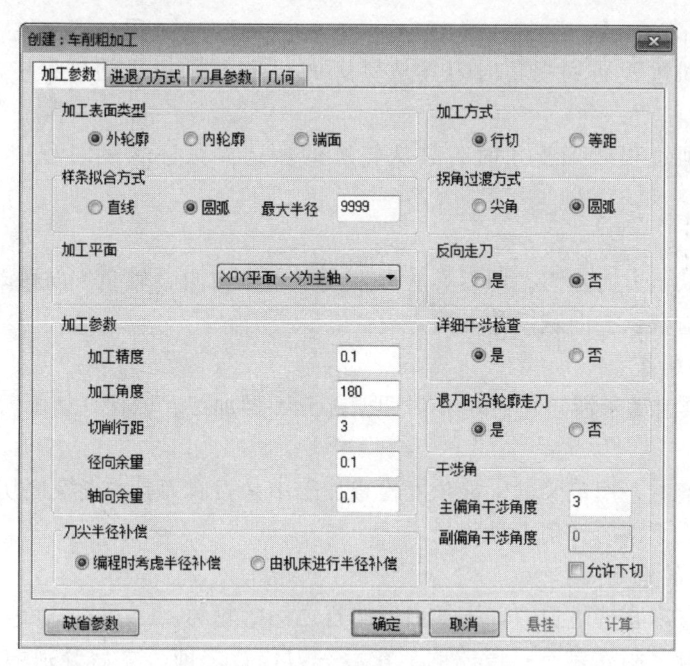

图 8-24 【车削粗加工】对话框

部分加工参数含义说明如下：

1）加工表面类型。

外轮廓：采用外轮廓车刀加工外轮廓，此时默认加工方向角度为 180°。

内轮廓：采用内轮廓车刀加工内轮廓，此时默认加工方向角度为 180°。

车端面：此时默认加工方向应垂直于系统 X 轴，即加工角度为 -90° 或 270°。

2）样条拟合方式。

直线：对加工轮廓中的样条线根据给定的加工精度用直线段进行拟合。

圆弧：对加工轮廓中的样条线根据给定的加工精度用圆弧段进行拟合。

3）加工参数。

加工精度：用户可按需要来控制加工的精度。对轮廓中的直线和圆弧，机床可以精确地加工；对由样条曲线组成的轮廓，系统将按给定的精度把样条转化成直线段来满足用户所需的加工精度。

加工角度：刀具切削方向与机床 Z 正方向（软件系统 X 正方向）的夹角。

切削行距：行间切入深度，两相邻切削行之间的距离。

径向余量与轴向余量：加工结束后，被加工表面没有加工部分的剩余量（与最终加工结果比较）。

4）刀尖半径补偿。

编程时考虑半径补偿：在生成刀具路径时，系统根据当前所用刀具的刀尖半径进行补偿计算（按假想刀尖点编程）。所生成代码即为已考虑半径补偿的代码，无须机床再进行刀尖半径补偿。

由机床进行半径补偿：在生成刀具路径时，假设刀尖半径为 0，按轮廓编程，不进行刀尖半径补偿计算。所生成代码在用于实际加工时应根据实际刀尖半径由机床指定补偿值。

5）拐角过渡方式。

圆弧：在切削过程遇到拐角时刀具从轮廓的一边到另一边的过程中，以圆弧的方式过渡。

尖角：在切削过程遇到拐角时刀具从轮廓的一边到另一边的过程中，以尖角的方式过渡。

6）反向走刀。

否：刀具按默认方向走刀，即刀具从机床 Z 轴正方向向 Z 轴负方向移动。

是：刀具按与默认方向相反的方向走刀。

7）详细干涉检查。

否：假定刀具前后干涉角均为0°，对凹槽部分不做加工，以保证切削刀具路径无前角及底切干涉。

是：加工凹槽时，用定义的干涉角度检查加工中是否有刀具前角及底切干涉，并按定义的干涉角度生成无干涉的切削刀具路径。

8）退刀时沿轮廓走刀。

否：刀位行首末直接进退刀，不加工行与行之间的轮廓。

是：两刀位行之间如果有一段轮廓，在后一刀位行之前、之后分别增加对行间轮廓的加工。

9）干涉角。

主偏角干涉角度：做前角干涉检查时，确定干涉检查的角度。

副偏角干涉角度：做底切干涉检查时，确定干涉检查的角度，当勾选【允许下切】复选按钮时可用。

（3）进退刀方式　单击图8-25所示对话框中的【进退刀方式】标签即进入进退刀方式参数表，该参数表用于对加工中的进退刀方式进行设定。

各参数含义说明如下：

1）进刀方式：包括每行相对毛坯进刀方式（对毛坯部分进行切削时的进刀方式）和每行相对加工表面进刀方式（对加工表面部分进行切削时的进刀方式）。

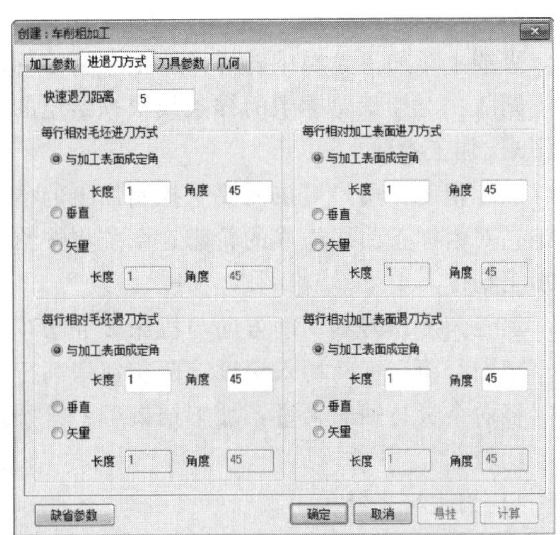

图8-25　【进退刀方式】标签

与加工表面成定角：在每一切削行前加入一段与刀具路径切削方向夹角成一定角度的进刀段，刀具垂直进刀到该进刀段的起点，再沿该进刀段进刀至切削行。长度：该进刀段的长度；角度：该进刀段与刀具路径切削方向的夹角。

垂直：刀具直接进刀到每一切削行的起始点。

矢量：在每一切削行前加入一段与系统 X 轴（机床 Z 轴）正方向成一定夹角的进刀段，刀具进刀到该进刀段的起点，再沿该进刀段进刀至切削行。长度：矢量（进刀段）的长度；

角度：矢量（进刀段）与系统 X 轴正方向的夹角。

2）退刀方式。包括每行相对毛坯退刀方式（对毛坯部分进行切削时的退刀方式）和每行相对加工表面退刀方式（对加工表面部分进行切削时的退刀方式）。

与加工表面成定角：在每一切削行后加入一段与刀具路径切削方向夹角成一定角度的退刀段，刀具先沿该退刀段退刀，再从该退刀段的末点开始垂直退刀。长度：该退刀段的长度；角度：该退刀段与刀具路径切削方向的夹角。

垂直：刀具直接退刀到每一切削行的起始点。

矢量：在每一切削行后加入一段与系统 X 轴（机床 Z 轴）正方向成一定夹角的退刀段，刀具先沿该退刀段退刀，再从该退刀段的末点开始垂直退刀。角度：矢量（退刀段）与系统 X 轴正方向的夹角；长度：矢量（退刀段）的长度快速退刀距离，以给定的退刀速度回退的距离（相对值），在此距离上以机床允许的最大进给速度 G0 退刀。

（4）刀具参数

1）切削用量。每种刀具路径生成时，都需要设置一些与切削用量及机床加工相关的参数。单击图 8-26 所示对话框中的【刀具参数】标签并在子标签中选择【切削用量】可进入切削用量参数设置页。

各参数含义说明如下：

① 速度设定。

接近速度：刀具接近工件时的进给速度。

退刀速度：刀具离开工件的速度。

② 主轴转速选项。

主轴转速：机床主轴旋转的速度，计量单位是机床默认的单位。

恒转速：切削过程中按指定的主轴转速保持主轴转速恒定，直到下一指令改变该转速。

恒线速度：切削过程中按指定的线速度值保持线速度恒定。

2）轮廓车刀。单击图 8-27 所示对话框中的【刀具参数】标签并在子标签中选择【轮廓车刀】可进入轮廓车刀参数设置页。该页用于对加工中所用的刀具参数进行设置。

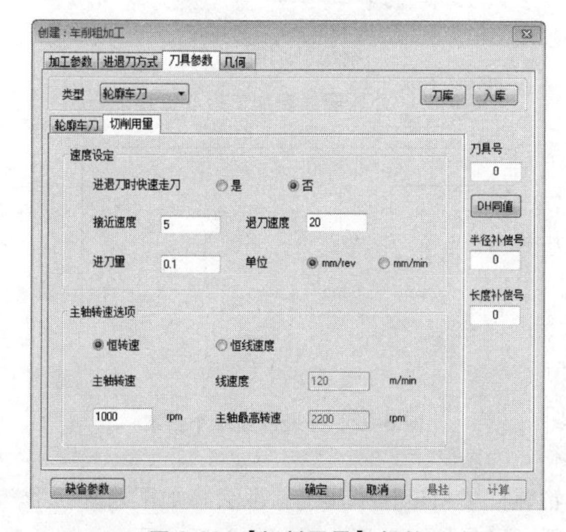

图 8-26 【切削用量】标签

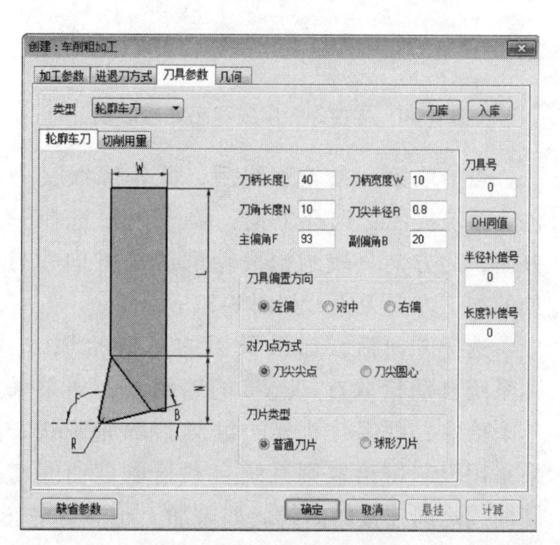

图 8-27 【轮廓车刀】标签

（5）车削粗加工实例　如图 8-28 所示轴类零件图，要求生成零件的粗加工刀具路径。

1）首先画出该零件的毛坯图，如图 8-29 所示，曲线内部部分为要加工出的外轮廓，阴影部分为须去除的材料。

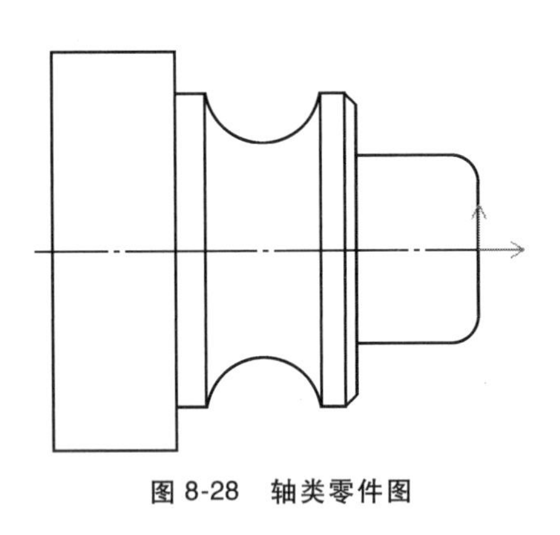

图 8-28　轴类零件图

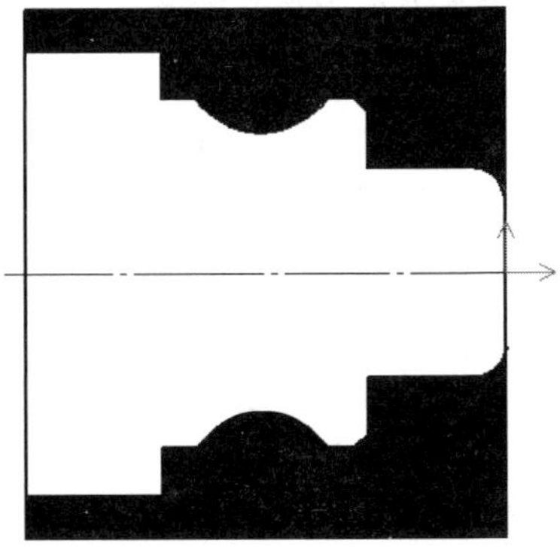

图 8-29　轴类零件毛坯图

2）生成刀具路径时，只需画出由要加工出的外轮廓和毛坯轮廓的上半部分组成的封闭区域（需切除部分）即可，其余线条不用画出，如图 8-30 所示。

3）填写参数表。在【车削粗加工】对话框中填写参数，填写完参数后，单击【确认】按钮。

4）拾取外轮廓线，系统提示用户选择轮廓线。拾取外轮廓线可以利用曲线拾取工具菜单，左下角弹出工具菜单，如图 8-31 所示。工具菜单提供三种拾取方式：单个拾取，链拾取和限制链拾取。

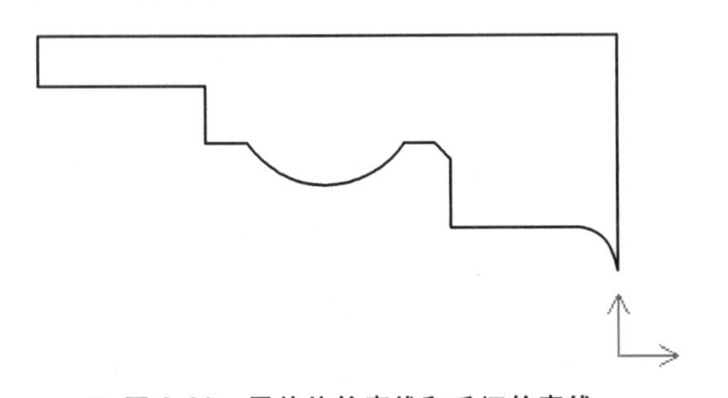

图 8-30　零件外轮廓线和毛坯轮廓线

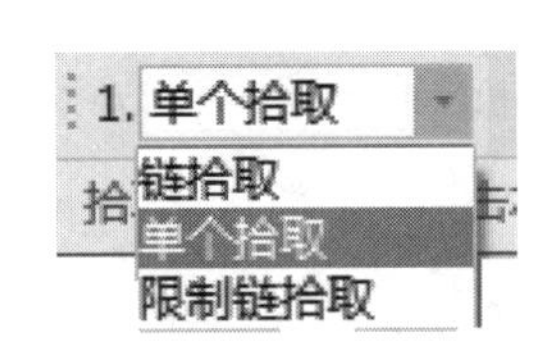

图 8-31　外轮廓线粗加工拾取工具菜单

当拾取第一条轮廓线后，此轮廓线变为红色。系统提示：选择方向。要求用户选择一个方向，此方向只表示拾取轮廓线的方向，与刀具的加工方向无关，如图 8-32 所示。

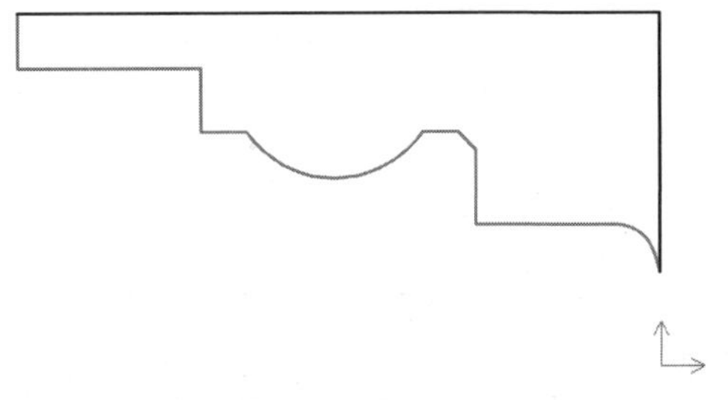

图 8-32　外轮廓线单个拾取

选择方向后，如果采用的是链拾取方式，则系统自动拾取首尾连接的轮廓线；如果采用单个拾取，则系统提示：继续拾取轮廓线；如果采用限制链拾取则系统自动拾取该曲线与限制曲线之间连接的曲线。如果加工轮廓与毛坯轮廓首尾相连，采用链拾取会将加工轮廓与毛坯轮廓混在一起，采用限制链拾取或单个拾取则可以将加工轮廓与毛坯轮廓区分开。

5）拾取毛坯轮廓线，拾取方法与上述类似。

6）确定进退刀点。指定一点为刀具加工前和加工后所在的位置，右击可忽略该点的输入。

7）生成刀具路径。确定进退刀点之后，系统生成绿色的粗车刀具路径，如图8-33所示。

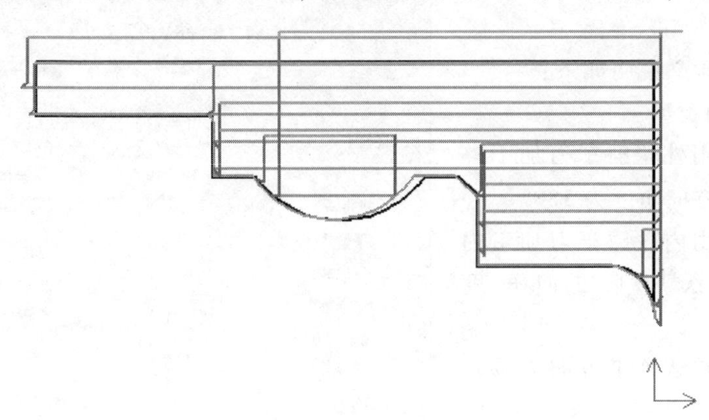

图 8-33　外轮廓粗加工刀具路径

8）在【数控车】菜单区中选取【后置处理】功能项，拾取刚生成的刀具路径，即可生成加工指令。

注意：

1）加工轮廓与毛坯轮廓必须构成一个封闭区域，被加工轮廓和毛坯轮廓不能单独闭合或自相交。

2）为便于采用链拾取方式，可以将加工轮廓与毛坯轮廓绘成相交，系统能自动求出其封闭区域。

3）软件绘图坐标系与机床坐标系的关系。在软件坐标系中 *X* 正方向代表机床的 *Z* 正方向，*Y* 正方向代表机床的 *X* 正方向。本软件用加工角度将软件的 *XY* 向转换成机床的 *ZX* 向，例如：切外轮廓，刀具由右到左运动，与机床的 *Z* 正方向成180°，加工角度取180°；切端面，刀具由上到下运动，与机床的 *Z* 正方向成-90°或270°，加工角度取-90°或270°。

2. 车削精加工

车削精加工用于实现对工件外轮廓表面、内轮廓表面和端面的精加工。做轮廓精加工时要确定被加工轮廓，被加工轮廓就是加工结束后的工件表面轮廓，被加工轮廓不能闭合或自相交。

（1）操作步骤

1）在菜单区中的【数控车】子菜单区中选取【车削精加工】菜单项，系统弹出加工参数表，如图8-34所示。在参数表中首先要确定被加工的是外轮廓表面，还是内轮廓表面或端面，接着按加工要求确定其他各加工参数。

2）拾取被加工轮廓，此时可使用系统提供的轮廓拾取工具。

3）确定进退刀点，指定一点为刀具加工前和加工后所在的位置，右击可忽略该点的输入。

完成上述步骤后即可生成精加工刀具路径。在【数控车】菜单区中选取【后置处理】功能项，拾取刚生成的刀具路径，即可生成加工指令。

（2）加工参数　单击图8-34所示对话框中的【加工参数】标签即进入加工参数表，加工参数表主要用于对精加工加工中的各种工艺条件和加工方式进行限定。

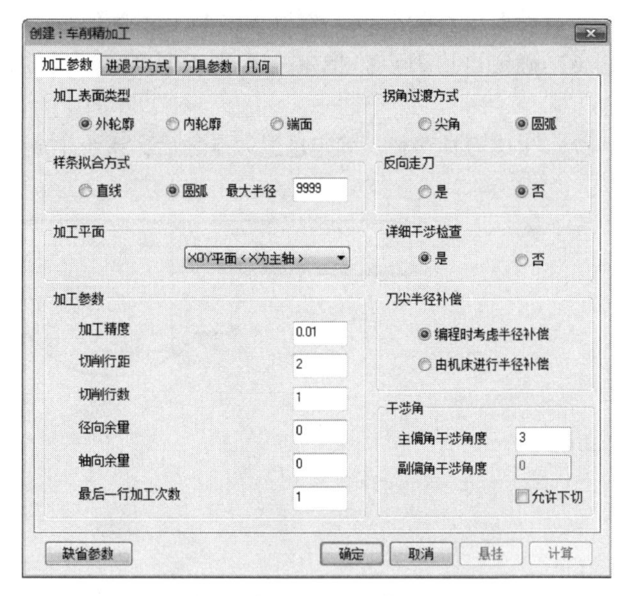

图8-34 【车削精加工】对话框

各加工参数含义说明如下：

1）加工表面类型。

外轮廓：采用外轮廓车刀加工外轮廓，间距加工方向角度为180°。

内轮廓：采用内轮廓车刀加工内轮廓，此时默认加工方向角度为180°。

端面：此时默认加工方向应垂直于系统 X 轴，即加工角度为－90°或270°。

2）样条拟合方式。

直线：对加工轮廓中的样条线根据给定的加工精度用直线段进行拟合。

圆弧：对加工轮廓中的样条线根据给定的加工精度用圆弧段进行拟合。

3）加工参数。

加工精度：用户可按需要来控制加工的精度。对轮廓中的直线和圆弧，机床可以精确地加工；对由样条曲线组成的轮廓，系统将按给定的精度把样条转化成直线段来满足用户所需的加工精度。

切削行距：行间切入深度，两相邻切削行之间的距离。

切削行数：刀位刀具路径的加工行数，不包括最后一行的重复次数。

径向余量与轴向余量：加工结束后，被加工表面没有加工的部分的剩余量（与最终加工结果比较）。

最后一行加工次数：精加工时，为提高车削的表面质量，最后一行常常在相同进给量的情况进行多次车削，该处定义多次切削的次数。

4）拐角过渡方式。

圆弧：在切削过程遇到拐角时刀具从轮廓的一边到另一边的过程中，以圆弧的方式过渡。

尖角：在切削过程遇到拐角时刀具从轮廓的一边到另一边的过程中，以尖角的方式过渡。

5）反向走刀。

否：刀具按默认方向走刀，即刀具从机床 Z 轴正方向向 Z 轴负方向移动。

是：刀具按与默认方向相反的方向走刀。

6）详细干涉检查。

否：假定刀具前后干涉角均为0°，对凹槽部分不做加工，以保证切削刀具路径无前角及底切干涉。

是：加工凹槽时，用定义的干涉角度检查加工中是否有刀具前角及底切干涉，并按定义的干涉角度生成无干涉的切削刀具路径。

7）刀尖半径补偿。

编程时考虑半径补偿：在生成刀具路径时，系统根据当前所用刀具的刀尖半径进行补偿计算（按假想刀尖点编程）。所生成代码即为已考虑半径补偿的代码，无须机床再进行刀尖半径补偿。

由机床进行半径补偿：在生成刀具路径时，假设刀尖半径为0，按轮廓编程，不进行刀尖半径补偿计算。所生成代码在用于实际加工时应根据实际刀尖半径由机床指定补偿值。

8）干涉角。

主偏角干涉角度：做前角干涉检查时，确定干涉检查的角度。

副偏角干涉角度：做底切干涉检查时，确定干涉检查的角度，当勾选【允许下切】复选按钮时可用。

（3）进退刀方式　单击图8-35所示对话框中的【进退刀方式】标签即进入进退刀方式参数表，该参数表用于对加工中的进退刀方式进行设定。

各参数含义说明如下：

1）每行相对加工表面进刀方式。

与加工表面成定角：在每一切削行前加入一段与刀具路径切削方向夹角成一定角度的进刀段，刀具垂直进刀到该进刀段的起点，再沿该进刀段进刀至切削行。其中，长度指该进刀段的长度；角度指该进刀段与刀具路径切削方向的夹角。

垂直：刀具直接进刀到每一切削行的起始点。

矢量：在每一切削行前加入一段与系统 X 轴（机床 Z 轴）正方向成一定夹角的进刀段，刀具进刀到该进刀段的起点，再沿该进刀段进刀至切削行。其中，长度指矢量（进刀段）的长度；角度指矢量（进刀段）与系统 X 轴正方向的夹角。

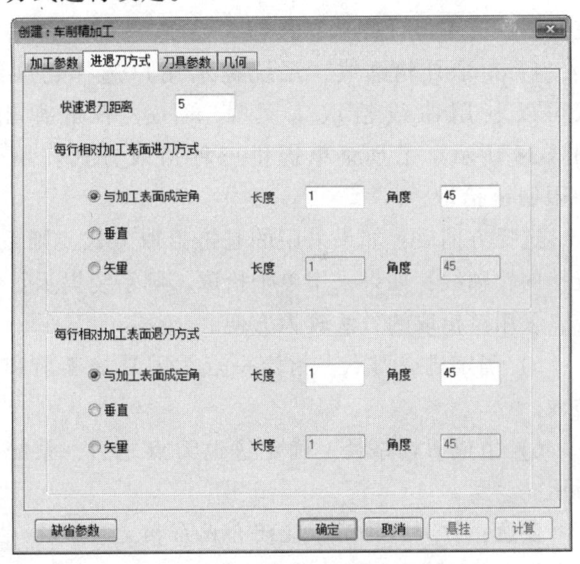

图8-35　【进退刀方式】标签

2）每行相对加工表面退刀方式。

与加工表面成定角：在每一切削行后加入一段与刀具路径切削方向夹角成一定角度的退刀段，刀具先沿该退刀段退刀，再从该退刀段的末点开始垂直退刀。其中，长度指该退刀段的长度；角度指该退刀段与刀具路径切削方向的夹角。

垂直：刀具直接退刀到每一切削行的起始点。

矢量：在每一切削行后加入一段与系统 Z 轴（机床 X 轴）正方向成一定夹角的退刀段，刀具先沿该退刀段退刀，再从该退刀段的末点开始垂直退刀。其中，长度指矢量（退刀段）的长度；角度指矢量（退刀段）与机床 Z 轴正向（系统 X 正方向）的夹角。

（4）切削用量 切削用量参数表的说明请参考“车削粗加工”中的说明。

（5）轮廓车刀 轮廓车刀参数说明请参“刀库与车削刀具”中的说明。

（6）车削精加工实例

1）曲线内部部分为要精加工出的外轮廓，阴影部分为须去除的材料，如图 8-36 所示。

2）生成刀具路径时，只需画出由要加工出的外轮廓的上半部分即可，其余线条不用画出，如图 8-37 所示。

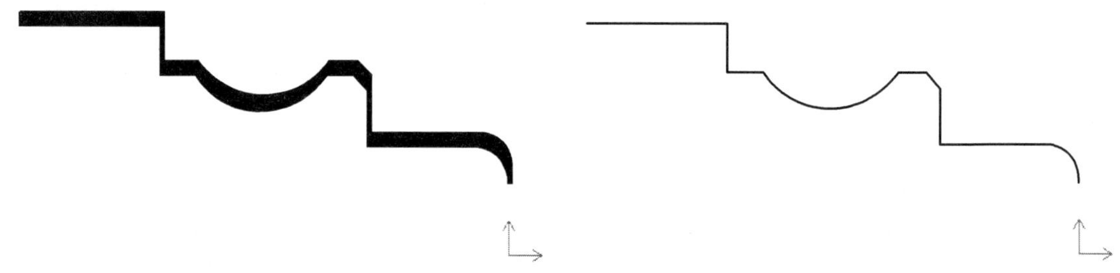

图 8-36 精加工毛坯零件图　　图 8-37 零件外轮廓精加工轮廓线

3）填写参数表。在【车削精加工】对话框中填写参数，填写完参数后，单击【确认】按钮。

4）拾取外轮廓线，系统提示用户选择轮廓线。拾取外轮廓线可以利用曲线拾取工具菜单，左下角弹出工具菜单，如图 8-38 所示。工具菜单提供三种拾取方式：单个拾取，链拾取和限制链拾取。

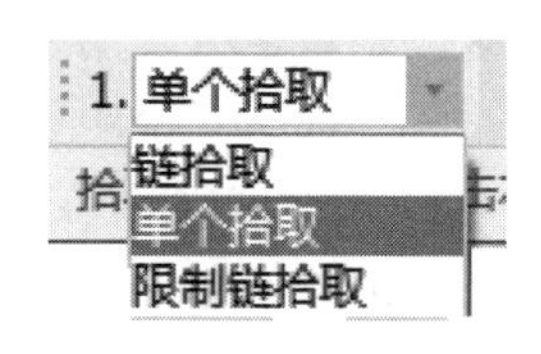

图 8-38 外轮廓线精加工拾取工具菜单

选择方向后，如果采用的是链拾取方式，则系统自动拾取首尾连接的轮廓线；如果采用单个拾取，则系统提示：继续拾取轮廓线。由于只需拾取一条轮廓线，采用链拾取的方法较为方便。

5）确定进退刀点。指定一点为刀具加工前和加工后所在的位置，右击可忽略该点的输入。

6）生成刀具路径。确定进退刀点之后，系统生成绿色的精加工刀具路径，如图 8-39 所示。

注意：被加工轮廓不能闭合或自相交。

3. 车削槽加工

车削槽加工用于在工件外轮廓表面、内轮廓表面和端面上切槽。切槽时要确定被加工轮廓，被加工轮廓就是加工结束后的工件表面轮廓，被加工轮廓不能闭合或自相交。

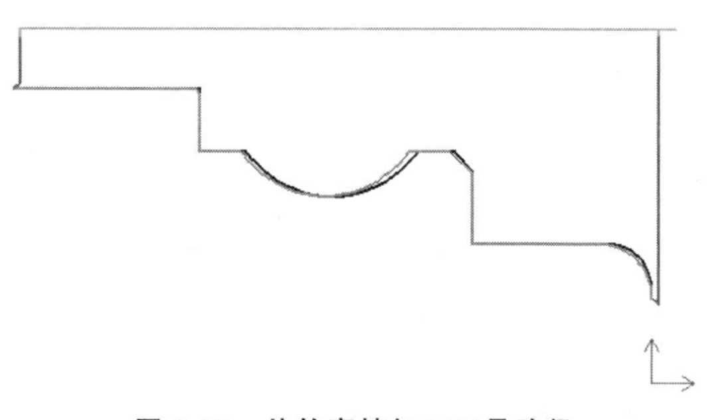

图 8-39 外轮廓精加工刀具路径

（1）操作步骤

1）在菜单区中的【数控车】子菜单区中选取【车削槽加工】菜单项，系统弹出加工参数表，如图 8-40 所示。在参数表中首先要确定被加工的是外轮廓表面，还是内轮廓表面或端面，接着按加工要求确定其他各加工参数。

2）拾取被加工轮廓，此时可使用系统提供的轮廓拾取工具。

3）确定进退刀点，指定一点为刀具加工前和加工后所在的位置，右击可忽略该点的输入。

完成上述步骤后即可生成切槽刀具路径。在【数控车】菜单区中选取【后置处理】功能项，拾取刚生成的刀具路径，即可生成加工指令。

（2）加工参数　加工参数主要对切槽加工中各种工艺条件和加工方式进行限定，如图8-40所示。

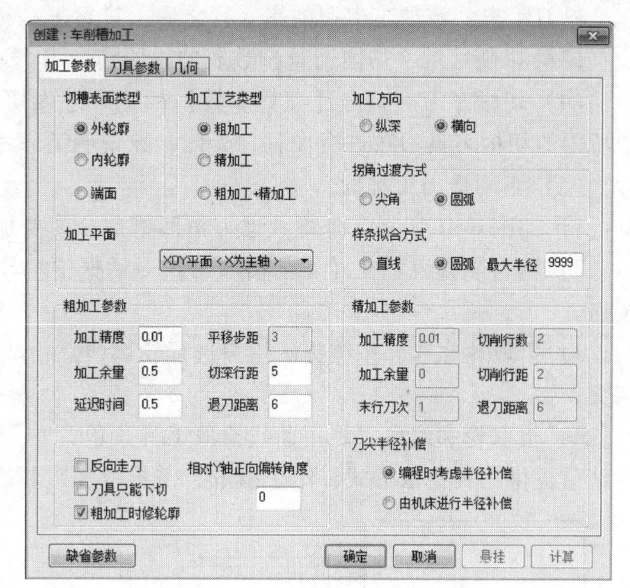

图8-40　【车削槽加工】对话框

部分加工参数含义说明如下：

1）切槽表面类型。

外轮廓：外轮廓切槽，或用切槽刀加工外轮廓。

内轮廓：内轮廓切槽，或用切槽刀加工内轮廓。

端面：端面切槽，或用切槽刀加工端面。

2）加工工艺类型。

粗加工：对槽只进行粗加工。

精加工：对槽只进行精加工。

粗加工+精加工：对槽进行粗加工之后接着进行精加工。

3）拐角过渡方式。

尖角：在切削过程遇到拐角时刀具从轮廓的一边到另一边的过程中，以尖角的方式过渡。

圆弧：在切削过程遇到拐角时刀具从轮廓的一边到另一边的过程中，以圆弧的方式过渡。

4）粗加工参数。

加工余量：粗加工时，被加工表面未加工部分的预留量。

延迟时间：粗加工槽时，刀具在槽的底部停留的时间。

平移步距：粗加工槽时，刀具切到指定的切深平移量后进行下一次切削前的水平平移量（机床 Z 向）。

切深行距：粗加工槽时，刀具每一次纵向切槽的切入量（机床 X 向）。

退刀距离：粗加工槽中进行下一行切削前退刀到槽外的距离。

5）精加工参数。

加工余量：精加工时，被加工表面未加工部分的预留量。

末行刀次：精加工槽时，为提高加工的表面质量，最后一行常常在相同进给量的情况下进行多次车削，该处定义多次切削的次数。

切削行数：精加工刀位刀具路径的加工行数，不包括最后一行的重复次数。

切削行距：精加工行与行之间的距离。

退刀距离：精加工中切削完一行之后，进行下一行切削前退刀的距离。

（3）切削用量 切削用量参数表的说明请参考“车削粗加工”中的说明。

（4）切槽车刀 单击【刀具参数】标签可进入切槽车刀参数设置页，该页用于对加工中所用的切槽刀具参数进行设置，具体参数说明请参考“刀库与车削刀具”中的说明。

（5）车削槽加工实例

1）如图8-41所示，外螺纹退刀槽凹槽部分为要加工出的槽轮廓。

2）填写参数表。在【车削槽加工】对话框中填写参数，填写完参数后，单击【确定】按钮。

3）拾取轮廓线，系统提示用户选择轮廓线。拾取轮廓前要求被加工轮廓不能闭合或自相交。

4）拾取轮廓线可以利用曲线拾取工具菜单，左下角弹出工具菜单，如图8-42所示。工具菜单提供三种拾取方式：单个拾取，链拾取和限制链拾取。

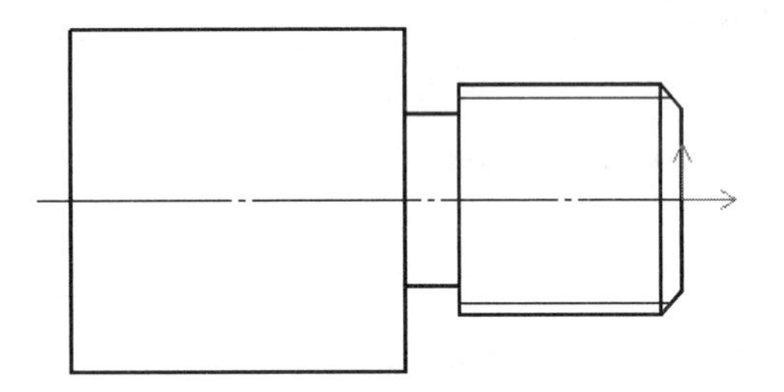

图8-41 车削槽加工零件图

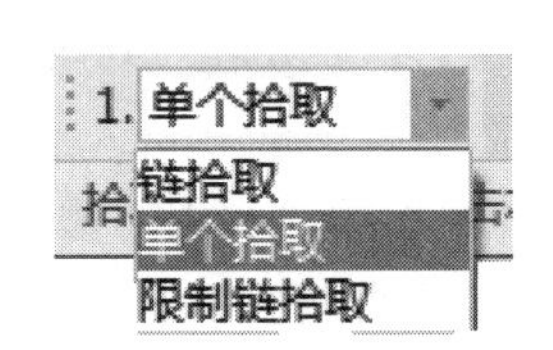

图8-42 切槽加工轮廓线拾取工具菜单

当拾取第一条轮廓线后，此轮廓线变为红色。系统给出提示：选择方向。要求用户选择一个方向，此方向只表示拾取轮廓线的方向，与刀具的加工方向无关，如图8-43所示。

选择方向后，如果采用的是链拾取方式，则系统自动拾取首尾连接的轮廓线；如果采用单个拾取，则系统提示【继续拾取轮廓线】。此处采用限制链拾取，系统继续提示：选取限制线，选取终止线段，即凹槽的左边部分，凹槽部分变成红色，如图8-44所示。

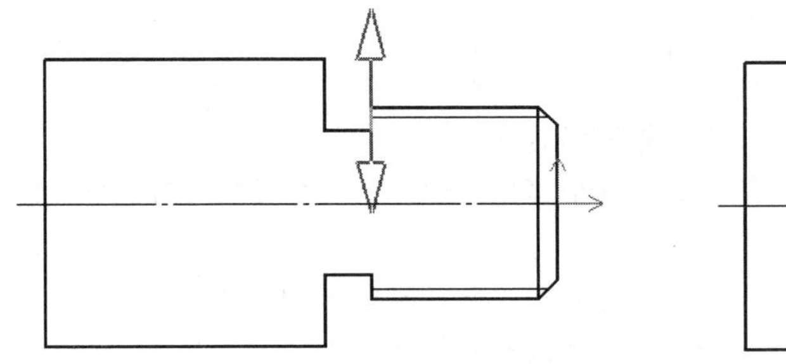

图8-43 切槽加工轮廓线拾取方向

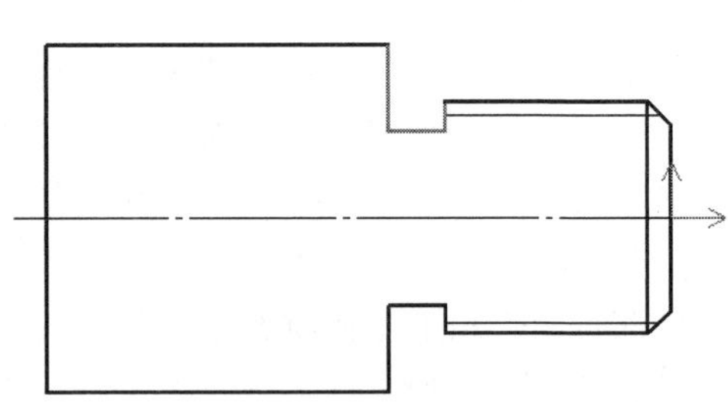

图8-44 切槽加工轮廓线拾取

5）确定进退刀点。指定一点为刀具加工前和加工后所在的位置，右击可忽略该点的输入。

6）生成刀具路径。确定进退刀点之后，系统生成绿色的切槽加工刀具路径，如图8-45所示。

注意：

1）被加工轮廓不能闭合或自相交。

2）生成刀具路径与切槽刀刀角半径，刀刃宽度等参数密切相关。

3）可按实际需要只绘出退刀槽的上半部分。

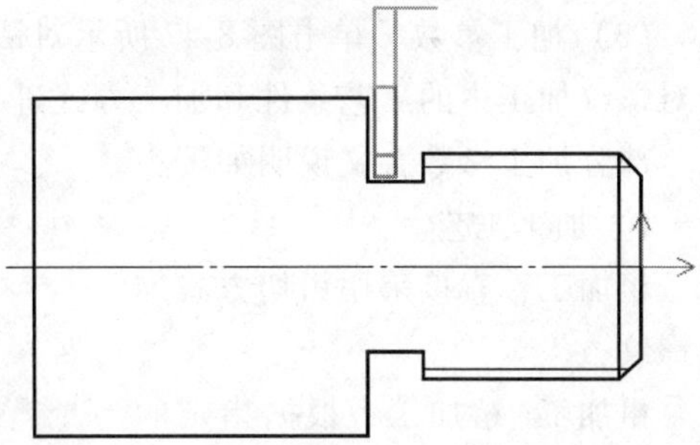

图 8-45　切槽加工刀具路径

4. 车螺纹加工

车螺纹加工为非固定循环方式加工螺纹，可对螺纹加工中的各种工艺条件、加工方式进行更为灵活的控制。

（1）操作步骤

1）在菜单区中的【数控车】子菜单区中选取【车螺纹加工】功能项，系统弹出加工参数表，如图 8-46 所示。用户可在该参数表对话框中确定各加工参数。

2）拾取螺纹起点、终点、进退刀点。

3）参数填写完毕，单击【确定】按钮，即生成螺纹车削刀具路径。

4）在【数控车】菜单区中选取【后置处理】功能项，拾取刚生成的刀具路径，即可生成螺纹加工指令。

（2）螺纹参数　单击对话框中的【螺纹参数】标签即进入加工参数表，它主要包含了与螺纹性质相关的参数，如螺纹深度、节距、头数等，如图 8-46 所示。螺纹起点和终点坐标来自前一步的拾取结果，用户也可以进行修改。

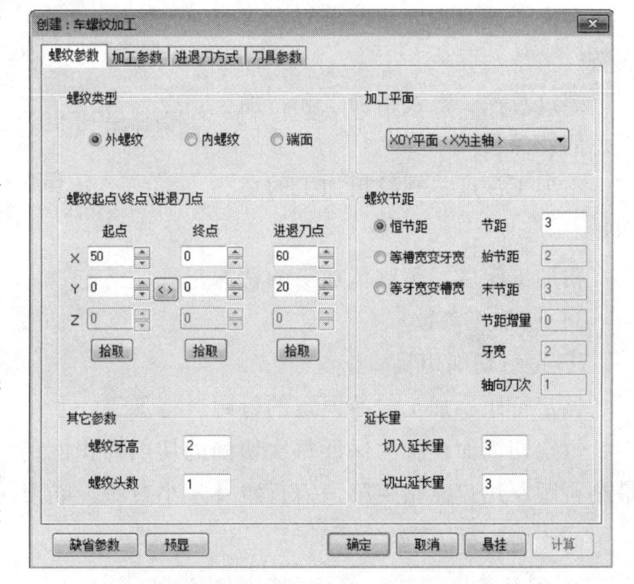

图 8-46　【车螺纹加工】对话框

部分参数含义说明如下：

1）起点：车螺纹的起始点坐标，单位为毫米。

2）终点：车螺纹的终止点坐标，单位为毫米。

3）进退刀点：车螺纹加工进刀与退刀点的坐标，单位为毫米。

4）螺纹牙高：螺纹牙的高度。

5）螺纹头数：螺纹起始点到终止点之间的牙数。

6）螺纹节距。

恒节距：两个相邻螺纹轮廓上对应点之间的距离为恒定值，其中，节距即为恒定节距值。

变节距（等槽宽变牙宽和等牙宽变槽宽）：两个相邻螺纹轮廓上对应点之间的距离为变化的值，其中，始节距为起始端螺纹的节距，末节距为终止端螺纹的节距。

（3）加工参数　单击图 8-47 所示对话框中的【加工参数】标签即进入加工参数表，用于对螺纹加工中的工艺条件和加工方式进行设置。

部分加工参数含义说明如下：

1）加工工艺。

粗加工：直接采用粗切方式加工螺纹；

粗加工+精加工：根据指定的粗加工深度进行粗切后，再采用精切方式（如采用更小的行距）切除剩余余量（精加工深度）。

2）参数

末刀走刀次数：为提高加工质量，最后一个切削行有时需要重复走刀多次，此时需要指定重复走刀次数。

螺纹总深：螺纹粗加工和精加工总的切深量。

粗加工深度：螺纹粗加工的切深量。

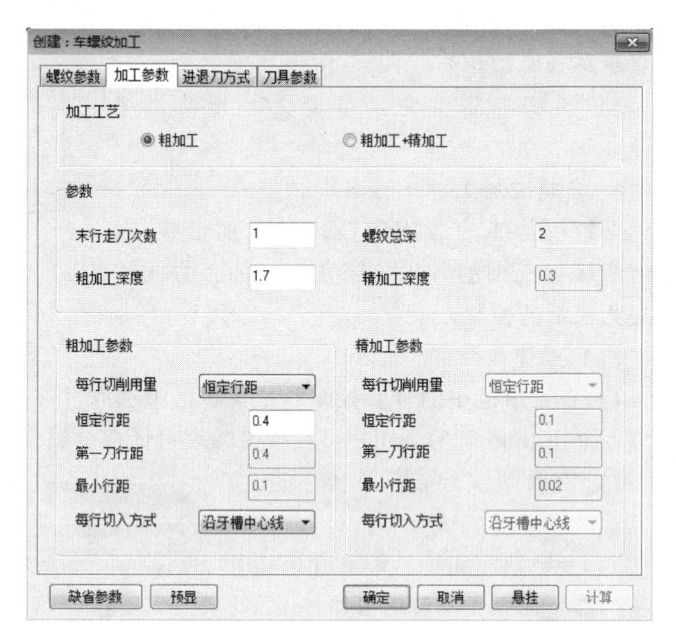

图 8-47　螺纹【加工参数】标签

精加工深度：螺纹精加工的切深量。

3）精加工参数。

① 每行切削用量。

恒定行距：加工时沿恒定的行距进行加工。

恒定切削面积：为保证每次切削的切削面积恒定，各次切削深度将逐步减小，直至等于最小行距。用户需指定第一刀行距及最小行距。吃刀深度规定如下：第 n 刀的吃刀深度为第一刀的吃刀深度$\sqrt{n}$倍。

② 每行切入方式：刀具在螺纹始端切入时的切入方式。刀具在螺纹末端的退出方式与切入方式相同。

沿牙槽中心线：切入时沿牙槽中心线。

沿牙槽右侧：切入时沿牙槽右侧。

左右交替：切入时沿牙槽左右交替。

（4）进退刀方式　单击【进退刀方式】标签即进入进退刀方式参数表，该参数表用于对加工中的进退刀方式进行设定，如图 8-48 所示。

1）进刀方式。

垂直：刀具直接进刀到每一切削行的起始点。

矢量：在每一切削行前加入一段与系统 X 轴（机床 Z 轴）正方向成一定夹角的进刀段，刀具进刀到该进刀段的起点，再沿该进刀段进刀至切削行。

长度：矢量（进刀段）的长度。

角度：矢量（进刀段）与系统 X 轴正方向的夹角。

2）退刀方式。

垂直：刀具直接退刀到每一切削行的起始点。

矢量：在每一切削行后加入一段与系统 X 轴（机床 Z 轴）正方向成一定夹角的退刀段，刀具先沿该退刀段退刀，再从该退刀段的末点开始垂直退刀。

长度：矢量（退刀段）的长度。

角度：矢量（退刀段）与系统 X 轴正方向的夹角。

3）快速退刀距离：以给定的退刀速度回退的距离（相对值），在此距离上以机床允许的最大进给速度 G0 退刀。

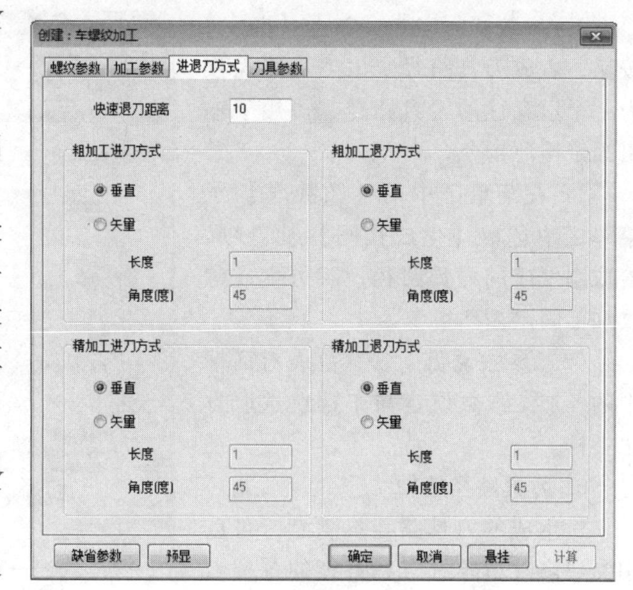

图 8-48　螺纹【进退刀方式】标签

（5）切削用量　切削用量参数表的说明请参考“轮廓粗加工”中的说明。

（6）螺纹车刀　单击【刀具参数】标签可进入螺纹车刀参数设置页，该页用于对加工中所用的螺纹车刀参数进行设置。具体参数说明请参考“刀库与车削刀具”中的说明。

（7）车螺纹加工实例

1）如图 8-49 所示，右端部分为要加工的外螺纹轮廓。

2）填写参数表。在【车螺纹加工】对话框中填写完参数后，分别拾取螺纹起点、螺纹终点、螺纹进退刀点坐标，拾取完后单击对话框中【确定】按钮，生成螺纹刀具路径，如图 8-50 所示。

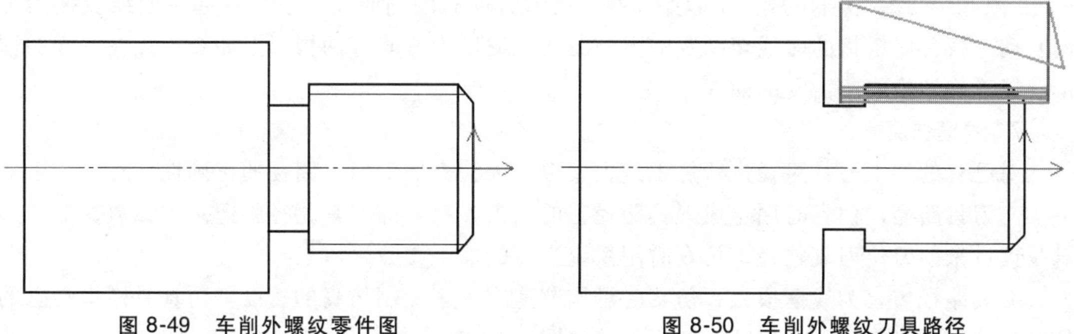

图 8-49　车削外螺纹零件图　　　　图 8-50　车削外螺纹刀具路径

5. 螺纹固定循环

螺纹固定循环采用固定循环方式加工螺纹。

（1）操作步骤

1）在菜单区中的【数控车】子菜单区中选取【螺纹固定循环】功能项，系统弹出加工参数表，如图 8-51 所示，依次拾取螺纹起点、终点。

2）参数填写完毕，单击【确定】按钮，生成刀具路径。该刀具路径仅为一个示意性的刀具路径，可用于输出固定循环指令。

3）在菜单区中的【数控车】子菜单区中选取【生成代码】功能项，拾取刚生成的刀具路径，即可生成螺纹加工固定循环指令。

（2）参数说明　该参数表对话框中的各加工参数设定与车螺纹选取方法一样。

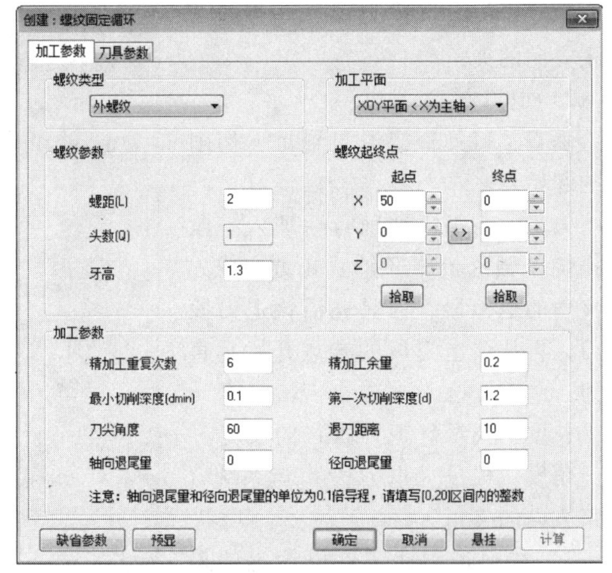

图 8-51　【螺纹固定循环】对话框

6. 刀具路径编辑

对生成的刀具路径不满意时可以用参数修改功能对刀具路径的各种参数进行修改，以生成新的加工刀具路径。

（1）操作步骤　在绘图区左侧的管理树中，双击刀具路径下的加工参数节点，将弹出该刀具路径的参数表供用户修改。参数修改完毕单击【确定】按钮，即依据新的参数重新生成该刀具路径。

（2）轮廓拾取工具　由于在生成刀具路径时经常需要拾取轮廓，在此对轮廓拾取方式作一专门介绍。轮廓拾取工具提供三种拾取方式：单个拾取，链拾取和限制链拾取。

“单个拾取”需用户挨个拾取需批量处理的各条曲线，适用于曲线条数不多且不适用于链拾取的情形。

“链拾取”需用户指定起始曲线及链搜索方向，系统按起始曲线及搜索方向自动寻找所有首尾搭接的曲线。适用于需批量处理的曲线且无两根以上曲线搭接在一起的情形。

“限制链拾取”需用户指定起始曲线、搜索方向和限制曲线，系统按起始曲线及搜索方向自动寻找首尾搭接的曲线至指定的限制曲线。适用于避开有两根以上曲线搭接在一起的情形，以正确地拾取所需要的曲线。

7. 线框仿真

对已有的加工刀具路径进行加工过程模拟，以检查加工刀具路径的正确性。对系统生成的加工刀具路径，仿真时用生成刀具路径时的加工参数，即刀具路径中记录的参数；对从外部反读进来的刀位刀具路径，仿真时用系统当前的加工参数。

刀具路径仿真为线框模式，仿真时可调节速度条来控制仿真的速度。仿真时模拟动态的切削过程，不保留刀具在每一个切削位置的图像。

操作步骤：

1）在菜单区中的【数控车】子菜单区中选取【线框仿真】功能项。

2）拾取要仿真的加工刀具路径，此时可使用系统提供的选择拾取工具。

3）右击结束拾取，系统弹出【线框仿真】对话框，如图 8-52 所示，单击【前进】按钮开始仿真。仿真过程中可进行暂停、上一步、下一步、停止和速度调节等操作。

4）仿真结束，可以单击【回首点】按钮重新仿真，或者关闭【线性仿真】对话框终止仿真。

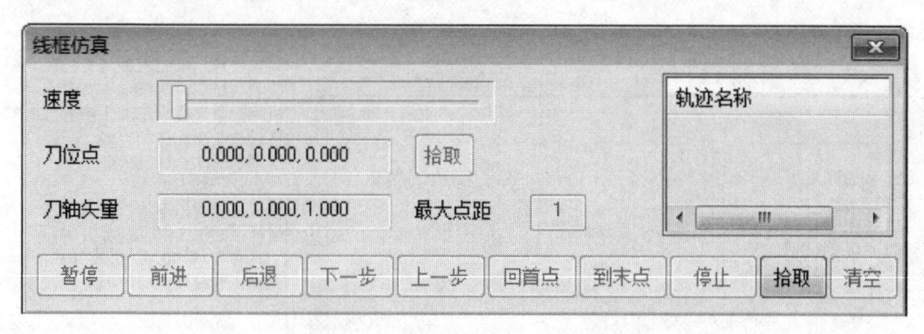

图 8-52 【线框仿真】对话框

8. 后置处理

生成代码就是按照当前机床类型的配置要求，把已经生成的加工刀具路径转化生成 G 代码数据文件，即 CNC 数控程序，有了数控程序就可以直接输入机床进行数控加工。

操作步骤：

1）在菜单区中的【数控车】子菜单区中选取【后置处理】功能项，则弹出【后置处理】对话框，如图 8-53 所示。用户需选择生成的数控程序所适用的数控系统和机床系统信息，它表明目前所调用的机床配置和后置设置情况。

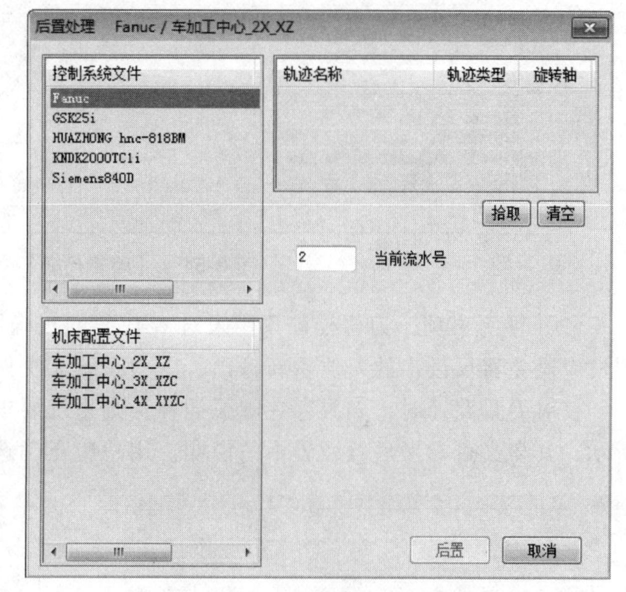

图 8-53 【后置处理】对话框

2）拾取加工刀具路径。被拾取到的刀具路径名称和编号会显示在列表中，右击结束拾取。被拾取刀具路径的代码将生成在一个文件中，生成的先后顺序与拾取的先后顺序相同。单击【后置】按钮即可弹出【编辑代码】对话框，如图 8-54 所示。

3）在【编辑代码】对话框中，可以手动修改代码，设定代码文件名称与后缀名，并保存代码。右侧的注释框中可以看到刀具路径与代码的相关信息，最后保存所有代码文件，如图 8-55 所示。

9. 反读轨迹

反读轨迹就是把生成的 G 代码文件反读进来，生成刀具路径，以检查生成的 G 代码的正确性。如果反读的刀位文件中包含圆弧插补，需用户指定相应的圆弧插补格式，否则可能得到错误的结果。如果后置文件中的坐标输出格式为整数，且机床分辨率不为 1 时，反读的结果是不对的，即系统不能读取坐标格式为整数且分辨率为非 1 的情况。

（1）操作步骤　在菜单区中的【数控车】子菜单区中选取【反读轨迹】功能项，则弹出一个需要用户选取数控程序的对话框。系统要求用户选取需要校对的 G 代码程序。拾取到要校对的数控程序后，系统根据程序 G 代码立即生成刀具路径。

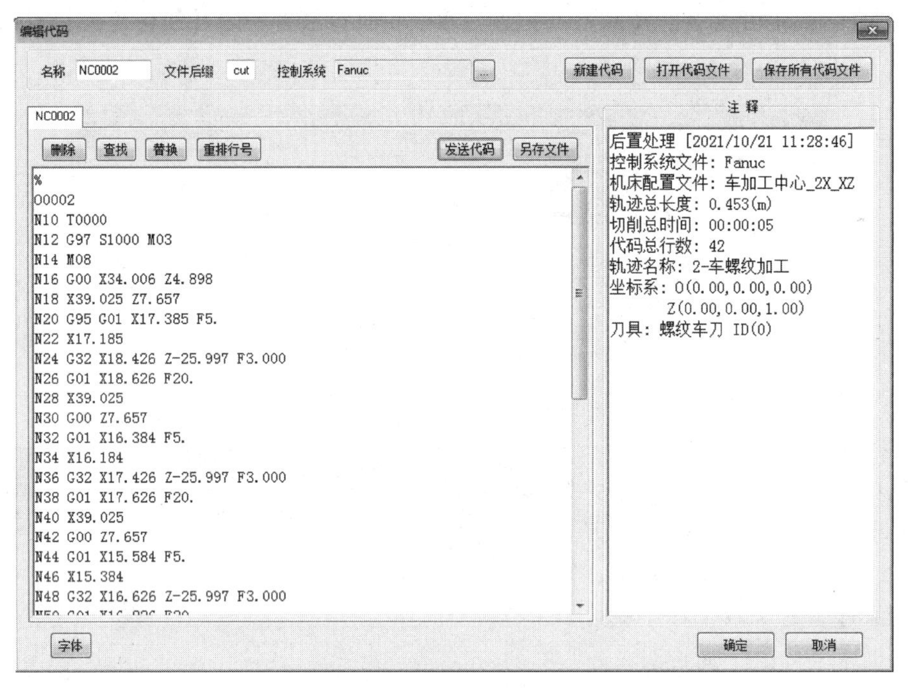

图 8-54　【编辑代码】对话框

（2）注意事项　刀位校核只用来对 G 代码的正确性进行检验，由于精度等方面的原因，用户应避免将反读出的刀位重新输出，因为系统无法保证其精度。

校对刀具路径时，如果存在圆弧插补，则系统要求选择圆心的坐标编程方式，如图 8-56 所示，其含义可参考后置设置中的说明。用户应正确选择对应的形式，否则会导致错误。

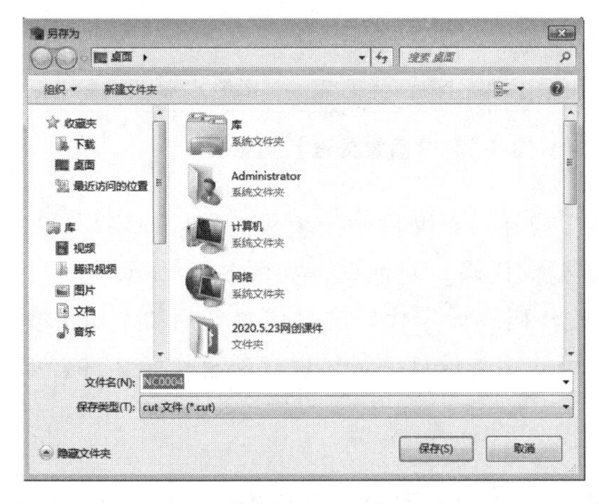

图 8-55　保存 G 代码对话框

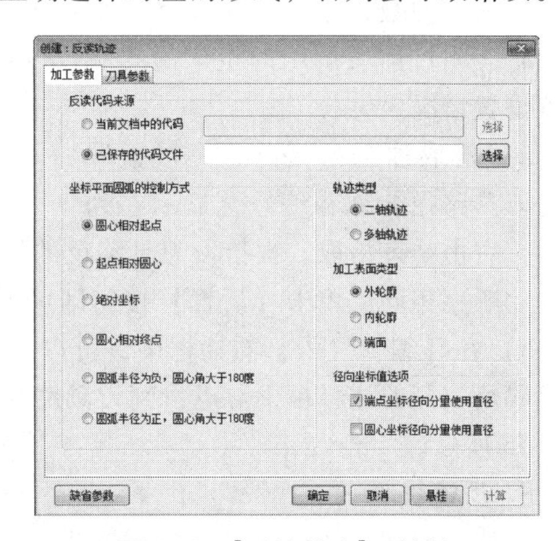

图 8-56　【反读轨迹】对话框

8.2.4　CAXA 数控车 2020 软件的管理树

管理树是 CAXA CAM 数控车 2020 新增的一项功能，它以树形图的形式，直观地展示了当前文档的刀具、刀具路径、代码等信息，并提供了很多管理树上的操作功能，便于用户执行各项与数控车相关的命令。善用管理树，将大大提高数控车软件的使用效率。

管理树框体默认位于绘图区的左侧，用户可以自由拖动它到任意位置，也可以将其隐藏起来。管理树有一个“加工”总节点，总节点下有“刀库”“轨迹”“代码”三个子节点，分别用于显示和管理刀具信息、刀具路径信息和G代码信息。

在管理树空白位置或者“加工”节点上右击，可以弹出图8-57所示的右键菜单，菜单中包含了主菜单中数控车子菜单下的所有命令。用户可以通过这种方法来快捷的使用这些命令。

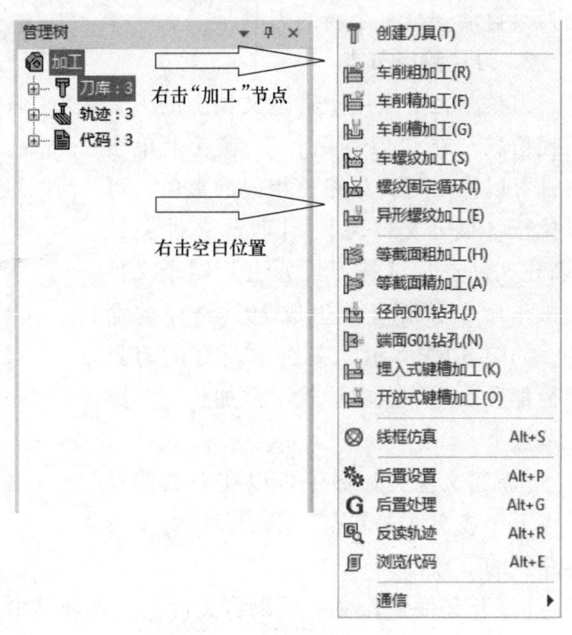

图8-57　【管理树】对话框

1. 刀库节点

刀库节点用于管理文档中的刀具信息。在“刀库”节点上单击右键可以弹出刀库相关的菜单，可以执行【创建刀具】、【导入刀具】、【导出刀具】命令。通过【创建刀具】和【导入刀具】命令加入到文档中的刀具会以子节点的形式，添加到刀库节点下，如图8-58所示。

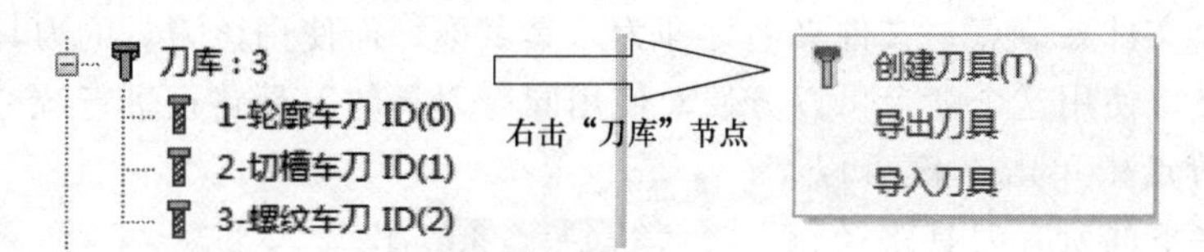

图8-58　刀库节点对话框

单击刀具节点可以在绘图区原点处显示刀具的形状，双击刀具节点可以执行“编辑刀具”命令，右键单击刀具节点可以弹出刀具相关的菜单，可以执行【编辑刀具】、【导出刀具】、【修改备注】等命令，以及【删除】、【复制】、【粘贴】这些通用命令，如图8-59所示。

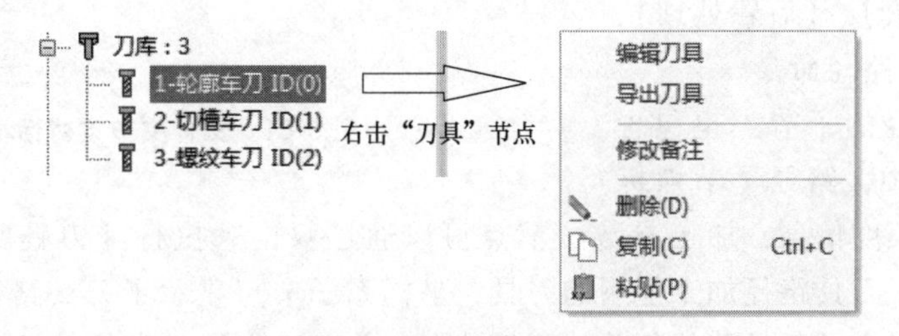

图8-59　刀具节点对话框

【导出刀具】命令将选中的刀具信息输出到一个“.tld”文件中，而【导入刀具】命令将“.tld”文件中保存的刀具信息重新读入文档中。需要注意的是，刀库中不允许存在刀具号相同的刀具，若“.tld”文件中保存的刀具号与文档中已有的刀具号相同，则会给新读入

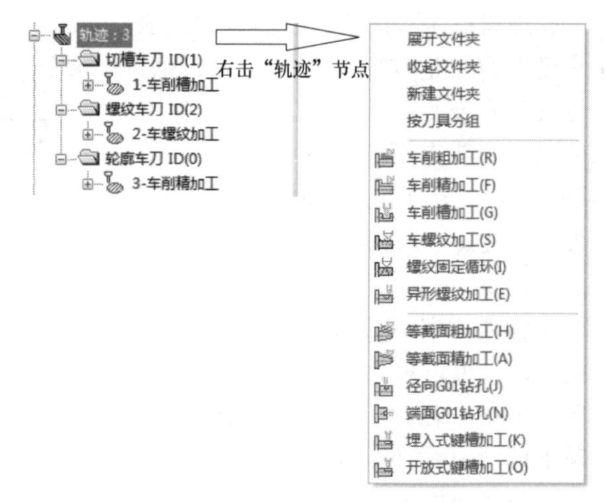

图 8-60　刀具路径节点对话框

的刀具自动安排一个新的刀具号。

2. 刀具路径节点

刀具路径节点用于管理文档中的刀具路径信息。在“刀具路径”节点上单击右键可以弹出与刀具路径相关的菜单，可以执行【展开文件夹】、【收起文件夹】、【新建文件夹】、【按刀具分组】四个文件夹操作命令和所有的生成刀具路径的命令，如图 8-60 所示。文档中所有的刀具路径都会以子节点的形式，添加到刀具路径节点下。

【新建文件夹】命令可以在刀具路径节点下生成文件夹节点，用于存放每个刀具路径的节点。

【展开文件夹】命令可以将文件夹节点和其中所有的刀具路径子节点展开显示在管理树上，用户可以看到文件夹中刀具路径的细节信息。

【收起文件夹】命令可以将文件夹节点和其中所有的刀具路径子节点从管理树上收起，此时用户只能看到文件夹名称。

【按刀具分组】命令可以自动将所有刀具路径按照刀具路径使用的刀具分组，每个使用的刀具生成一个文件夹节点，文件夹名称即为刀具名称，而使用该刀具的刀具路径则加入到该文件夹节点下。使用这个命令可以方便对使用同一刀具的刀具路径进行统一操作。

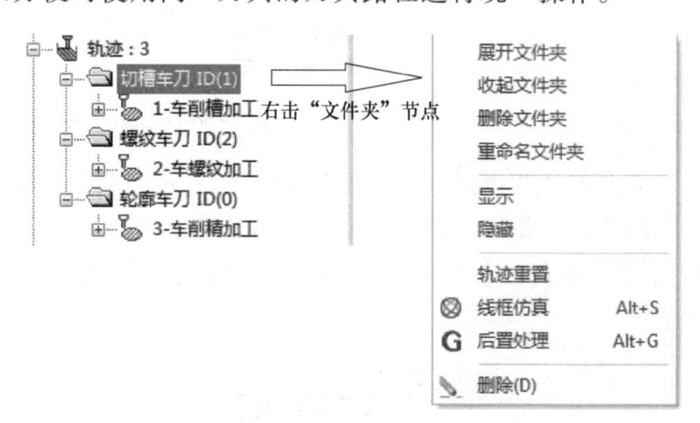

图 8-61　文件夹节点对话框

在文件夹节点中单击右键可以同时选中文件夹下的所有刀具路径，并弹出一个相关的菜单，如图 8-61 所示。可以执行【展开文件夹】、【收起文件夹】、【删除文件夹】、【重命名文件夹】这四个文件夹命令，以及【显示】、【隐藏】、【轨迹重置】、【线框仿真】、【后置处理】、【删除】这些刀具路径命令。

单个刀具路径的子节点也包含丰富的内容。其中，路径子节点标识了刀具路径的长度信息，加工参数子节点可以通过双击来执行【刀具路径编辑】命令，刀具子节点显示了刀具路径加工使用的刀具，坐标系子节点显示了刀具路径使用的坐标系，几何元素子节点包含了刀具路径相关的几何信息。单击这些几何节点，可以在绘图区亮显这些几何元素。

在刀具路径子节点上单击右键可以弹出一个与刀具路径相关的菜单，如图 8-62 所示。可以执行【显示】、【隐藏】轨迹重置轨迹编辑【修改备注】、【线框仿真】、【后置处理】这些刀具路径命令，以及【删除】、【平移】、【复制】、【粘贴】等通用命令。

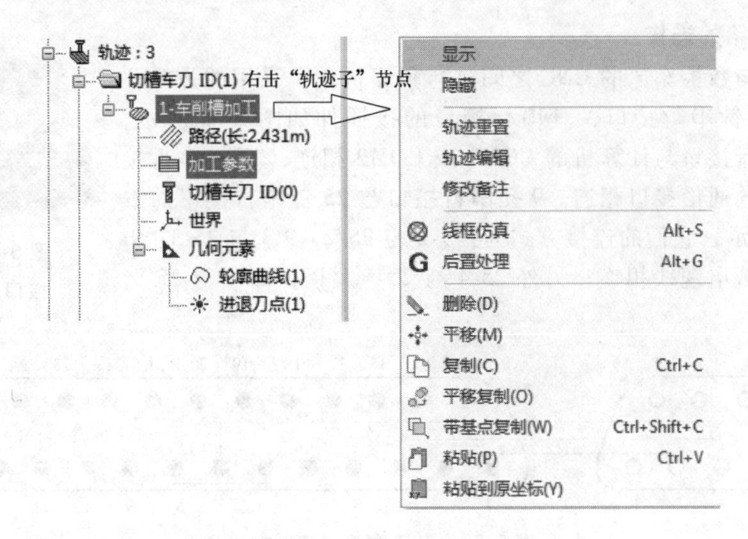

图 8-62　刀具路径子节点对话框

修改备注命令可以给刀具路径添加备注信息，方便与文档中的其他刀具路径进行区别。

3. 代码节点

代码节点用于管理文档中的 G 代码信息。在“代码”节点上单击右键可以弹出与 G 代码相关的菜单，如图 8-63 所示。可以执行【创建代码】、【保存代码】命令。

【创建代码】命令可以新建一个空白的 G 代码，用户可以自由的对其进行编辑，而【保存代码】命令可以将 G 代码保存为指定后缀名的文件。

通过创建代码和后置处理生成的 G 代码会以子节点的形式，添加到代码节点下。

双击代码子节点可以执行【编辑代码】命令，在代码子节点中单击右键可以弹出与 G 代码相关的菜单，如图 8-64 所示，可以执行【编辑代码】、【保存代码】这两个代码命令，以及【删除】、【复制】、【粘贴】这些通用命令。

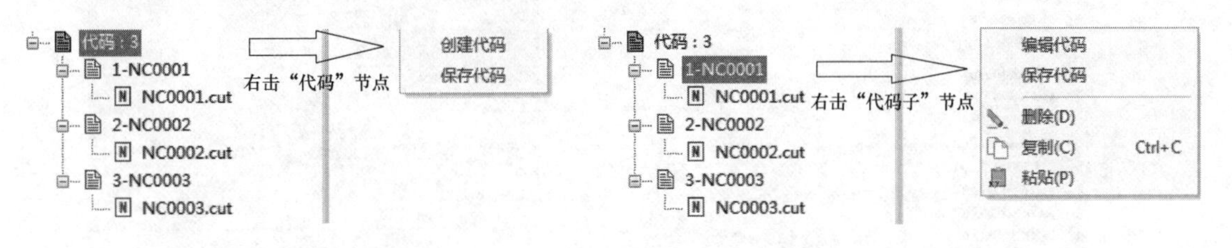

图 8-63　代码节点对话框　　　　图 8-64　代码子节点对话框

8.3　CAXA 数控车 2020 软件的传输功能

如果在数控车床上采用手动数据输入的方法往 CNC 中输入，由于 CAD/CAM 软件生成的程序较长，会造成操作、编辑及修改不方便。而且 CNC 内存较小，程序较大时就无法输入，为此必须通过传输（计算机与数控系统 CNC 之间的串口连接及 DNC 功能）的方法来完成。

1. 串口线路的连接

在计算机与数控车床的CNC之间进行程序传输，采用的是9孔串行接口与25针串行接口，其串行接口的接插件如图8-65所示。其中9孔的串行接口与计算机的COM1或COM2相连，25针串行接口与数控系统的通信接口相连。9孔串行接口与25针串行接口的编号如图8-66所示，它们的连接方式为：9-2与25-2、9-3与25-3、9-5与25-7用屏蔽电缆线相连；另外25-4与25-5短接，25-6与25-8、25-20三者短接。

图8-65 串行接口的接插件

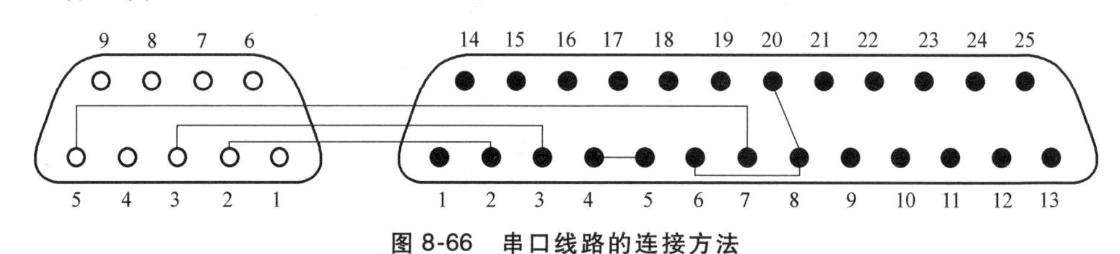

图8-66 串口线路的连接方法

2. DNC传输软件参数的设置

用于数控车床的DNC传输软件现在比较多，有FANUC数控系统自带的DNC传输软件，CAXA数控车本身也有自带通信功能，其操作界面如图8-67所示。

在操作界面中可以对程序进行【发送】或【标准接收】。在传输时，单击图8-67中的【通信】命令出现下拉菜单，单击【发送】命令即可进入图8-68所示的对话框，选择准备发送的代码文件，单击【打开】按钮，出现图8-69所示的对话框，单击【确定】按钮开始发送程序。

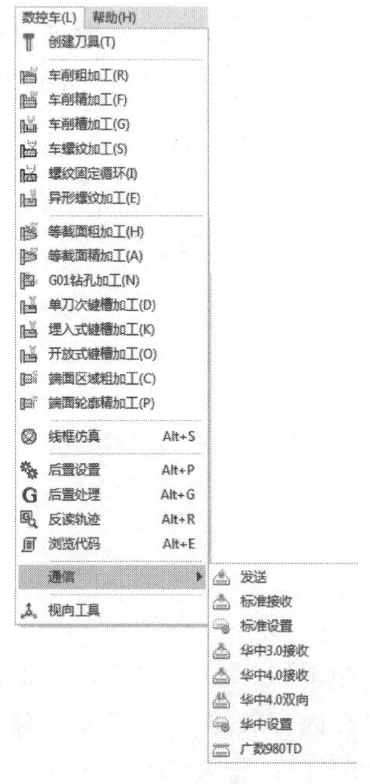

图8-67 CAXA数控车传输软件操作界面

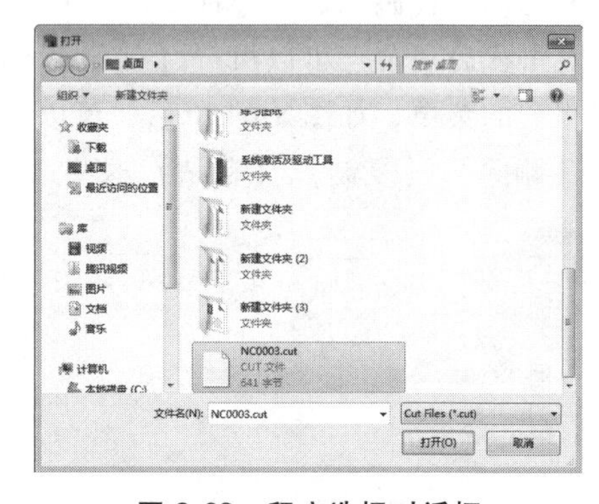

图8-68 程序选择对话框

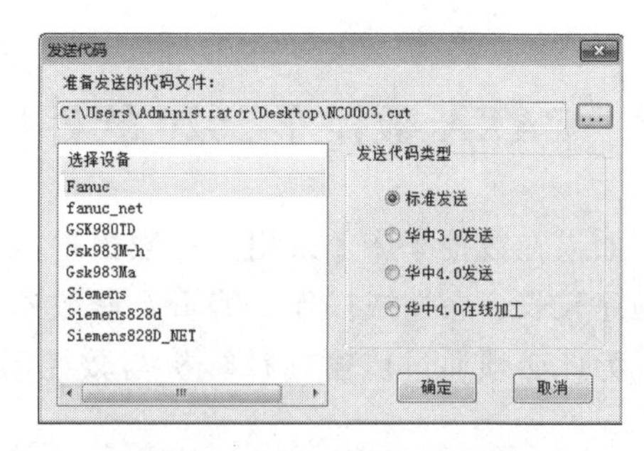

图8-69 程序传输对话框

在发送程序前，要对传输的参数进行设置。单击图 8-67 中的【通信】命令出现子菜单，单击【标准设置】命令即可进入图 8-70 所示传输参数设置界面，对参数进行设置。参数设置时必须保证数控系统的传输参数与 DNC 传输软件的传输参数一致，才能将正确的程序传输到数控机床。

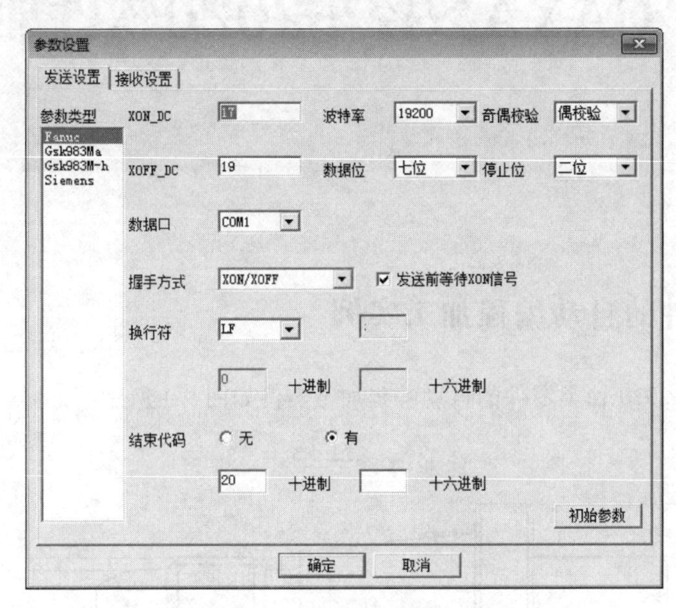

图 8-70　传输参数设置界面

3. 传输操作过程

1）在计算机中打开 DNC 传输软件，设定传输参数后单击【发送】按钮进入程序传输对话框，选择准备发送的代码文件，单击【打开】按钮，选择准备发送的代码文件，单击【确定】按钮开始发送程序。

2）在数控车床上把方式选择旋钮旋至【EDIT】方式，按功能键中的【PROG】键。

3）输入地址及程序号，按下显示屏软键【OPRT】→【READ】→【EXEC】，程序被输入。

4）在计算机上的 DNC 传输软件程序传输对话框中，单击【确定】按钮开始发送程序。

第9章　CAXA数控车2020软件加工实例

9.1　轴类零件的自动编程加工实例

CAXA 数控车 2020 轴类零件的自动编程加工实例如图 9-1 所示。

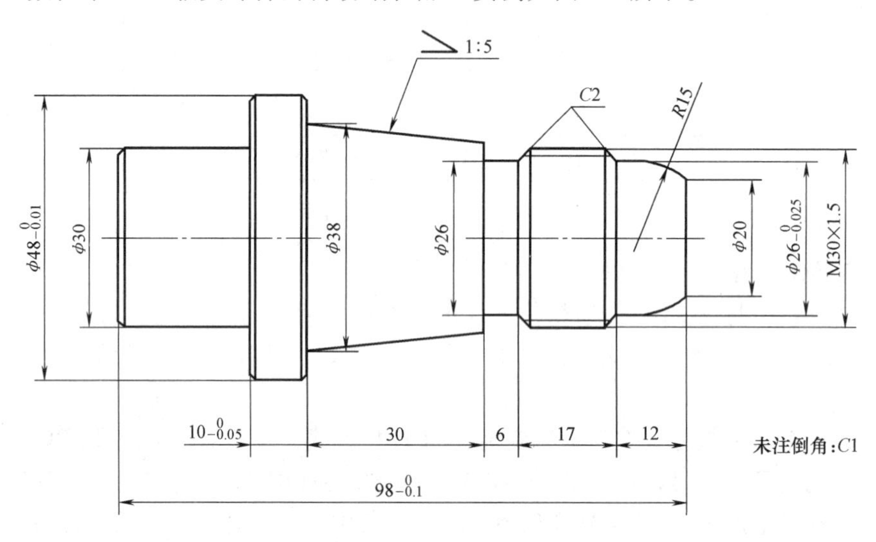

图 9-1　轴类零件自动编程加工实例

操作步骤：

（1）分析图样和制订工艺清单制订　该轴类零件结构较简单，但尺寸公差要求较小，没有位置要求，零件的表面粗糙度要求较严。

（2）确定加工路线和装夹方法　根据工艺清单的要求，该零件加工全部由数控车完成，并要注意保证尺寸的一致性。在数控车床上车削时，先加工零件左端，然后使用“一夹一顶”（即自定心卡盘装夹零件一端，另一端通过顶尖装夹）装夹加工右端，按零件图所示位置装夹，手动平端面保证零件总长，钻削中心孔，加工零件的外轮廓部分，车削 6×φ26mm 的螺纹退刀槽，加工 M30×1.5 的细牙三角螺纹。

（3）绘制零件轮廓循环车削加工工艺图　在 CAXA 数控车 2020 中绘制加工零件轮廓循环车削加工工艺图，不必像 AotuCAD 软件那样绘制出全部零件的轮廓线，只要绘制出要加工部分的轮廓即可。绘制零件的轮廓循环车削加工工艺图时，将坐标系原点选在零件的右端面和中心轴线的交点上，绘出毛坯轮廓、零件实体。

（4）编制加工程序　根据零件的工艺清单、工艺图和实际加工情况，使用 CAXA 数控车 2020 软件的 CAM 部分完成零件的外圆粗精加工、车外沟槽、车削外螺纹、凹圆弧加工等刀具路径设计，实现仿真加工，合理设置机床的参数，生成加工程序代码。

下面完成绘制零件轮廓循环车削加工工艺图、编制加工程序、仿真、生成 G 代码等软件操作。

9.1.1　零件加工建模

1. 启动 CAXA 数控车 2020 软件

正常安装完成时在 Windows 桌面会出现“CAXA CAM 数控车 2020”的图标，双击图标就可以运行软件。也可以在桌面左下方选择的【开始】→【程序】→【CAXA 数控车 2020】来运行软件。

2. 零件加工造型

零件加工造型的方法有很多，应该根据零件形状使用最快捷的绘图方法，将零件加工造型绘制出来。如图 9-1 所示，可以用直线、圆弧绘制图形，也可以采用 CAXA 数控车软件针对轴孔类零件设计的特殊功能。

注意，零件加工造型时选择的基准零点应与零件实际加工编程零点一致，这样生成的 NC 代码程序才能在数控机床上正确使用。

零件加工造型的方法及步骤如下：

（1）绘制零件外轮廓

1）在菜单栏中选择【绘图】→【孔/轴】，或者单击绘图工具栏中的按钮，在立即菜单中选择【轴】→【直接给出角度】→【中心线角度】为“0”，左下方状态栏提示【插入点】，输入（0，0），然后单击【确定】按钮。

2）绘制 ϕ26mm 外圆。在立即菜单中选择【起始直径】为“26”，【终止直径】为“26”，然后输入长度为“12”，单击【确定】按钮，绘出圆弧终点 ϕ26mm 直径。

3）绘制 ϕ30mm 螺纹外径及螺纹两端 $C2$ 倒角。在立即菜单中选择【起始直径】为“26”，【终止直径】为“30”，输入长度为“2”，单击【确定】按钮，绘出螺纹右端倒角；在立即菜单中选择【起始直径】为“30”，【终止直径】为“30”，输入长度为“13”单击【确定】按钮，绘出螺纹外径；在立即菜单中选择【起始直径】为“30”，【终止直径】为“26”，输入长度为“2”，单击【确定】按钮，绘出螺纹左端倒角。

4）绘制外沟槽。在立即菜单中选择【起始直径】为“26”，【终止直径】为“26”，输入长度为“6”，单击【确定】按钮，绘出外沟槽。

5）绘制锥度。在立即菜单中选择【起始直径】为“32”，【终止直径】为“38”，然后输入长度为“30”，单击【确定】按钮，绘出锥度。

6）绘制 ϕ48mm 外圆。在立即菜单中选择【起始直径】为“48”，【终止直径】为“48”，然后输入长度为“10”单击【确定】按钮，绘出 ϕ48mm 外圆。

7）绘制 ϕ30mm 外圆。在立即菜单中选择【起始直径】为“30”，【终止直径】为“30”，然后输入长度为“23”，单击【确定】按钮，绘出 ϕ30mm 外圆。

8）右击确定，生成如图 9-2 所示的图形。

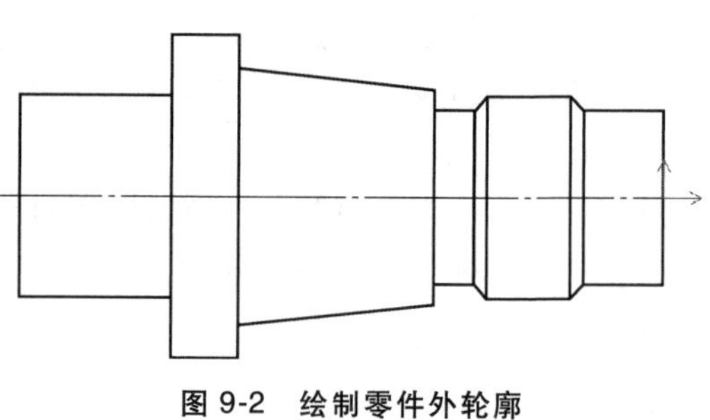

图 9-2　绘制零件外轮廓

（2）绘制圆弧轮廓

1）绘制一条辅助线确定 *R*/5 起点。在菜单栏中选择【绘图】→【平行线】，或者单击绘图工具栏中的按钮，在立即菜单中选择【偏移方式】→【单向】，左下方状态栏提示【拾取直线】；选择中心线，输入距离为“10”，单击【确定】按钮绘制出一条辅助线。该线与右端面的交点即为 *R*15mm 圆弧的起点。

2）绘制 *R*15mm 圆弧。在菜单栏中选择【绘图】→【圆弧】，或者单击绘图工具栏中的按钮，在立即菜单中选择【两点_半径】，左下方状态栏提示【第一点】在绘图区捕捉 *R*15mm 圆弧的起点 ϕ20mm 处；左下方状态栏提示【第二点】，按空格键，弹出【工具点】菜单，如图 9-3 所示。选择切点，单击右端 ϕ26mm 外圆，左下方状态栏提示【第三点】（半径），输入圆弧半径 *R*15mm，单击【确定】按钮，绘出 *R*15mm 的圆弧，如图 9-4 所示。

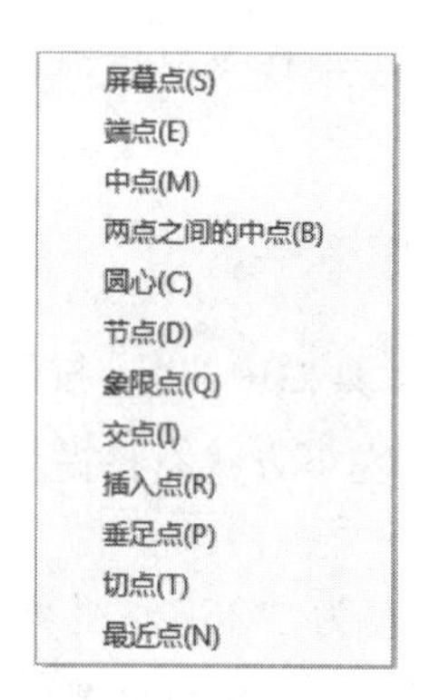

图 9-3　【工具点】菜单

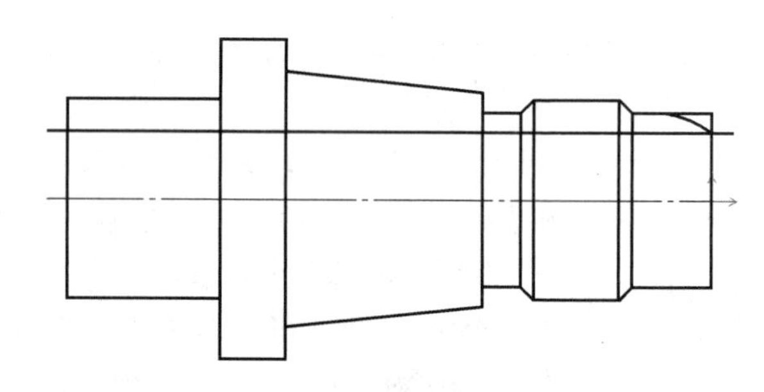

图 9-4　绘制圆弧轮廓

3）曲线裁剪和删除。在菜单栏中选择【修改】→【裁剪】和【删除】，或者单击编辑工具栏中的和按钮，在立即菜单中选择【快速裁剪】，左下方状态栏提示【拾取要裁剪的曲线】，用光标直接拾取被裁剪的线段即可直接删除没用的线段，拾取完毕后右击确定，修剪后的外轮廓如图 9-5 所示。

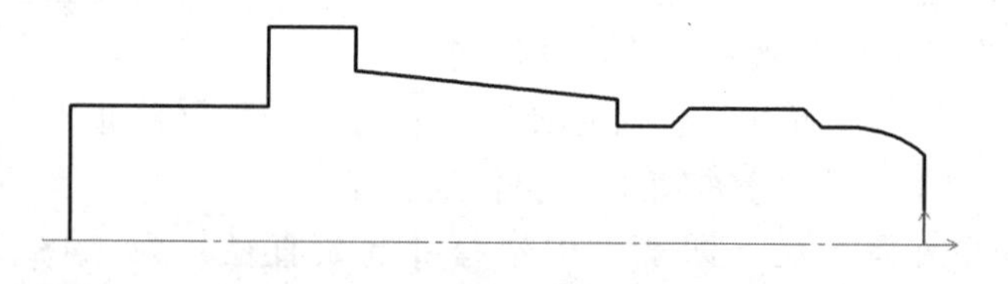

图 9-5　修剪后的外轮廓

4）绘制三处 *C*1 的倒角。在菜单栏中选择【修改】→【过渡】，或者单击编辑工具栏中的按钮，在立即菜单中选择【倒角】→【裁剪】→【长度】为“1”→【倒角】为“45”，左下方状态栏提示【拾取第一条直线】，用光标依次拾取倒角相邻两边的直线，倒角完成，如图9-6所示。

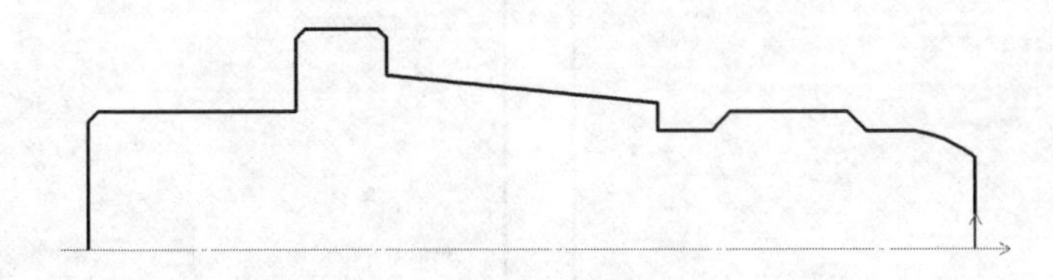

图 9-6　倒角后的外轮廓

9.1.2　刀具路径的生成

1. 轴类零件毛坯轮廓建模

根据零件的加工要求，设定零件毛坯尺寸，零件设定的毛坯尺寸外圆为ϕ50mm，端面预留5mm，设定后的毛坯轮廓如图9-7所示。

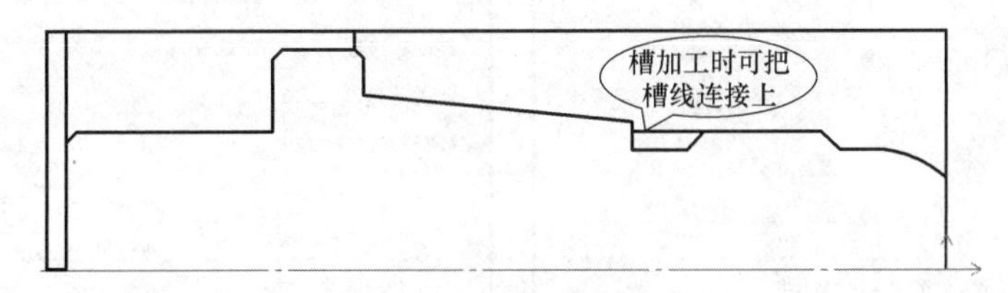

图 9-7　轴类零件毛坯轮廓

轮廓粗加工时要确定被加工轮廓和毛坯轮廓，被加工轮廓是加工结束后的工件表面轮廓，毛坯轮廓是加工前毛坯的表面轮廓。被加工轮廓和毛坯轮廓的两端点相连，两轮廓共同构成一个封闭的加工区域，在此区域的加工材料被加工去除。被加工轮廓和毛坯轮廓不能单独闭合或自相交。在选择被加工轮廓或毛坯轮廓时，如果出现拾取失败，则说明该轮廓单独闭合或自相交。

2. 左端轮廓刀具路径生成

（1）生成左端面粗加工刀具路径　在菜单栏中选择【数控车】→【车削粗加工】，或者单击数控车工具栏中的按钮，系统弹出【车削粗加工】对话框，然后分别填写参数。单击【加工参数】标签，设置参数如图9-8所示。单击【进退刀方式】标签，设置参数如图9-9所示。选择【刀具参数】→【切削用量】，设置参数如图9-10所示。选择【刀具参数】→【轮廓车刀】，设置参数如图9-11所示，最后单击【确定】按钮。

在立即菜单中选择【单个拾取】，左下方状态栏提示【拾取被加工表面轮廓】，当拾取第一条轮廓线后，此轮廓线变成红色；系统提示【选择方向】，依次拾取被加工表面轮廓线并右击确定；状态栏提示【拾取定义的毛坯轮廓】，顺序拾取毛坯的轮廓线并右击确定；状态栏提示【输入进退刀点】，输入“5，26”后按<Enter>键，生成如图9-12所示的刀具路径。

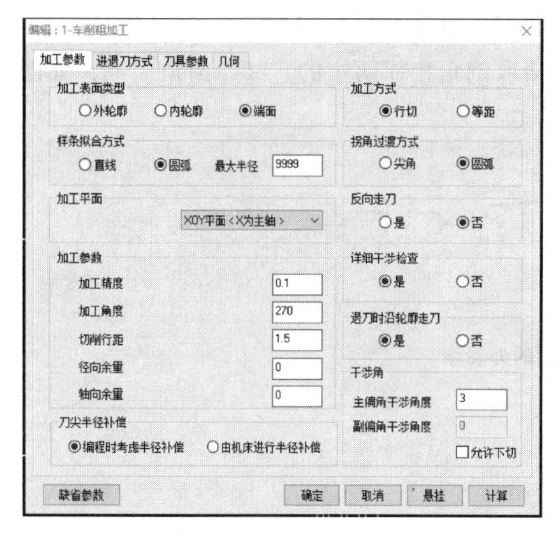

图 9-8　左端面粗加工【加工参数】设置

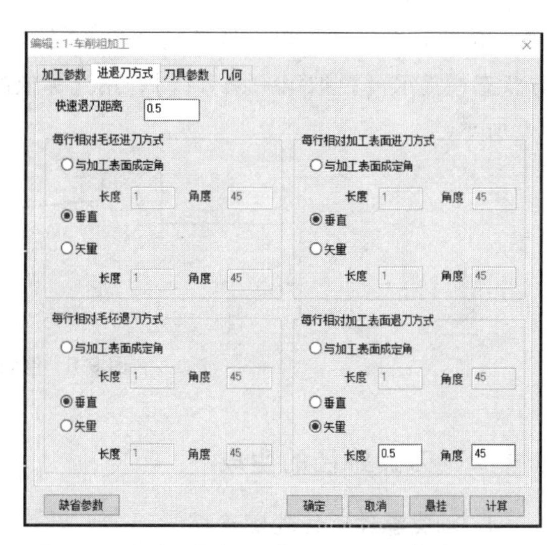

图 9-9　左端面粗加工【进退刀方式】参数设置

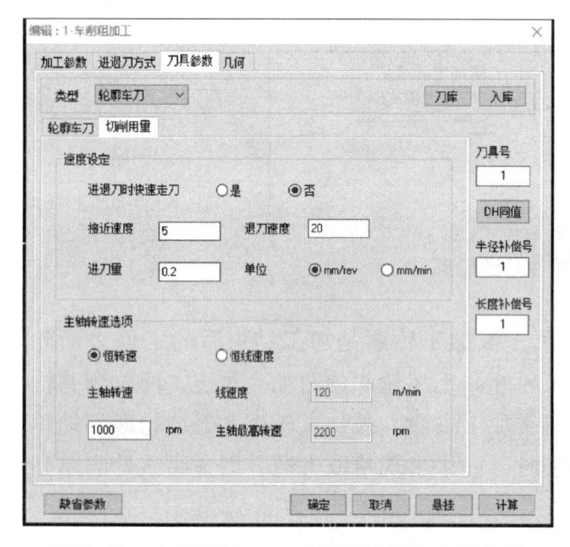

图 9-10　左端面粗加工【切削用量】参数设置

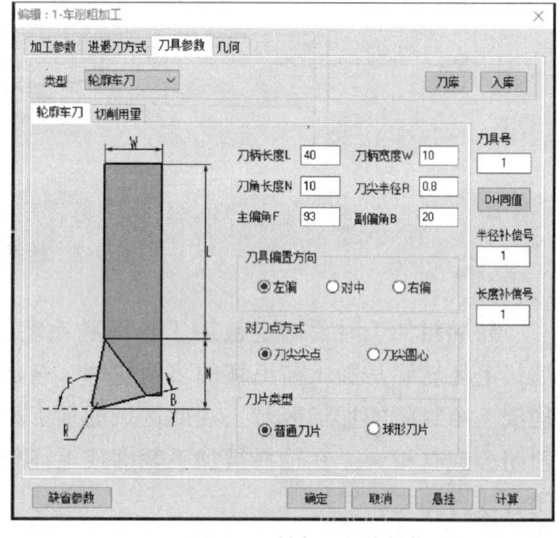

图 9-11　左端面粗加工【轮廓车刀】参数设置

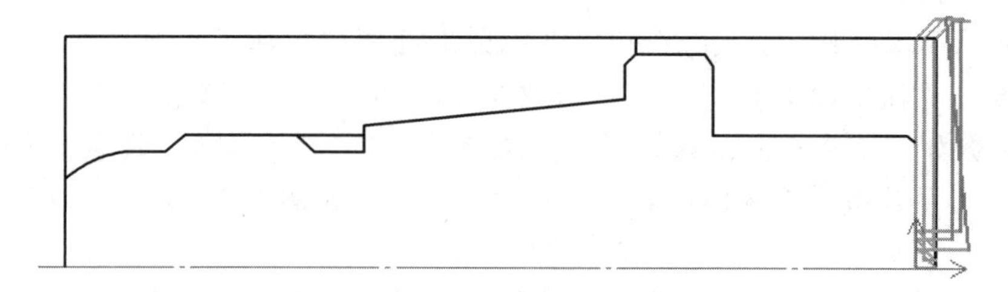

图 9-12　左端面粗加工刀具路径

（2）生成左端外轮廓粗加工刀具路径　在菜单栏中选择【数控车】→【车削粗加工】，或有单击数控车工具栏中的车削粗加工按钮，系统弹出【车削粗加工】对话框，然后分别设置参数。单击【加工参数】标签，设置参数如图 9-13 所示。单击【进退刀方式】标签，设置参数如图 9-14 所示。选择【刀具参数】→【切削用量】，设置参数如图 9-15 所示。选择【刀具参数】→【轮廓车刀】，设置参数如图 9-16 所示，最后单击【确定】按钮。

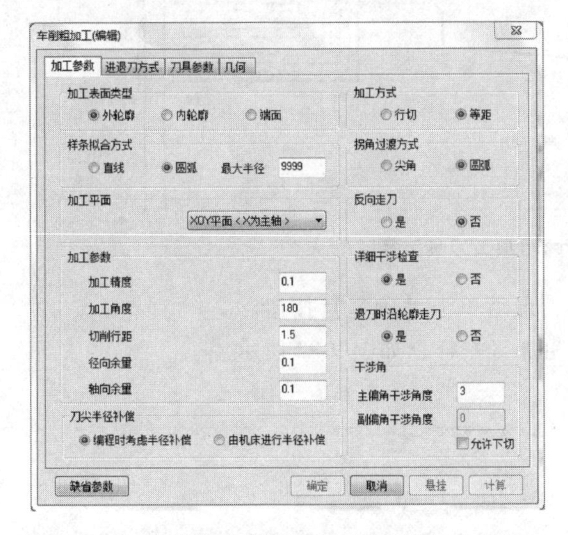

图 9-13　左端外轮廓粗加工【加工参数】设置

图 9-14　左端外轮廓粗加工【进退刀方式】参数设置

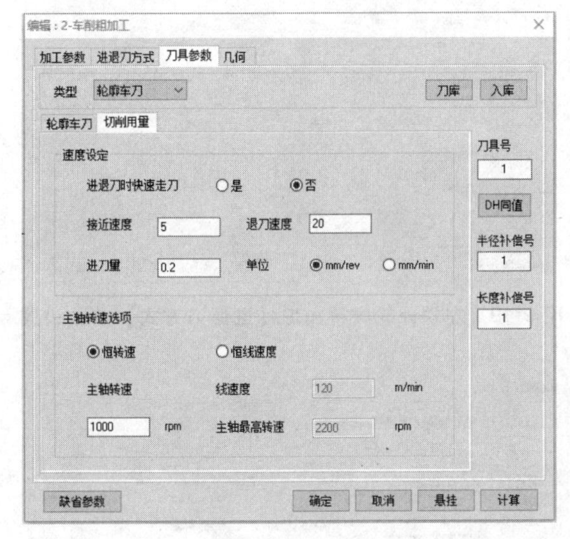

图 9-15　左端外轮廓粗加工【切削用量】参数设置

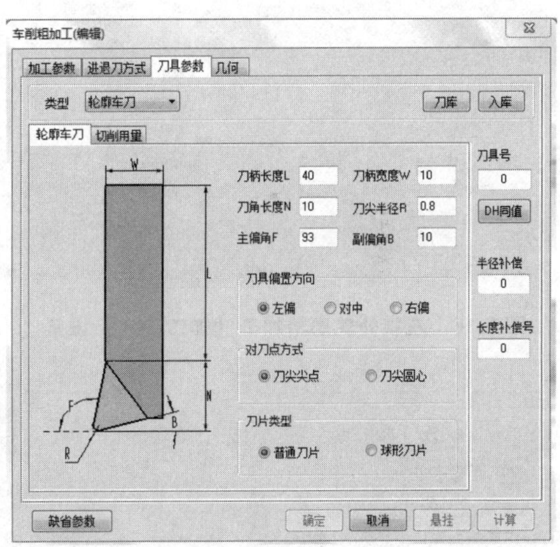

图 9-16　左端外轮廓粗加工【轮廓车刀】参数设置

在立即菜单中选择【单个拾取】，左下方状态栏提示【拾取被加工表面轮廓】，依次拾取被加工表面轮廓线并右击确定；状态栏提示【拾取定义的毛坯轮廓】，顺序拾取毛坯的轮廓线并右击确定；状态栏提示【输入进退刀点】，输入“5，26”后按<Enter>键，生成如图 9-17 所示的刀具路径。

（3）生成左端外轮廓精加工刀具路径　在菜单栏中选择【数控车】→【车削精加工】，或有单击数控车工具栏中的按钮，系统弹出【车削精加工】对话框，然后分别设置参数。单击【加工参数】标签，设置参数如图 9-18 所示。单击【进退刀方式】标签，设置参数如图 9-19 所示。选择【刀具参数】→【切削用量】，设置参数如图 9-20 所示。选择【刀具

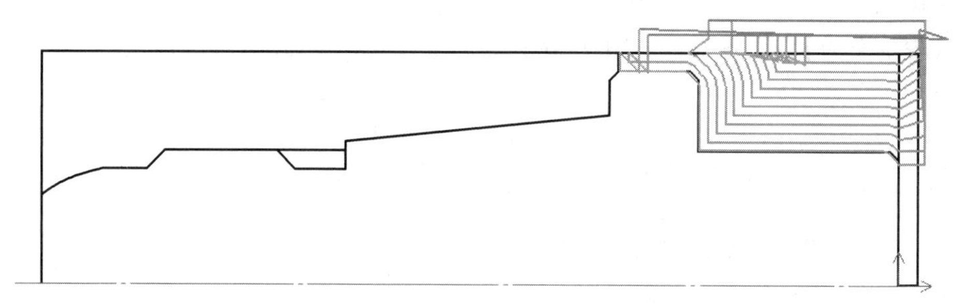

图 9-17 左端外轮廓粗加工刀具路径

参数】→【轮廓车刀】，设置参数如图 9-21 所示，最后单击【确定】按钮。

左端外轮廓精加工刀具路径的选择方式与粗加工一样，如图 9-22 所示。

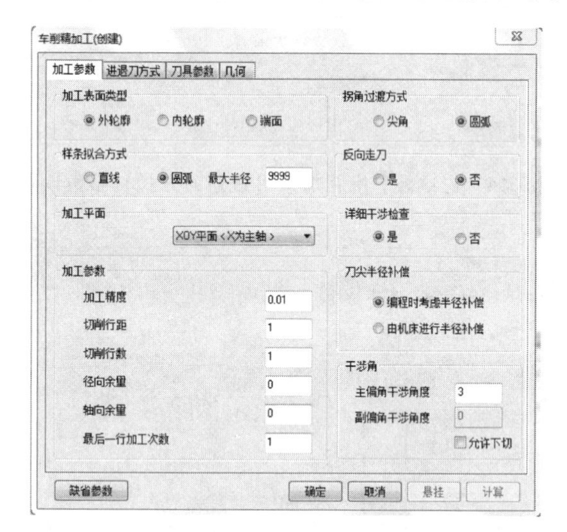

图 9-18 左端外轮廓精加工【加工参数】设置

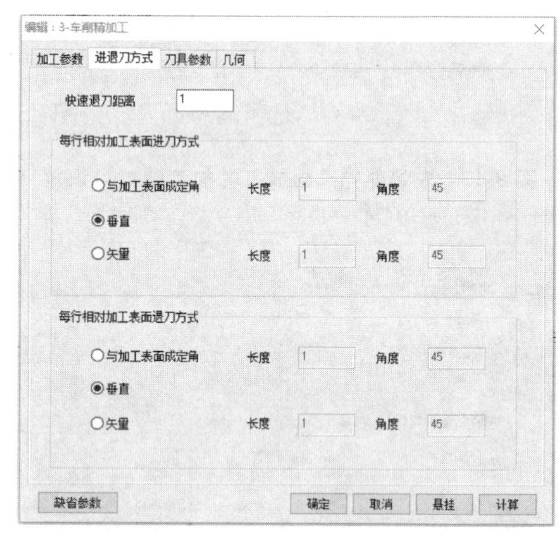

图 9-19 左端外轮廓精加工【进退刀方式】参数设置

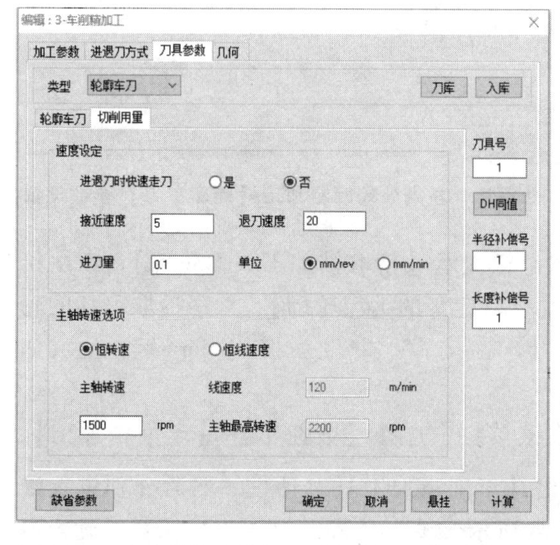

图 9-20 左端外轮廓精加工【切削用量】参数设置

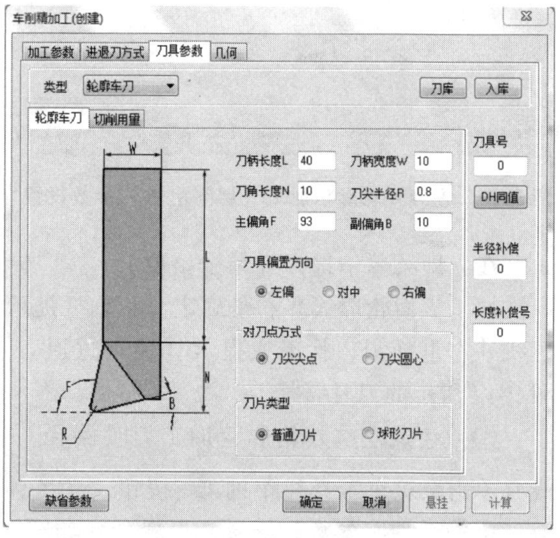

图 9-21 左端外轮廓精加工【轮廓车刀】参数设置

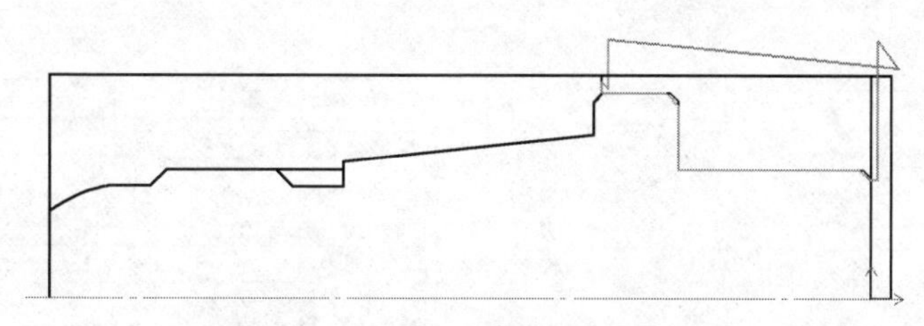

图 9-22　左端外轮廓精加工刀具路径

（4）生成右端外轮廓粗加工刀具路径　生成右端外轮廓刀具路径时需要用【镜像】、【平移】命令将零件造型图右端面设定在绘图中心点上，右端面手动加工并控制总长。下面介绍右端外轮廓粗加工刀具路径的设计。

在菜单栏中选择【数控车】→【车削粗加工】，或者单击数控车工具栏中的车削粗加工按钮，系统弹出【车削粗加工】对话框，然后分别设置参数。单击【加工参数】标签，设置参数如图 9-23 所示。单击【进退刀方式】标签，设置参数如图 9-24 所示。选择【刀具参数】→【切削用量】，设置参数如图 9-25 所示。选择【刀具参数】→【轮廓车刀】，设置参数如图 9-26 所示，最后单击【确定】按钮。

车削粗加工(编辑)

加工参数　进退刀方式　刀具参数　几何

加工表面类型：◉外轮廓　○内轮廓　○端面
加工方式：○行切　◉等距
样条拟合方式：○直线　◉圆弧　最大半径 9999
拐角过渡方式：○尖角　◉圆弧
加工平面：X0Y平面＜X为主轴＞
反向走刀：○是　◉否
加工参数：加工精度 0.1；加工角度 180；切削行距 1.5；径向余量 0.1；轴向余量 0.1
详细干涉检查：◉是　○否
退刀时沿轮廓走刀：◉是　○否
干涉角：主偏角干涉角度 3；副偏角干涉角度 0；□允许下切
刀尖半径补偿：◉编程时考虑半径补偿　○由机床进行半径补偿

缺省参数　确定　取消　悬挂　计算

图 9-23　右端外轮廓粗加工【加工参数】设置

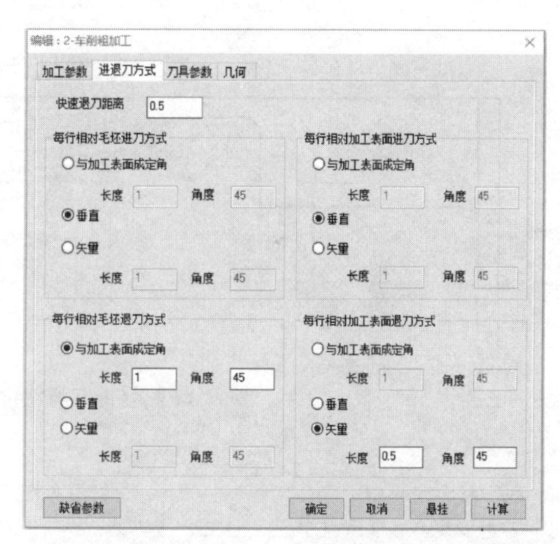

图 9-24　右端外轮廓粗加工【进退刀方式】参数设置

在立即菜单中选择【单个拾取】，左下方状态栏提示【拾取被加工表面轮廓】，依次拾取被加工表面轮廓线并右击确定；状态栏提示【拾取定义的毛坯轮廓】，顺序拾取毛坯的轮廓线并右击确定；状态栏提示【输入进退刀点】，输入“5，26”后按<Enter>键，生成如图 9-27 所示的刀具路径。

（5）生成右端外轮廓精加工刀具路径　在菜单栏中选择【数控车】→【车削精加工】，或者单击数控车工具栏中的车削精加工按钮，系统弹出【车削精加工】对话框，然后分别设置参数。单击【加工参数】标签，设置参数如图 9-28 所示。单击【进退刀方式】标签，设置参数如图 9-29 所示。选择【刀具参数】→【切削用量】，设置参数如图 9-30 所示。选择【刀具参数】→【轮廓车刀】，设置参数如图 9-31 所示，最后单击【确定】按钮。

右端外轮廓精加工刀具路径的选择方式与粗加工一样，如图 9-32 所示。

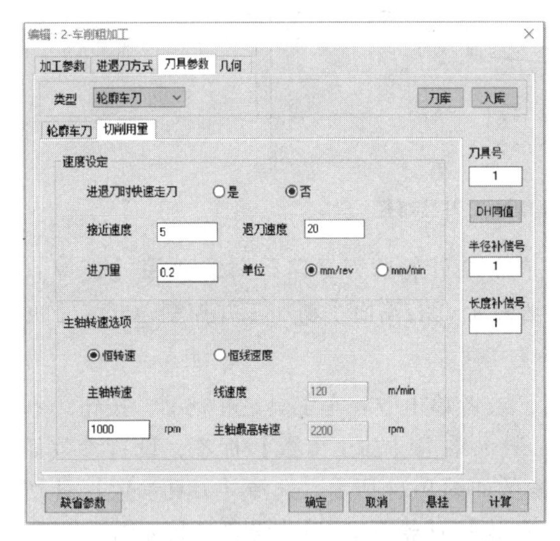

图 9-25　右端外轮廓粗加工【切削用量】参数设置

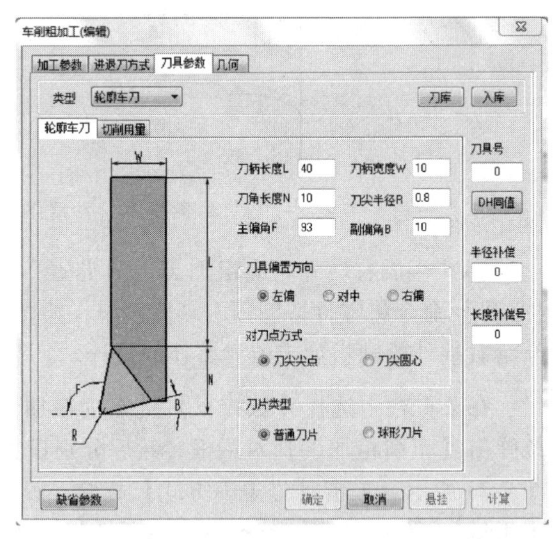

图 9-26　右端外轮廓粗加工【轮廓车刀】参数设置

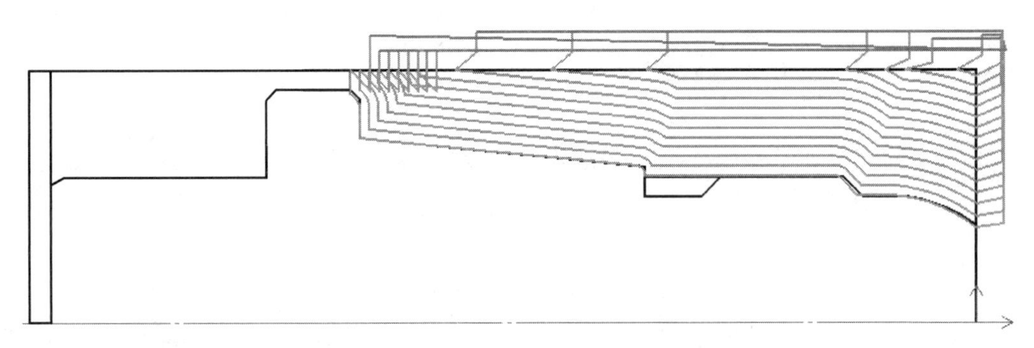

图 9-27　右端外轮廓粗加工刀具路径

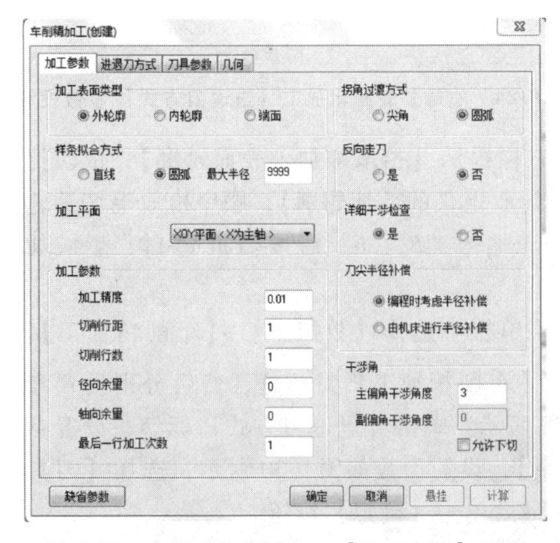

图 9-28　右端外轮廓精加工【加工参数】设置

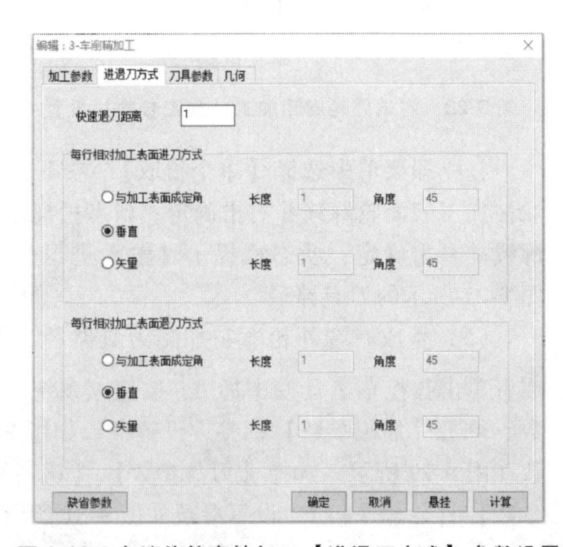

图 9-29　右端外轮廓精加工【进退刀方式】参数设置

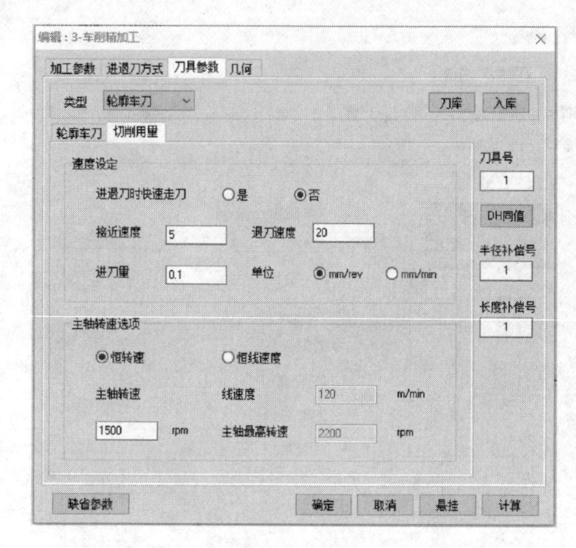

图 9-30　右端外轮廓精加工【切削用量】参数设置

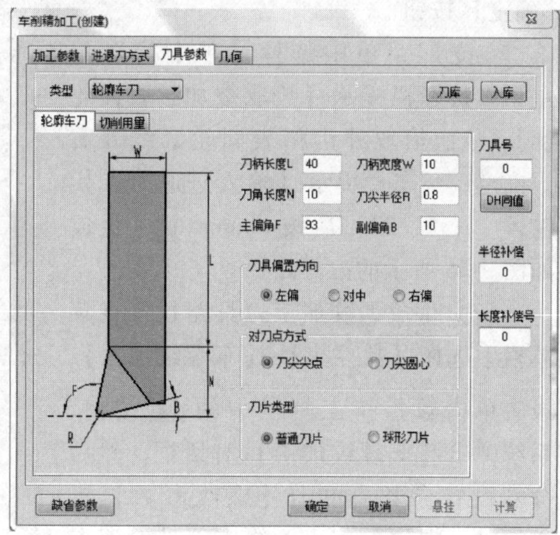

图 9-31　右端外轮廓精加工【轮廓车刀】参数设置

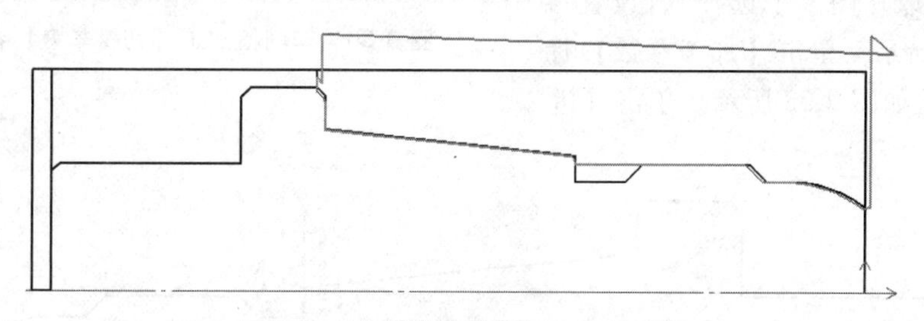

图 9-32　右端外轮廓精加工刀具路径

（6）生成径向车削槽加工刀具路径　在菜单栏中选择【数控车】→【车削槽加工】，或者单击数控车工具栏中的车削槽加工按钮，系统弹出【车削槽加工】对话框，然后分别设置参数。单击【加工参数】标签，设置参数如图 9-33 所示。选择【刀具参数】→【切削用量】，设置参数如图 9-34 所示。选择【刀具参数】→【切槽车刀】，设置参数如图 9-35 所示，最后单击

图 9-33　车削槽加工【加工参数】设置

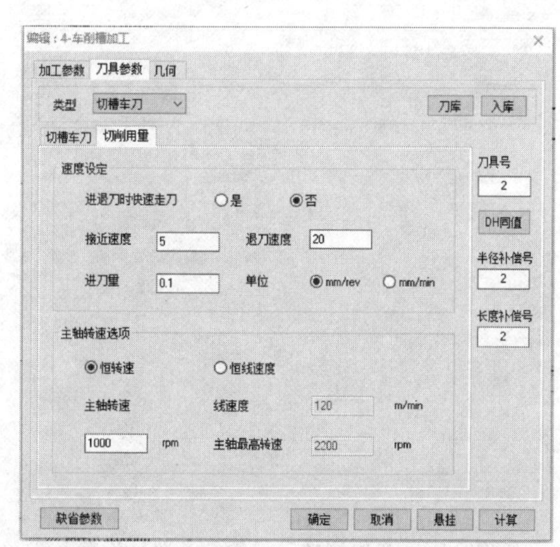

图 9-34　车削槽加工【切削用量】参数设置

【确定】按钮。

在立即菜单中选择【单个拾取】，左下方状态栏提示【拾取被加工表面轮廓】，依次拾取外沟槽表面轮廓线并右击确定；状态栏提示【输入进退刀点】，输入“-35，20”后按<Enter>键，生成如图 9-36 所示的刀具路径。

（7）生成螺纹加工刀具路径 在菜单栏中选择【数控车】→【车螺纹加工】，或者单击数控车工具栏中的按钮，系统弹出【车螺纹加工】对话框，然后分别设置参数。单击【螺纹参数】标签，输入螺纹的起点、终点、进退刀点（可以单击拾取在图形中选择），设置参数如图 9-37 所示。单击【加工参数】标签，设置参数如图 9-38 所示。单击【进

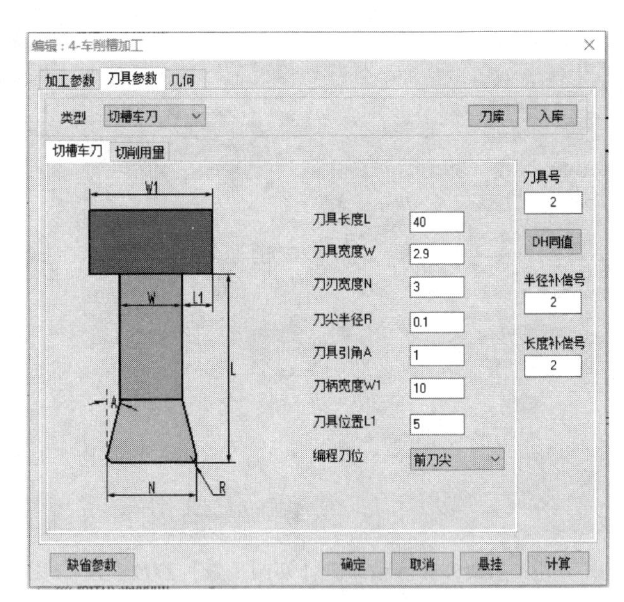

图 9-35 车削槽加工【切槽车刀】参数设置

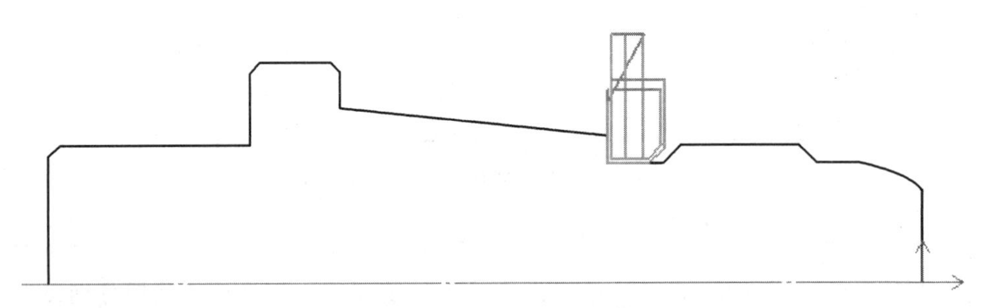

图 9-36 车削槽加工刀具路径

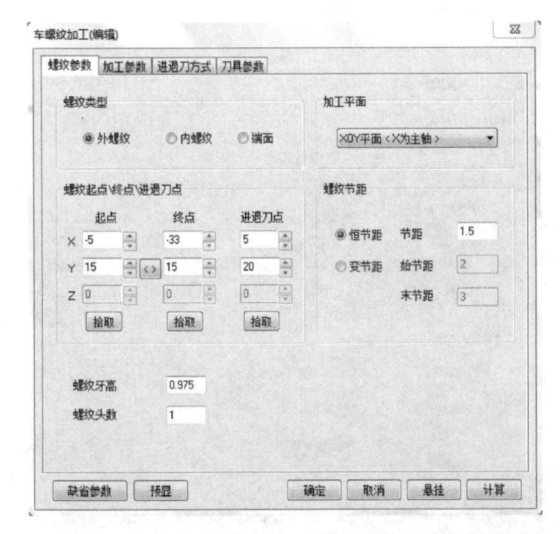

图 9-37 车螺纹加工【螺纹参数】设置

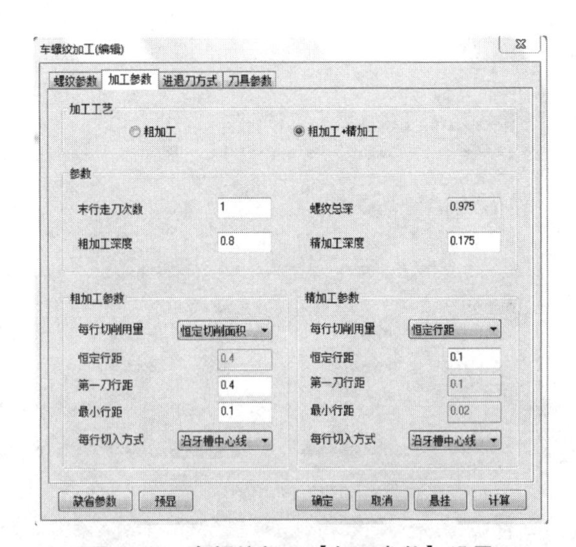

图 9-38 车螺纹加工【加工参数】设置

退刀方式】标签，设置参数如图 9-39 所示。选择【刀具参数】→【切削用量】，设置参数如图 9-40 所示。选择【刀具参数】→【螺纹车刀】，设置参数如图 9-41 所示，最后单击【确定】按钮，生成如图 9-42 所示的刀具路径。

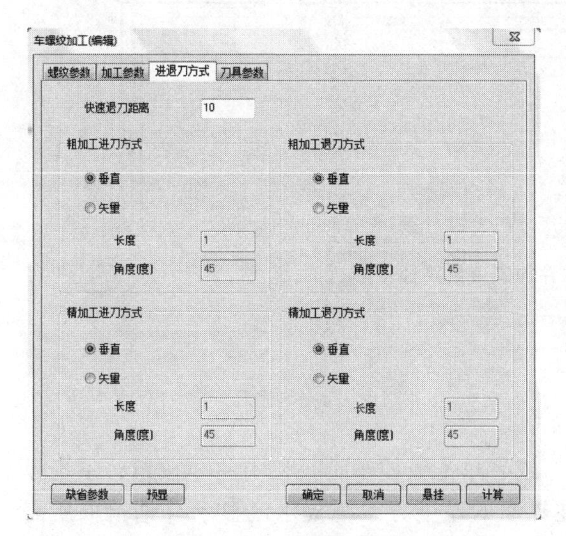

图 9-39　车螺纹加工【进退刀方式】设置

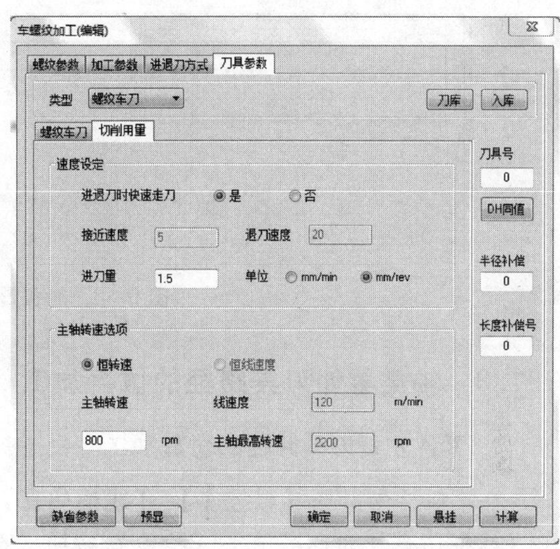

图 9-40　车螺纹加工【切削用量】设置

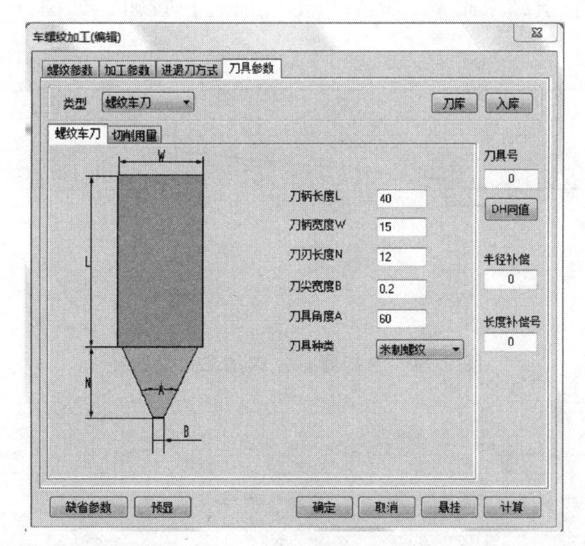

图 9-41　车螺纹加工【螺纹车刀】设置

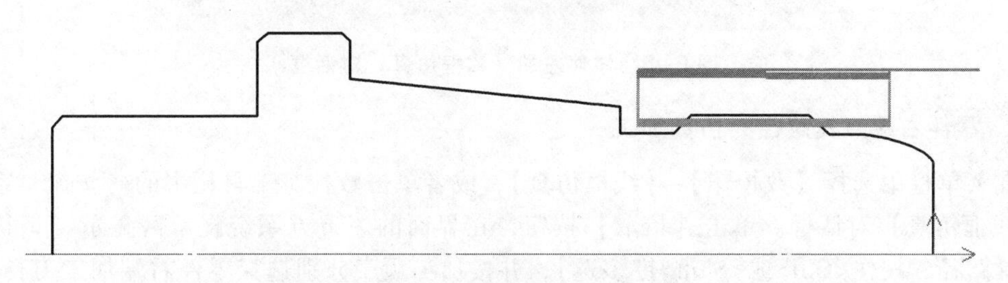

图 9-42　车螺纹加工刀具路径

3. 轴类零件加工刀具路径

完成轴类零件加工刀具路径，如图 9-43 所示。

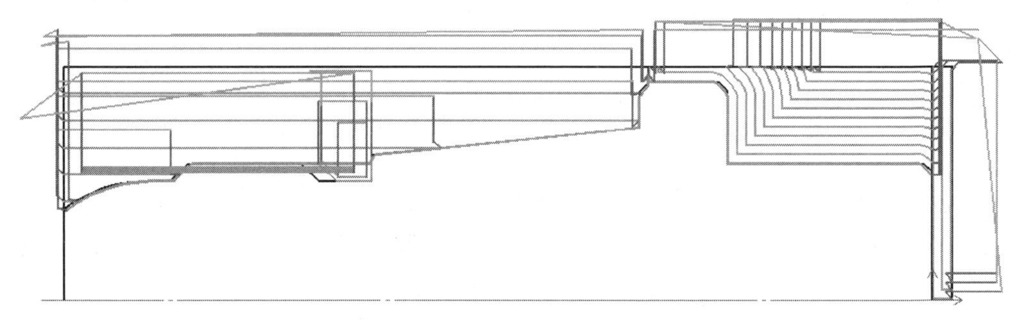

图 9-43　轴类零件加工刀具路径

9.1.3　轴类零件刀具路径的仿真加工

1. 零件左端刀具路径的仿真加工

在菜单栏中选择【数控车】→【线框仿真】，或者单击数控车工具栏中的按钮，系统弹出【线框仿真】对话框单击【拾取】按钮，在界面的左下方系统提示区显示【请拾取所需刀具路径，按住<Ctrl>或<Shift>键多选】，并按加工顺序分别选择零件左端加工刀具路径，如图 9-44 所示，然后右击结束拾取，最后单击【前进】按钮，如图 9-45 所示，即可仿真。

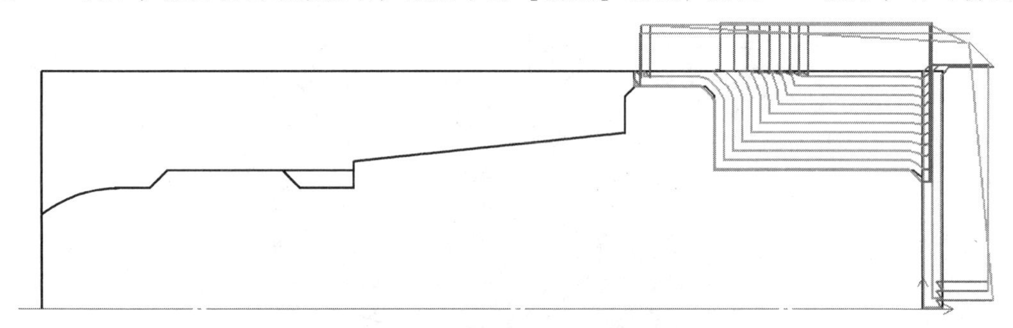

图 9-44　选择零件左端加工刀具路径

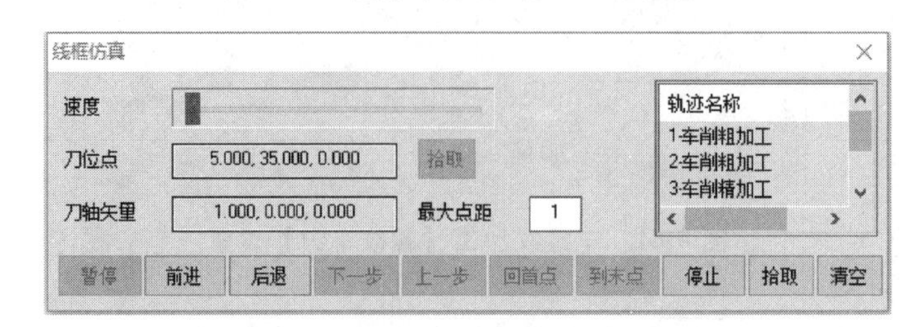

图 9-45　零件左端【线框仿真】对话框

2. 零件右端刀具路径的仿真加工

在菜单栏中选择【数控车】→【线框仿真】，或者单击数控车工具栏中的按钮，系统弹出【线框仿真】对话框。单击【拾取】按钮，在界面的左下方系统提示区显示【请拾取所需刀具路径，按住<Ctrl>或<Shift>键多选】，并按加工顺序分别选择零件右端加工刀具路径，如图 9-46 所示，然后右击结束拾取，最后单击【前进】按钮，如图 9-47 所示，即可仿真。

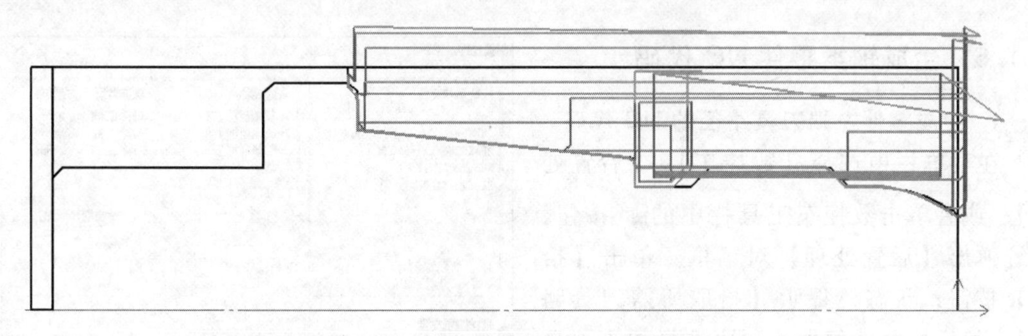

图 9-46　选择零件右端加工刀具路径

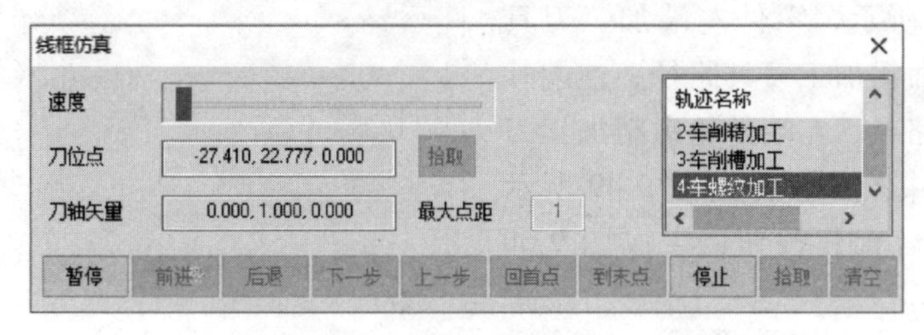

图 9-47　零件右端【线框仿真】对话框

9.1.4　机床设置与后置设置

在菜单栏中选择【数控车】→【后置设置】，或者单击数控车工具栏中的后置设置按钮，系统弹出【后置设置】对话框。选择机床控制系统文件【Fanuc】，根据【Fanuc】的编程指令格式，分别填写各项参数；然后单击【拾取】按钮，在界面的左下方系统提示区显示【请拾取所需刀具路径，按住<Ctrl>或<Shift>键多选】，并按加工顺序分别选择零件加工刀具路径，右击结束拾取，如图 9-48 所示，最后单击【确定】按钮。

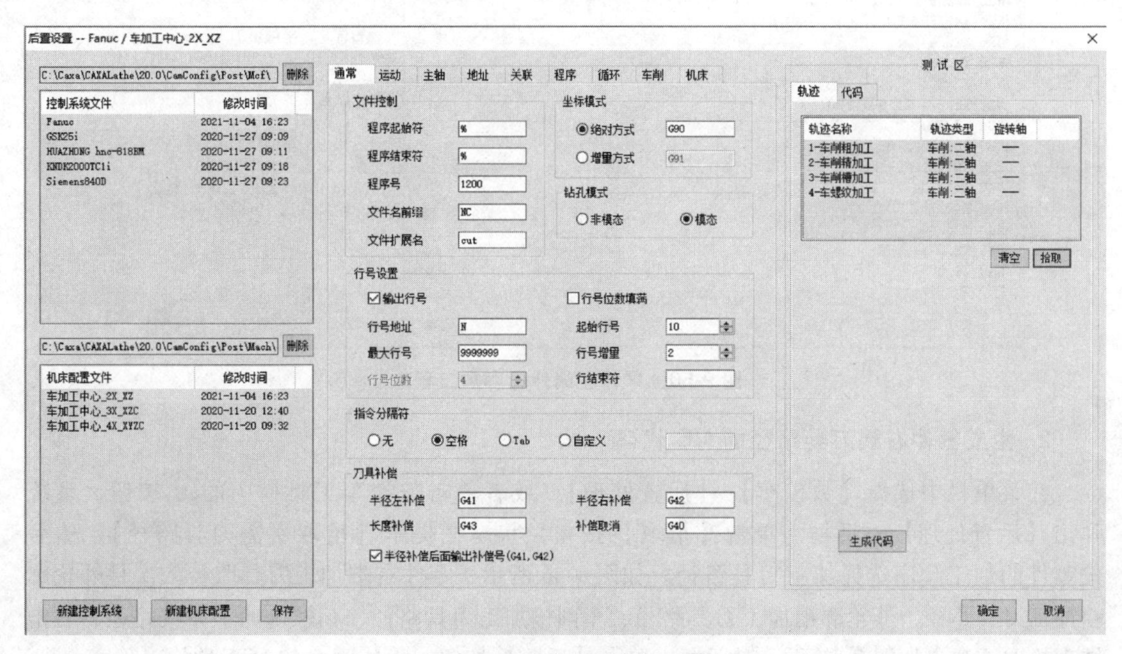

图 9-48　机床类型参数设置

9.1.5　生成轴类零件 NC 代码

1. 生成零件左端刀具路径的 NC 代码

在菜单栏中选择【数控车】→【后置处理】，或者单击数控车工具栏中的 G 按钮，系统弹出【后置处理】对话框。单击【拾取】按钮，状态栏提示【拾取所需刀具路径】，然后按零件的加工顺序选择加工刀具路径。如图 9-44 所示，零件左端加工刀具路径依次是左端面粗加工刀具路径、左端外轮廓粗加工刀具路径、左端外轮廓精加工刀具路径，右击结束拾取，弹出图 9-49 所示对话框。单击【后置】按钮，生成图 9-50 所示的加工程序。

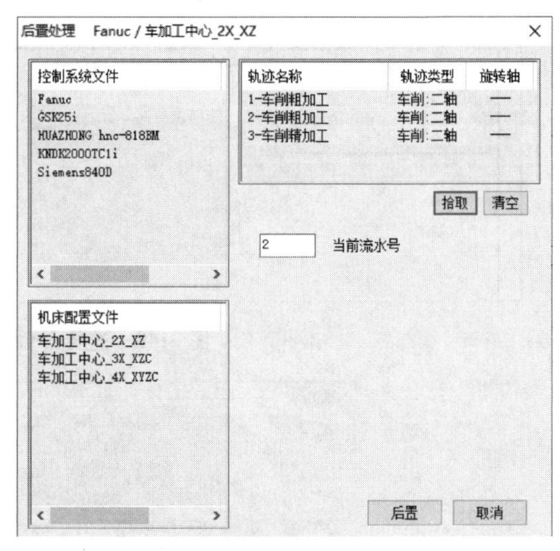

图 9-49　零件左端【后置处理】对话框

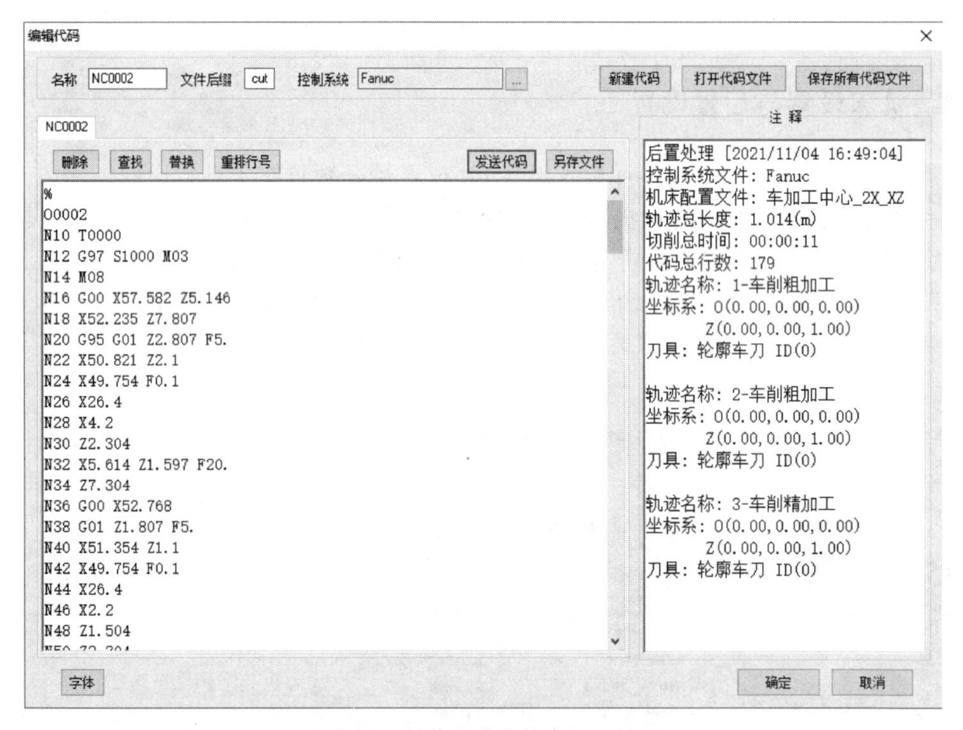

图 9-50　零件左端外轮廓加工程序

2. 生成零件右端刀具路径的 NC 代码

在菜单栏中选择【数控车】→【后置处理】，或者单击数控车工具栏中的 G 按钮，系统弹出【后置处理】对话框。单击【拾取】按钮，状态栏提示【拾取所需刀具路径】，然后按零件的加工顺序选择加工刀具路径。如图 9-46 所示，零件右端加工刀具路径依次是外轮廓粗加工刀具路径、外轮廓精加工刀具路径、车削槽加工刀具路径、车螺纹加工刀具路径，右击结束拾取，弹出如图 9-51 所示对话框，单击【后置】按钮，生成图 9-52 所示的加工程序。

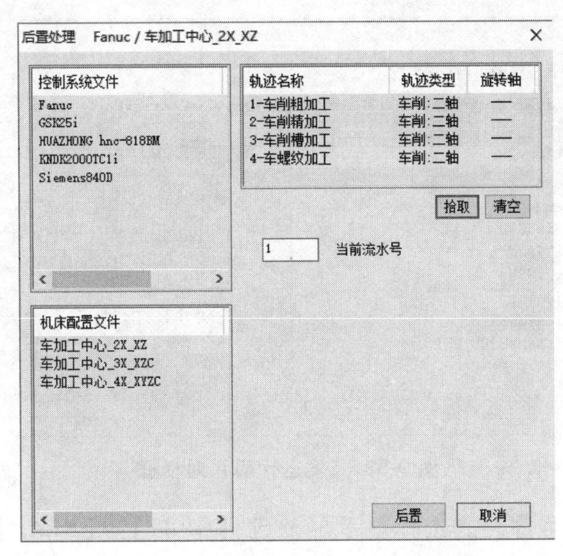

图 9-51　零件右端【后置处理】对话框

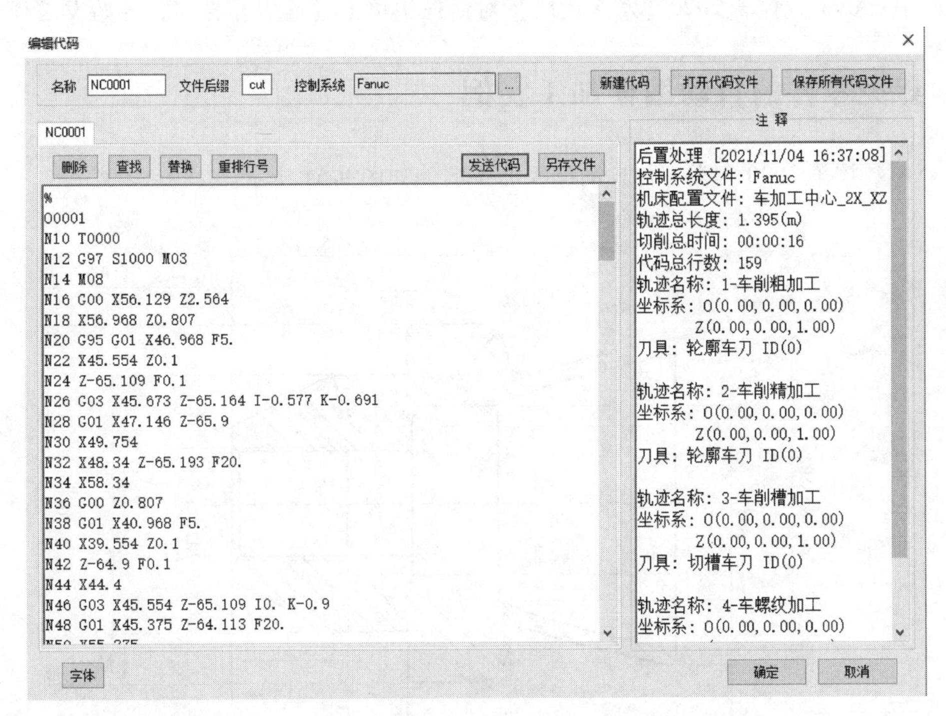

图 9-52　零件右端外轮廓加工程序

9.1.6　程序传输

1）在计算机中打开 CAXA2020 数控车，本身自带通信功能。在菜单栏中选择【数控车】→【通信】，或者单击数控车工具栏中的按钮，设定传输参数后单击发送按钮进入【发送代码】对话框，如图 9-53 所示。选择准备发送的代码文件，单击【确定】按钮。

2）在数控车床上把方式选择旋钮旋至【EDIT】方式，按功能键中的【PROG】键。

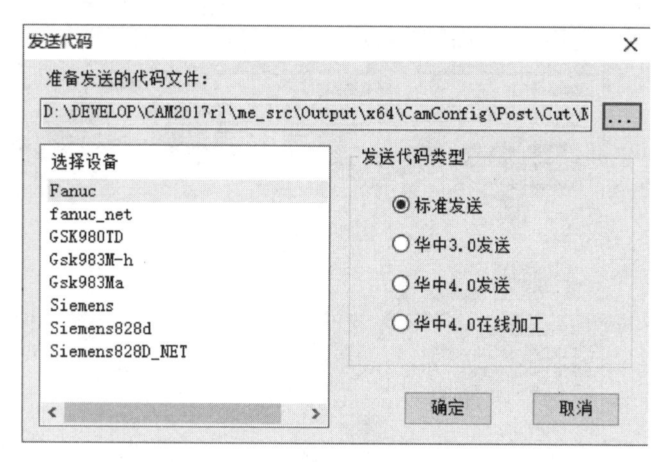

图 9-53 【发送代码】对话框

3）输入地址 O 及程序号，选择显示屏软键【OPRT】→【READ】→【EXEC】，程序被输入。

4）在 CAXA 数控车 2020【发送代码】对话框中单击【确定】按钮，开始发送程序。

9.2 套类零件的自动编程加工实例

CAXA 数控车 2020 套类零件自动编程加工实例如图 9-54 所示。

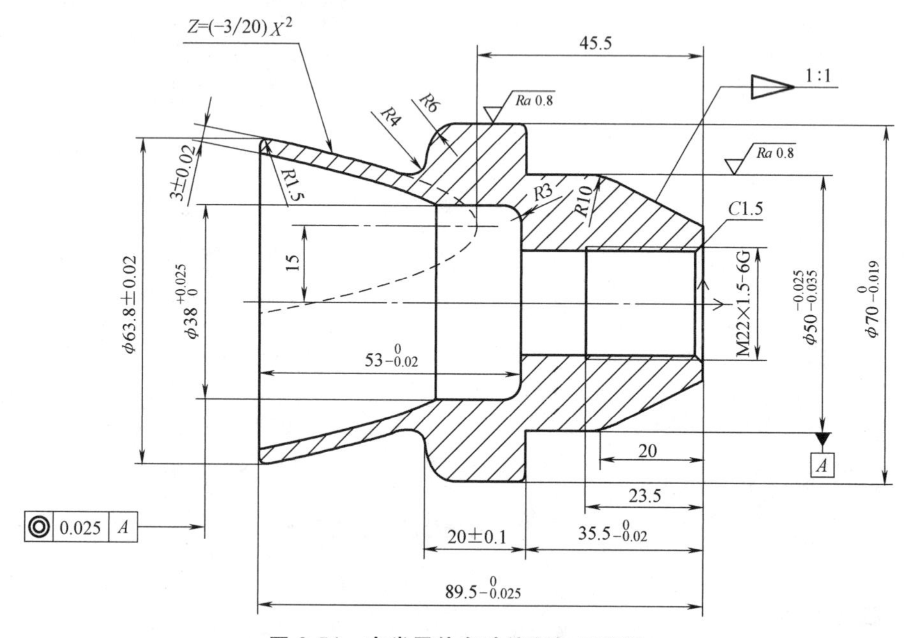

图 9-54 套类零件自动编程加工实例

操作步骤：

（1）分析图样和制订工艺清单　套类零件结构较复杂，但尺寸公差要求较小，有几何公差要求，零件的表面粗糙度要求较严。

(2) 确定加工路线和装夹方法　根据工艺清单的要求，该零件全部由数控车床完成，并要注意保证尺寸的一致性。在数控车床上车削时，先加工零件右端，用自定心卡盘装夹零件毛坯外圆，钻 ϕ18mm 内孔，加工零件端面，加工零件外轮廓 ϕ70mm、ϕ50mm 外圆及 1∶1 锥度，加工零件内轮廓 ϕ20.5mm 内螺纹底孔、1.5 倒角及 M22×1.5 的细牙三角内螺纹；然后调头加工零件左端，用软爪装夹零件右端 ϕ50mm 外圆部分，加工零件左端面并控制总长，加工零件外轮廓抛物线、R4mm 和 R6mm 圆弧，加工零件内轮廓抛物线、ϕ38mm 内孔、R3mm 圆弧。

(3) 绘制套类零件轮廓循环车削加工工艺图　在 CAXA 数控车 2020 中绘制加工零件轮廓循环车削加工工艺图，只要绘制出要加工部分的轮廓即可。绘制零件的轮廓循环车削加工工艺图时，将坐标系原点选在零件的右端面和中心轴线的交点上，绘出毛坯轮廓、零件实体。

(4) 编制加工程序　根据零件的工艺清单、工艺图和实际加工情况，使用 CAXA 数控车 2020 软件的 CAM 部分先完成套类零件右端外轮廓粗精加工、内轮廓的粗精加工、车削内螺纹；然后完成套类零件左端外轮廓粗精加工、内轮廓的粗精加工等刀具路径设计，实现仿真加工，合理设置机床的参数，生成加工程序代码。

9.2.1　零件加工建模

零件加工建模的方法及步骤如下：

1. 绘制零件外轮廓

1) 在菜单栏中选择【绘图】→【孔/轴】，或者单击绘图工具栏中的按钮，在立即菜单中选择【轴】→【直接给出角度】→【中心线角度】为“0”，左下方状态栏提示【插入点】，输入 (0,0)，然后单击【确定】按钮。

2) 绘制锥度。在立即菜单中选择【起始直径】为“30”，【终止直径】为“50”，然后输入长度“20”，单击【确定】按钮，绘出锥度。

3) 绘制 ϕ50mm 外圆。在立即菜单中选择【起始直径】为“50”，【终止直径】为“50”，然后输入长度“15.5”，单击【确定】按钮，绘出 ϕ50mm 外圆。

4) 绘制 ϕ70mm 外圆。在立即菜单中选择【起始直径】为“70”，【终止直径】为“70”，然后输入长度“20”，单击【确定】按钮，绘出 ϕ70mm 外圆。

5) 绘制 ϕ50mm 辅助外圆。在立即菜单中选择【起始直径】为“50”，【终止直径】为“50”，然后输入长度“34”，单击【确定】按钮，绘出 ϕ50mm 辅助外圆。

6) 右击确定，生成如图 9-55 所示的零件外轮廓。

2. 绘制零件内轮廓

1) 在菜单栏中选择【绘图】→【孔/轴】，或者单击绘图工具栏中的按钮，在立即菜单中选择【孔】→【直接给出角度】→【中心线角度】为“0”，左下方状态栏提示【插入点】，输入 (0,0)，然后单击【确定】按钮。

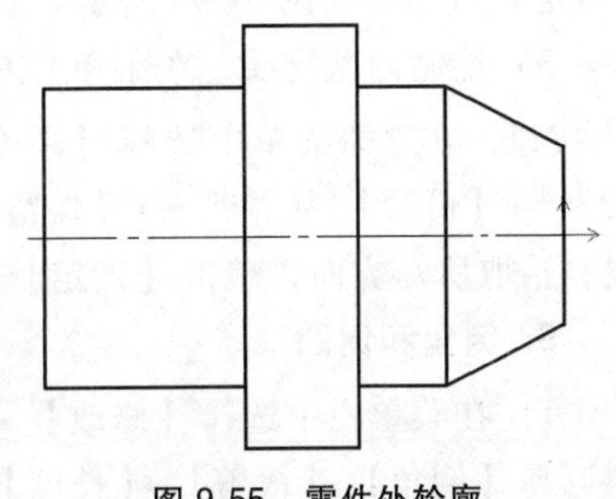

图 9-55　零件外轮廓

2) 绘制内螺纹底孔直径。在立即菜单中选择【起始直径】为“20.5”，【终止直径】为“20.5”，然后输入长度“36.5”，单击【确定】按钮，绘制出内螺纹底孔直径。

3）绘制 ϕ38mm 内孔。在立即菜单中选择【起始直径】为“38”，【终止直径】为“38”，然后输入长度“53”，单击【确定】按钮。

4）右击确定，生成如图 9-56 所示的零件内轮廓。

3. 曲线裁剪和删除

在菜单栏中选择【修改】→【裁剪】和【删除】，或者单击编辑工具栏中的 和 按钮，在立即菜单中选择【快速裁剪】，左下方状态栏提示【拾取要裁剪的曲线】，用光标直接拾取被裁剪的线段即可直接删除没用的线段，拾取完毕后右击确定，修剪后的零件轮廓如图 9-57 所示。

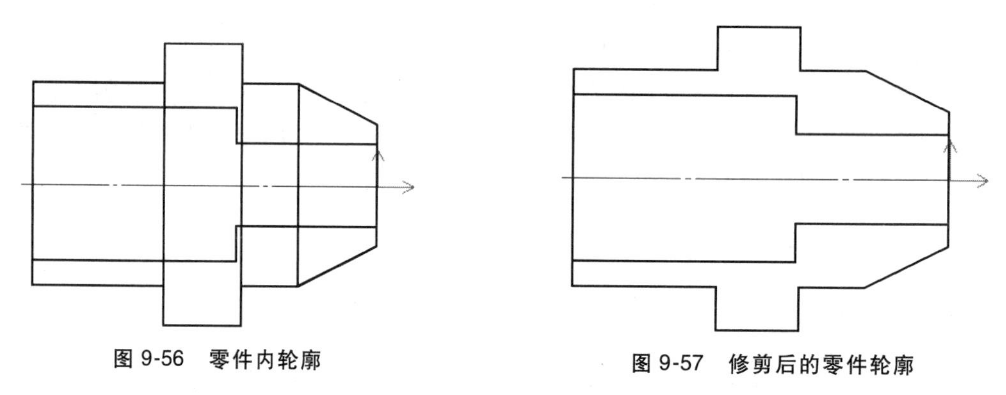

图 9-56 零件内轮廓　　图 9-57 修剪后的零件轮廓

4. 绘制内外抛物线

1）先作两条辅助线，确定抛物线的基准点。在菜单栏中选择【绘图】→【平行线】，或者单击绘图工具栏中的 按钮，左下方状态栏提示【拾取直线】，选择轴线；在立即菜单中选择【偏移方式】→【单向】，左下方状态栏提示【输入距离】，输入“15”，单击【确定】按钮；然后用同样的方法，选择右端面，左下方状态栏提示【输入距离】，输入“45.5”，单击【确定】按钮。两条辅助线的交点即为抛物线的基准点。

2）绘制外抛物线。在菜单栏中选择【绘图】→【公式曲线】，或者单击绘图工具栏中的 按钮，系统弹出【公式曲线】对话框，如图 9-58 所示。在该对话框中设置参数，单击【确定】按钮。左下方状态栏提示【曲线给定点】，应在绘图区捕捉刚绘制的基准点，单击【确定】按钮，如图 9-59a 所示。

3）绘制内抛物线，在菜单栏中选择【绘图】→【等距线】，或者单击绘图工具栏中的 按钮，在立即菜单中选择【单个拾取】→【指定距离】→【单向】→【空心】→【距离】为“3”→【份数】为“1”→【保留源对象】，左下方状态栏提示【拾取直线】，选择外抛物线，拾取所需方向，单击【确定】按钮，修剪后如图 9-59b 所示。

5. 倒角和倒圆

1）在菜单栏中选择【修改】→【过渡】，或者单击编辑工具栏中的 按钮，在立即菜单中选择【倒角】→【裁剪】→【长度】为“1.5”→【倒角】为“45”，左下方状态栏提示【拾取第一条直线】，用光标依次拾取倒角相邻两边的直线，倒角完成。

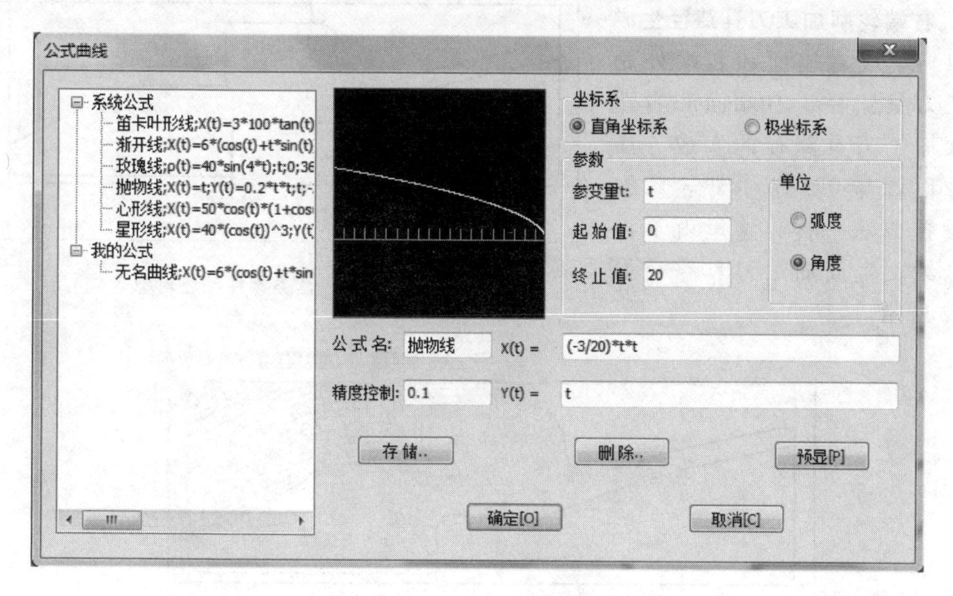

图 9-58　【公式曲线】对话框

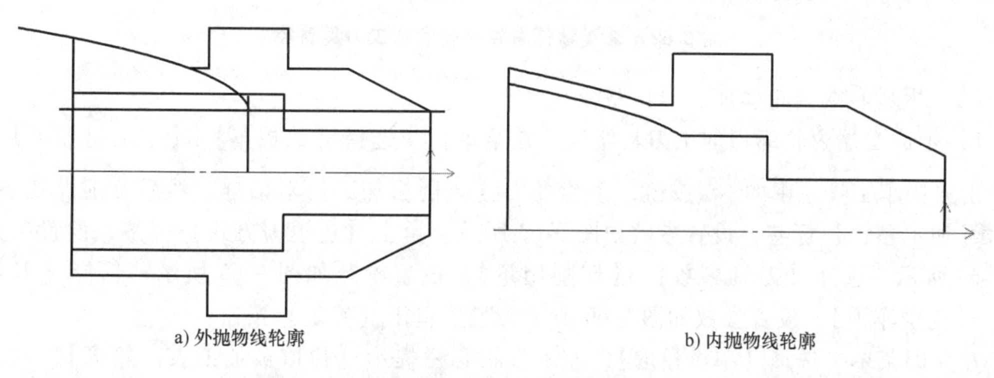

图 9-59　绘制内外抛物线

2）在菜单栏中选择【修改】→【过渡】，或者单击编辑工具栏中的按钮，在立即菜单中选择【原角】→【裁剪】→【半径】，分别输入 $R1$、$R1.5$、$R3$、$R4$、$R6$、$R10$ 圆弧，左下方状态栏分别提示【拾取第一条直线】，用光标依次拾取圆弧相邻两边的直线，倒圆完成。

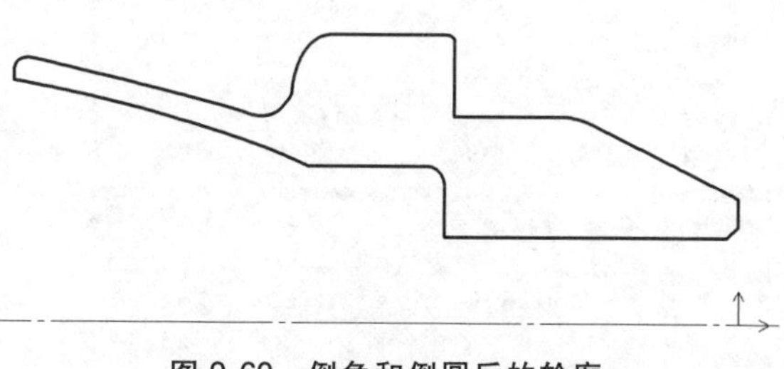

图 9-60　倒角和倒圆后的轮廓

3）倒角和倒圆后的轮廓如图 9-60 所示。

9.2.2　刀具路径的生成

1. 套类零件加工刀具路径生成

根据零件的加工要求，设定零件毛坯尺寸，零件设定的毛坯尺寸外圆为 $\phi75$mm、内孔为 $\phi18$mm、长度为 95mm，设定后的套类零件毛坯轮廓如图 9-61 所示。

2. 右端轮廓加工刀具路径生成

(1) 生成右端面和右端外轮廓加工刀具路径 右端面和右端外轮廓加工刀具路径的生成方法和参数设置与9.1节中外轮廓加工的设置方法一样，这里就不再详细介绍。生成加工刀具路径如图9-62所示。

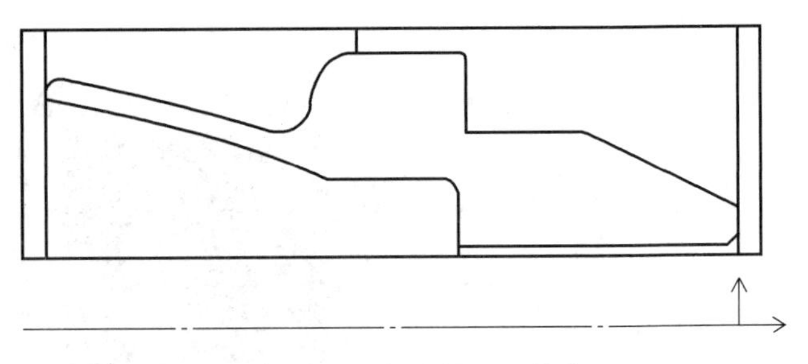

图9-61 套类零件毛坯轮廓

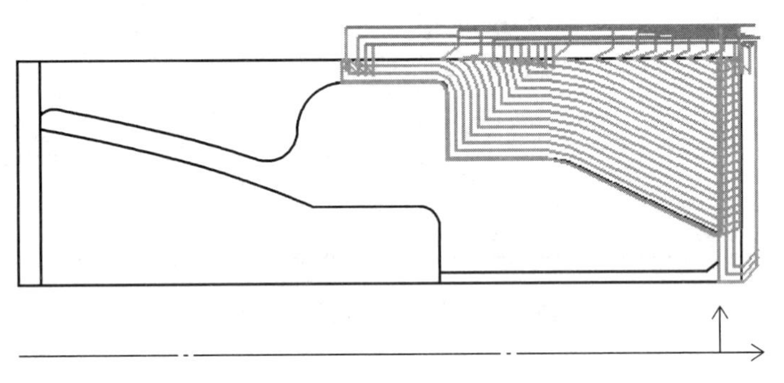

图9-62 套类零件右端外轮廓加工刀具路径

(2) 生成右端内轮廓加工刀具路径

1) 生成右端内轮廓粗加工刀具路径。在菜单栏中选择【数控车】→【车削粗加工】，或者单击数控车工具栏中的按钮，系统弹出【车削粗加工】对话框，然后分别设置参数。单击【加工参数】标签，设置参数如图9-63所示。单击【进退刀方式】标签，设置参数如图9-64所示。选择【刀具参数】→【切削用量】，设置参数如图9-65所示。选择【刀具参数】→【轮廓车刀】，设置参数如图9-66所示，最后单击【确定】按钮。

在立即菜单中选择【单个拾取】，左下方状态栏提示【拾取被加工表面轮廓】，依次拾取被加工表面轮廓线并右击确定；状态栏提示【拾取定义的毛坯轮廓】，顺序拾取毛坯的轮

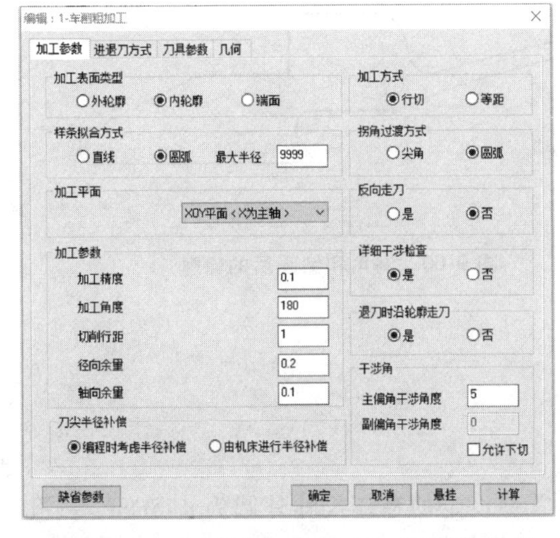

图9-63 右端内轮廓粗加工【加工参数】设置

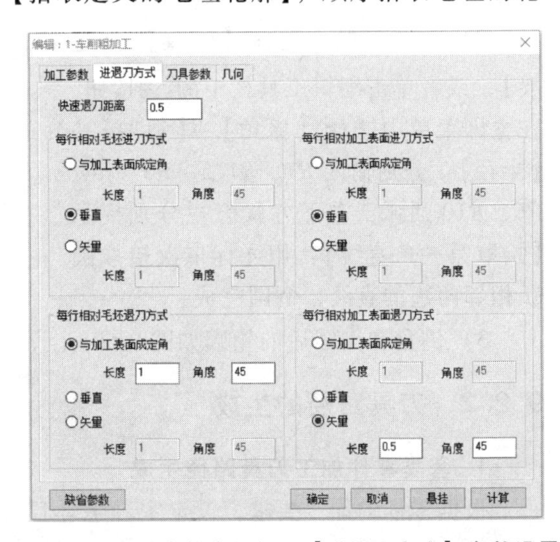

图9-64 右端内轮廓粗加工【进退刀方式】参数设置

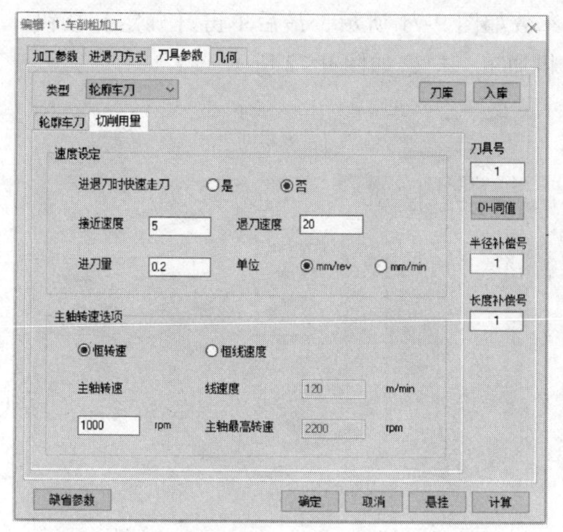

图 9-65　右端内轮廓粗加工【切削用量】参数设置

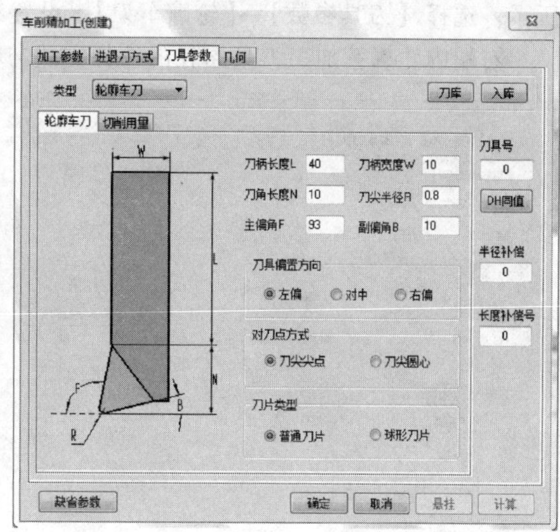

图 9-66　右端内轮廓粗加工【轮廓车刀】参数设置

廓线并右击确定；状态栏提示【输入进退刀点】，输入“5，9”后按<Enter>键，生成如图 9-67 所示的刀具路径。

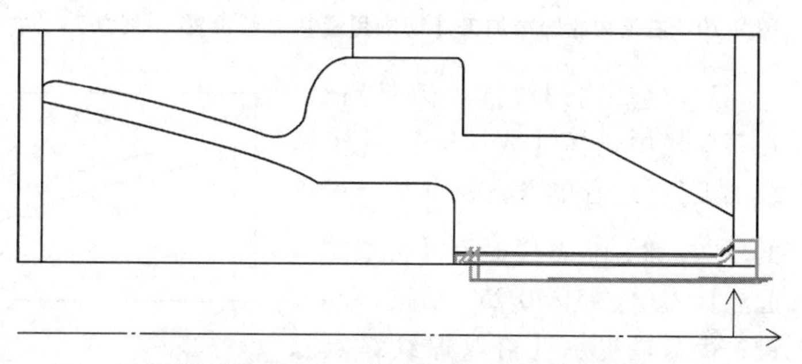

图 9-67　右端内轮廓粗加工刀具路径

2）生成右端内轮廓精加工刀具路径。在菜单栏中选择【数控车】→【车削精加工】，或者单击数控车工具栏中的 车削精加工 按钮，系统弹出【车削精加工】对话框，然后分别设置参数。单击【加工参数】标签，设置参数如图 9-68 所示。单击【进退刀方式】标签，设置参数如图 9-69 所示。选择【刀具参数】→【切削用量】，设置参数如图 9-70

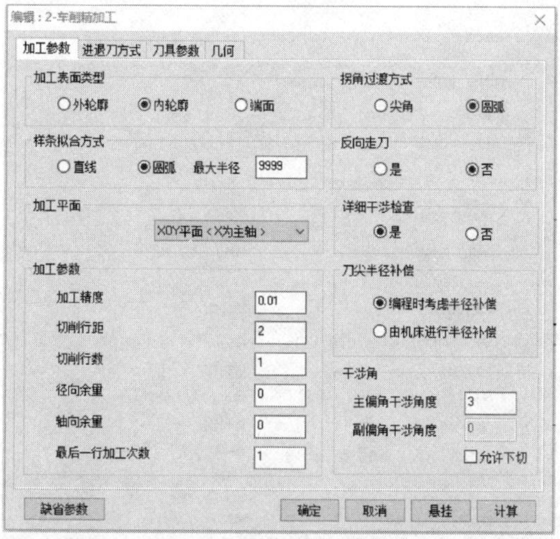

图 9-68　右端内轮廓精加工【加工参数】设置

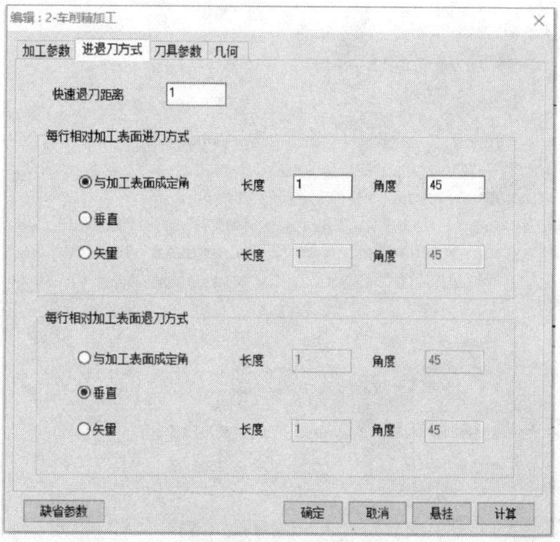

图 9-69　右端内轮廓精加工【进退刀方式】参数设置

所示。选择【刀具参数】→【轮廓车刀】，设置参数如图 9-71 所示，最后单击【确定】按钮。

右端内轮廓精加工刀具路径的选择方式与粗加工一样，如图 9-72 所示。

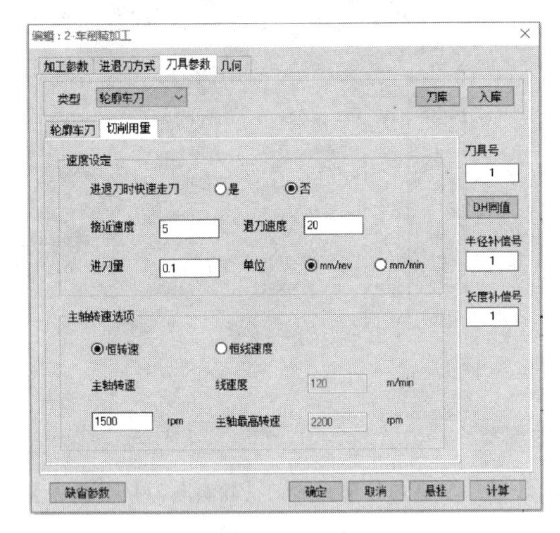

图 9-70　右端内轮廓精加工【切削用量】参数设置

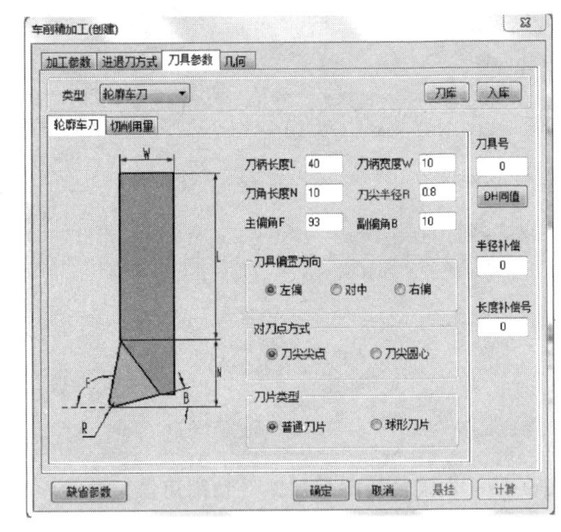

图 9-71　右端内轮廓精加工【轮廓车刀】参数设置

3）生成内螺纹加工刀具路径。在菜单栏中选择【数控车】→【车螺纹加工】，或者单击数控车工具栏中的车螺纹加工按钮，状态栏提示【拾取螺纹起点】，输入“5，10.25”后按<Enter>键；状态栏提示【拾取螺纹终点】，输入“-23.5，10.25”后按<Enter>键，系统弹出【车螺纹加工】对话框，然后分别设置参数。单击【螺纹参数】标签，设置参数如图 9-73 所示。单击【加工参数】标签，设置参数如图 9-74 所示。单击【进退刀方式】标签，设置参数如图 9-75 所示。选择

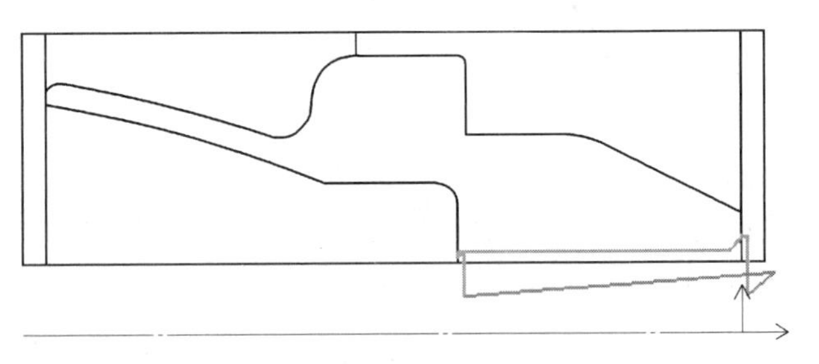

图 9-72　右端内轮廓精加工刀具路径

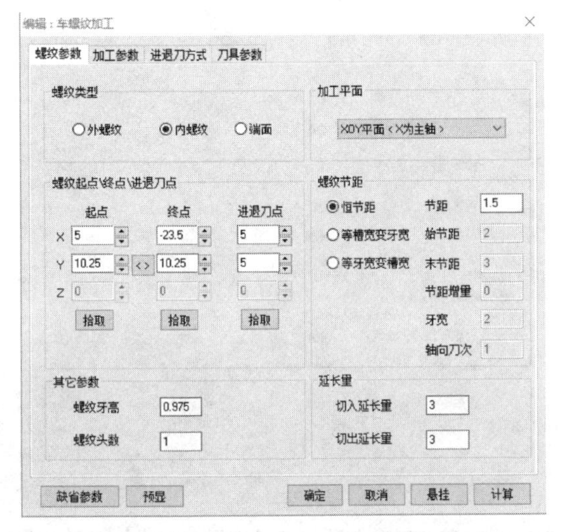

图 9-73　内螺纹加工【螺纹参数】设置

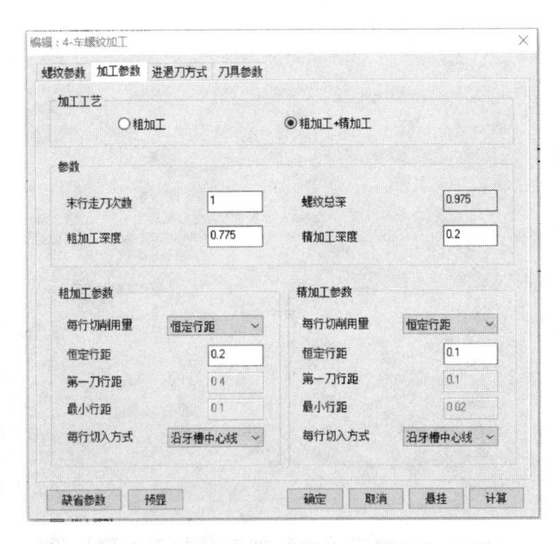

图 9-74　内螺纹加工【加工参数】设置

【刀具参数】→【切削用量】，设置参数如图 9-76 所示。选择【刀具参数】→【螺纹车刀】，设置参数如图 9-77 所示，最后单击【确定】按钮。状态栏提示【输入进退刀点】，输入“5，10”后按<Enter>键，生成如图 9-78 所示的内螺纹加工刀具路径。

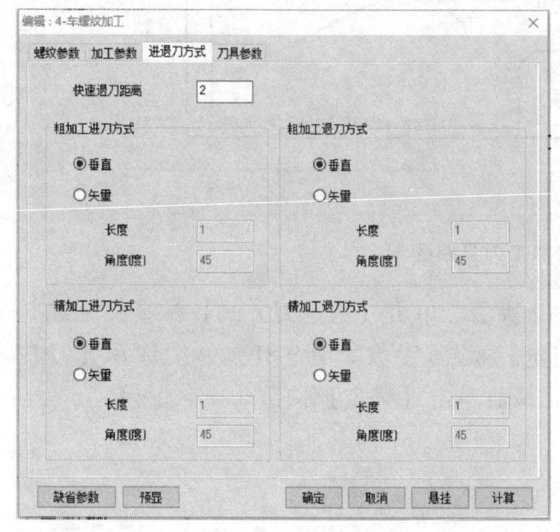

图 9-75　内螺纹加工【进退刀方式】参数设置

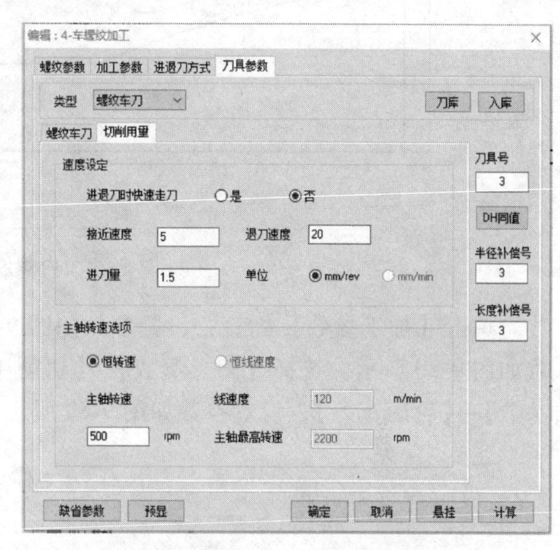

图 9-76　内螺纹加工【切削用量】参数设置

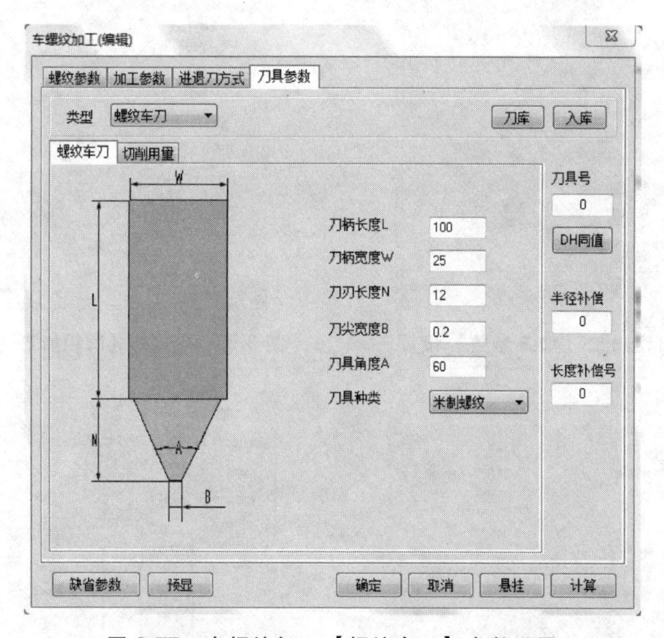

图 9-77　内螺纹加工【螺纹车刀】参数设置

3. 左端轮廓刀具路径生成

（1）生成左端面加工刀具路径　左端面加工刀具路径的加工方法和参数设置与 9.1 节中端面加工的设置方法一样，这里就不再详细介绍。

（2）生成左端外轮廓粗加工刀具路径　在菜单栏中选择【数控车】→【车削粗加工】，或者单击数控车工具栏中的按钮，系统弹出【车削粗加工】对话框，然后分别填写参

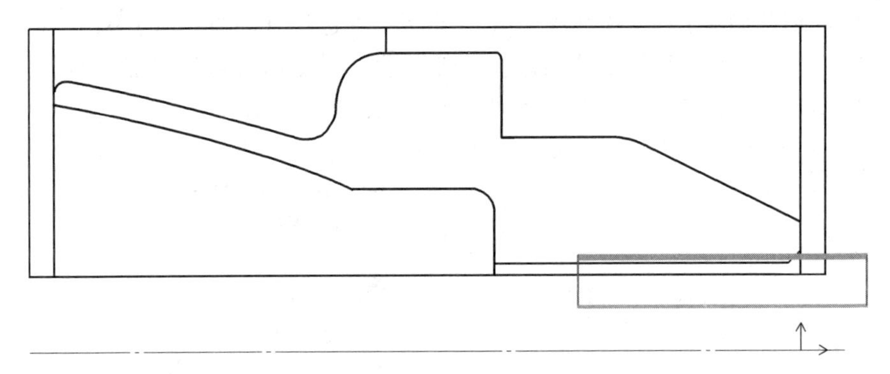

图 9-78 内螺纹加工刀具路径

数。单击【加工参数】标签，设置参数如图 9-79 所示。单击【进退刀方式】标签，设置参数如图 9-80 所示。选择【刀具参数】→【切削用量】，设置参数如图 9-81 所示。选择【刀具参数】→【轮廓车刀】，设置参数如图 9-82 所示，最后单击【确定】按钮。

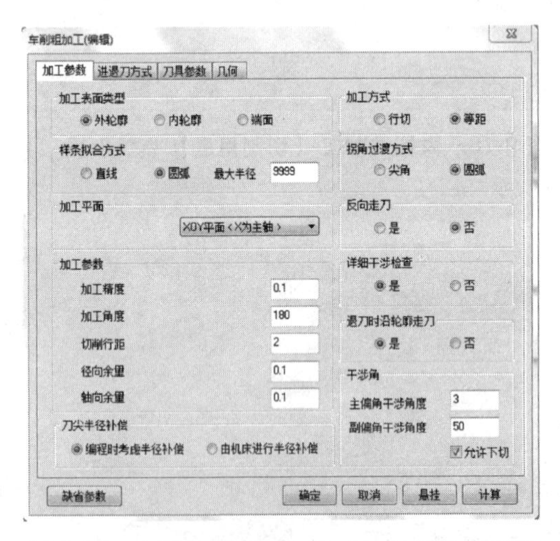

图 9-79 左端外轮廓粗加工【加工参数】设置

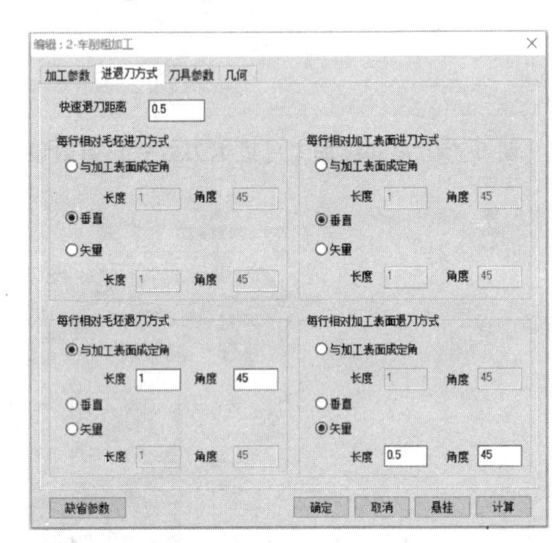

图 9-80 左端外轮廓粗加工【进退刀方式】参数设置

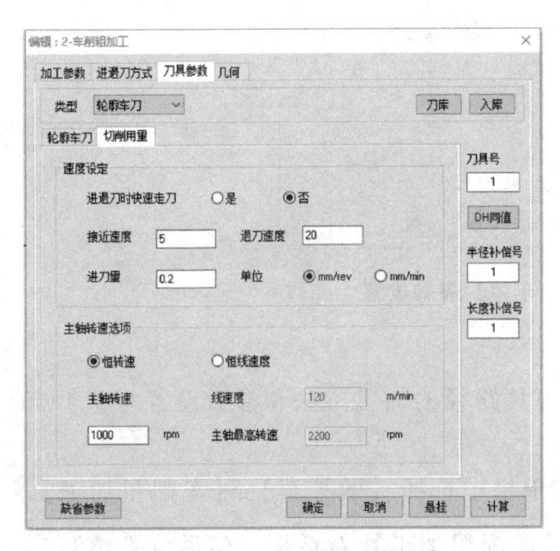

图 9-81 左端外轮廓粗加工【切削用量】参数设置

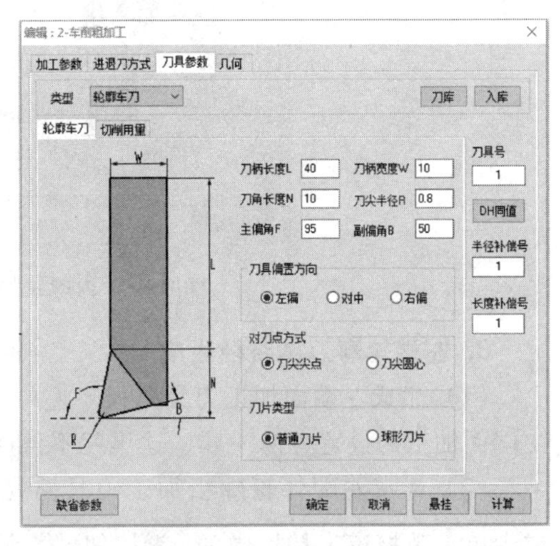

图 9-82 左端外轮廓粗加工【轮廓车刀】参数设置

在立即菜单中选择【单个拾取】，左下角状态栏提示【拾取被加工表面轮廓】，依次拾取被加工表面轮廓线并右击确定，状态栏提示【拾取定义的毛坯轮廓】，顺序拾取毛坯的轮廓线并右击确定。状态栏提示【输入进退刀点】，输入“5，40”后按<Enter>键，生成如图 9-83 所示的刀具路径。

注意：带凹圆弧的外轮廓在切削时允许下切，副偏角干涉角度应稍小于等于刀具副偏角，稍小于即充分利用刀具，做到恰到好处；主偏角干涉角度稍小于 90°减去软件中的刀具主偏角。

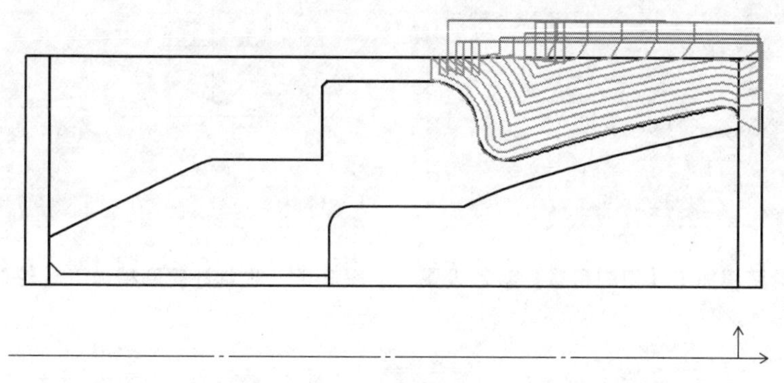

图 9-83　左端外轮廓粗加工刀具路径

（3）生成左端外轮廓精加工刀具路径　在菜单栏中选择【数控车】→【车削精加工】，或者单击数控车工具栏中的按钮，系统弹出【车削精加工】对话框，然后分别填写参数。单击【加工参数】标签，设置参数如图 9-84 所示。单击【进退刀方式】标签，设置参数如图 9-85 所示。选择【刀具参数】→【切削用量】，设置参数如图 9-86 所示。选择【刀具参数】→【轮廓车刀】，设置参数如图 9-87 所示，最后单击【确定】按钮。

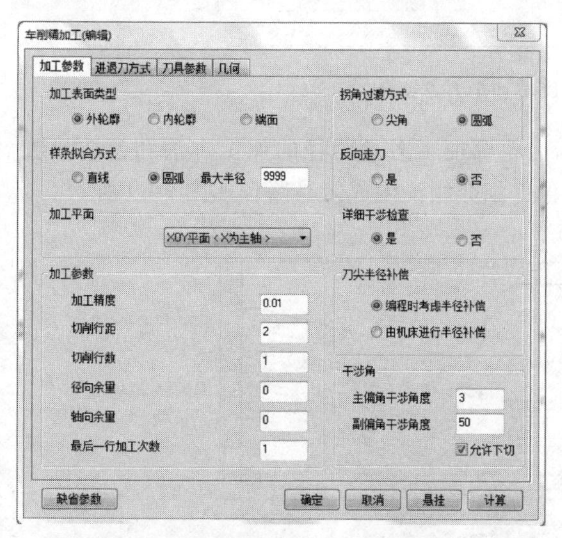

图 9-84　左端外轮廓精加工【加工参数】设置

图 9-85　左端外轮廓精加工【进退刀方式】参数设置

在立即菜单中选择【单个拾取】，左下角状态栏提示【拾取被加工表面轮廓】，依次拾取被加工表面轮廓线并右击确定，状态栏提示【输入进退刀点】，输入“5，40”后按<Enter>键，生成如图 9-88 所示的刀具路径。

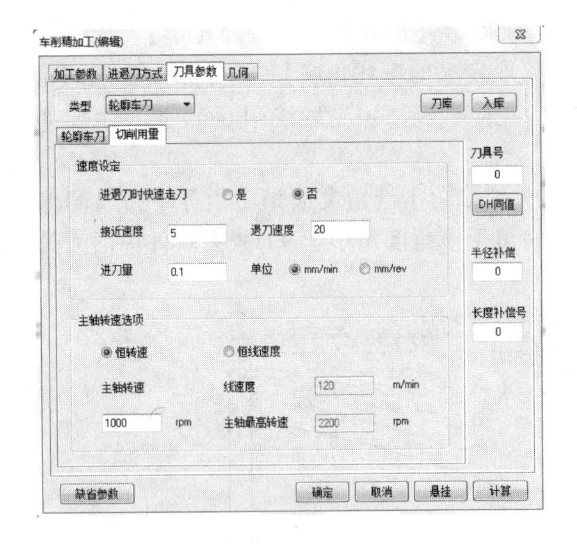

图 9-86　左端外轮廓精加工【切削用量】参数设置

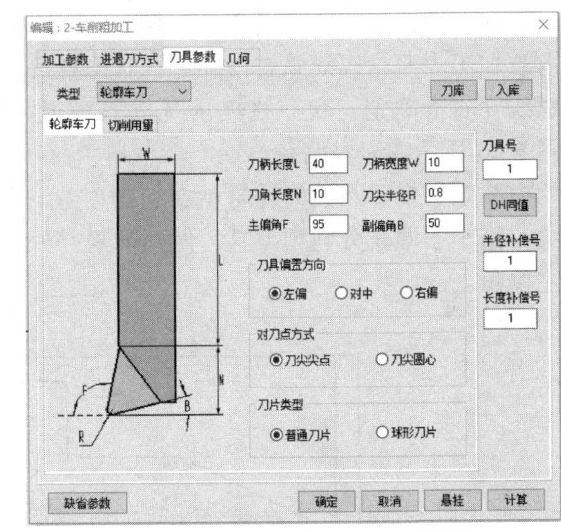

图 9-87　左端外轮廓精加工【轮廓车刀】参数设置

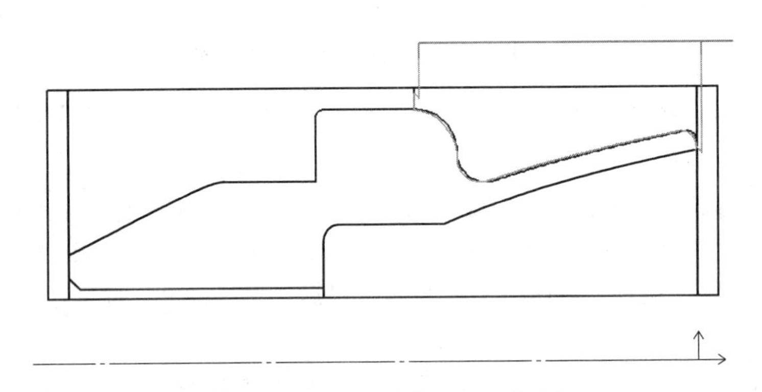

图 9-88　左端外轮廓精加工刀具路径

（4）生成左端内轮廓加工刀具路径　左端内轮廓加工刀具路径的加工方法和参数设置与右端内轮廓加工的设置方法一样，这里就不再详细介绍。生成刀具路径如图 9-89 所示。

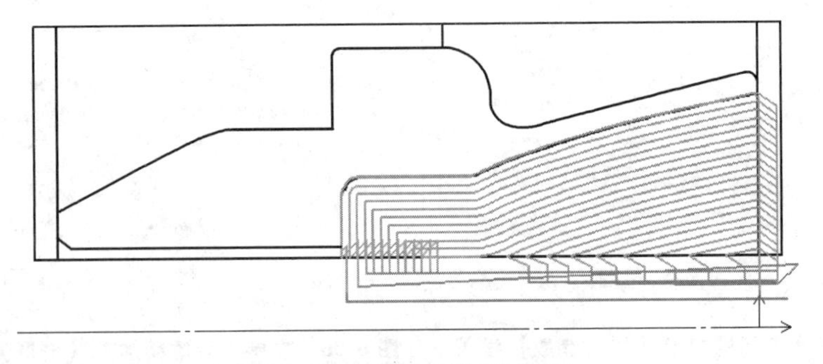

图 9-89　左端内轮廓刀具路径

4. 套类零件加工刀具路径

完成套类零件加工刀具路径，如图 9-90 所示。

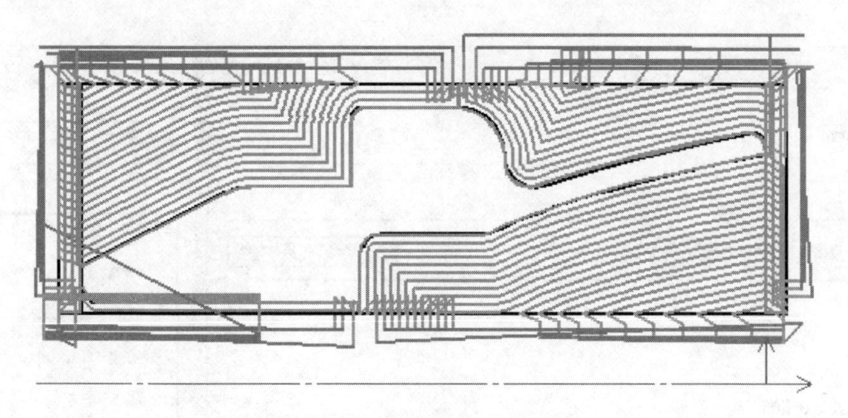

图 9-90　套类零件刀具路径

9.2.3　套类零件刀具路径的仿真加工

套类零件的仿真加工与轴类零件的仿真加工方法一样，依次选择右端外轮廓刀具路径、内轮廓刀具路径、内螺纹刀具路径，然后零件调头依次选择左端外轮廓刀具路径、内轮廓刀具路径，单击右键确定。

9.2.4　生成套类零件NC代码

1. 生成零件右端刀具路径的NC代码

在菜单栏中选择【数控车】→【后置处理】，或者单击数控车工具栏中的 G 按钮，系统弹出【后置处理】对话框，单击【拾取】按钮，在界面的左下方系统提示区显示“请拾取所需刀具路径，按住<Ctrl>或<Shift>键多选”，并按加工顺序分别选择零件右端面刀具路径、外轮廓粗精加工刀具路径、内轮廓粗精加工刀具路径、内螺纹刀具路径，如图9-91所示。然后右击结束拾取，再单击【后置】按钮，生成如图9-92所示NC加工程序。

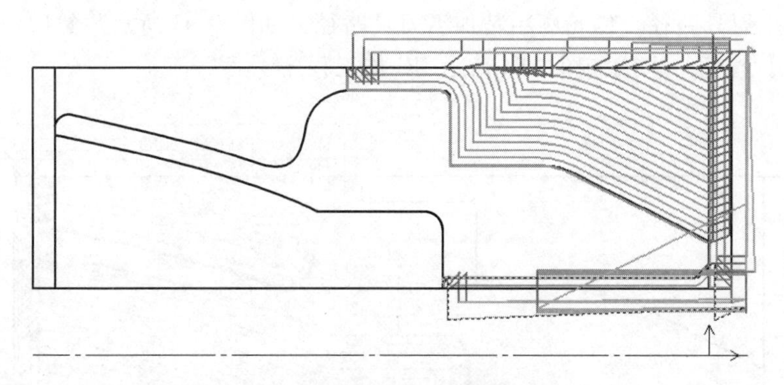

图 9-91　零件右端刀具路径

2. 生成零件左端刀具路径的NC代码

在菜单栏中选择【数控车】→【后置处理】，或者单击数控车工具栏中的 G 按钮，系统弹出【后置处理】对话框，单击【拾取】按钮，在界面的左下方系统提示区显示“请拾取

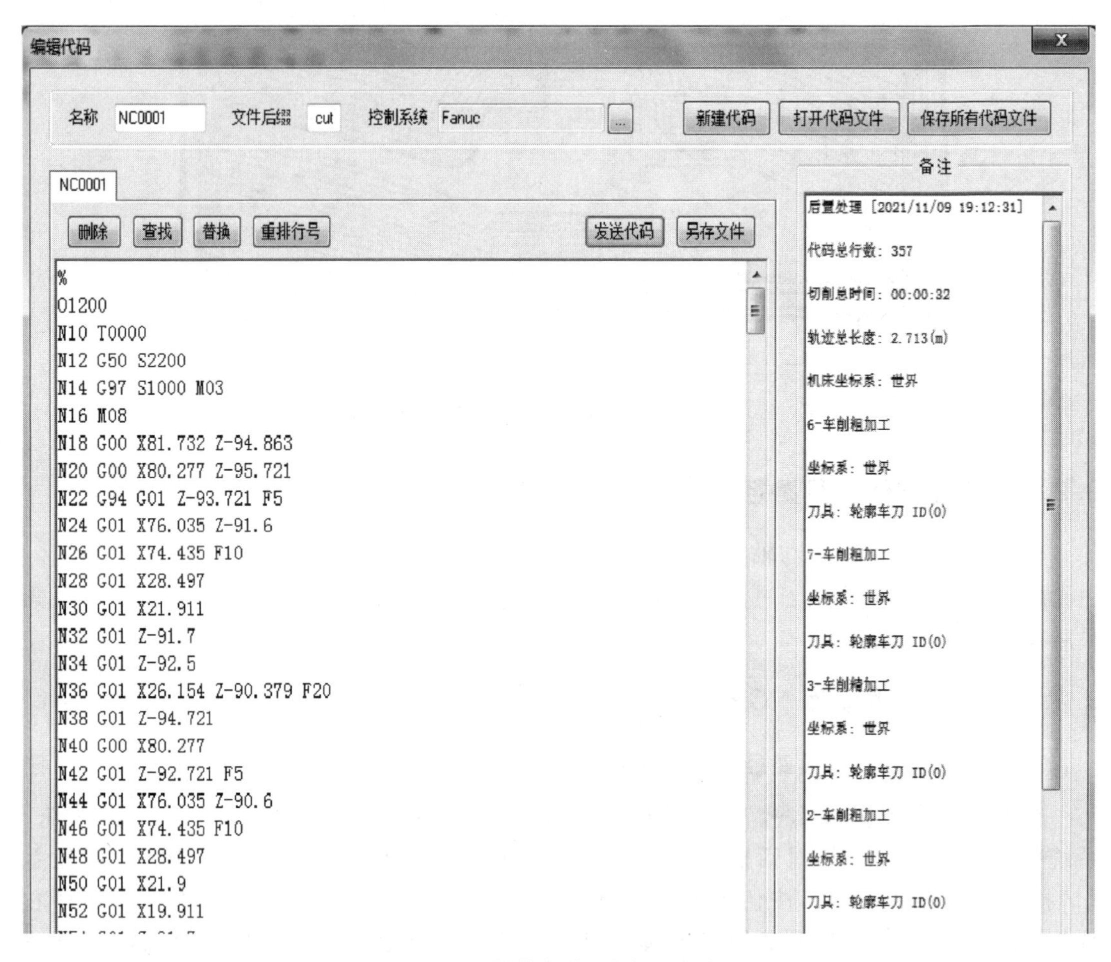

图 9-92 零件右端 NC 加工程序

所需刀具路径，按住<Ctrl>或<Shift>键多选"，并按加工顺序分别选择零件左端面刀具路径、外轮廓粗精加工刀具路径、内轮廓粗精加工刀具路径，如图 9-93 所示。然后右击结束拾取，再单击【后置】按钮，生成如图 9-94 所示 NC 加工程序。

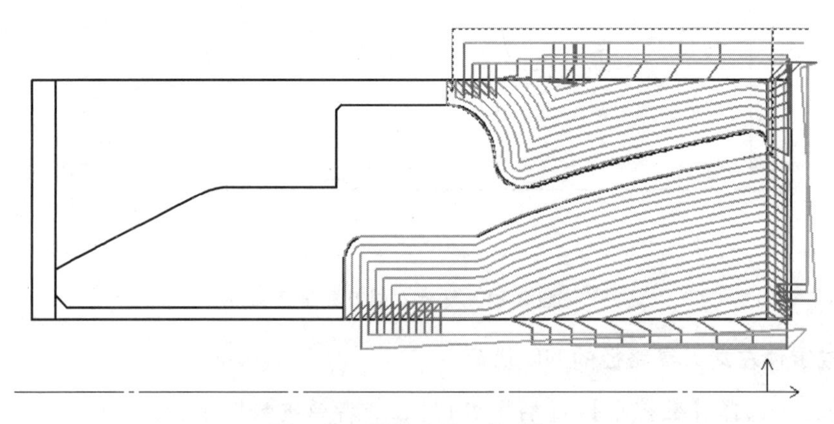

图 9-93 零件左端刀具路径

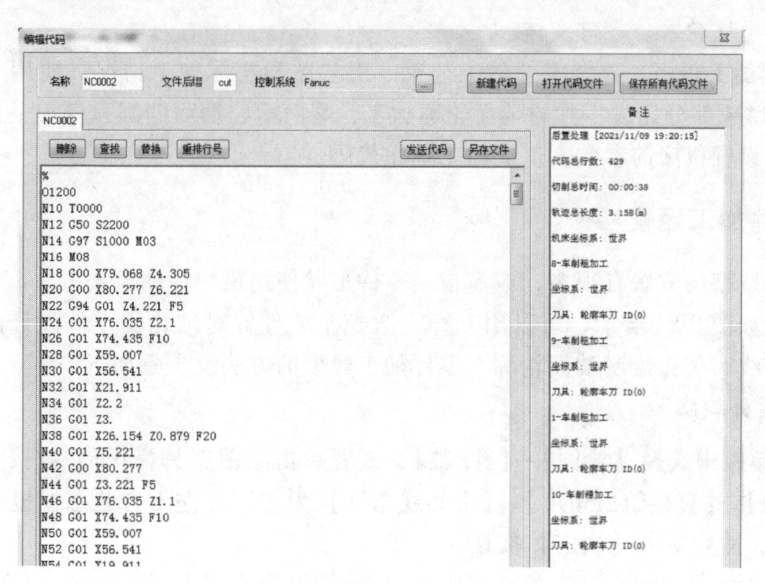

图 9-94 零件左端 NC 加工程序

9.3 盘类零件自动编程加工实例

CAXA 数控车 2020 盘类零件自动编程加工实例如图 9-95 所示。

操作步骤：

（1）分析图样和工艺清单制订 该零件属于盘类零件端面形状较复杂，有端面圆弧和端面槽，尺寸公差要求较小，没有位置要求，零件的表面粗糙度要求较严。加工时，端面圆弧与端面槽应分开加工，端面圆弧应使用圆弧刀加工，端面槽使用外沟槽刀加工。

（2）加工路线和装夹方法的确定 根据工艺清单的要求，该零件全部由数控车完成，并要注意保证尺寸的一致性。在数控车上车削时，使用自定心卡盘装夹零件左端外圆，先加工零件右端的端面轮廓部分，再加工 $R5$mm 圆弧，切出宽度为 5.87mm 的端面槽，最后加工 $R14.85$mm 圆弧。

（3）绘制零件轮廓循环车削加工工艺图 在 CAXA 数控车 2020 中绘制加工零件轮廓循环车削加工工艺图，只要绘制出要加工部分的轮廓即可。绘制零件的轮廓循环车削加工工艺图时，将坐标系原点选在零件的右端面和中心轴线的

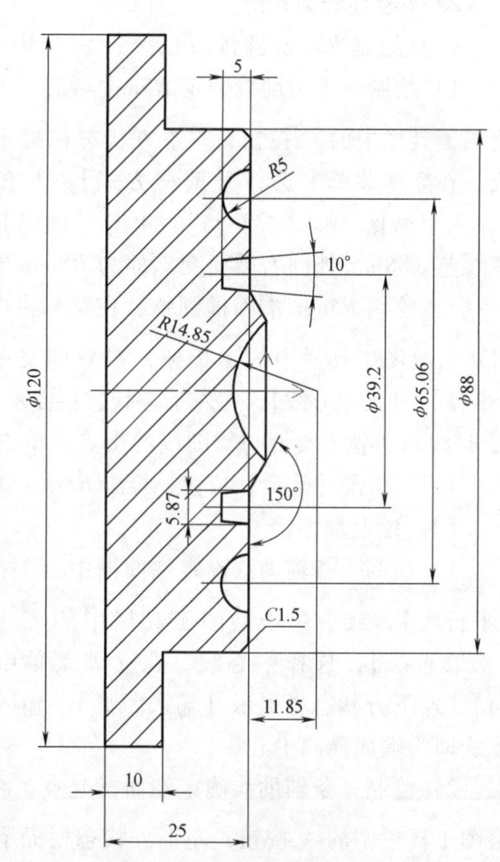

图 9-95 盘类零件自动编程加工实例

交点上，绘出毛坯轮廓、零件实体。

（4）编制加工程序 根据零件的工艺单、工艺图和实际加工情况，使用CAXA数控车2020软件的CAM部分完成零件的端面轮廓加工、端面槽、端面凹圆弧等刀具路径，实现仿真加工，合理设置机床的参数，生成加工程序代码。

9.3.1 零件加工建模

零件加工造型的方法有很多，应该根据零件形状使用最快捷的绘图方法，将零件加工造型绘制出来。如图9-95所示，可以用CAXA数控车软件针对轴孔类零件设计的特殊功能绘制外形，用直线、圆弧绘制端面轮廓。零件加工建模的方法及步骤如下：

1. 作零件外轮廓

1）在菜单栏中选择【绘图】→【孔/轴】，或者单击绘图工具栏中的按钮，在立即菜单中选择【轴】→【直接给出角度】→【中心线角度】为“0”，左下方状态栏提示【插入点】，输入（0，0），然后单击【确定】按钮。

2）绘制ϕ88mm外圆，在立即菜单中选择【起始直径】为“88”，【终止直径】为“88”，然后输入长度为“15”，单击【确定】按钮，绘出ϕ88mm外圆。

3）绘制ϕ120mm外圆，在立即菜单中选择【起始直径】为“120”，【终止直径】为“120”，然后输入长度为“10”，单击【确定】按钮，绘出ϕ120mm外圆，右击结束。

2. 作零件端面轮廓

（1）绘制R5mm圆弧

1）绘制一条辅助线确定R5mm圆心。在菜单栏中选择【绘图】→【平行线】，或者单击绘图工具栏中的按钮，左下方状态栏提示【拾取直线】，选择中心线，在立即菜单中选择【偏移方式】→【单向】，左下方状态栏提示【输入距离】，输入“32.53”，单击【确定】按钮绘制出一条辅助线。该线与ϕ88mm外圆右端面交点即为R5mm圆弧的圆心。

2）绘制R5mm端面槽圆弧。在菜单栏中选择【绘图】→【圆】，或者单击绘图工具栏中的按钮，在立即菜单中选择【圆心_半径】→【半径】→【无中心线】，在左下方状态栏提示【圆心点】，应在绘图区捕捉ϕ88mm外圆右端面与辅助线的交点，单击【确定】按钮，输入直径为“10”，单击【确定】按钮，绘出R5mm圆弧，如图9-96所示。

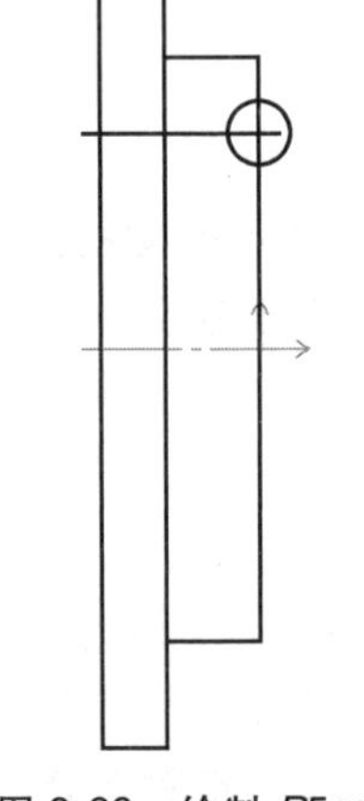
图9-96 绘制R5mm端面槽圆弧轮廓

（2）绘制端面槽

1）绘制一条辅助线确定端面槽中心。在菜单栏中选择【绘图】→【平行线】，或者单击绘图工具栏中的按钮，左下方状态栏提示【拾取直线】，选择中心线，在立即菜单中选择【偏移方式】→【单向】，左下方状态栏提示【输入距离】，输入“19.6”，单击【确定】按钮绘出一条辅助线。该线即为端面槽的中心线。

2）绘制一条辅助线确定端面槽起点。在菜单栏中选择【绘图】→【平行线】，或者单击绘图工具栏中的按钮，左下方状态栏提示【拾取直线】，选择端面槽中心线，在立即菜单中选择【偏移方式】→【单向】，左下方状态栏提示【输入距离】，输入“2.935”，单击【确定】按钮绘制出一条辅助线。该线与 ϕ88mm 外圆右端面交点即为端面槽的起点。

3）绘制端面槽上边。在菜单栏中选择【绘图】→【直线】，或者单击绘图工具栏中的按钮，在立即菜单中选择【角度线】→【X 轴夹角】→【到点】→【度】为“5”，左下方状态栏提示【第一点】，应在绘图区捕捉 ϕ88mm 外圆右端面与端面槽辅助线的交点，单击【确定】按钮，输入长度为“5”，单击【确定】按钮，绘出端面槽的上边。

4）绘制端面槽另一边。在菜单栏中选择【修改】→【镜像】，或者单击绘图工具栏中的按钮，在立即菜单中选择【选择轴线】→【拷贝】，左下方状态栏提示【拾取添加应在绘图区拾取端面槽上边】，右击确定，左下方状态栏提示【拾取轴线添加】，应在绘图区拾取端面槽中心线，单击右键确定，绘出端面槽的另一边。

5）在菜单栏中选择【绘图】→【直线】，或者单击绘图工具栏中的按钮，在立即菜单中选择【两点线】→【连续】→【正交】→【点方式】，左下方状态栏提示【第一点】，应在绘图区捕捉端面槽上边左端点，单击【确定】按钮，左下方状态栏提示【第二点】，应在绘图区捕捉端面槽另一边左端点，单击【确定】按钮，绘出端面槽槽底，如图 9-97 所示。

（3）绘制 R14.85mm 圆弧

1）绘制一条辅助线确定 R14.85mm 圆心。在菜单栏中选择【绘图】→【平行线】，或者单击绘图工具栏中的按钮，左下方状态栏提示【拾取直线】，选择 ϕ88mm 外圆右端面，在立即菜单中选择【偏移方式】→【单向】，左下方状态栏提示【输入距离】，输入“11.85”，单击【确定】按钮绘制出一条辅助线。该线与 ϕ88mm 外圆中心线交点即为 R14.85mm 圆弧的圆心。

2）绘制 R14.85mm 端面槽圆弧。在菜单栏中选择【绘图】→【圆】，或者单击绘图工具栏中的按钮，在立即菜单中选择【圆心_半径】→【半径】→【无中心线】，在左下方状态栏提示【圆心点】，应在绘图区捕捉 ϕ88mm 外圆中心线与辅助线的交点，单击【确定】按钮，输入半径为“14.85”单击【确定】按钮，绘出 R14.85mm 圆弧，如图 9-98 所示。

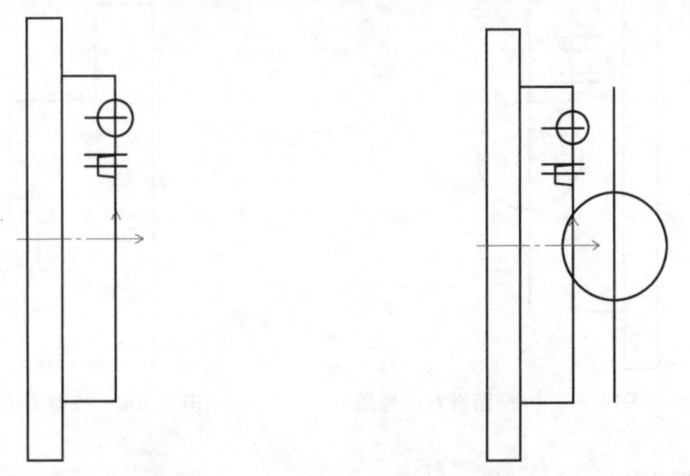

图 9-97　绘制端面槽轮廓　　　图 9-98　绘制 R14.85mm 端面槽轮廓

3）在菜单栏中选择【绘图】→【直线】，或者单击绘图工具栏中的按钮，在立即菜单中选择【角度线】→【Y 轴夹角】→【到线上】→【度】为“30”，左下方状态栏提示【第一点】，应在绘图区捕捉端面槽下边与 ϕ88mm 外圆右端面交点，单击【确定】按钮，左下方状态栏提示【第二点】，应在绘图区捕捉圆弧 R14.85mm，单击【确定】按钮绘出 150°锥度线。

4）在菜单栏中选择【绘图】→【直线】，或者单击绘图工具栏中的按钮，在立即菜单中选择【两点线】→【连续】→【正交】→【点方式】，左下方状态栏提示【第一点】，应在绘图区捕捉锥度线与圆弧 R14.85mm 的交点，单击【确定】按钮，左下方状态栏提示【第二点】，应在绘图区捕捉 ϕ88mm 外圆中心线，单击【确定】按钮，绘出圆弧 R14.85mm 右端面，如图 9-99 所示。

（4）曲线修整

1）曲线裁剪和删除。在菜单栏中选择【修改】→【裁剪】和【删除】，或者单击编辑工具栏中的和按钮，在立即菜单中选择【快速裁剪】，左下方状态栏提示【拾取要裁剪的曲线】，用光标直接拾取被裁剪的线段即可直接删除没用的线段，拾取完毕后右击确定。

2）作 C1.5 的倒角。在菜单栏中选择【修改】→【过渡】，或者单击编辑工具栏中的按钮，在立即菜单中选择【倒角】→【裁剪】→【长度】为“1.5”→【倒角】为“45”，左下方状态栏提示【拾取第一条直线】，用光标依次拾取倒角相邻两边的直线，倒角完成。

3）将图形右端面中心平移到绘图中心上。

在菜单栏中选择【修改】→【平移】，或者单击编辑工具栏中的按钮，在立即菜单中选择【给定两点】→【保持原态】→【旋转角度】为“0”，左下角提示对角点，选择要平移的图形单击右键，拾取第一点图形右端面中心点，平移到第二点绘图中心上单击【确定】按钮，图形被平移，如图 9-100 所示。

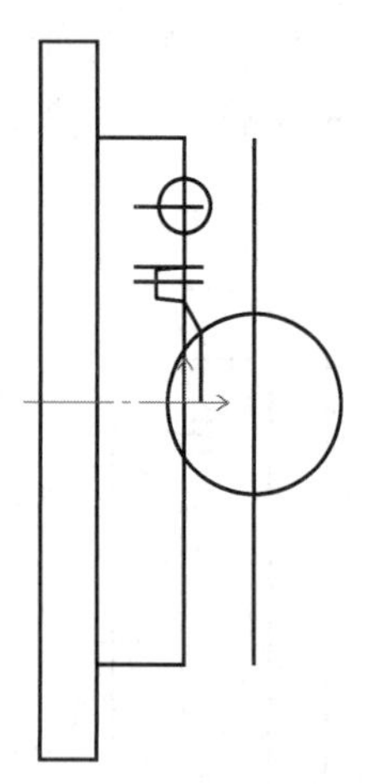

图 9-99 绘制 R14.85mm 端面槽右端轮廓

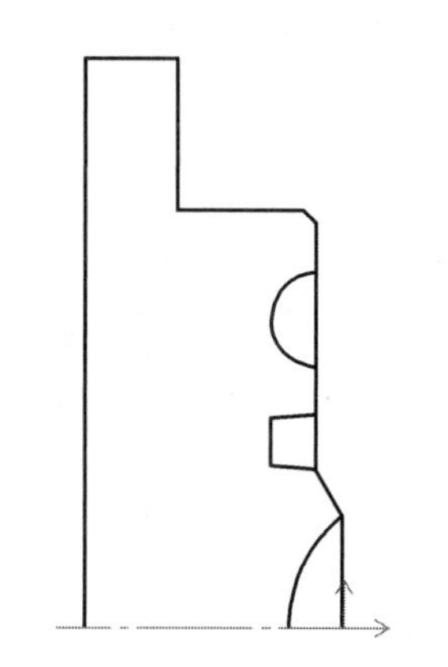

图 9-100 修整后端面轮廓

9.3.2 刀具路径的生成

1. 左端外轮廓刀具路径生成

左端外轮廓刀具路径生成较简单，这里不详细介绍。

2. 右端面轮廓刀具路径生成

（1）右端面轮廓毛坯建模　根据零件的加工要求，设定零件毛坯尺寸，零件设定的毛坯尺寸左端外圆为 ϕ120mm，端面预留 5mm，设定后的右端面毛坯如图 9-101 所示图形。

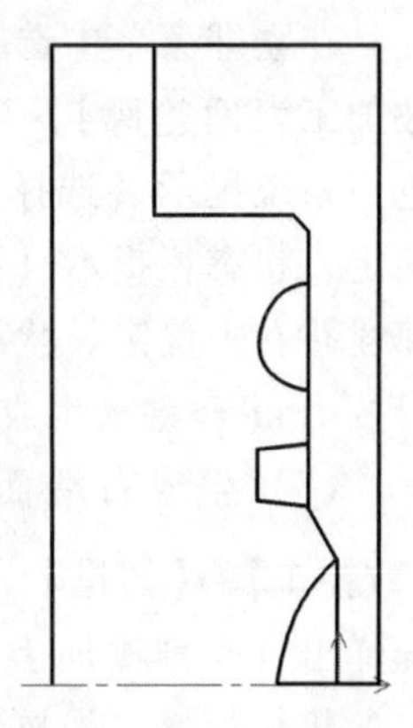

图 9-101　毛坯轮廓

（2）生成右端面刀具路径　在菜单栏中选择【数控车】→【车削粗加工】，或者单击数控车工具栏中的按钮，系统弹出【车削粗加工】对话框，然后分别填写参数。单击【加工参数】标签，设置参数如图 9-102 所示。单击【进退刀方式】标签，设置参数如图 9-103 所示。选择【刀具参数】→【切削用量】，设置参数如图 9-104 所示。选择【刀具参数】→【轮廓车刀】，设置参数如图 9-105 所示，最后单击【确定】按钮。

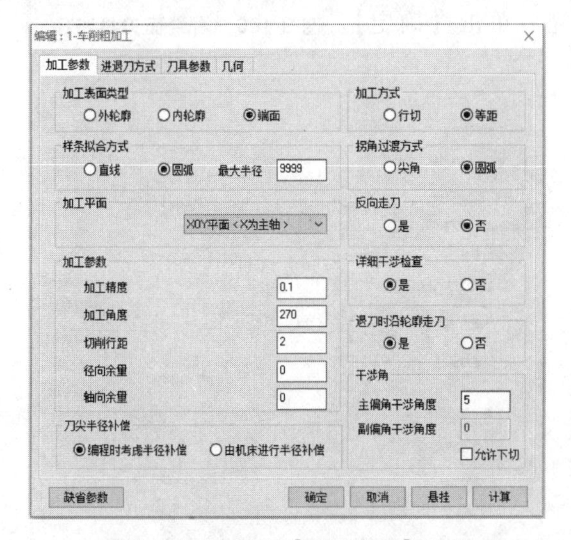

图 9-102　右端面【加工参数】设置

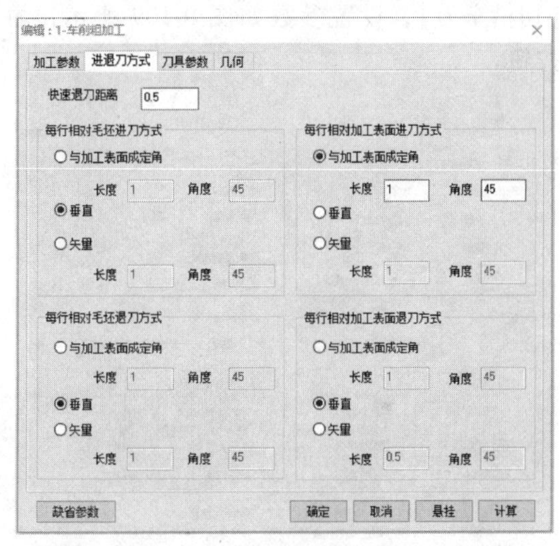

图 9-103　右端面【进退刀方式】参数设置

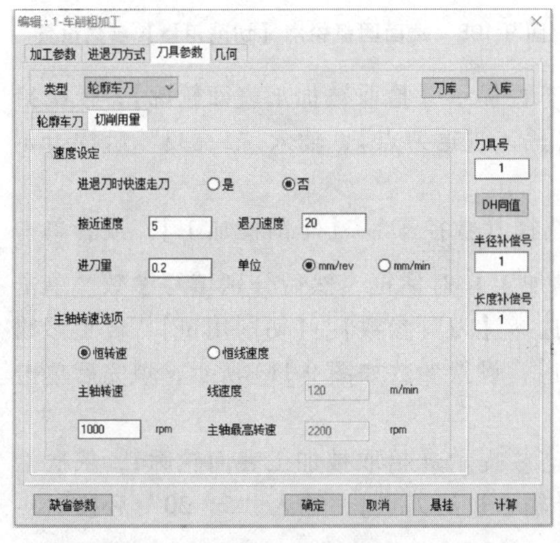

图 9-104　右端面【切削用量】参数设置

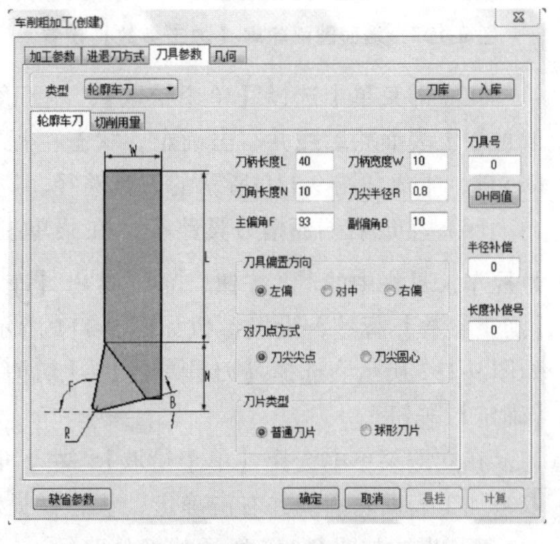

图 9-105　右端面【轮廓车刀】参数设置

在立即菜单中选择【单个拾取】，左下角状态栏提示【拾取被加工表面轮廓】，当拾取第一条轮廓线后，此轮廓线变成红色，系统提示【选择方向】，依次拾取被加工表面轮廓线并右击确定，状态栏提示【拾取定义的毛坯轮廓】，顺序拾取毛坯的轮廓线并右击确定。状态栏提示【输入进退刀点】，输入“5，62”后按<Enter>键，生成如图 9-106 所示的刀具路径。

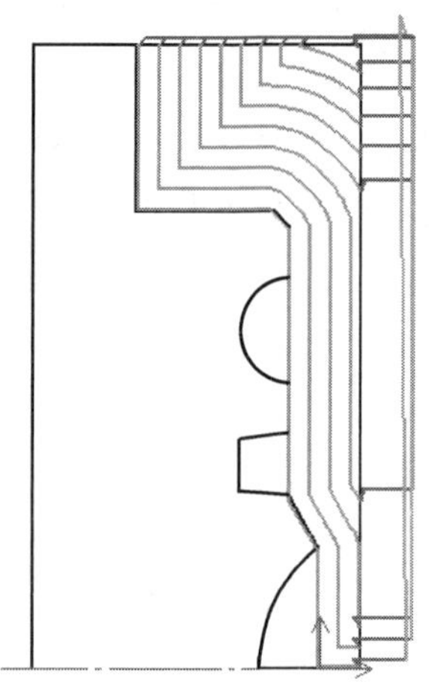

图 9-106　右端面刀具路径

（3）生成右端面 $R5$mm 圆弧刀具路径　在菜单栏中选择【数控车】→【切槽】，或者单击数控车工具栏中的按钮，系统弹出【车削槽加工】对话框，然后分别填写参数。单击【加工参数】标签，设置参数如图 9-107 所示。选择【刀具参数】→【切削用量】，设置参数如图 9-108 所示。选择【刀具参数】→【切槽车刀】，设置参数如图 9-109 所示，填完后单击【确定】按钮。

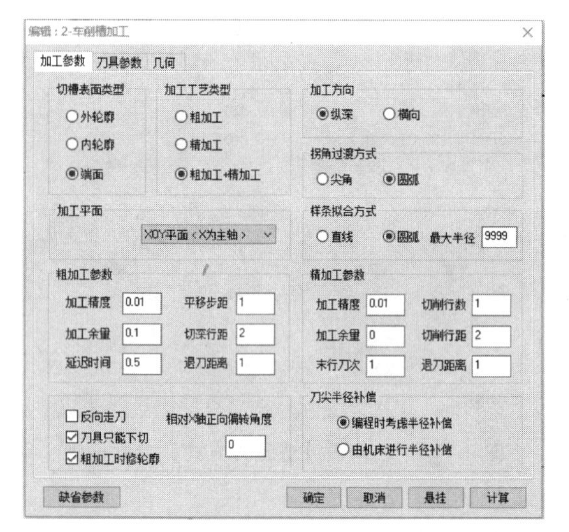

图 9-107　端面圆弧轮廓【加工参数】设置

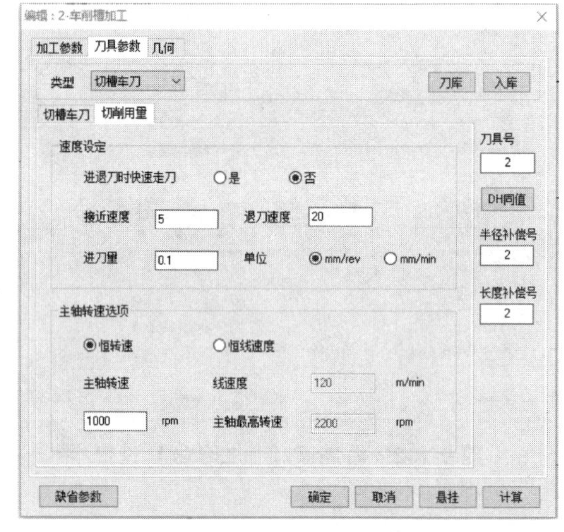

图 9-108　端面圆弧轮廓【切削用量】参数设置

在立即菜单中选择【单个拾取】，左下角状态栏提示【拾取被加工表面轮廓】，依次拾取被加工表面轮廓线并右击确定，状态栏提示【输入进退刀点】，输入“5，33”后按<Enter>键，生成如图 9-110 所示的刀具路径。

（4）生成右端面槽刀具路径　在菜单栏中选择【数控车】→【车削槽加工】，或者单击数控车工具栏中的按钮，系统弹出【车削槽加工】对话框，然后分别填写参数。单击【加工参数】标签，设置参数如图 9-111 所示。选择【刀具参数】→【切削用量】，设置参数如图 9-112 所示。选择【刀具参数】→【切槽车刀】，设置参数如图 9-113 所示，填完后单击【确定】按钮。

在立即菜单中选择【单个拾取】，左下角状态栏提示【拾取被加工表面轮廓】，依次拾取被加工表面轮廓线并右击确定，状态栏提示【输入进退刀点】，输入“5，20”后按<Enter>键，生成如图 9-114 所示的刀具路径。

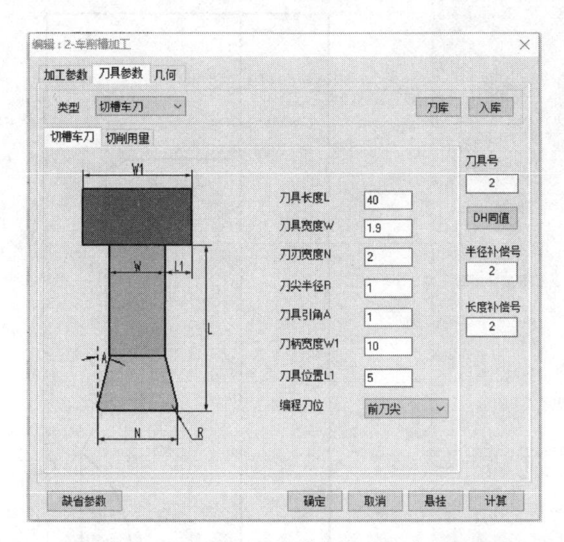

图 9-109　端面圆弧轮廓【切槽车刀】参数设置

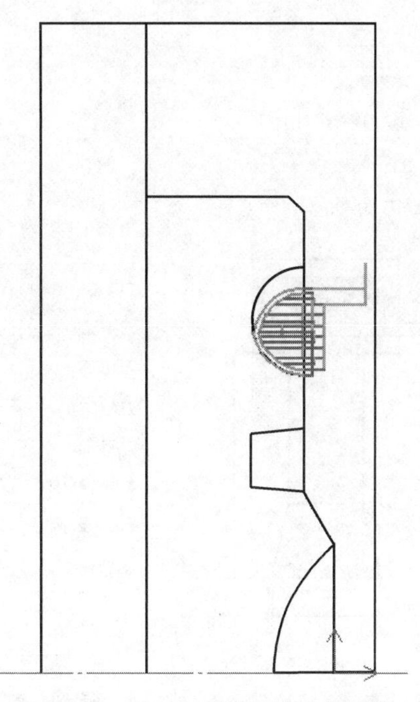

图 9-110　*R*5mm 端面圆弧刀具路径

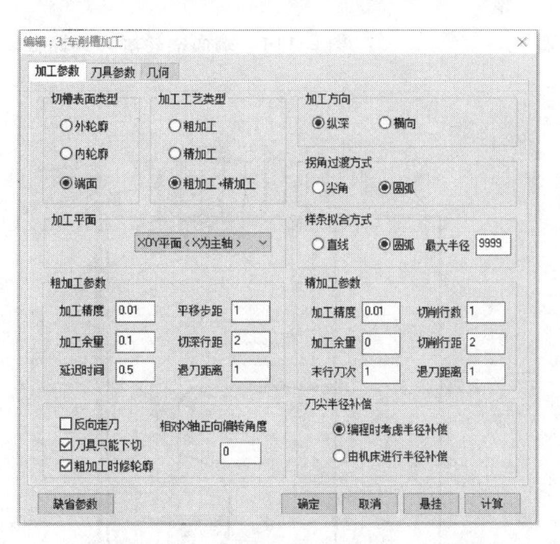

图 9-111　端面槽轮廓【加工参数】设置

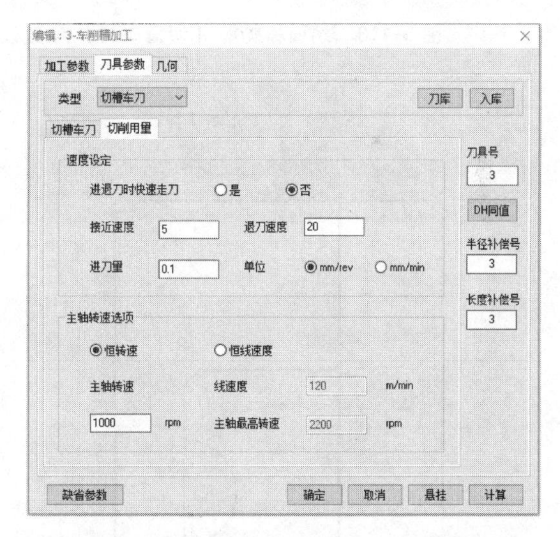

图 9-112　端面槽轮廓【切削用量】参数设置

（5）生成右端面圆弧 *R*14.85mm 刀具路径　生成右端面圆弧 *R*14.85mm 刀具路径参照生成右端面 *R*5mm 圆弧刀具路径，这里就不再详细介绍。生成端面圆弧 *R*14.85mm 刀具路径如图 9-115 所示。

9.3.3　生成盘类零件 NC 代码

生成盘类零件 NC 代码与外轮廓 NC 代码方法一样。按照图 9-116 所示刀具路径，依次选择右端面轮廓刀具路径、*R*5mm 端面圆弧轮廓刀具路径、端面槽轮廓刀具路径、*R*14.85mm 端面圆弧轮廓刀具路径，单击右键确定，生成如图 9-117 所示的加工程序。

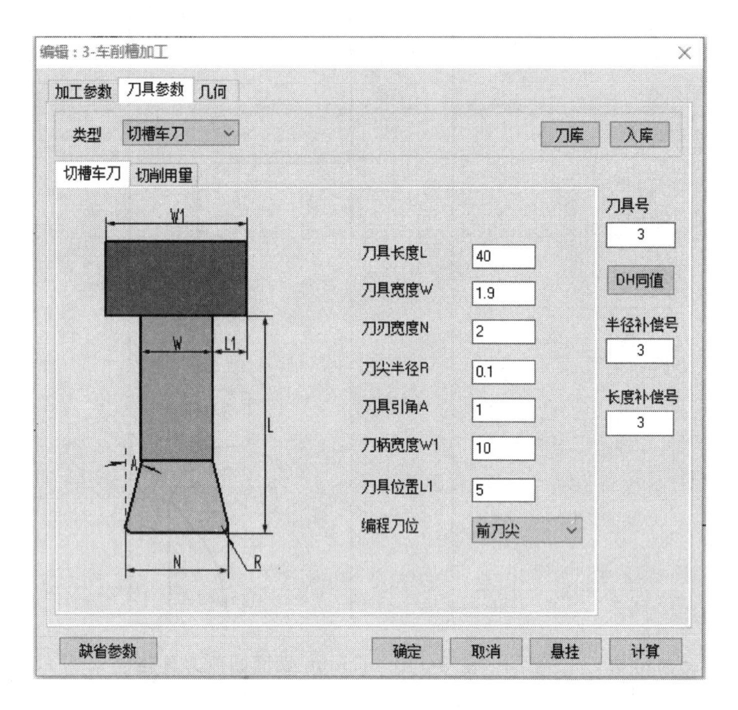

图 9-113　端面槽轮廓【切槽车刀】参数设置

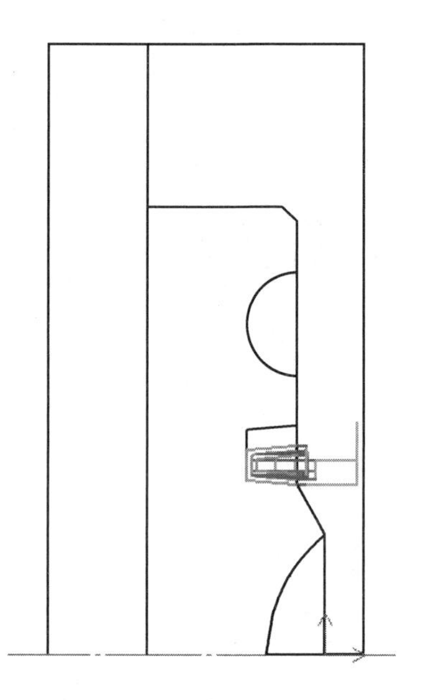

图 9-114　端面槽轮廓刀具路径

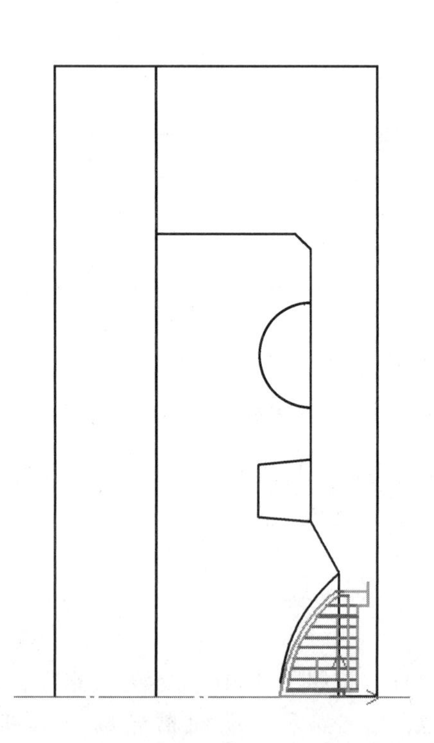

图 9-115　端面圆弧轮廓刀具路径

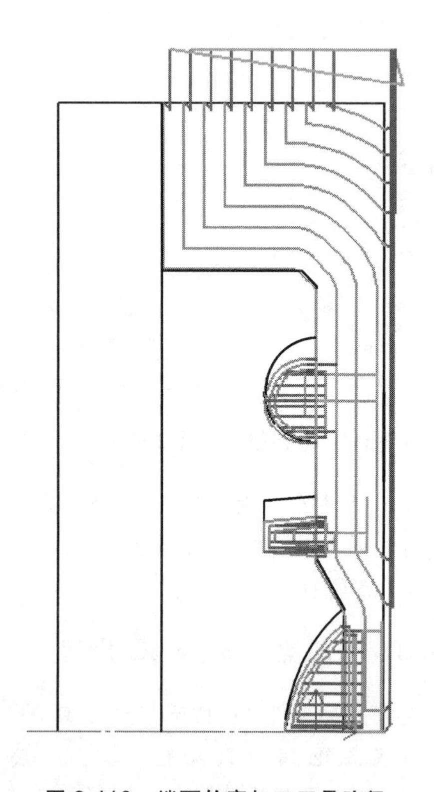

图 9-116　端面轮廓加工刀具路径

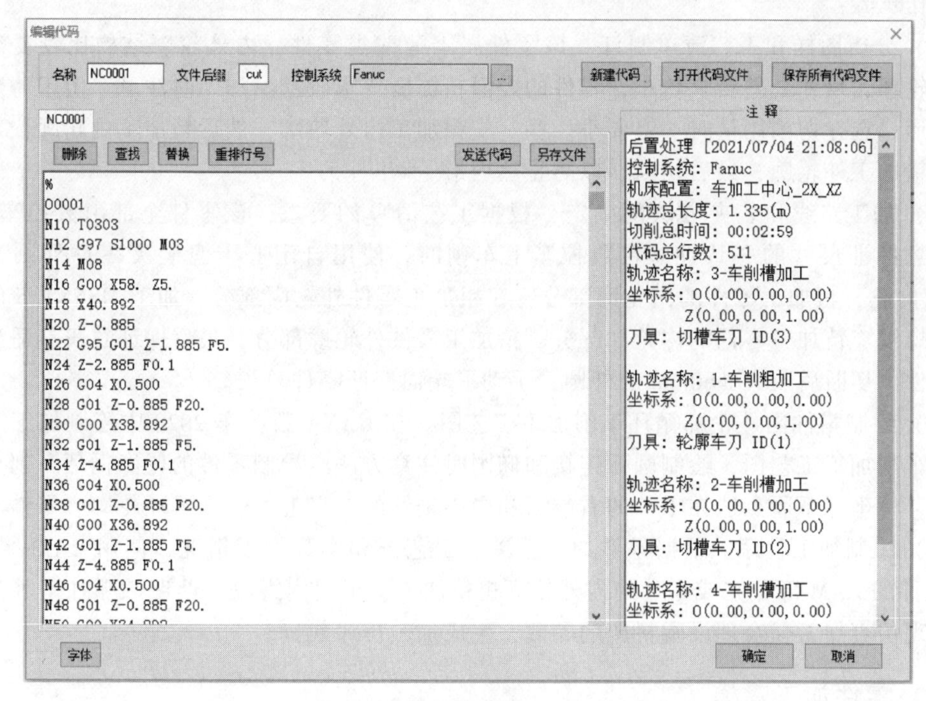

图 9-117　端面轮廓加工程序

9.4　综合零件自动编程加工实例

CAXA 数控车 2020 综合零件自动编程加工实例如图 9-118 所示。

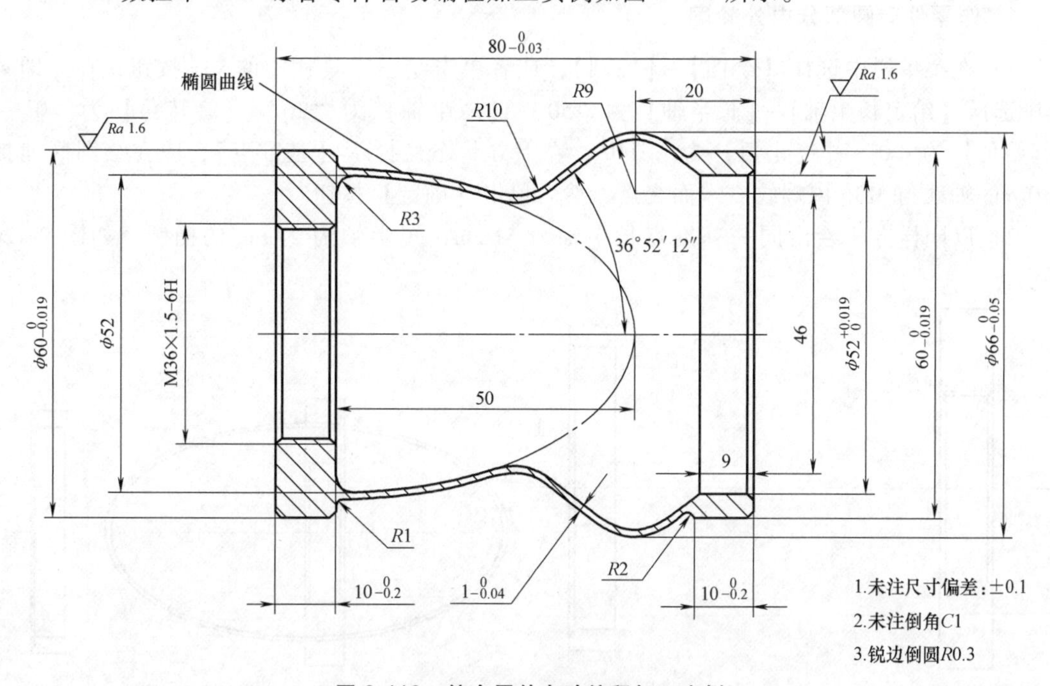

图 9-118　综合零件自动编程加工实例

操作步骤：

（1）分析图样和工艺清单制订 该零件属于薄壁类零件，内外轮廓结构比较复杂，有椭圆线轮廓，尺寸公差要求较小，零件的表面粗糙度要求较严。加工时注意，由于薄壁零件容易变形，选择切削用量时一定要小一些。先粗加工内外轮廓，然后精加工内轮廓，车内螺纹，再精加工外轮廓，最后切断，以防止热变形。

（2）加工路线和装夹方法的确定 根据工艺清单的要求，该零件全部由数控车完成，并要注意保证尺寸的一致性。在数控车上车削时，使用自定心卡盘装夹零件外圆，先钻 ϕ30mm 内孔，粗加工零件的内轮廓部分，在粗加工零件外轮廓部分，加工 M36×1.5 的细牙三角内螺纹，精加工零件的内轮廓部分，精加工零件外轮廓部分，最后保证总长有适当余量切断工件。切断后装夹 ϕ60mm 的外圆，手动平端面保证零件总长。

（3）绘制零件内外轮廓循环车削加工工艺图 在 CAXA 数控车 2020 中绘制加工零件轮廓循环车削加工工艺图，绘制圆弧连接和椭圆时注意方法。绘制零件的轮廓循环车削加工工艺图时，将坐标系原点选在零件的右端面和中心轴线的交点上，绘出毛坯轮廓、零件实体。

（4）编制加工程序 根据零件的工艺单、工艺图和实际加工情况，使用 CAXA 数控车 2020 软件的 CAM 部分完成零件的内外轮廓粗精加工、车削内螺纹、凸凹圆弧加工等刀具路径，实现仿真加工，合理设置机床的参数，生成加工程序代码。

9.4.1 零件加工建模

该零件加工建模的方法有很多，应该根据零件形状使用最快捷的绘图方法，将零件加工造型绘制出来。该实例对零件加工建模的步骤不做详细的介绍，主要根据零件的特点把圆弧部分绘制出来。首先绘制好零件两端轮廓，如图 9-119 所示的图形。

零件圆弧部分加工建模的方法及步骤如下：

1. 作零件椭圆部分内外轮廓

1）在菜单栏中选择【绘图】→【椭圆】，或者单击绘图工具栏中的 ◯ 按钮，在立即菜单中选择【给定长半轴】→【长半轴】为“50”→【短半轴】为“26”→【旋转角】为“0”→【起始角】为“0”→【终止角】为“360”，左下方状态栏提示【基准点】，应在绘图区捕捉 ϕ60 mm 轴线与 M36 内螺纹右端面交点，然后单击【确定】按钮。

2）以同样方法绘出同一基准点长半轴为 51mm，短半轴为 27mm 的椭圆，如图 9-120 所示。

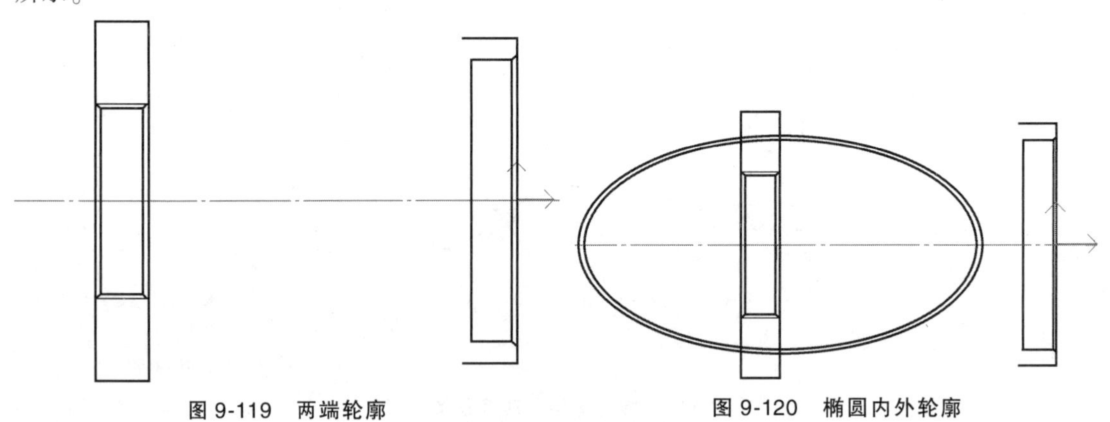

图 9-119 两端轮廓

图 9-120 椭圆内外轮廓

2. 作零件 R9mm 圆弧内外轮廓

1）作两条辅助线找出圆弧中心点。在菜单栏中选择【绘图】→【平行线】，或者单击绘图工具栏中的按钮，左下方状态栏提示【拾取直线】，选择 ϕ60mm 外圆轴线，在立即菜单中选择【偏移方式】→【单向】，左下方状态栏提示【输入距离】，输入“23”，单击【确定】按钮绘出一条辅助线。在菜单栏中选择【绘图】→【平行线】，或者单击绘图工具栏中的按钮，左下方状态栏提示【拾取直线】，选择 ϕ60mm 外圆右端面，在立即菜单中选择【偏移方式】→【单向】，左下方状态栏提示【输入距离】，输入“20”，单击【确定】按钮绘出第二条辅助线，修剪和删除后如图 9-121 所示的图形。

2）绘制 R9mm 圆弧内外轮廓，在菜单栏中选择【绘图】→【圆】，或者单击绘图工具栏中的按钮，在立即菜单中选择【圆心_半径】→【半径】→【无中心线】，在左下方状态栏提示【圆心点】，应在绘图区捕捉两条辅助线的交点，单击【确定】按钮，输入半径为“9”，单击【确定】按钮，绘出 R9mm 圆弧。输入半径为“10”，单击【确定】按钮，绘出 R10mm 圆弧，生成如图 9-122 所示的图形。

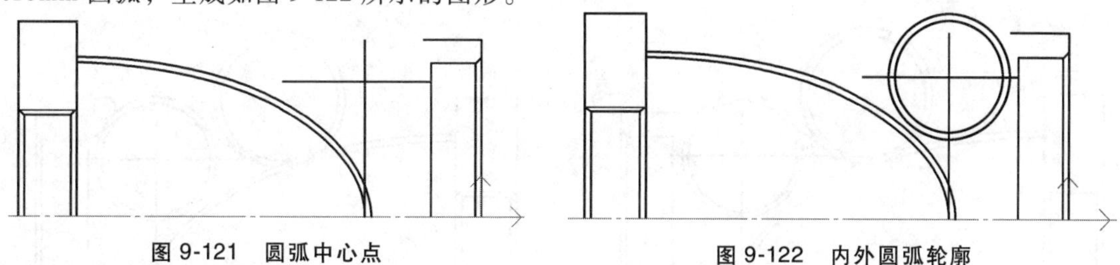

图 9-121　圆弧中心点　　　　图 9-122　内外圆弧轮廓

3. 作零件 R9mm 内圆弧的切线

在菜单栏中选择【绘图】→【直线】，或者单击绘图工具栏中的按钮，在立即菜单中选择【角度线】→【X 轴夹角】→【到点】→【度】为“36”→【分】为“52”→【秒】为“12”，左下方状态栏提示【第一点】，应在绘图区捕捉 R9mm 内圆弧的切点（按下<Enter>键弹出菜单选择切点，如图 9-123 所示。单击 R9mm 内圆弧自动捕捉 R9mm 圆弧的切点），单击【确定】按钮，输入长度为“15”，单击【确定】按钮。用同样的方法绘出 R10mm 外圆弧的切线，如图 9-124 所示图形。

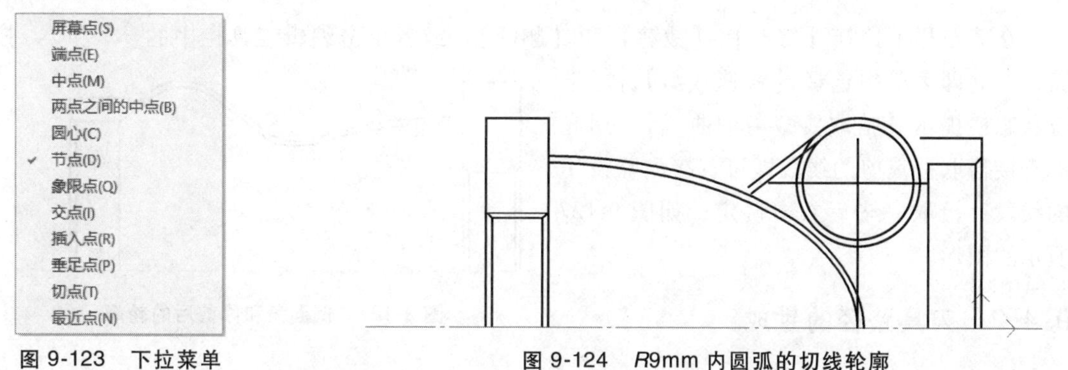

图 9-123　下拉菜单　　　　图 9-124　R9mm 内圆弧的切线轮廓

4. 作零件 R10mm 凹外圆弧轮廓

在菜单栏中选择【绘图】→【圆】，或者单击绘图工具栏中的按钮，在立即菜单中选择

【两点-半径】→【无中心线】，在左下方状态栏提示【第一点】，应捕捉椭圆的切点，单击【确定】按钮，在左下角状态栏提示【第二点】，应捕捉 *R*9mm 圆弧切线的切点，输入半径为“10”，单击【确定】按钮，绘出 *R*10mm 圆弧。用同样的方法绘出 *R*11mm 内圆弧轮廓，如图 9-125 所示的图形。

5. 连接圆弧与右端内外轮廓

1）在菜单栏中选择【绘图】→【圆】，或者单击绘图工具栏中的按钮，在立即菜单中选择【两点_半径】→【无中心线】，在左下方状态栏提示【第一点】，应捕捉 *R*10mm 的切点，单击【确定】按钮，在左下方状态栏提示【第二点】，应捕捉右端 ϕ60mm 外圆左端点，输入半径为“1”，单击【确定】按钮。

2）在菜单栏中选择【绘图】→【直线】，或者单击绘图工具栏中的按钮，在立即菜单中选择【两点线】→【连续】→【非正交】，在左下方状态栏提示【第一点】，应为 *R*9mm 圆弧切点，单击【确定】按钮，在左下方状态栏提示【第二点】，应捕捉右端内孔 ϕ52mm 左端点，单击【确定】按钮，如图 9-126 所示的图形。

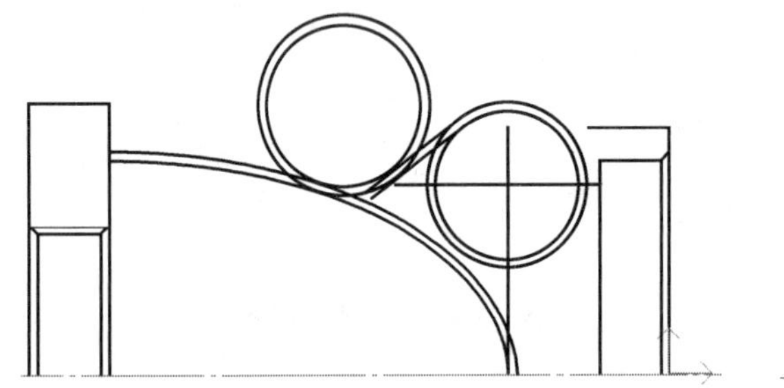

图 9-125　*R*10mm 凹外圆弧轮廓

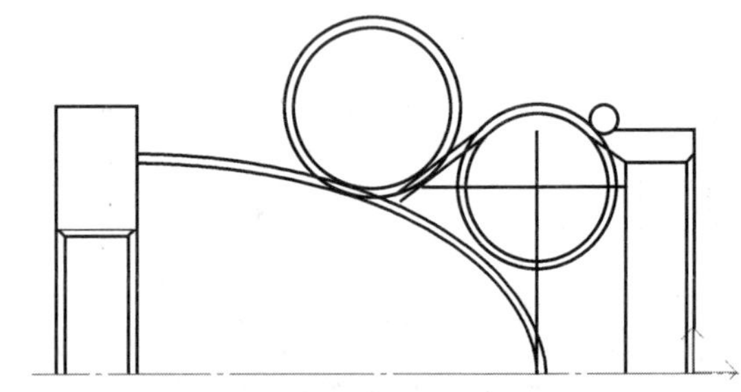

图 9-126　连接圆弧与右端内外轮廓

6. 倒圆角和曲线修剪

在菜单栏中选择【修改】→【过渡】，或者单击编辑工具栏中的按钮，在立即菜单中选择【圆角】→【裁剪】→【半径】为“1”，左下方状态栏提示拾取第一条曲线“椭圆线”，然后拾取第二条曲线“和椭圆线相交的垂直线”，拾取完毕后生成 *R*1mm 圆弧。同样按上述步骤绘出 *R*3mm 圆弧。

在菜单栏中选择【修改】→【裁剪】和【删除】，或者单击编辑工具栏中的和按钮，在立即菜单中选择【快速裁剪】，左下方状态栏提示【拾取要裁剪的曲线】，用光标直接拾取被裁剪的线段即可直接删除没用的线段，拾取完毕后右击确定，如图 9-127 所示的图形。

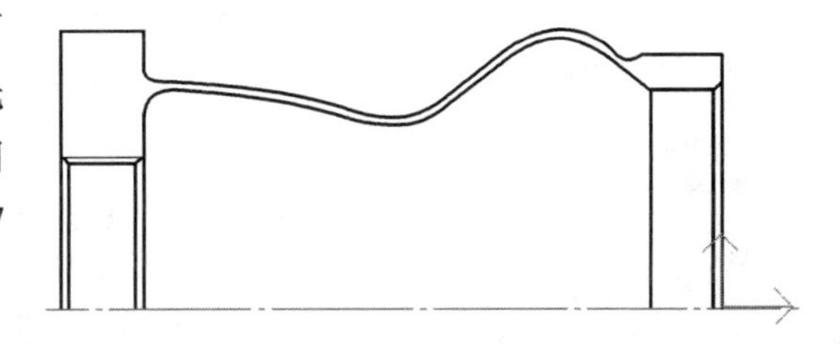

图 9-127　倒圆角和修剪后的轮廓

9.4.2　刀具路径的生成

（1）右端面轮廓毛坯建模　根据零件的加工要求，设定零件毛坯尺寸，零件设定的毛坯尺寸外圆为 ϕ70mm、内孔为 ϕ30mm、端面预留 5mm、总长为 100mm。设定后的零件毛坯如图 9-128 所示图形。

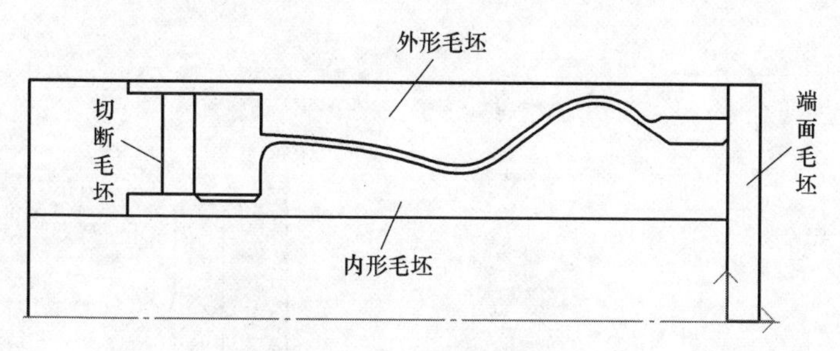

图 9-128　毛坯轮廓

（2）生成右端面加工刀具路径　右端面加工刀具路径的加工方法和参数设置与 9.1 节外轮廓加工的设置方法一样，这里就不再详细介绍。生成刀具路径如图 9-129 所示图形。

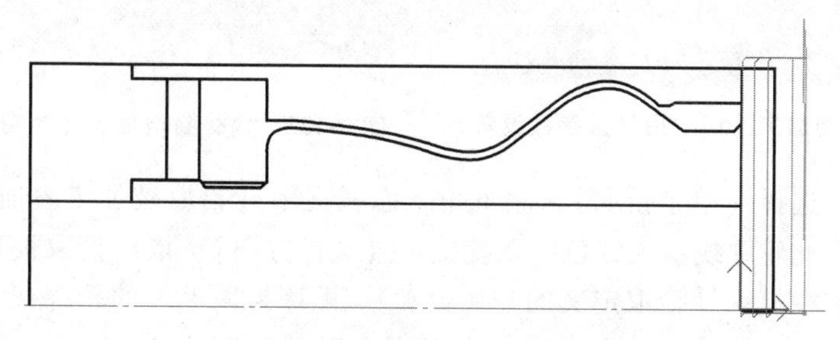

图 9-129　端面轮廓刀具路径

（3）生成内轮廓粗加工刀具路径　在菜单栏中选择【数控车】→【车削粗加工】，或者单击数控车工具栏中的车削粗加工按钮，系统弹出【车削粗加工】对话框，然后分别填写参数。单击【加工参数】标签，设置参数（行切方式）如图 9-130 所示。单击【进退刀方式】标签，设置参数（每行相对加工表面进退刀方式为 45°）如图 9-131 所示。选择【刀具参数】→【切削用量】，设置参数如图 9-132 所示。选择【刀具参数】→【轮廓车刀】，设置参数如图 9-133 所示，最后单击【确定】按钮。

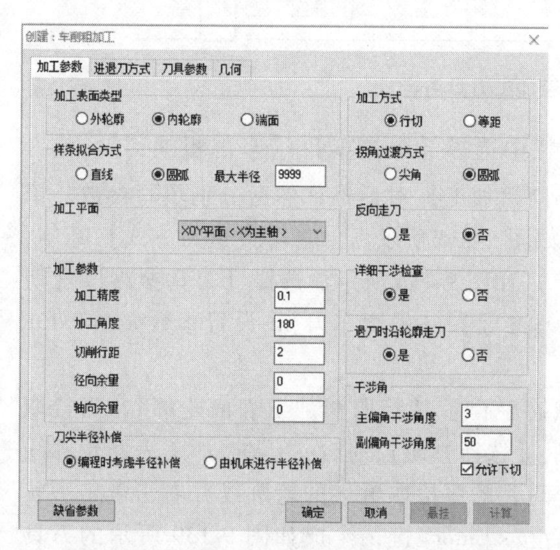

图 9-130　内轮廓粗加工【加工参数】设置

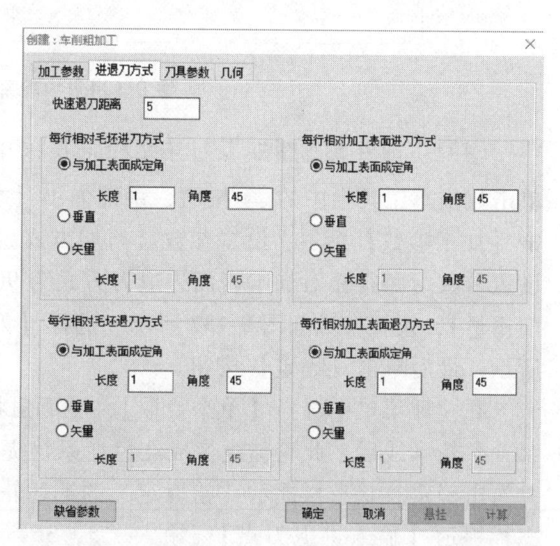

图 9-131　内轮廓粗加工【进退刀方式】参数设置

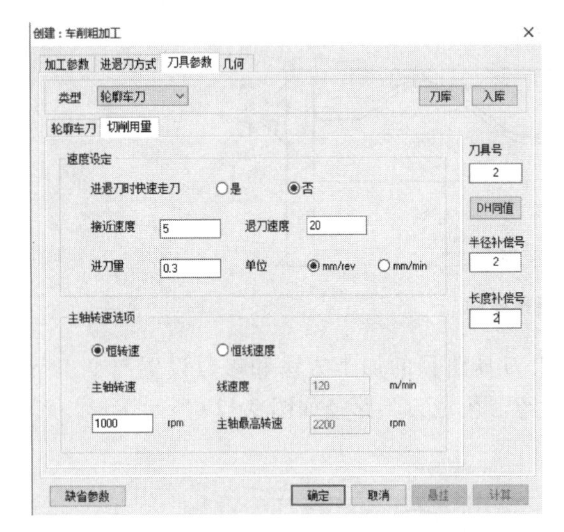

图 9-132　内轮廓粗加工【切削用量】参数设置

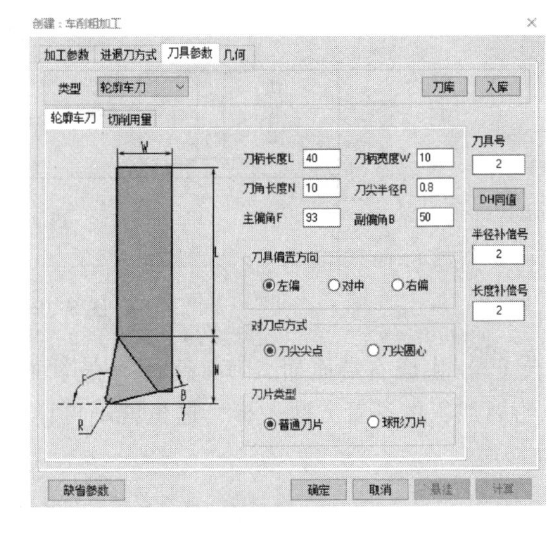

图 9-133　内轮廓粗加工【轮廓车刀】参数设置

在立即菜单中选择【单个拾取】，左下角状态栏提示【拾取被加工表面轮廓】，当拾取第一条轮廓线后，此轮廓线变成红色，系统提示【选择方向】，依次拾取被加工表面轮廓线并右击确定，状态栏提示【拾取定义的毛坯轮廓】，顺序拾取毛坯的轮廓线并右击确定。状态栏提示【输入进退刀点】，输入“5，8”后按<Enter>键，生成如图 9-134 所示的刀具路径。

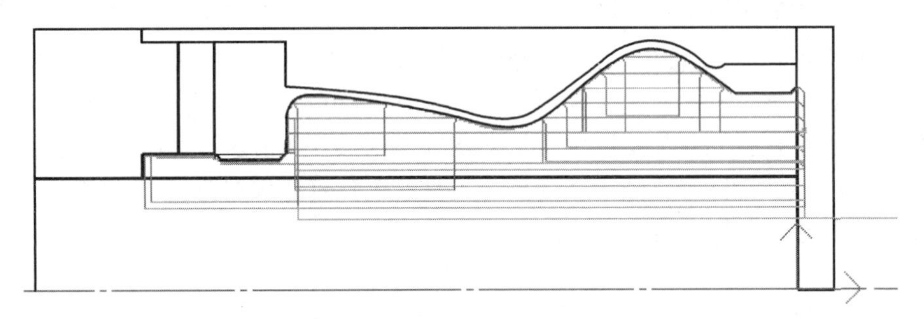

图 9-134　内轮廓粗加工刀具路径

（4）生成外轮廓粗加工刀具路径　在菜单栏中选择【数控车】→【车削粗加工】，或者单击数控车工具栏中的按钮，系统弹出【车削粗加工】对话框，然后分别填写参数。单击【加工参数】标签，设置参数（行切方式）如图 9-135 所示。单击【进退刀方式】标签，设置参数（每行相对加工表面进退刀方式为 90°）如图 9-136 所示。选择【刀具参数】→【切削用量】，设置参数如图 9-137 所示。选择【刀具参数】→【轮廓车刀】，设置参数如图 9-138 所示，最后单击【确定】按钮。

在立即菜单中选择【单个拾取】，左下角状态栏提示【拾取被加工表面轮廓】，当拾取第一条轮廓线后，此轮廓线变成红色，系统提示【选择方向】，依次拾取被加工表面轮廓线并右击确定，状态栏提示【拾取定义的毛坯轮廓】，顺序拾取毛坯的轮廓线并右击确定。状态栏提示【输入进退刀点】，输入“5，36”后按<Enter>键，生成如图 9-139 所示的刀具路径。

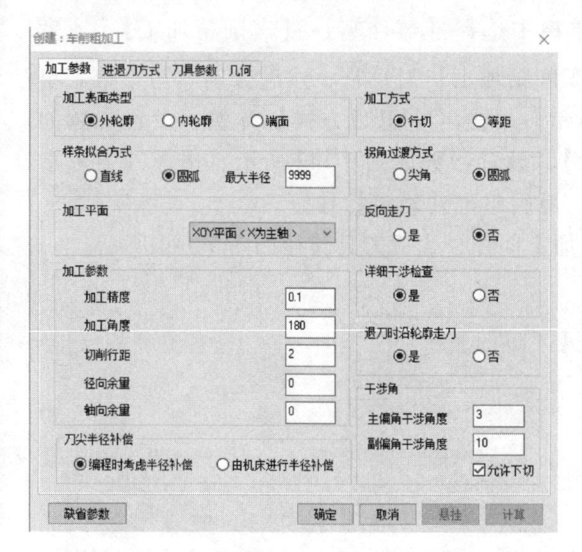

图 9-135　外轮廓粗加工【加工参数】设置

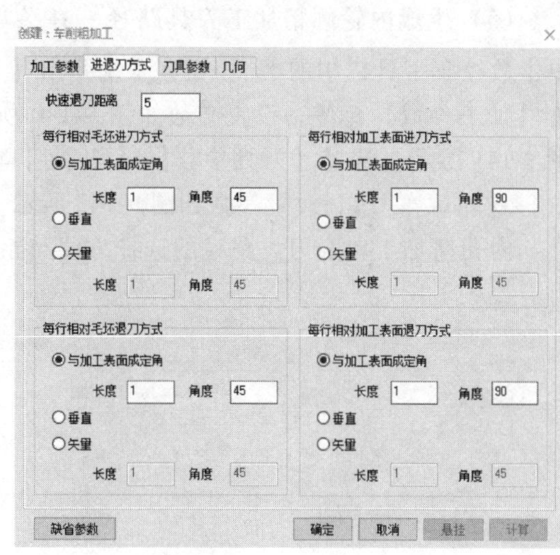

图 9-136　外轮廓粗加工【进退刀方式】参数设置

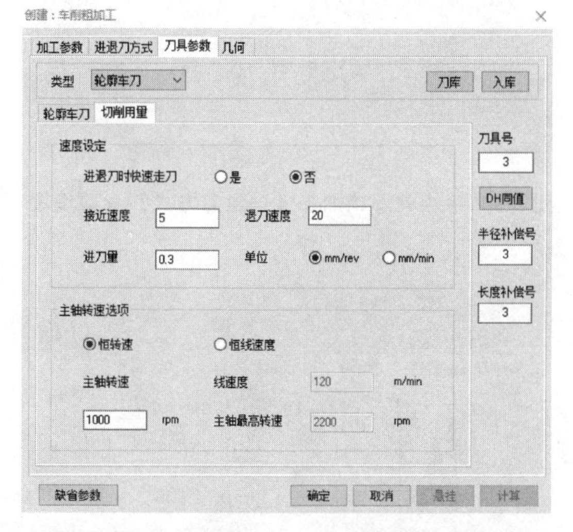

图 9-137　外轮廓粗加工【切削用量】参数设置

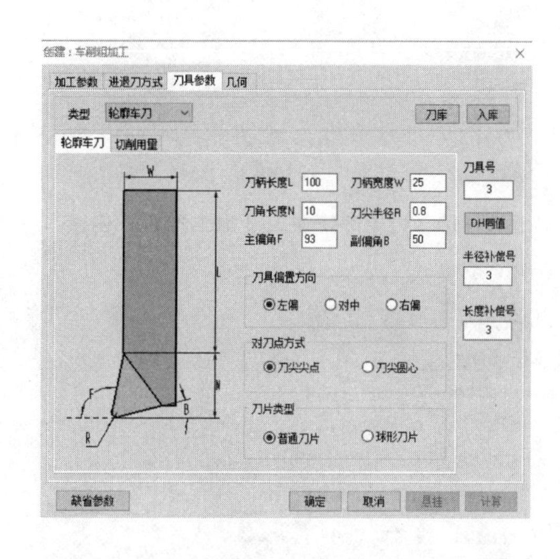

图 9-138　外轮廓粗加工【轮廓车刀】参数设置

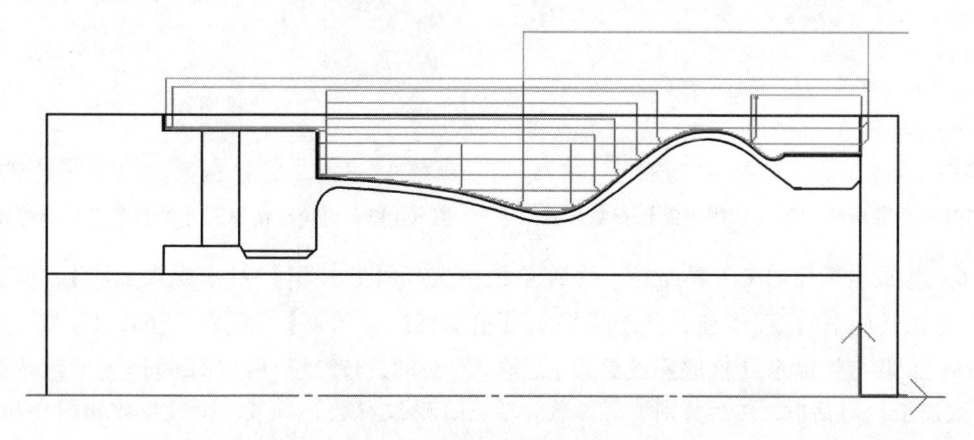

图 9-139　外轮廓粗加工刀具路径

（5）生成内轮廓精加工刀具路径　在菜单栏中选择【数控车】→【车削精加工】，或者单击数控车工具栏中的 车削精加工 按钮，系统弹出【车削精加工】对话框，然后分别填写参数。单击【加工参数】标签，设置参数如图 9-140 所示。单击【进退刀方式】标签，设置参数如图 9-141 所示。选择【刀具参数】→【切削用量】，设置参数如图 9-142 所示。选择【刀具参数】→【轮廓车刀】，设置参数如图 9-143 所示，最后单击【确定】按钮。

内孔精加工轮廓刀具路径的选择方式与粗加工一样，生成刀具路径如图 9-144 所示。

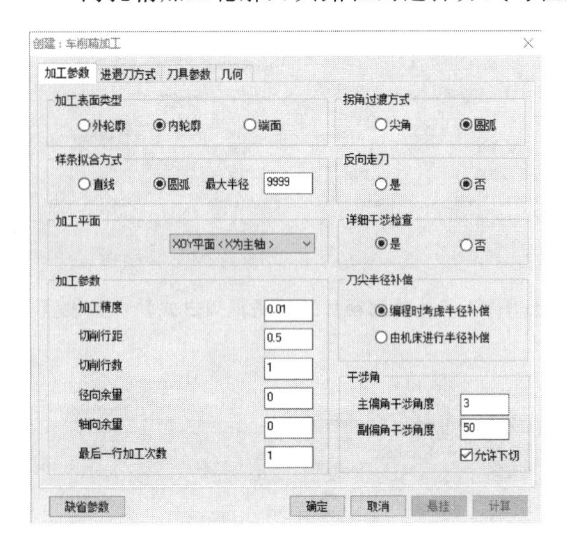

图 9-140　内轮廓精加工【加工参数】设置

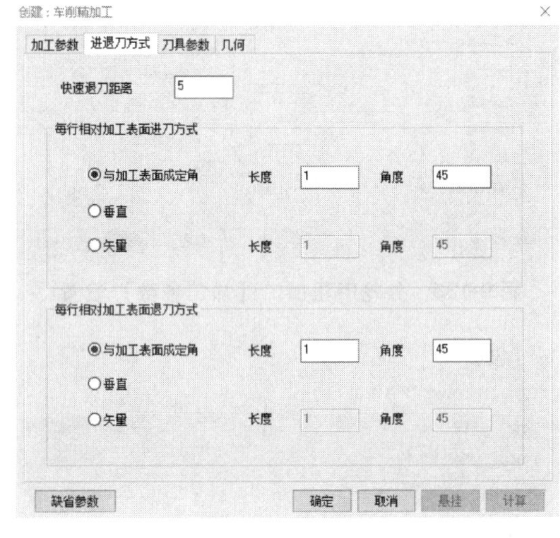

图 9-141　内轮廓精加工【进退刀方式】参数设置

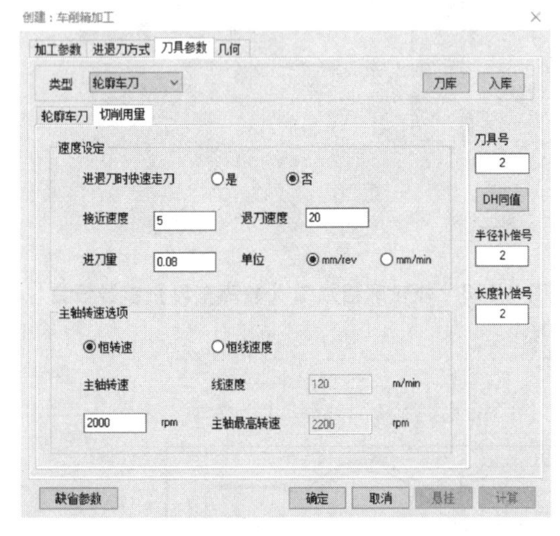

图 9-142　内轮廓精加工【切削用量】参数设置

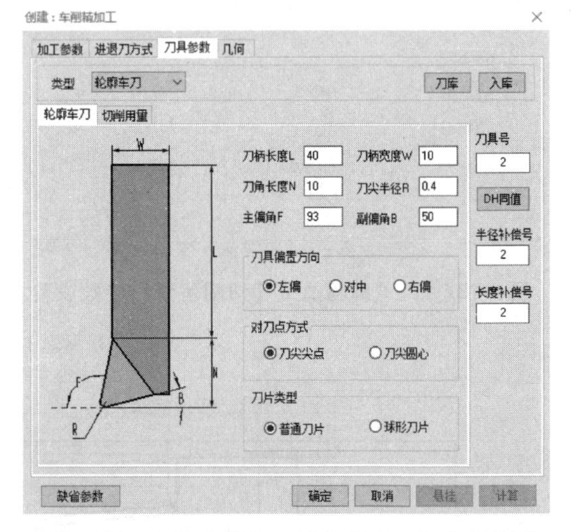

图 9-143　内轮廓精加工【轮廓车刀】参数设置

（6）生成内螺纹加工刀具路径　在菜单栏中选择【数控车】→【车螺纹加工】，或者单击数控车工具栏中的 车螺纹加工 按钮，状态栏提示【拾取螺纹起始点】，输入“-68，17.25”后按<Enter>键，状态栏提示【拾取螺纹终点】，输入“-82，17.25”后按<Enter>键，系统弹出【车螺纹加工】对话框，然后分别填写参数。单击【螺纹参数】标签，设置参数如图 9-145 所示。单击【加工参数】标签，设置参数如图 9-146 所示。单击【进退刀方式】标签，设置参数

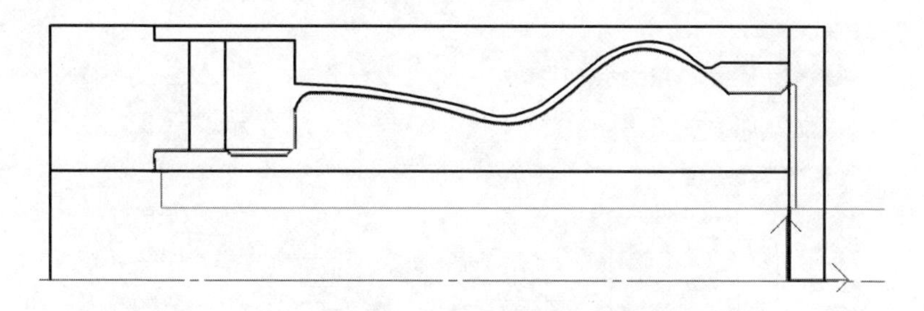

图 9-144　内轮廓精加工刀具路径

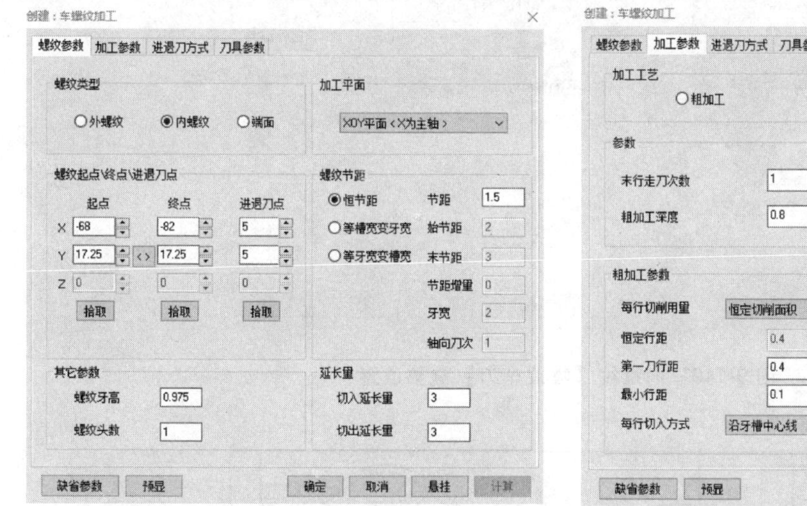

图 9-145　内螺纹【螺纹参数】设置

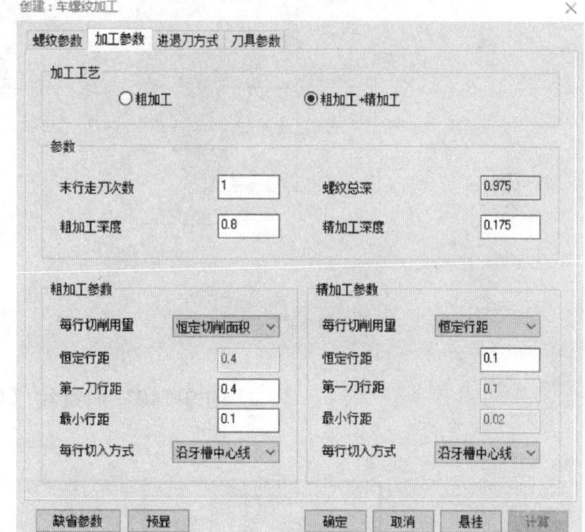

图 9-146　内螺纹【加工参数】设置

如图 9-147 所示。选择【刀具参数】→【切削用量】，设置参数如图 9-148 所示。选择【刀具参数】→【螺纹车刀】，设置参数如图 9-149 所示，最后单击【确定】按钮。状态栏提示【输入进退刀点】，输入“5，13”后按<Enter>键，生成如图 9-150 所示的刀具路径。

图 9-147　内螺纹【进退刀方式】参数设置

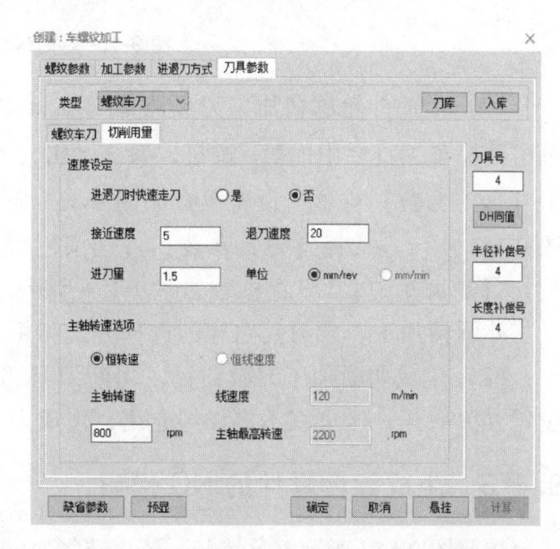

图 9-148　内螺纹【切削用量】参数设置

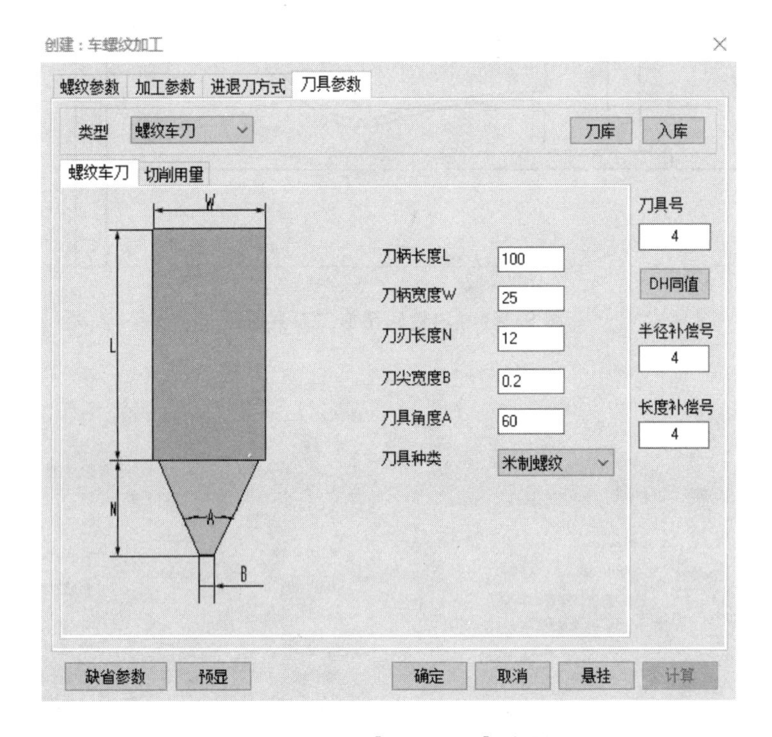

图 9-149　内螺纹【螺纹车刀】参数设置

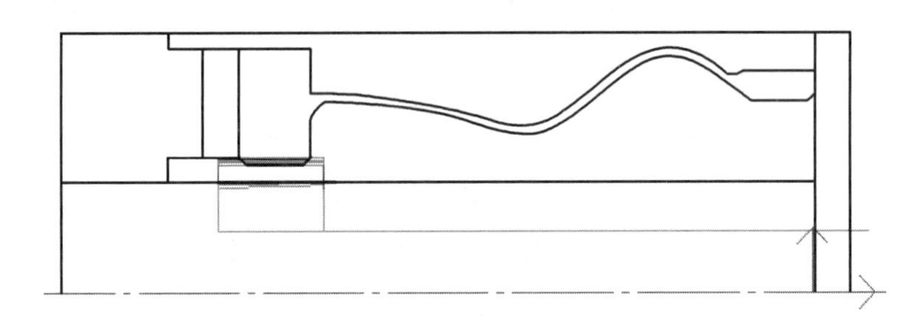

图 9-150　内螺纹加工刀具路径

（7）生成外轮廓精加工刀具路径　在菜单栏中选择【数控车】→【车削精加工】，或者单击数控车工具栏中的车削精加工按钮，系统弹出【车削精加工】对话框，然后分别填写参数。单击【加工参数】标签，设置参数如图 9-151 所示。单击【进退刀方式】标签，设置参数如图 9-152 所示。选择【刀具参数】→【切削用量】，设置参数如图 9-153 所示。选择【刀具参数】→【轮廓车刀】，设置参数如图 9-154 所示，最后单击【确定】按钮。

外圆精加工轮廓刀具路径的选择方式与粗加工一样，生成刀具路径如图 9-155 所示。

（8）生成切断加工刀具路径　切断刀具路径的加工方法和参数设置与切外沟槽加工的设置方法一样，这里就不再详细介绍，生成刀具路径如图 9-156 所示图形。

9.4.3　生成综合零件的 NC 代码

按照图 9-157 所示刀具路径，依次选择右端面轮廓刀具路径、内孔粗加工轮廓刀具路径、

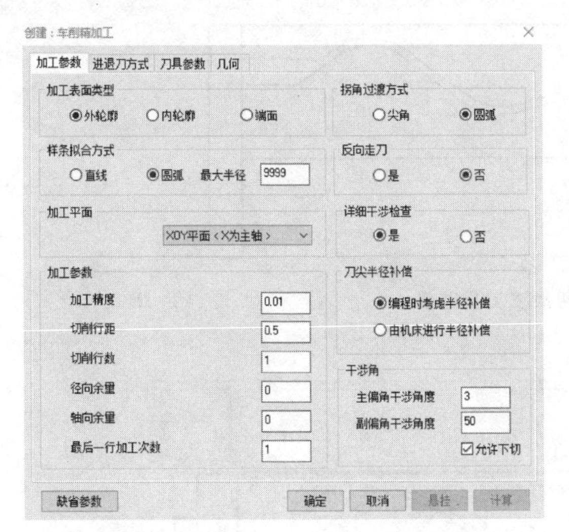

图 9-151　外轮廓精加工【加工参数】设置

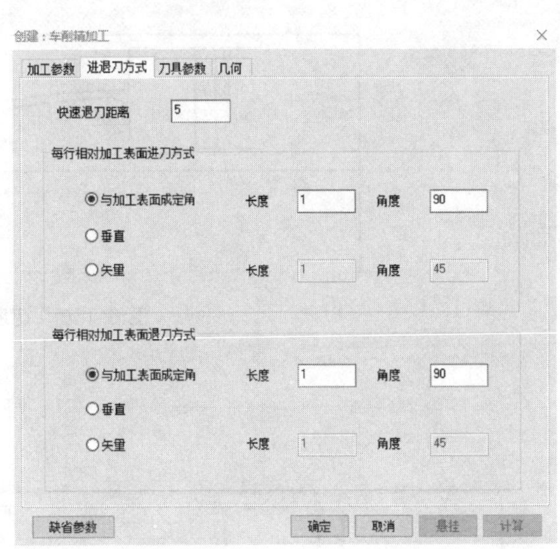

图 9-152　外轮廓精加工【进退刀方式】参数设置

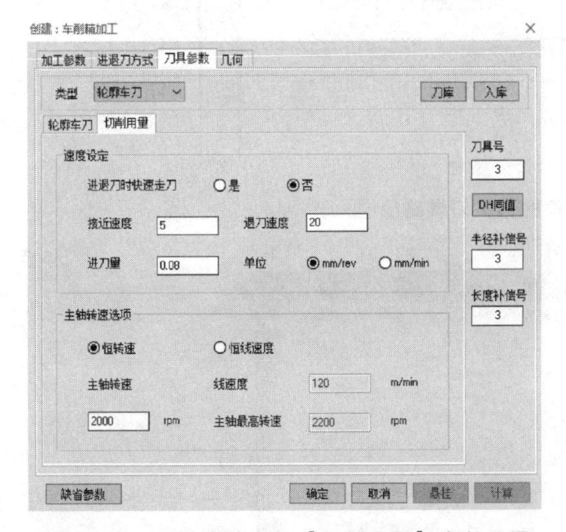

图 9-153　外轮廓精加工【切削用量】参数设置

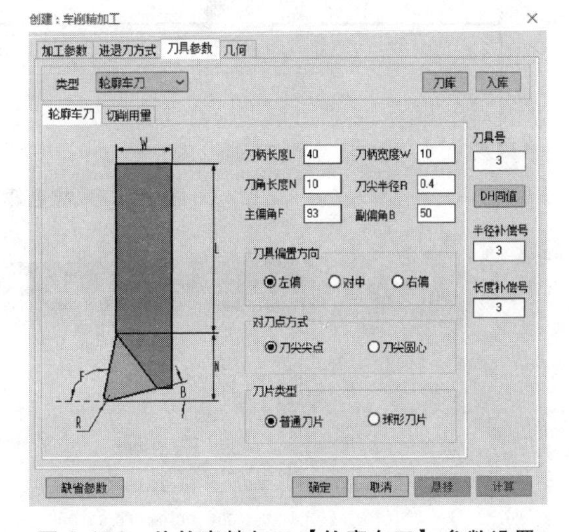

图 9-154　外轮廓精加工【轮廓车刀】参数设置

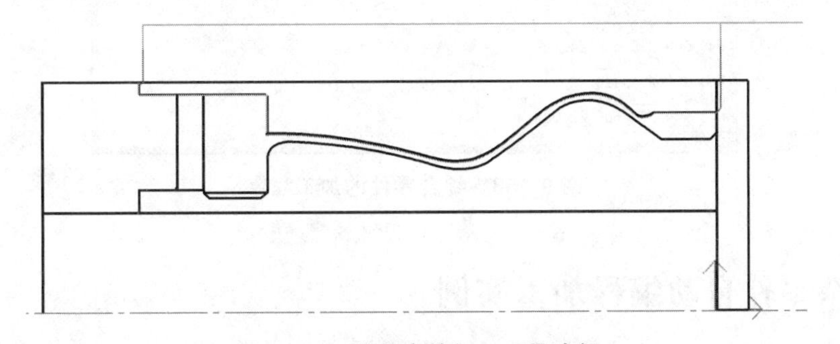

图 9-155　外轮廓精加工刀具路径

外圆粗加工轮廓刀具路径、内孔精加工轮廓刀具路径、螺纹加工轮廓刀具路径、外圆精加工轮廓刀具路径，单击右键确定，生成如图 9-158 所示的加工程序。

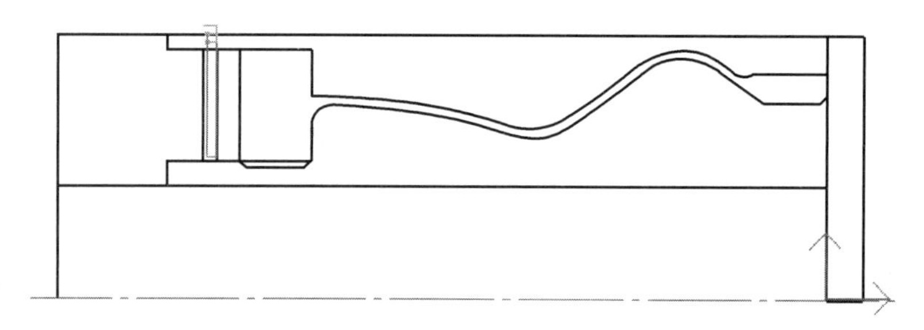

图 9-156 切断加工刀具路径

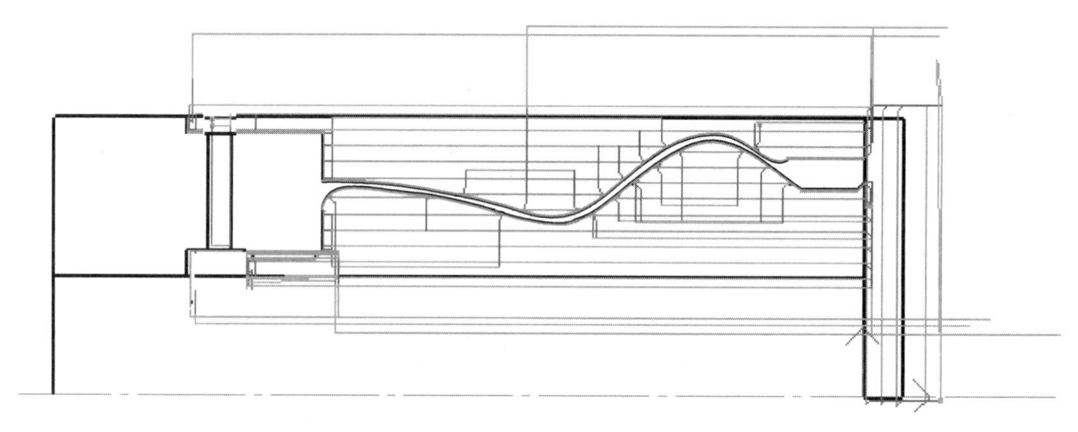

图 9-157 综合零件的加工刀具路径

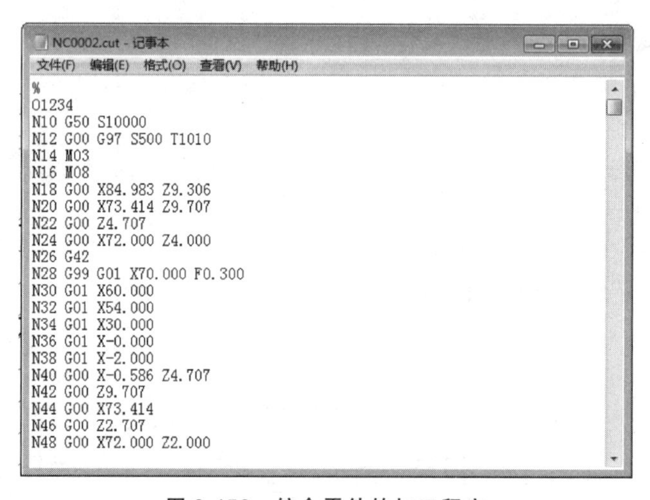

NC0002.cut - 记事本

文件(F) 编辑(E) 格式(O) 查看(V) 帮助(H)

```
%
O1234
N10 G50 S10000
N12 G00 G97 S500 T1010
N14 M03
N16 M08
N18 G00 X84.983 Z9.306
N20 G00 X73.414 Z9.707
N22 G00 Z4.707
N24 G00 X72.000 Z4.000
N26 G42
N28 G99 G01 X70.000 F0.300
N30 G01 X60.000
N32 G01 X54.000
N34 G01 X30.000
N36 G01 X-0.000
N38 G01 X-2.000
N40 G00 X-0.586 Z4.707
N42 G00 Z9.707
N44 G00 X73.414
N46 G00 Z2.707
N48 G00 X72.000 Z2.000
```

图 9-158 综合零件的加工程序

9.5 复杂零件自动编程加工实例

CAXA 数控车 2020 复杂零件自动编程加工实例如图 9-159 所示。

操作步骤：

（1）分析图样和工艺清单制订 该零件外轮廓结构比较复杂，内轮廓结构比较简单还

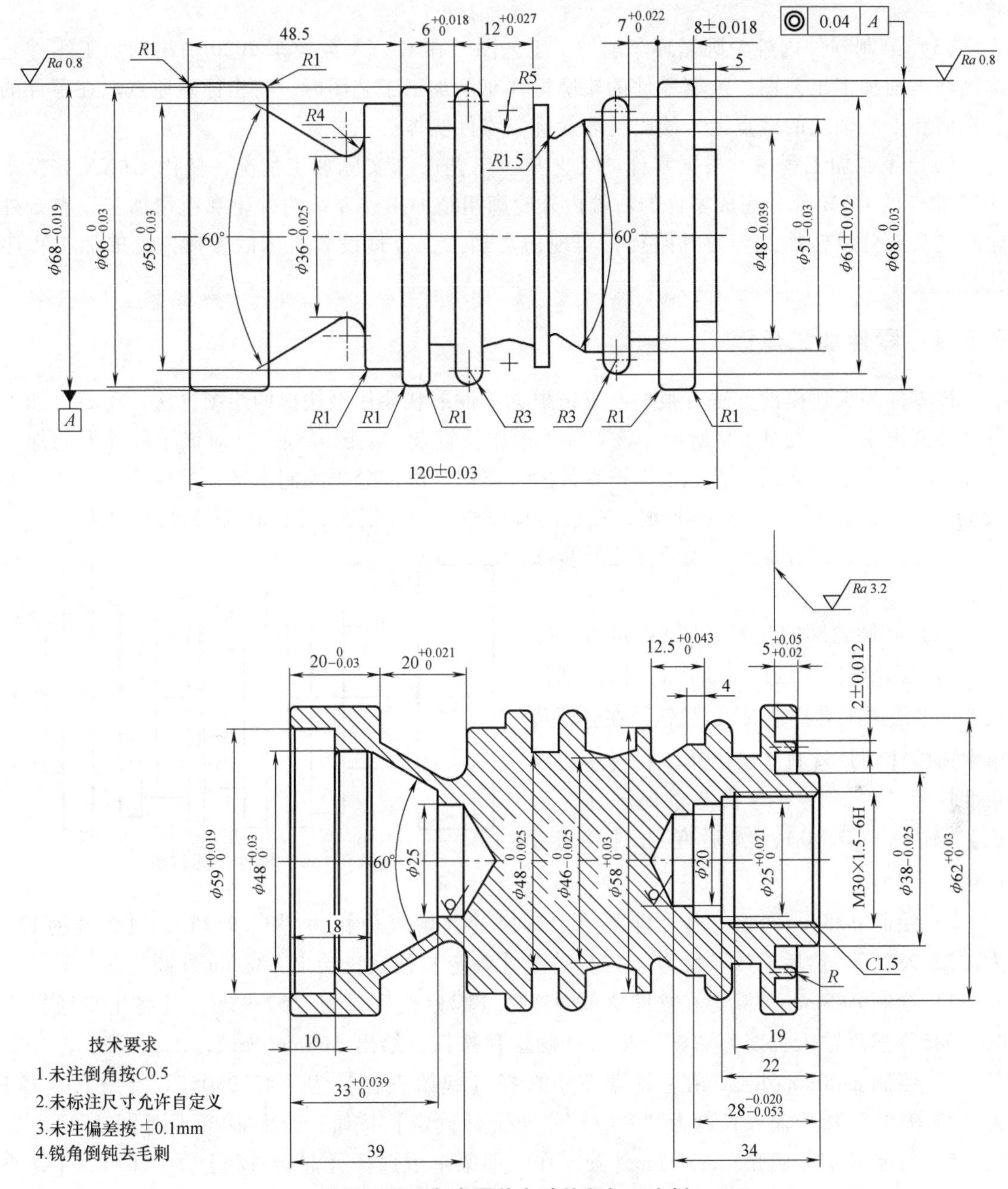

图 9-159　复杂零件自动编程加工实例

有端面槽。外轮廓有多个沟槽和异形槽，尺寸公差较小，零件的表面粗糙度要求较严。加工时注意沟槽的位置及要求，能合理使用切削用量，防止零件的精度超差。

（2）加工路线和装夹方法的确定　根据工艺清单的要求，该零件全部由数控车完成，并要注意保证尺寸的一致性。在数控车上车削时，使用自定心卡盘装夹零件外圆，粗精加工零件的右端外轮廓部分，切出外沟槽，在右端外轮廓留出夹头，粗精加工零件右端内轮廓部分，掉头使用自定心卡盘装夹零件右端 ϕ68mm 外圆，先加工端面保证总长，粗精加工零件左端外轮廓即内轮廓部分，最后掉头使用自定心卡盘装夹零件左端 ϕ68mm 外圆车夹头部分轮廓。

（3）绘制零件内外轮廓循环车削加工工艺图　在 CAXA 数控车 2020 中绘制加工零件轮廓循环车削加工工艺图。绘制零件的轮廓循环车削加工工艺图时，将坐标系原点选在零件的右端面和中心轴线的交点上，绘出毛坯轮廓、零件实体。

（4）编制加工程序　根据零件的工艺单、工艺图和实际加工情况，使用 CAXA 数控车 2020 软件的 CAM 部分完成零件的右端内外轮廓粗精加工、左端内外轮廓粗精加工，右端外轮廓夹头部分粗精加工等刀具路径，实现仿真加工，合理设置机床的参数，生成加工程序代码。

9.5.1　零件加工建模

该零件加工建模的方法有很多，应该根据零件形状使用最快捷的绘图方法，将零件加工造型绘制出来。如图 9-159 所示，该零件外形比较复杂、绘图麻烦，针对该零件外形的加工造型步骤做详细的介绍。首先根据该零件的特点把外圆部分先绘制出来，然后绘制右端两处 R3mm 圆弧轮廓，绘制三处异形槽，在绘制端面槽，最后把左右两端内轮廓绘制出来。

零件外轮廓部分加工建模的方法及步骤如下：

（1）外圆轮廓的绘制（图 9-160）。

1）在菜单栏中选择【绘图】→【孔/轴】，或者单击绘图工具栏中的按钮，在立即菜单中选择【轴】→【直接给出角度】→【中心线角度】为“0”，左下方状态栏提示【插入点】，输入（0，0），然后单击【确定】按钮。

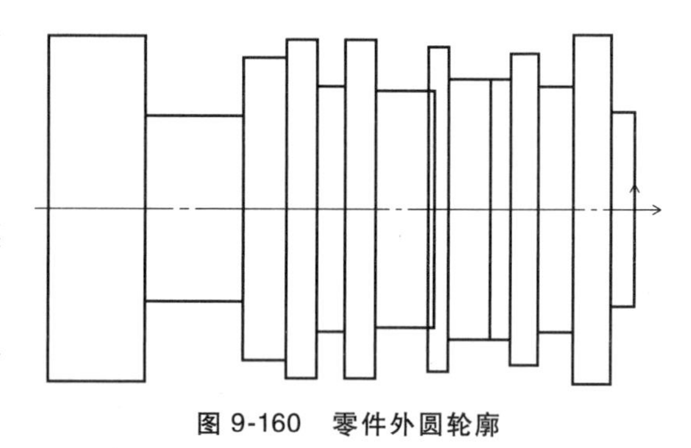

图 9-160　零件外圆轮廓

2）绘制 ϕ38mm 外圆，在立即菜单中选择【起始直径】为“37.9875”，【终止直径】为“37.9875”，然后输入长度为“5”，单击【确定】按钮，绘出 ϕ38mm 外圆。

3）绘制 ϕ68mm 外圆，在立即菜单中选择【起始直径】为“67.985”，【终止直径】为“67.985”然后输入长度为“8”，单击【确定】按钮，绘出 ϕ68mm 外圆。

4）绘制 ϕ48mm 外圆，在立即菜单中选择【起始直径】为“47.9805”，【终止直径】为“47.9805”然后输入长度为“7.011”，单击【确定】按钮，绘出 ϕ48mm 外圆。

5）绘制 R3mm 圆弧，ϕ61mm 外圆，在立即菜单中选择【起始直径】为“61”，【终止直径】为“61”，然后输入长度为“6”，单击【确定】按钮，绘出 ϕ61mm 外圆。

6）绘制 ϕ51mm 外圆，在立即菜单中选择【起始直径】为“50.985”，【终止直径】为“50.985”然后输入长度为“4”，单击【确定】按钮，绘出 ϕ51mm 外圆。继续输入长度为“8.5215”单击【确定】按钮，绘出异形槽宽度。

7）绘制 ϕ58mm 外圆，在立即菜单中选择【起始直径】为“58.015”，【终止直径】为“58.015”，然后输入长度为“2.95”，单击【确定】按钮，绘出 ϕ58mm 外圆。

8）在菜单栏中选择【绘图】→【平行线】，或者单击绘图工具栏中的按钮，左下方状态栏提示【拾取直线】，选择 ϕ38mm 外圆右端线，在立即菜单中选择【偏移方式】→【单向】，左下方状态栏提示【输入距离】，输入“120”，单击【确定】按钮，绘出零件左端面线。

9）在菜单栏中选择【绘图】→【孔/轴】，或者单击绘图工具栏中的按钮，在立即菜单中选择【轴】→【直接给出角度】→【中心线角度】为“0”，左下方状态栏提示【插入点】，在绘图区选择零件左端面线中点，然后单击【确定】按钮。

10）绘制 ϕ68mm 外圆，在立即菜单中选择【起始直径】为“67.9905”，【终止直径】为“67.9905”，然后输入长度为“19.985”，单击【确定】按钮，绘出 Φ68mm 外圆。

11）绘制异形槽底部直径 ϕ36mm，在立即菜单中选择【起始直径】为“35.9875”，【终止直径】为“35.9875”，然后输入长度为“20.0105”，单击【确定】按钮，绘出 ϕ36mm 异形槽底部直径。

12）绘制 ϕ59mm 外圆，在立即菜单中选择【起始直径】为“58.985”，【终止直径】为“58.985”，然后输入长度为“8.5045”，单击【确定】按钮，绘出 ϕ59mm 外圆。

13）绘制 ϕ66mm 外圆，在立即菜单中选择【起始直径】为“65.985”，【终止直径】为“65.985”，然后输入长度为“6”，单击【确定】按钮，绘出 ϕ66mm 外圆。

14）绘制 ϕ48mm 外圆，在立即菜单中选择【起始直径】为“47.9875”，【终止直径】为“47.9875”，然后输入长度为“6.009”，单击【确定】按钮，绘出 ϕ48mm 外圆。

15）绘制 R3mm 圆弧，ϕ66mm 外圆，在立即菜单中选择【起始直径】为“65.985”，【终止直径】为“65.985”，然后输入长度为“6”，单击【确定】按钮，绘出 ϕ66mm 外圆。

16）绘制异形槽底部直径 ϕ46mm，在立即菜单中选择【起始直径】为“45.9875”，【终止直径】为“45.9875”，然后输入长度为“12.0135”，单击【确定】按钮，绘出 ϕ46mm 异形槽底部直径。

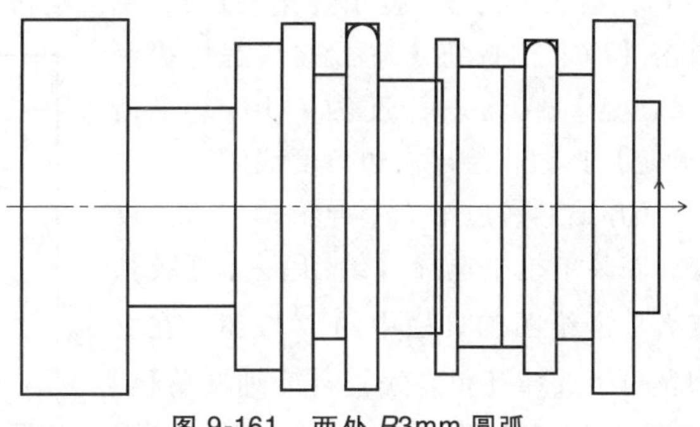

图 9-161　两处 R3mm 圆弧

（2）两处 R3mm 圆弧的绘制（图 9-161）　绘制右边 R3mm 圆弧，在菜单栏中选择【绘图】→【圆弧】，或者单击绘图工具栏中的按钮，在立即菜单中选择【三点圆弧】，左下方状态栏提示【第一点】，按空格键选择“切点”在绘图区选择 R3mm 圆弧左边线，左下方状态栏提示【第二点】，按空格键选择“切点”，在绘图区选择 R3mm 圆弧顶边线，左下方状态栏提示【第三点】，按空格键选择“切点”，在绘图区选择 R3mm 圆弧右边线，绘出 R3mm 圆弧，用同样的方法继续绘制第二个 R3mm 圆弧。

（3）三处异形槽的绘制（图 9-162）

1）绘制右边第一个异形槽 60°锥线，在菜单栏中选择【绘图】→【直线】，或者单击绘图工具栏中的按钮，在立即菜单中选择【角度线】→【X 轴夹角】→【到点】→【度】为“30”左下方状态栏提示【第一点】，应在绘图区捕捉 ϕ51mm 外圆左端点，单击【确定】按钮，左下方状态栏提示【第二点或长度输入】输入“10”，单击【确定】按钮绘出 60°锥线。

2）绘制右边第一个异形槽 R1.5mm 圆弧，在菜单栏中选择【修改】→【过渡】，或者单击编辑工具栏中的按钮，在立即菜单中选择【圆角】→【裁剪】→【半径】为“1.5”，左下方状态栏提示【拾取第一条曲线】，即拾取异形槽左端面线，然后拾取第二条曲线，即60°锥线，拾取完毕后生成$R1.5$mm圆弧，如图9-162所示。

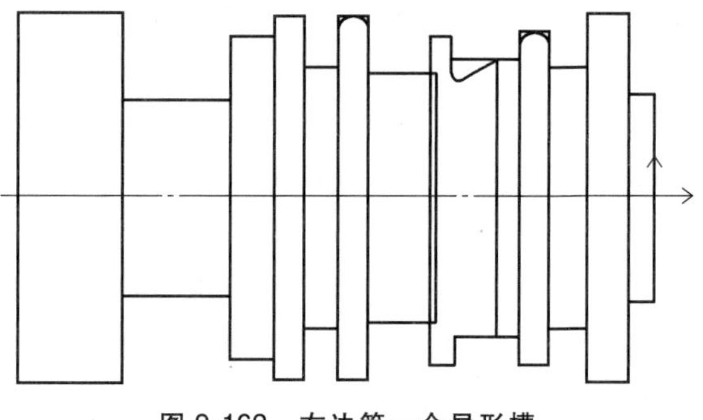
图9-162　右边第一个异形槽

3）绘制右边第二个异形槽$R5$mm圆弧圆心，在菜单栏中选择【绘图】→【平行线】，或者单击绘图工具栏中的按钮，左下方状态栏提示【拾取直线】，选择$\phi46$mm外圆，在立即菜单中选择【偏移方式】→【单向】，左下方状态栏提示【输入距离】，输入“5”，单击【确定】按钮，该线中点为$R5$mm圆弧圆心。

4）绘制右边第二个异形槽$R5$mm圆弧，在菜单栏中选择【绘图】→【圆】，或者单击绘图工具栏中的按钮，在立即菜单中选择【圆心-半径】→【半径】→【无中心线】，在左下方状态栏提示【圆心点】，应在绘图区捕捉辅助线线中点，单击【确定】按钮，输入半径为“5”，单击【确定】按钮，绘出$R5$mm圆弧。

5）绘制右边第二个异形槽右边角度线，在菜单栏中选择【绘图】→【直线】，或者单击绘图工具栏中的按钮，在立即菜单中选择【角度线】→【X轴夹角】→【到点】→【度】为“15”，左下方状态栏提示【第一点】，单击空格选择切点，在绘图区捕捉$R5$mm圆弧右边，单击【确定】按钮，左下方状态栏提示【第二点】或输入长度为“10”，单击【确定】按钮，绘出右边角度线。

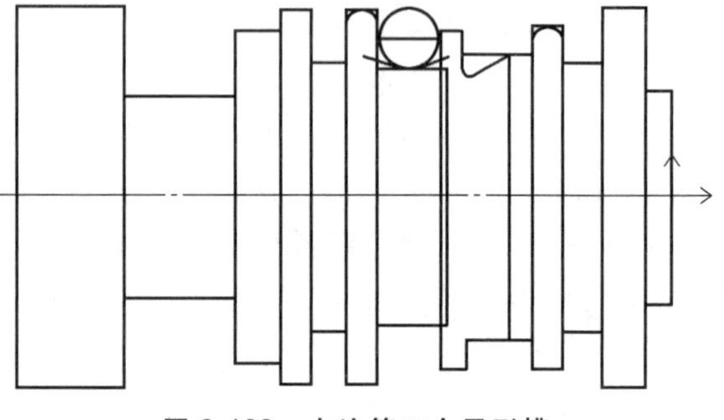
图9-163　右边第二个异形槽

6）绘制右边第二个异形槽左边角度线，在菜单栏中选择【绘图】→【直线】，或者单击绘图工具栏中的按钮，在立即菜单中选择【角度线】→【X轴夹角】→【到点】→【度】为“-15”，左下方状态栏提示【第一点】，单击空格选择切点，在绘图区捕捉$R5$mm圆弧左边，单击【确定】按钮，左下角状态栏提示【第二点或长度输入】，输入“10”，单击【确定】按钮，绘出左边角度线，如图9-163所示。

7）绘制左边异形槽$R4$mm圆弧，在菜单栏中选择【修改】→【过渡】，或者单击编辑工具栏中的按钮，在立即菜单中选择【圆角】→【裁剪】→【半径】为“4”，左下方状态栏提示【拾取第一条曲线】，即拾取异形槽右端面线，然后拾取第二条曲线，即$\phi36$mm外圆，拾取完毕后生成$R4$mm圆弧。

8）绘制左边异形槽60°锥线，在菜单栏中选择【绘图】→【直线】，或单击绘图工具栏图标，在立即菜单中选择【角度线】→【X轴夹角】→【到点】→【度】为“-30”，左下方状态栏提示【第一点】，单击空格选择切点，在绘图区捕捉$R4$mm圆弧左边，单击【确定】

按钮，左下方状态栏提示【第二点或长度输入】，输入“17”，单击【确定】按钮，绘出60度锥线，如图9-164所示。

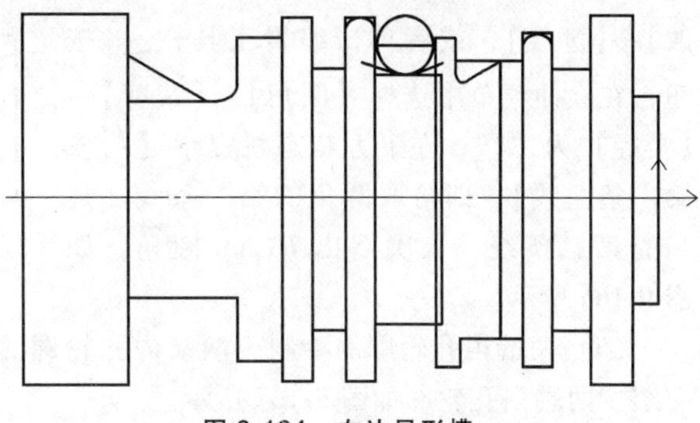

图9-164 左边异形槽

（4）端面槽的绘制（图9-165）

1）绘制外侧端面槽外侧线，在菜单栏中选择【绘图】→【平行线】，或者单击绘图工具栏中的 按钮，左下方状态栏提示【拾取直线】，选择中心线，在立即菜单中选择【偏移方式】→【单向】，左下方状态栏提示【输入距离】，输入“31.0075”，单击【确定】按钮，绘出外侧线。

2）绘制端面槽底部线，在菜单栏中选择【绘图】→【平行线】，或者单击绘图工具栏中的 按钮，左下方状态栏提示【拾取直线】，选择ϕ68mm外圆右端面线，在立即菜单中选择【偏移方式】→【单向】，左下方状态栏提示【输入距离】，输入“5.035”，单击【确定】按钮，绘出底部线。

3）修剪端面槽底部线，在菜单栏中选择【修改】→【过渡】，或者单击编辑工具栏中的 按钮，在立即菜单中选择【尖角】，左下方状态栏提示【拾取第一条曲线】，即拾取端面槽底部线，然后拾取第二条曲线，即ϕ38mm外圆，拾取完毕后修剪底部线下端。用同样的方法修剪另一端。

4）绘制两端面槽中心辅助线，在菜单栏中选择【绘图】→【直线】，或者单击绘图工具栏中的 按钮，在立即菜单中选择【两点线】→【连续】，左下方状态栏提示【第一点】，在绘图区捕捉底部线中点，单击【确定】按钮，左下方状态栏提示【第二点或长度输入】，输入“5”，单击【确定】按钮，绘出中心辅助线。

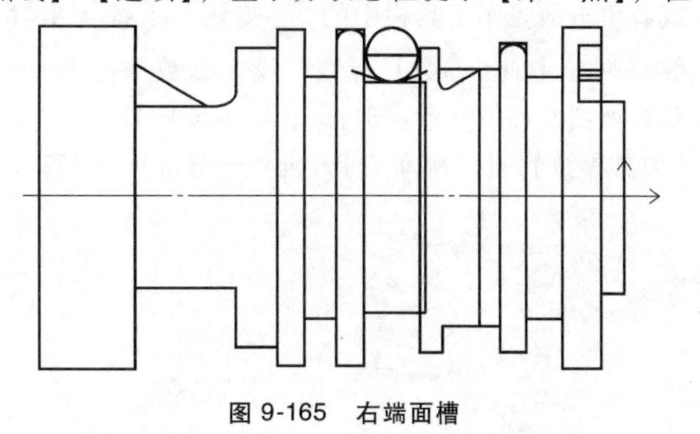

图9-165 右端面槽

5）绘制两端面槽内侧线，在菜单栏中选择【绘图】→【平行线】，或者单击绘图工具栏中的 按钮，左下方状态栏提示【拾取直线】，选择中心辅助线，在立即菜单中选择【偏移方式】→【双向】，左下方状态栏提示【输入距离】，输入“1”，单击【确定】按钮，绘出两端面槽内侧线，如图9-165所示。

6）曲线裁剪、删除和倒圆角。在菜单栏中选择【修改】→【裁剪】和【删除】，或者单击编辑工具栏中的 和 按钮，在立即菜单中选择【快速裁剪】，左下方状态栏提示【拾取要裁剪的曲线】，用光标直接拾取被裁剪的线段即可直接删除没用的线段，拾取完毕后右击确定。在菜单栏中选择【修

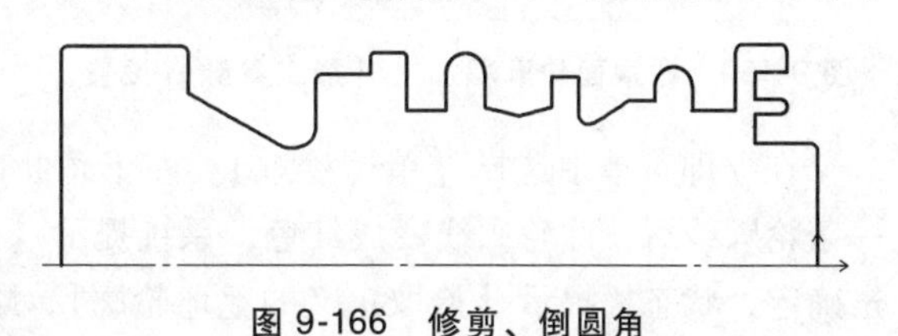

图9-166 修剪、倒圆角

改】→【过渡】，或者单击编辑工具栏按钮，在立即菜单中选择【圆角】→【裁剪】→【半径】为“1”，左下方状态栏提示【拾取第一条曲线】，即拾取圆角的第一条线、圆角的第二条线，依次倒出 R1mm 圆角，如图 9-166 所示。

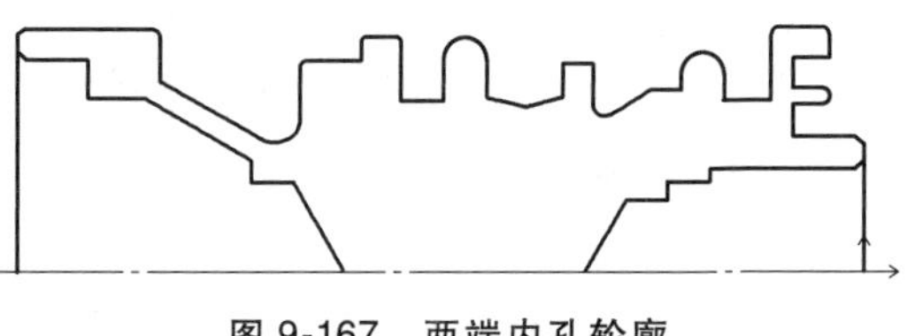

图 9-167 两端内孔轮廓

（5）两端内孔轮廓的绘制　两端内孔轮廓的绘制方法与外轮廓相似，这里就不再详细介绍。两端内孔轮廓如图 9-167 所示。

9.5.2 刀具路径的生成

1. 右端内外轮廓刀具路径生成

（1）零件内外轮廓毛坯建模　根据零件的加工要求，设定零件毛坯尺寸，该零件最大加工外圆为 ϕ68mm，所以设定的毛坯尺寸为 ϕ70mm×125mm，两端面预留 5mm。内孔毛坯尺寸应为钻孔尺寸，右端为 ϕ20mm，左端为 ϕ25mm。设定后的零件毛坯如图 9-168 所示。（注：各工序在生成刀具路径时，应在图形轮廓上画出辅助线使各工序构成一个封闭的加工区域，才能生成刀具路径。具体见后面工序轮廓图）。

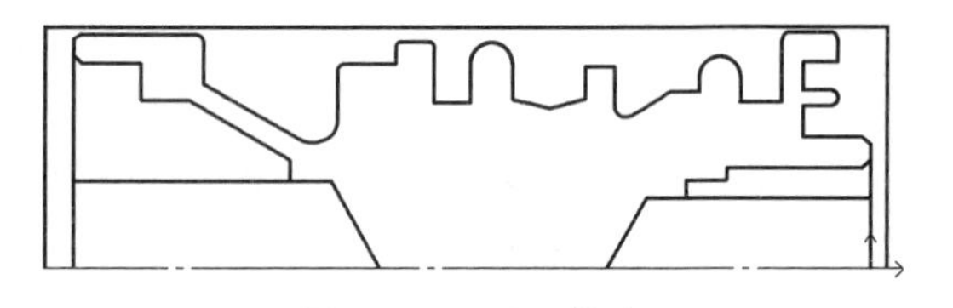

图 9-168 毛坯轮廓

（2）生成右端面轮廓粗加工刀具路径　在菜单栏中选择【数控车】→【车削粗加工】，或者单击数控车工具栏中的按钮，系统弹出【车削粗加工】对话框，然后分别填写参数。单击【加工参数】标签，设置参数如图 9-169 所示。单击【进退刀方式】标签，设置参数如图 9-170 所示。选择【刀具参数】→【切削用量】，设置参数如图 9-171 所示。选择【刀具参数】→【轮廓车刀】，设置参数如图 9-172 所示，最后单击【确定】按钮。

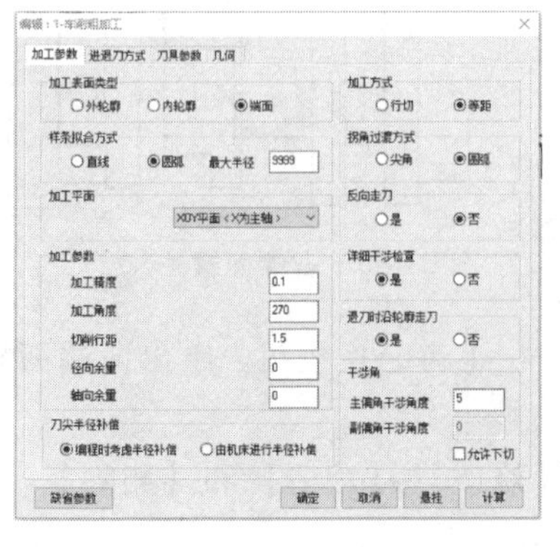

图 9-169 右端面轮廓粗加工【加工参数】设置

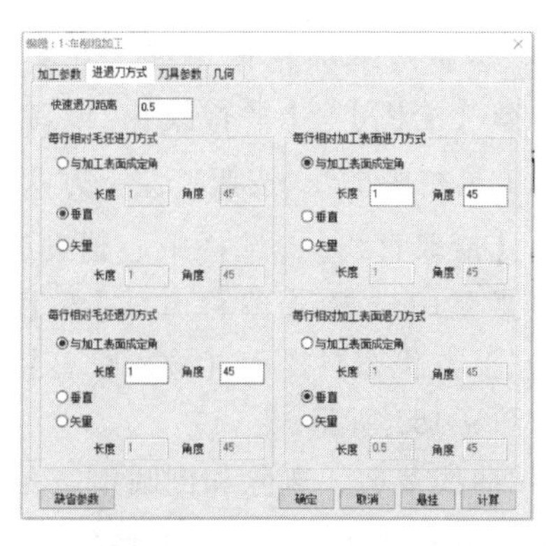

图 9-170 右端面轮廓粗加工【进退刀方式】参数设置

在立即菜单中选择【单个拾取】，左下角状态栏提示【拾取被加工表面轮廓】，当拾取第一条轮廓线后，此轮廓线变成红色，系统提示【选择方向】，依次拾取被加工表面轮廓线并右击确定，状态栏提示【拾取定义的毛坯轮廓】，顺序拾取毛坯的轮廓线并右击确定。状态栏提示【输入进退刀点】，输入“7，36”后按<Enter>键，生成如图 9-173 所示的刀具路径。

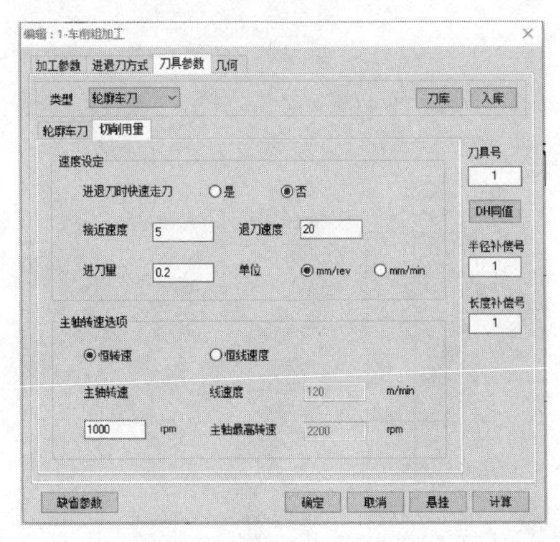

图 9-171　右端面轮廓粗加工【切削用量】参数设置

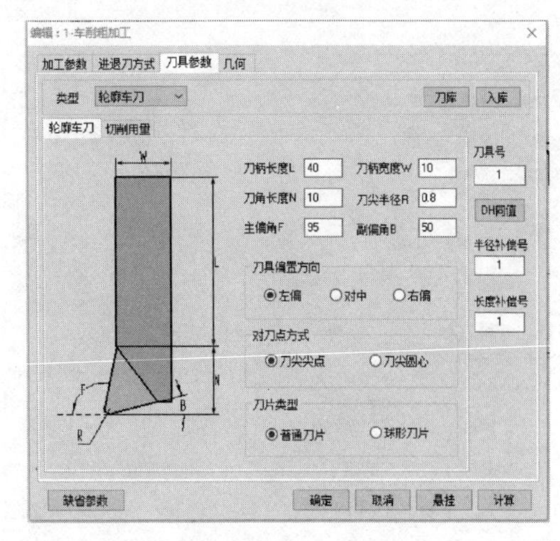

图 9-172　右端面轮廓粗加工【轮廓车刀】参数设置

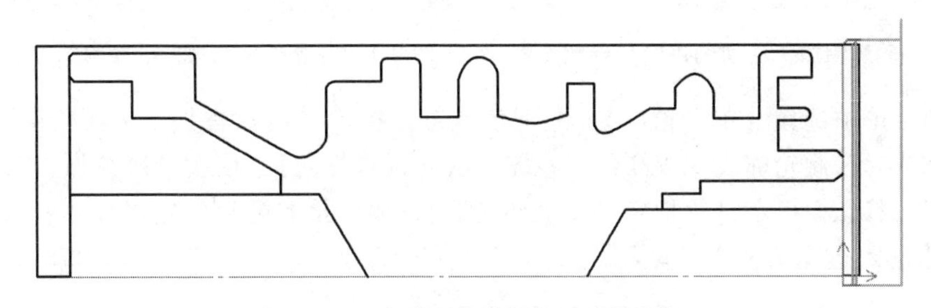

图 9-173　右端面轮廓粗加工刀具路径

（3）生成右端外轮廓粗加工刀具路径　在菜单栏中选择【数控车】→【车削粗加工】，或者单击数控车工具栏中的 车削粗加工 按钮，系统弹出【车削粗加工】对话框，然后分别填写参数。单击【加工参数】标签，设置参数如图 9-174 所示。单击【进退刀方式】标签，设置参数如图 9-175 所示。选择【刀具参数】→【切削用量】，设置参数如图 9-176 所示。选择【刀具参数】→【轮廓车刀】，设置参数如图 9-177 所示，最后单击【确定】按钮。

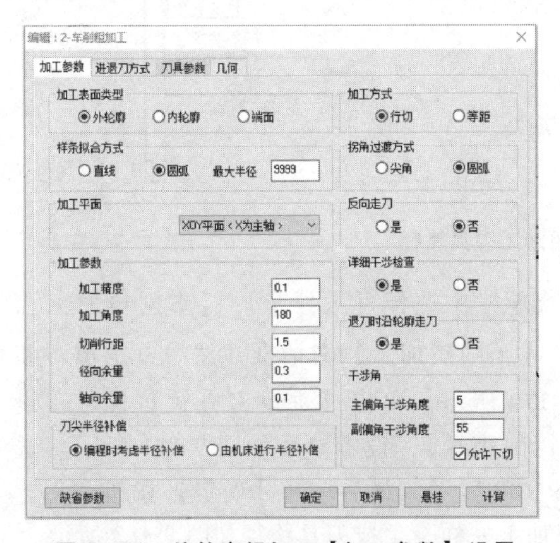

图 9-174　外轮廓粗加工【加工参数】设置

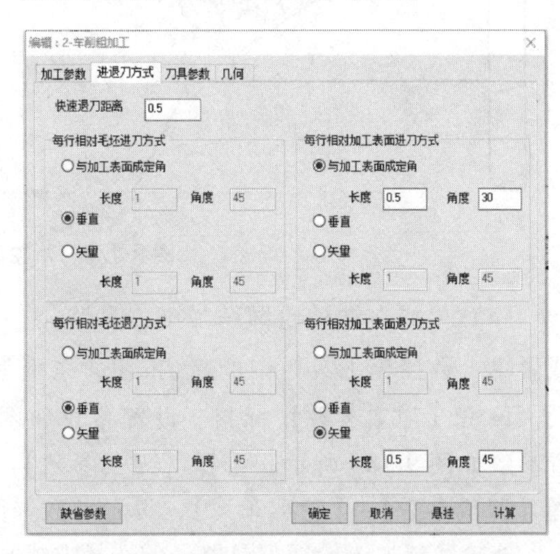

图 9-175　外轮廓粗加工【进退刀方式】参数设置

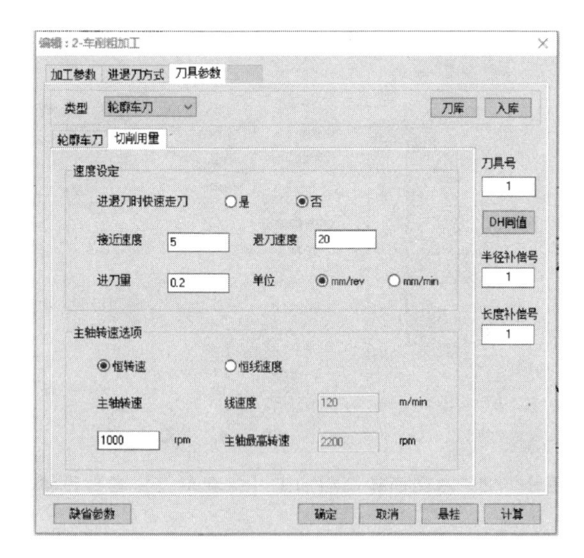

图 9-176 外轮廓粗加工【切削用量】参数设置

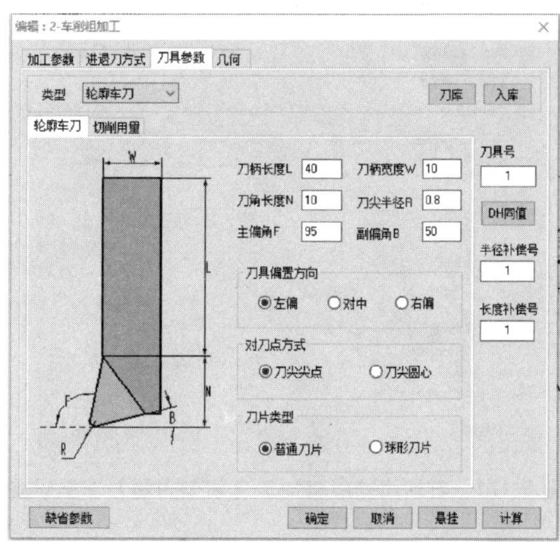

图 9-177 外轮廓粗加工【轮廓车刀】参数设置

在立即菜单中选择【单个拾取】，左下角状态栏提示【拾取被加工表面轮廓】，当拾取第一条轮廓线后，此轮廓线变成红色，系统提示【选择方向】，依次拾取被加工表面轮廓线并右击确定，状态栏提示【拾取定义的毛坯轮廓】，顺序拾取毛坯的轮廓线并右击确定。状态栏提示【输入进退刀点】，输入“7，36”后按<Enter>键，生成如图 9-178 所示的刀具路径。

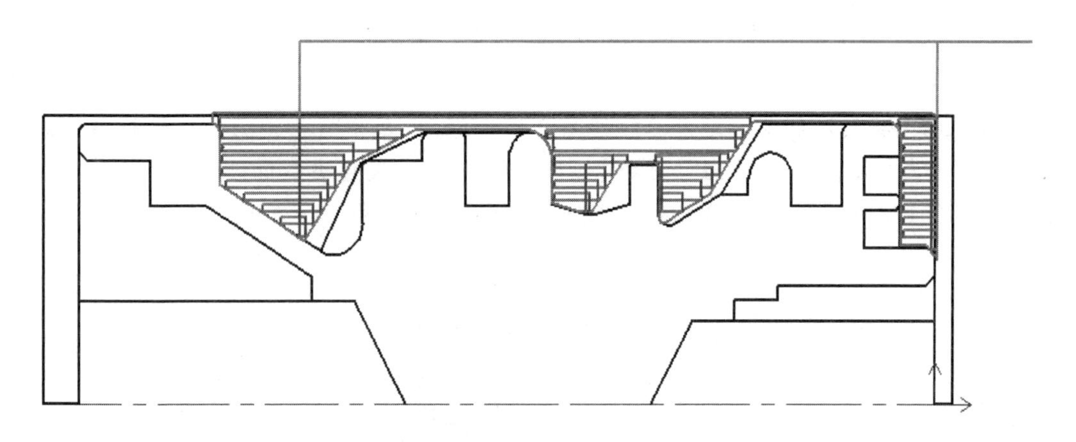

图 9-178 外轮廓粗加工刀具路径

（4）生成右端外轮廓精加工刀具路径 在菜单栏中选择【数控车】→【车削精加工】，或者单击数控车工具栏中的车削精加工按钮，系统弹出【车削精加工】对话框，然后分别填写参数。单击【加工参数】标签，设置参数如图 9-179 所示。单击【进退刀方式】标签，设置参数如图 9-180 所示。选择【刀具参数】→【切削用量】，设置参数如图 9-181 所示。选择【刀具参数】→【轮廓车刀】，设置参数如图 9-182 所示，最后单击【确定】按钮。

外轮廓精加工轮廓刀具路径的选择方式与粗加工一样，生成刀具路径如图 9-183 所示。

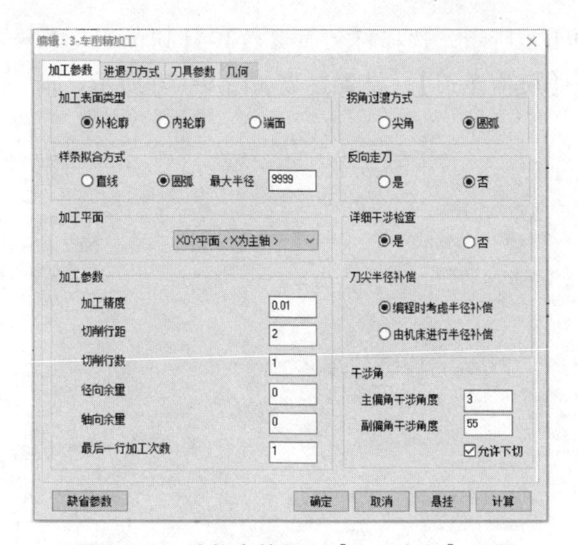

图 9-179　外轮廓精加工【加工参数】设置

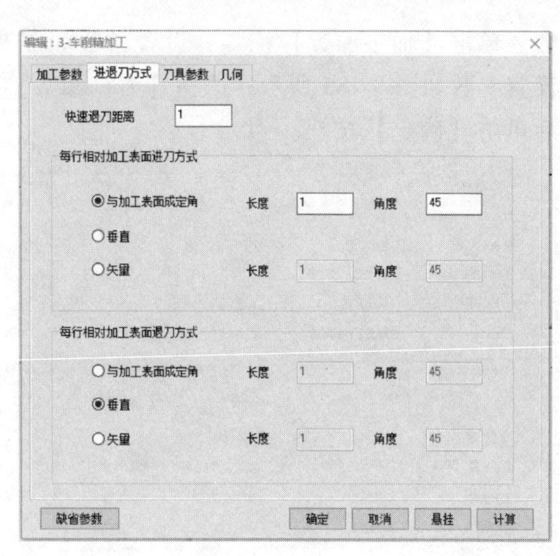

图 9-180　外轮廓精加工【进退刀方式】参数设置

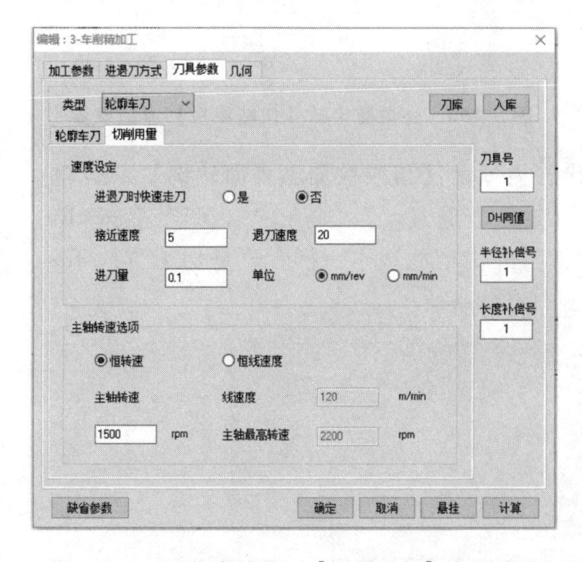

图 9-181　外轮廓精加工【切削用量】参数设置

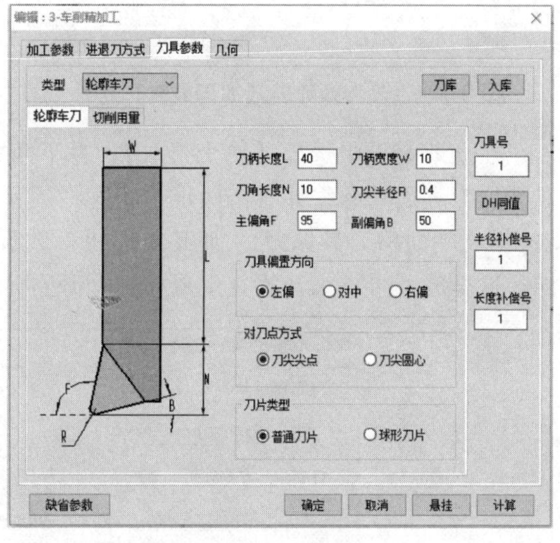

图 9-182　外轮廓精加工【轮廓车刀】参数设置

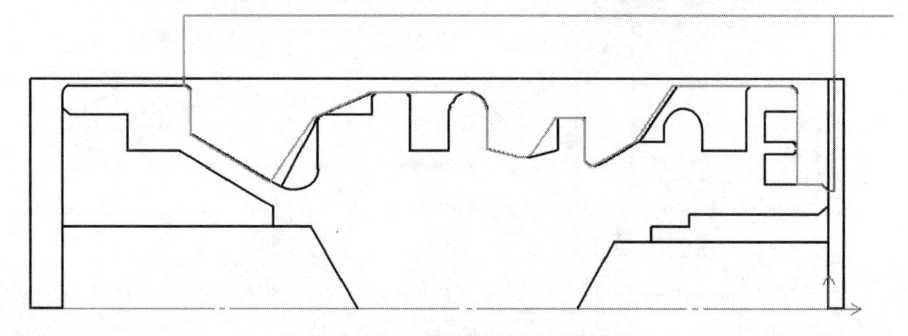

图 9-183　外轮廓精加工刀具路径

（5）生成外沟槽和端面槽加工刀具路径　在菜单栏中选择【数控车】→【车削槽加工】，或者单击数控车工具栏中的按钮，系统弹出【车削槽加工】对话框，然后分别填写参数。单击【加工参数】标签，设置参数如图 9-184 所示。选择【刀具参数】→【切削用量】，设置参数如图 9-185 所示。选择【刀具参数】→【切槽车刀】，设置参数如图 9-186 所示，最后单击【确定】按钮。

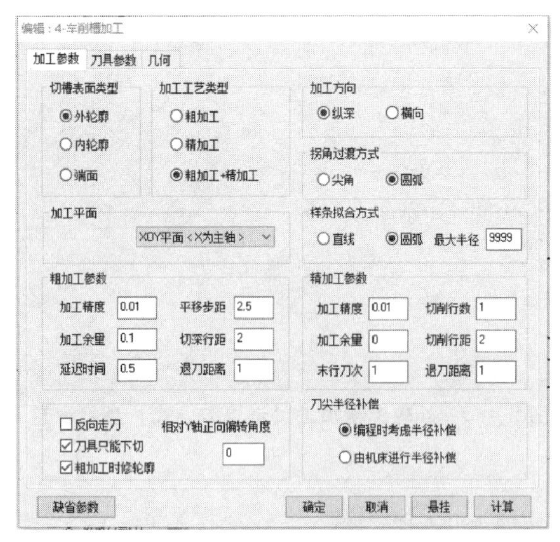

图 9-184　外沟槽轮廓【加工参数】设置

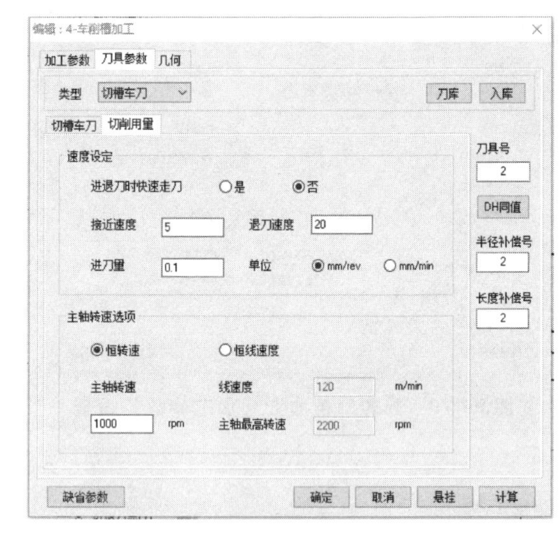

图 9-185　外沟槽轮廓【切削用量】参数设置

在立即菜单中选择【单个拾取】，左下角状态栏提示【拾取被加工表面轮廓】，依次拾取被加工表面轮廓线并右击确定，状态栏提示【输入进退刀点】，输入“5，65”后按<Enter>键。端面槽刀具路径的加工方法和参数设置与外沟槽的基本一样，只是加工方向不一样。这里就不再详细介绍，生成如图 9-187 所示的刀具路径。

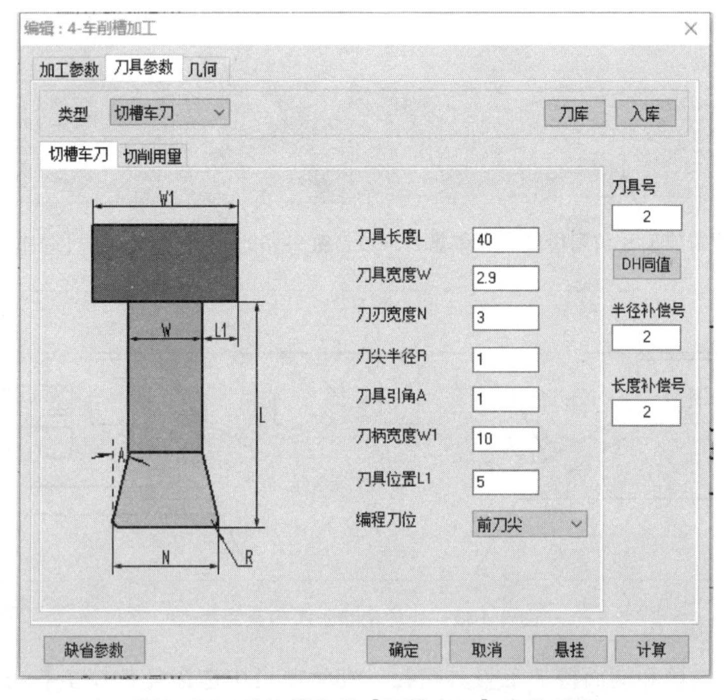

图 9-186　外沟槽轮廓【切槽车刀】参数设置

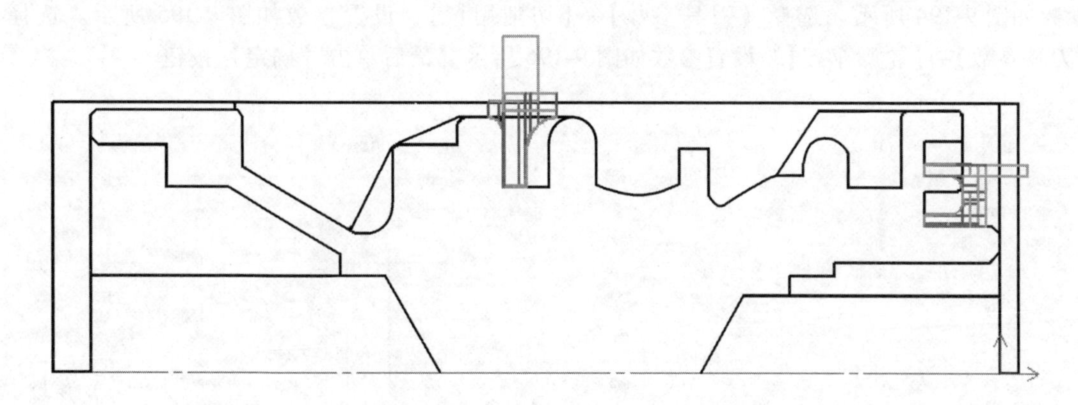

图 9-187　外沟槽和端面槽轮廓加工刀具路径

（6）生成左端内轮廓粗加工刀具路径　在菜单栏中选择【数控车】→【车削粗加工】，或者单击数控车工具栏中的按钮，系统弹出【车削粗加工】对话框，然后分别填写参数。单击【加工参数】标签，设置参数如图 9-188 所示。单击【进退刀方式】标签，设置参数如图 9-189 所示。选择【刀具参数】→【切削用量】，设置参数如图 9-190 所示。选择【刀具参数】→【轮廓车刀】，设置参数如图 9-191 所示，最后单击【确定】按钮。

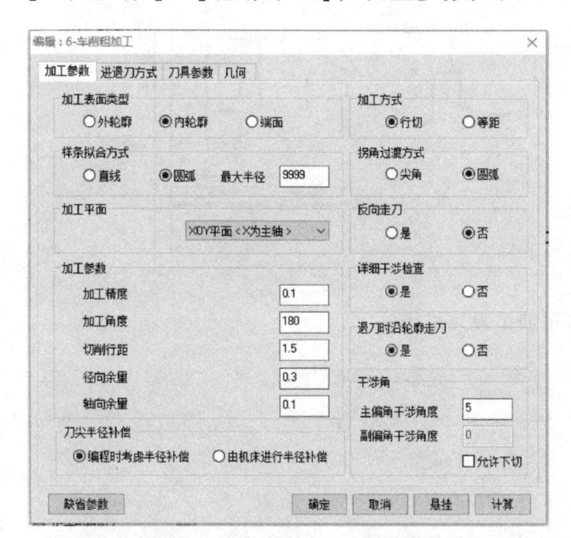

图 9-188　内轮廓粗加工【加工参数】设置

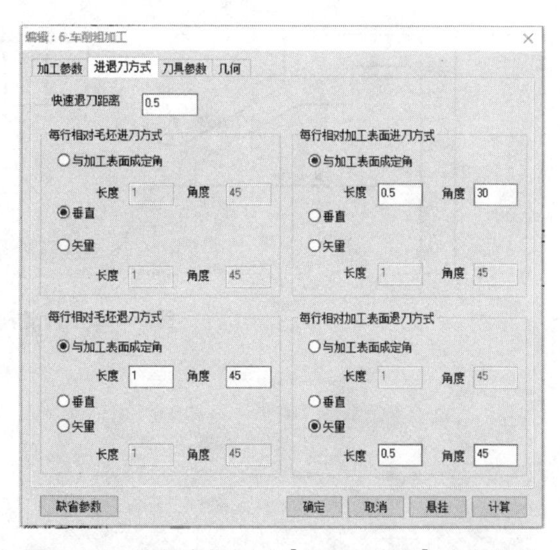

图 9-189　内轮廓粗加工【进退刀方式】参数设置

在立即菜单中选择【单个拾取】，左下角状态栏提示【拾取被加工表面轮廓】，当拾取第一条轮廓线后，此轮廓线变成红色，系统提示【选择方向】，依次拾取被加工表面轮廓线并右击确定。状态栏提示【拾取定义的毛坯轮廓】，顺序拾取毛坯的轮廓线并右击确定。状态栏提示【输入进退刀点】，输入“7，9”后按<Enter>键，生成如图 9-192 所示的刀具路径。

（7）生成左端内轮廓精加工刀具路径　在菜单栏中选择【数控车】→【车削精加工】，或者单击数控车工具栏中的按钮，系统弹出【车削精加工】对话框，然后分别填写参数。单击【加工参数】标签，设置参数如图 9-193 所示。单击【进退刀方式】标签，设置参数如图 9-194 所示。选择【刀具参数】→【切削用量】，设置参数如图 9-195 所示。选择【刀具参数】→【轮廓车刀】，设置参数如图 9-196 所示，最后单击【确定】按钮。

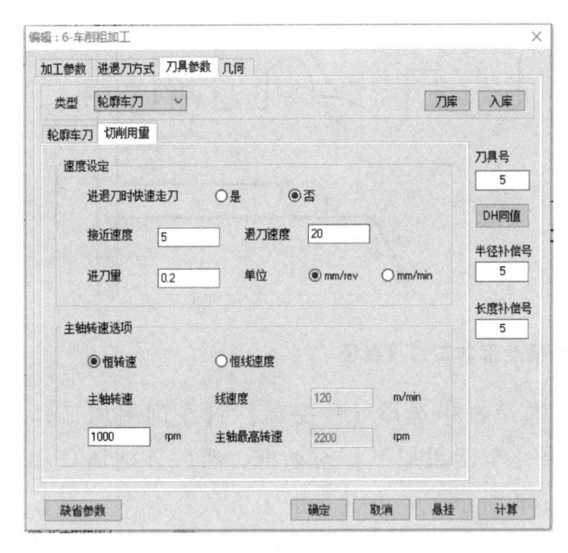

图 9-190　内轮廓粗加工【切削用量】参数设置

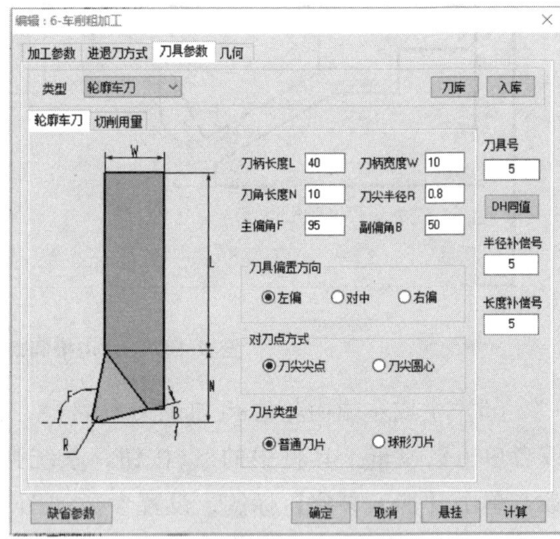

图 9-191　内轮廓粗加工【轮廓车刀】参数设置

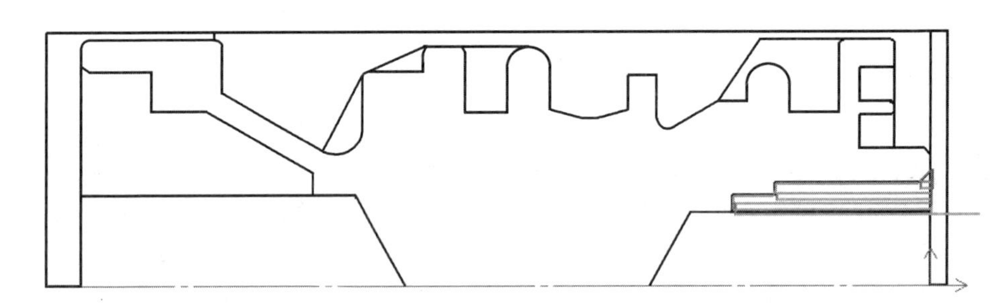

图 9-192　内轮廓粗加工刀具路径

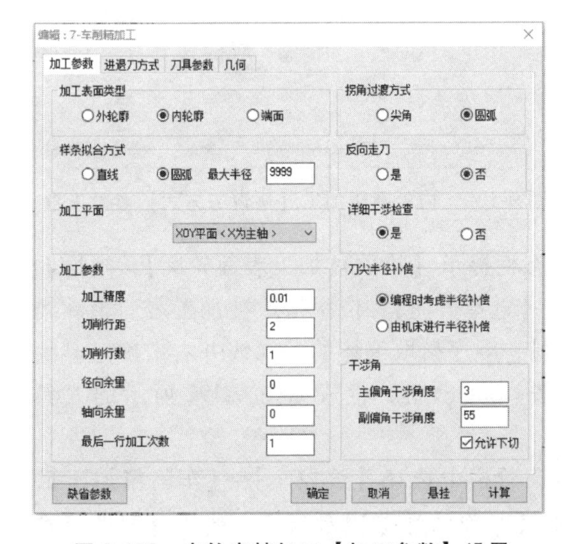

图 9-193　内轮廓精加工【加工参数】设置

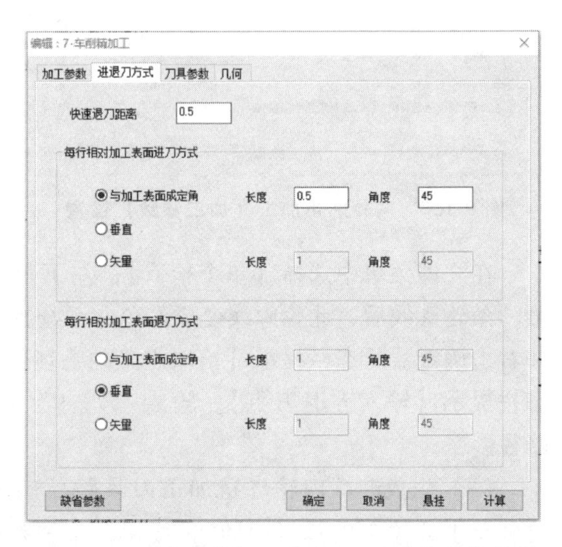

图 9-194　内轮廓精加工【进退刀方式】参数设置

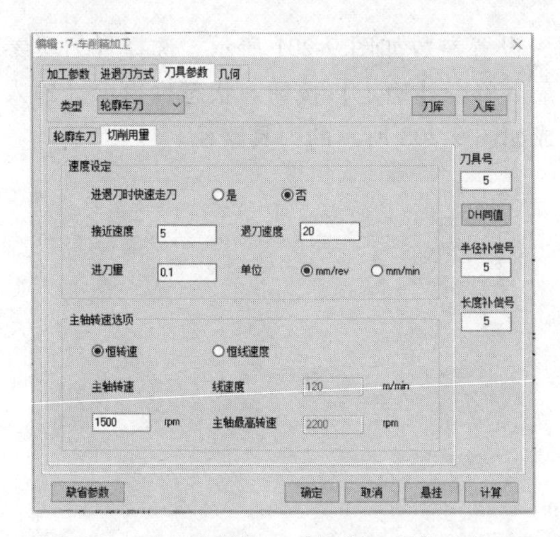

图 9-195　内轮廓精加工【切削用量】参数设置

图 9-196　内轮廓精加工【轮廓车刀】参数设置

内孔精加工轮廓刀具路径的选择方式与粗加工一样，生成刀具路径如图 9-197 所示。

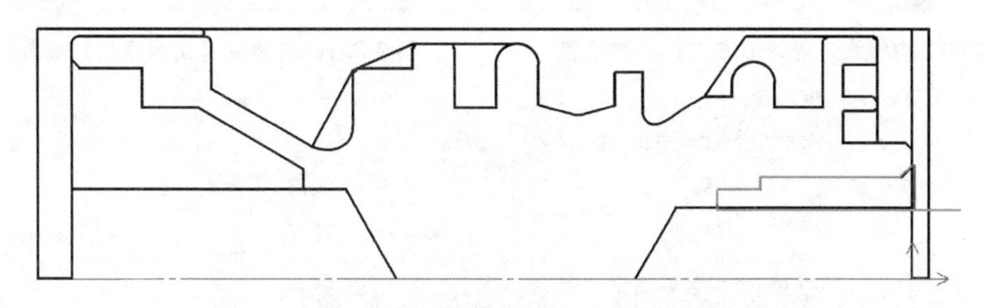

图 9-197　内轮廓精加工刀具路径

（8）生成螺纹加工刀具路径　在菜单栏中选择【数控车】→【车螺纹加工】，或者单击数控车工具栏中的按钮，状态栏提示【拾取螺纹起始点】，输入“5，15”后按<Enter>键，状态栏提示【拾取螺纹终点】，输入“-20，15”后按<Enter>键，系统弹出【车螺纹加工】对话框，然后分别填写参数。单击【螺纹参数】标签，设置参数如图 9-198 所示。单击【加工参数】标签，设置参数如图 9-199 所示。单击【进退刀方式】标签，设置参数如

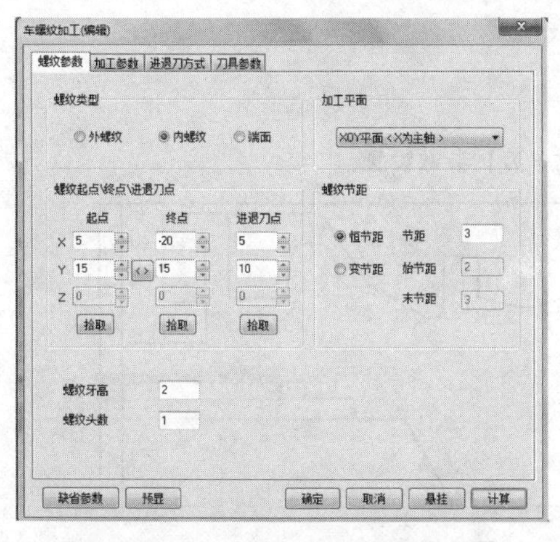

图 9-198　内螺纹【螺纹参数】设置

图 9-199　内螺纹【加工参数】设置

图 9-200 所示。选择【刀具参数】→【切削用量】，设置参数如图 9-201 所示。选择【刀具参数】→【螺纹车刀】，设置参数如图 9-202 所示，最后单击【确定】按钮。状态栏提示【输入进退刀点】，输入“5，20”后按<Enter>键，生成如图 9-203 所示的刀具路径。

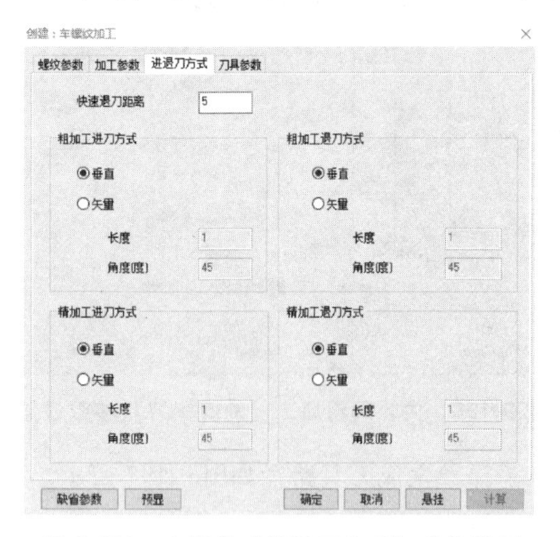

图 9-200　内螺纹【进退刀方式】参数设置

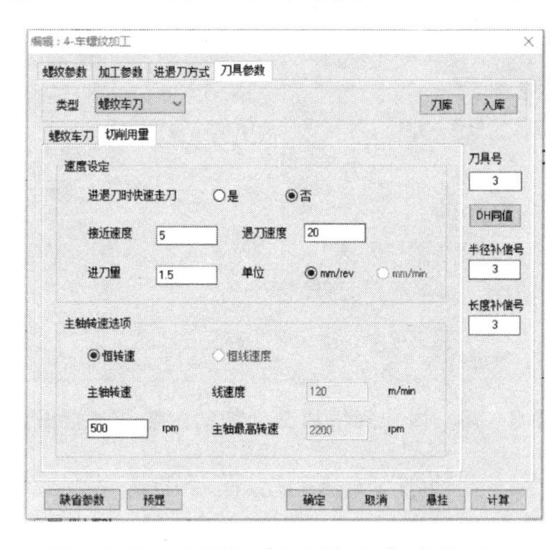

图 9-201　内螺纹【切削用量】参数设置

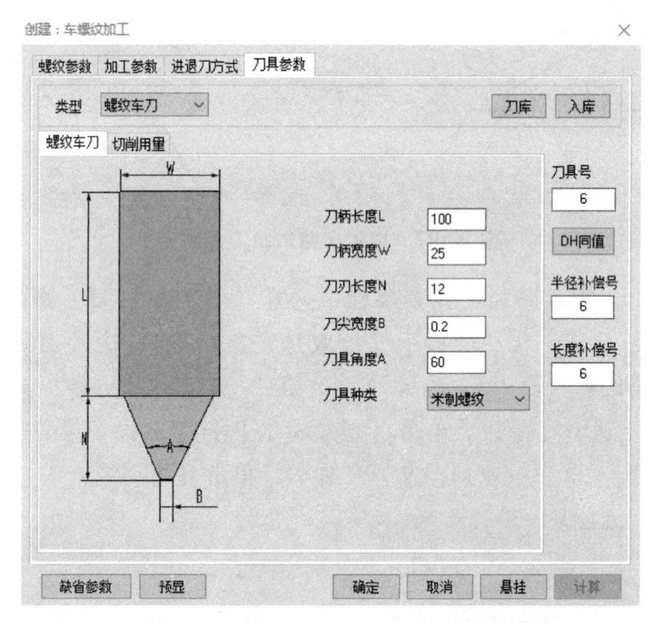

图 9-202　内螺纹【螺纹车刀】参数设置

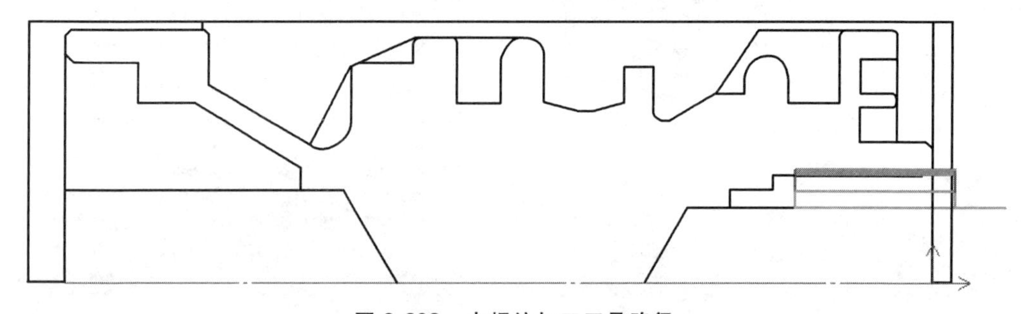

图 9-203　内螺纹加工刀具路径

2. 左端内外轮廓刀具路径生成

（1）生成左端面轮廓刀具路径　左端面加工刀具路径的加工方法和参数设置与右端面加工的设置方法一样，这里就不再详细介绍，生成刀具路径如图 9-204 所示。

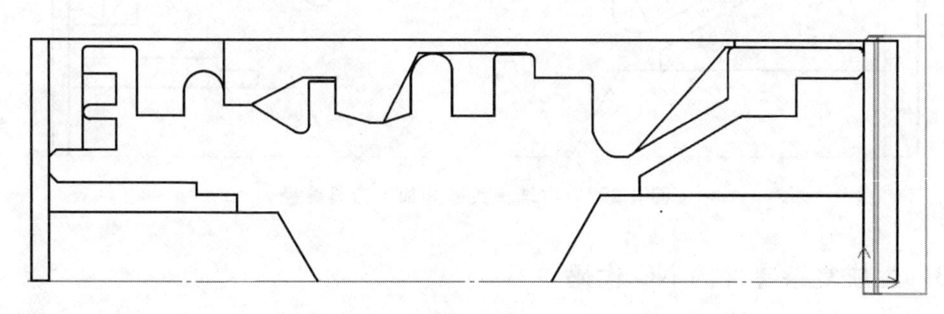

图 9-204　左端面轮廓加工刀具路径

（2）生成左端外轮廓粗精加工刀具路径　左端外轮廓加工刀具路径的加工方法和参数设置与右端外轮廓加工的设置方法一样，这里就不再详细介绍，生成刀具路径如图 9-205 所示。

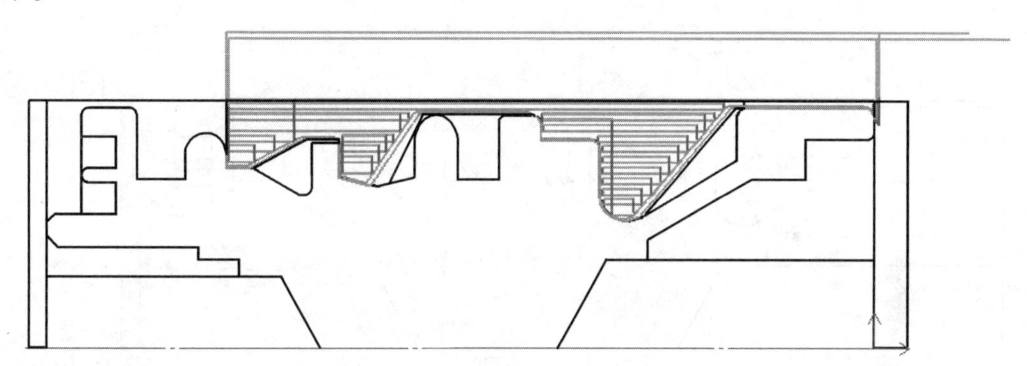

图 9-205　左端外轮廓加工刀具路径

（3）生成左端内轮廓粗精加工刀具路径　左端内轮廓加工刀具路径的加工方法和参数设置与右端内轮廓加工的设置方法一样，这里就不再详细介绍，生成刀具路径如图 9-206 所示。

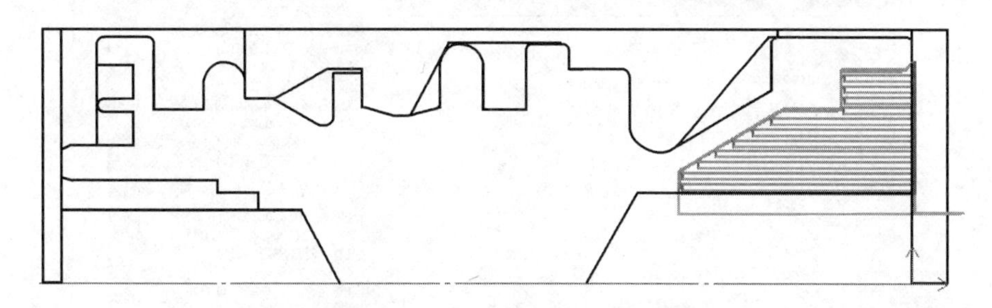

图 9-206　左端内轮廓加工刀具路径

3. 右端夹头部分加工刀具路径生成

右端夹头部分为外沟槽，外沟槽刀具路径的加工方法和参数设置与前面外沟槽加工的设置方法一样，这里就不再详细介绍，生成刀具路径如图 9-207 所示图形。

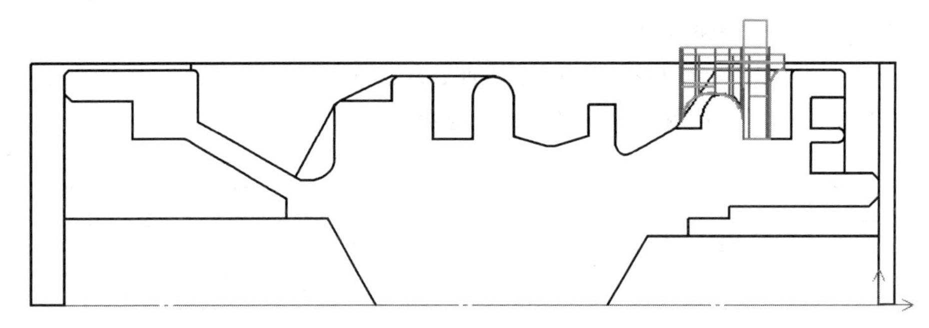

图 9-207　右端夹头部分加工刀具路径

9.5.3　生成复杂零件的 NC 代码

1）右端刀具路径的生成，按照图 9-208 所示刀具路径，依次选择端面、粗加工外轮廓、精加工外轮廓、外沟槽、端面槽、粗加工内轮廓、精加工内轮廓、内螺纹加工刀具路径，右击确定，生成如图 9-209 所示的右端加工程序。

注意：零件调头加工，需要生成两个处理文件。

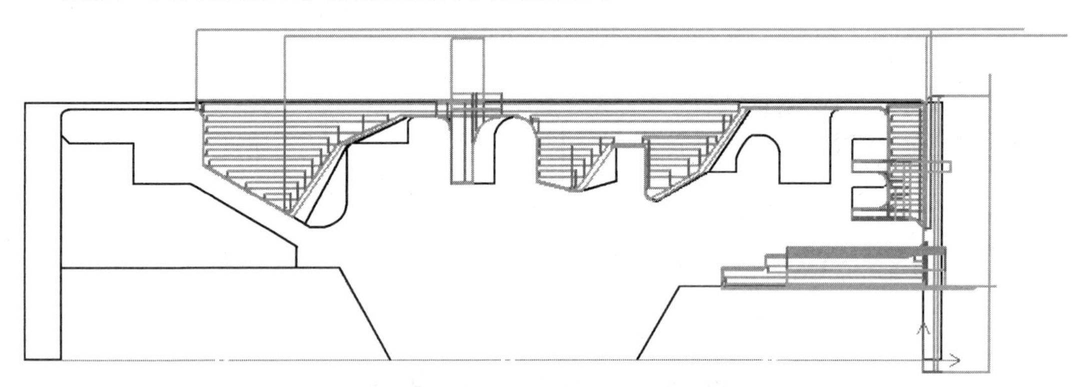

图 9-208　右端加工刀具路径

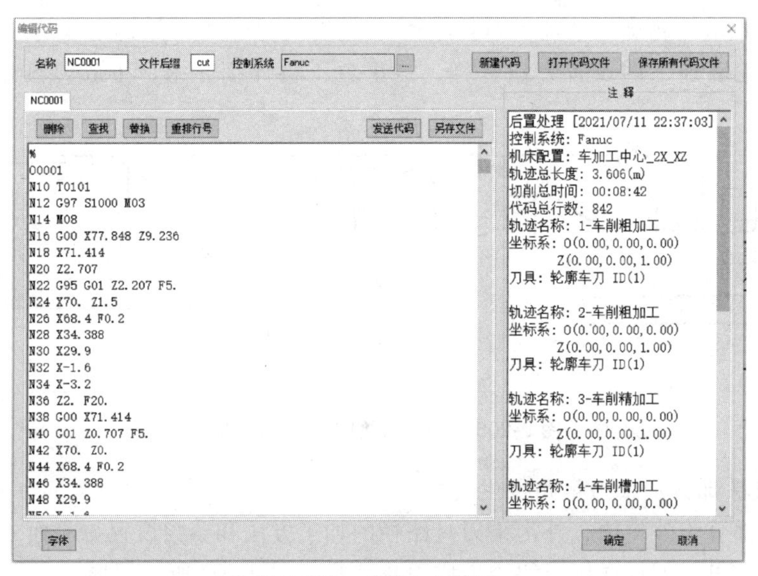

图 9-209　右端加工程序

2）左端刀具路径的生成，按照图 9-210 所示刀具路径，依次选择端面、粗加工外轮廓、精加工外轮廓、粗加工内轮廓、精加工内轮廓加工刀具路径 ，右击确定，生成如图 9-211 所示的左端加工程序。

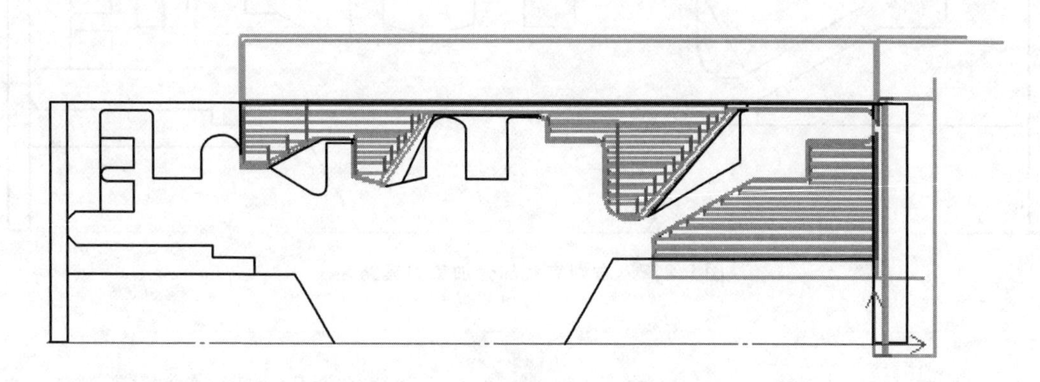

图 9-210　左端加工刀具路径

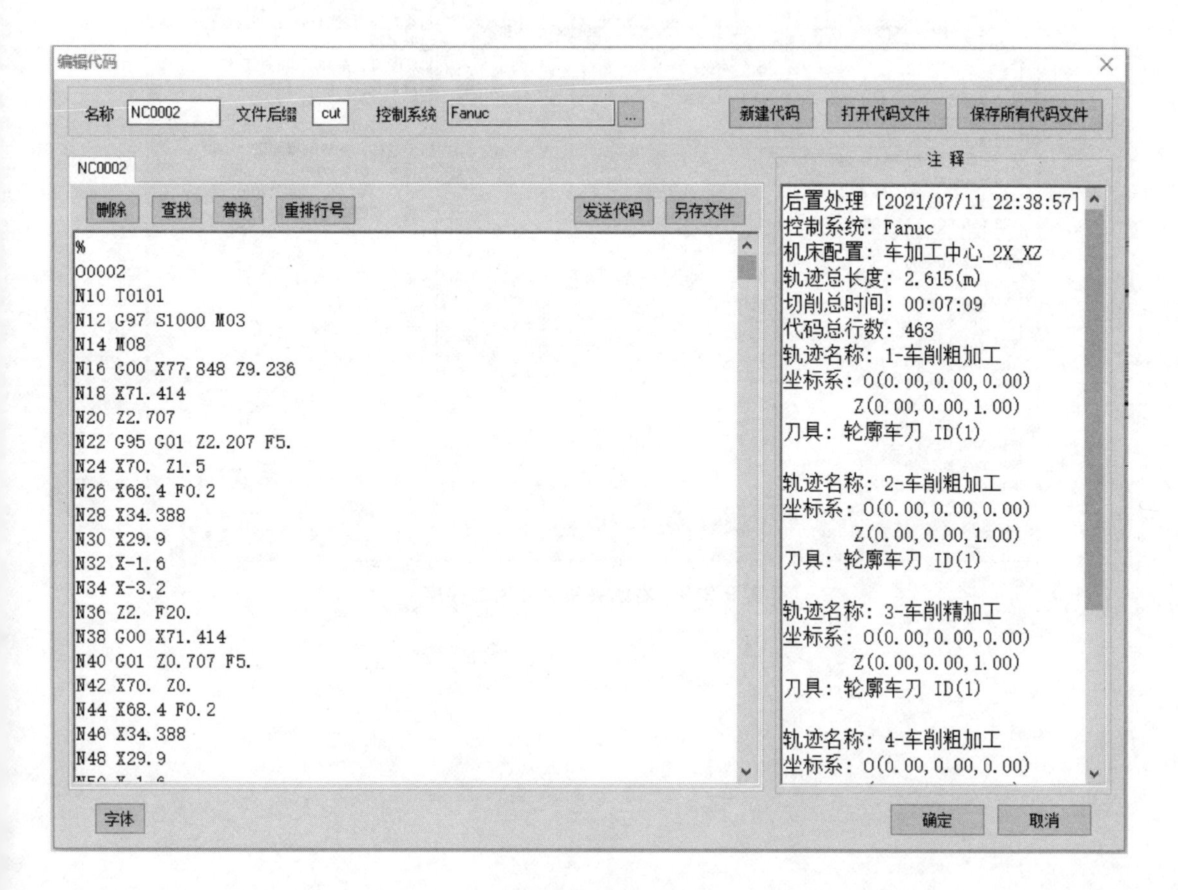

图 9-211　左端加工程序

3）右端夹头部分刀具路径的生成，按照图 9-212 所示刀具路径，选择夹头部分轮廓加工刀具路径，右击确定，生成如图 9-213 所示的加工程序。

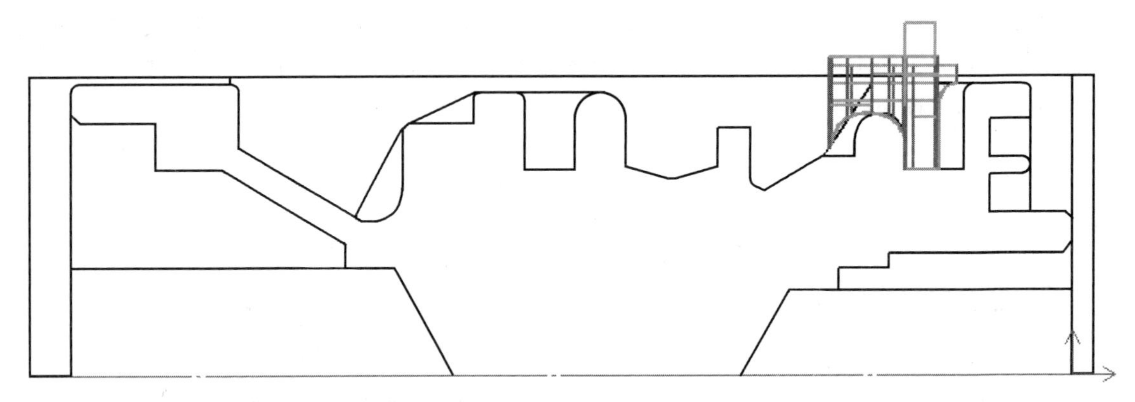

图 9-212 右端夹头部分加工刀具路径

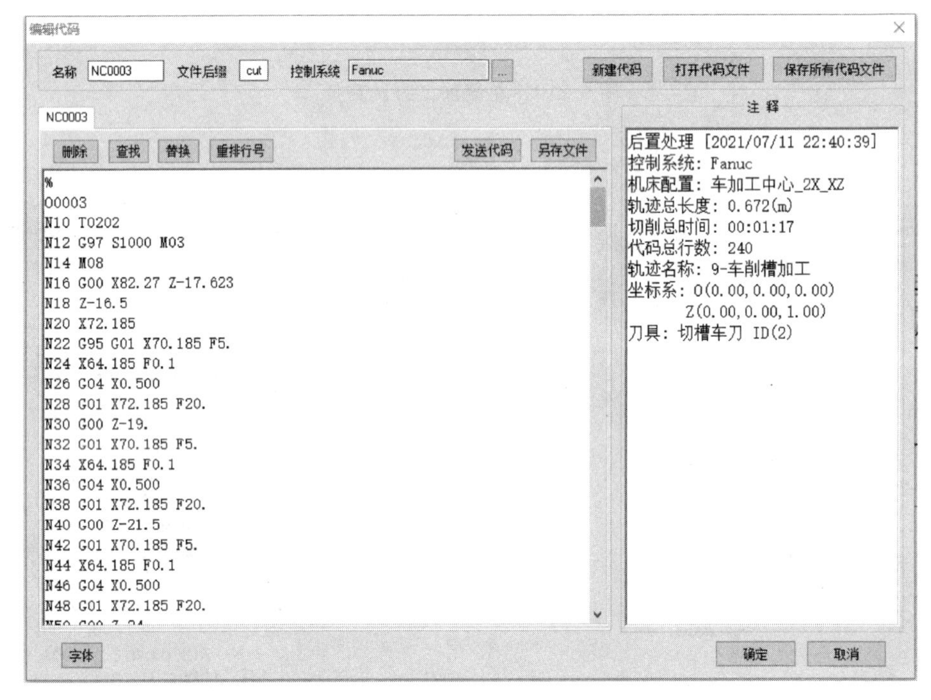

图 9-213 右端夹头部分加工程序

第10章　CAXA数控车2020软件车铣复合加工实例

10.1　外圆铣削自动编程加工实例

CAXA 数控车 2020 外圆铣削自动编程加工实例如图 10-1 所示。

操作步骤：

1. 零件建模

建模时轴向轮廓不需要绘制。

2. 刀具路径生成

（1）生成平面粗加工刀具路径　在菜单栏中选择【数控车】→【等截面粗加工】，或者单击数控车工具栏中的按钮，系统弹出【等截面粗加工】对话框。单击【加工参数】标签，设置参数如图 10-2 所示。单击【刀具参数】→【球头铣刀】，设置球头铣刀参数如图 10-3 所示。单击【刀具参数】→【速度参数】，设置速度参数如图 10-4 所示，最后单击【确定】按钮。

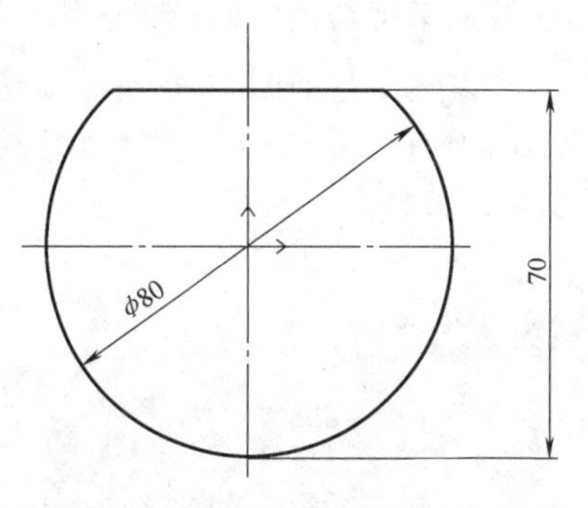

图 10-1　外圆铣削自动编程加工实例

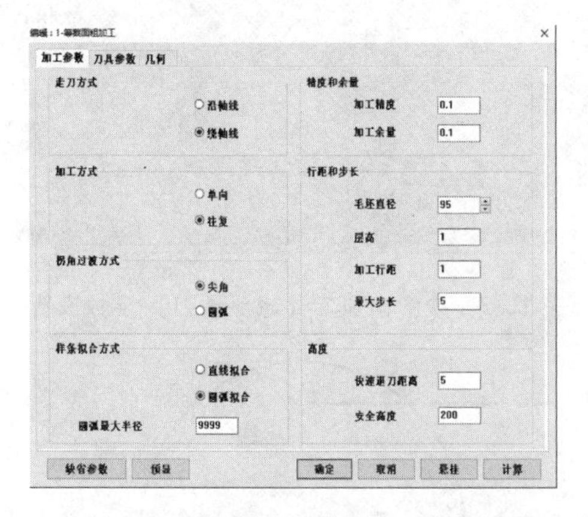

图 10-2　铣削粗加工【加工参数】设置

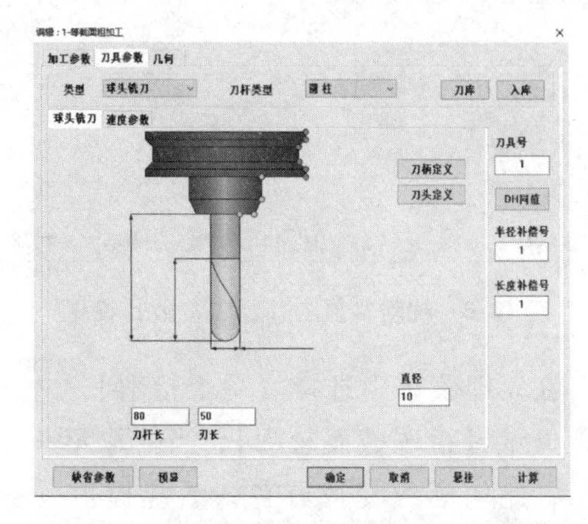

图 10-3　铣削粗加工【球头铣刀】参数设置

在立即菜单中选择【单个拾取】，左下角状态栏提示【拾取截面轮廓】，当拾取第一条轮廓线后，此轮廓线变成红色，系统提示【选择方向】，依次拾取被加工表面轮廓线并右击结束，状态栏提示【拾取轴向轮廓】，拾取轴向轮廓线并右击结束，输入“40，0”后单击

【确定】按钮，生成如图 10-5 所示的刀具路径。

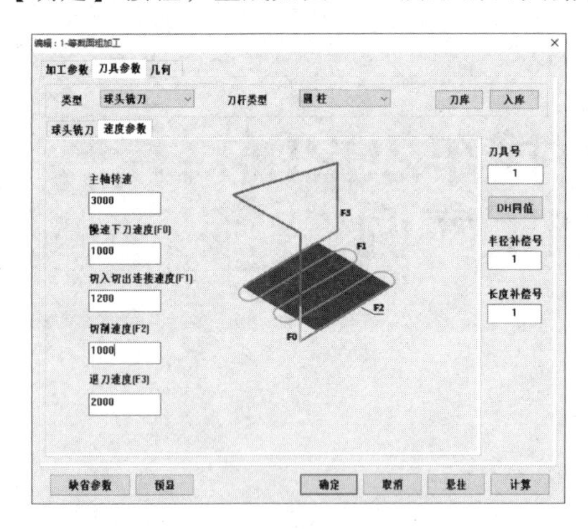

图 10-4 铣削粗加工【速度参数】设置

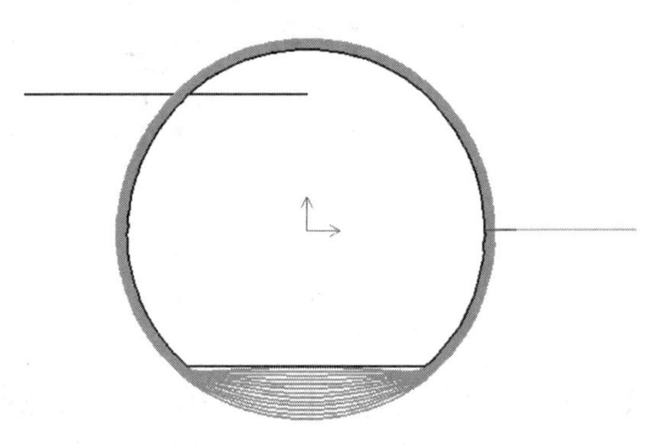

图 10-5 铣削平面粗加工刀具路径

（2）生成平面精加工刀具路径 在菜单栏中选择【数控车】→【等截面精加工】，或者单击数控车工具栏中的按钮，系统弹出【等截面精加工】对话框。单击【加工参数】标签，设置参数如图 10-6 所示。选择【刀具参数】→【球头铣刀】，设置球头铣刀参数如图 10-7 所示。单击【刀具参数】→【速度参数】，设置速度参数与粗加工类似，最后单击【确定】按钮。

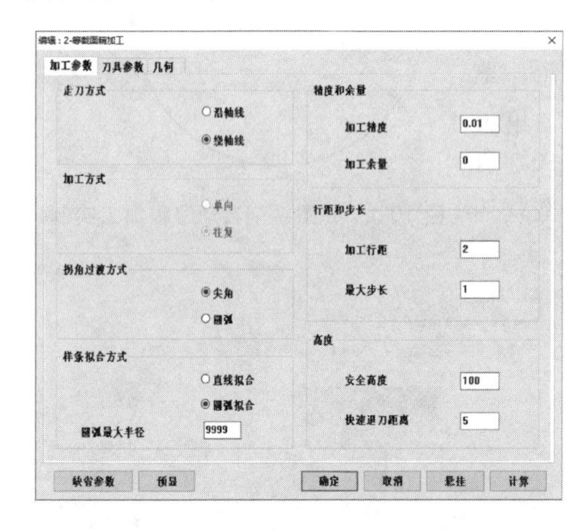

图 10-6 铣削精加工【加工参数】设置

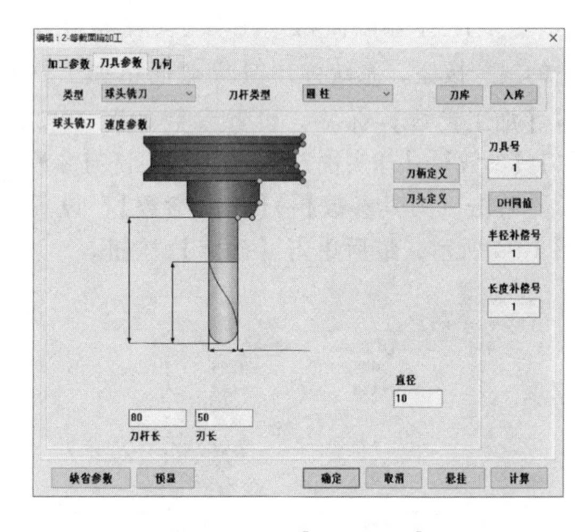

图 10-7 铣削精加工【球头铣刀】参数设置

在立即菜单中选择【单个拾取】，左下角状态栏提示【拾取截面轮廓】，当拾取第一条轮廓线后，此轮廓线变成红色，系统提示【选择方向】，依次拾取被加工表面轮廓线并右击结束，状态栏提示【拾取轴向轮廓】，拾取轴向轮廓线并右击结束，输入“40，0”后单击【确定】按钮，生成如图 10-8 所示的刀具路径。

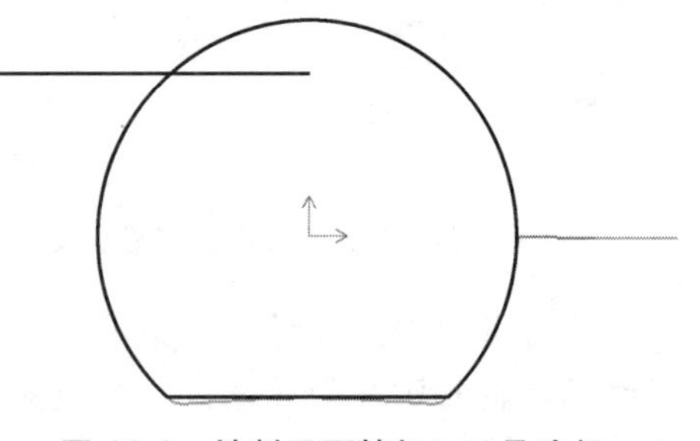

图 10-8 铣削平面精加工刀具路径

10.2　外圆钻孔自动编程加工实例

CAXA 数控车 2020 外圆钻孔自动编程加工实例如图 10-9 所示。

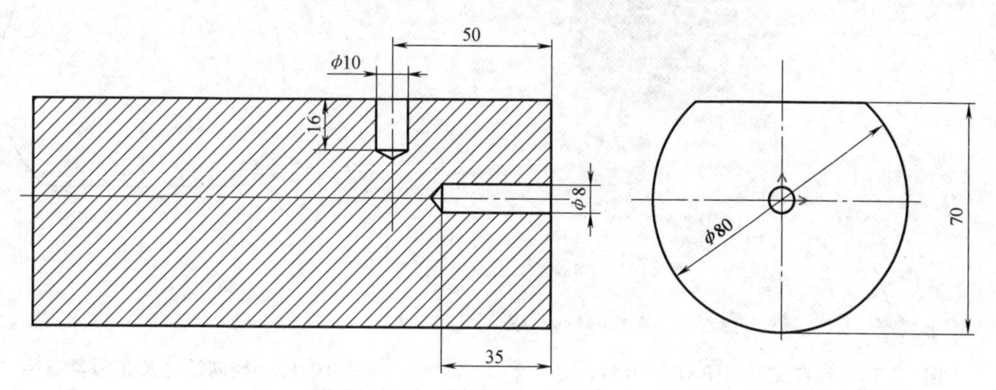

图 10-9　外圆钻孔自动编程加工实例

操作步骤：

1. 零件建模（略）

2. 刀具路径生成

（1）生成外圆钻孔刀具路径　在菜单栏中选择【数控车】→【G01 钻孔加工】，或者单击数控车工具栏中的 G01钻孔加工 按钮，系统弹出【G01 钻孔加工】对话框。单击【加工参数】标签，设置参数如图 10-10 所示。单击【刀具参数】→【钻头】，设置参数如图 10-11 所示。单击【几何】标签，设置参数如图 10-12 所示，最后单击【确定】按钮，生成如图 10-13 所示的刀具路径。

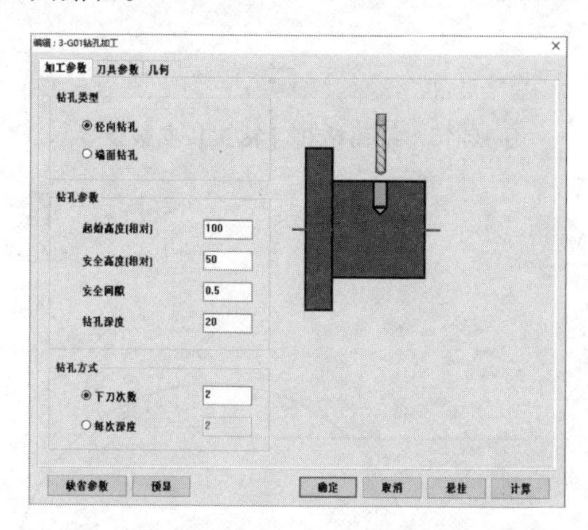

图 10-10　径向钻孔【加工参数】设置

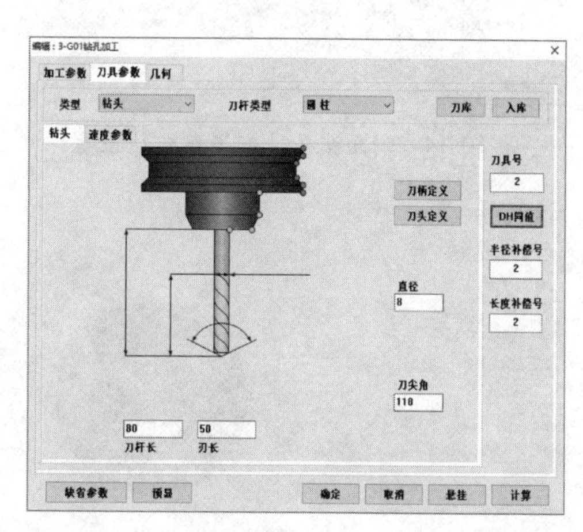

图 10-11　径向钻孔【钻头】参数设置

（2）生成端面钻孔刀具路径　在菜单栏中选择【数控车】→【G01 钻孔加工】，或者单击数控车工具栏中的 G01钻孔加工 按钮，系统弹出【G01 钻孔加工】对话框。单击【加工参数】标签，设置参数如图 10-14 所示。选择【刀具参数】→【钻头】，设置参数如图 10-15 所示。单击【几何】标签，设置参数如图 10-16 所示，最后单击【确定】按钮，生成如图 10-17 所示的刀具路径。

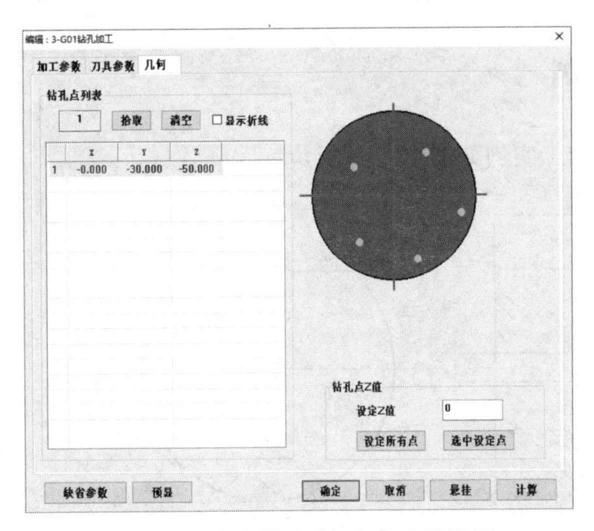

图 10-12　径向钻孔【几何】参数设置

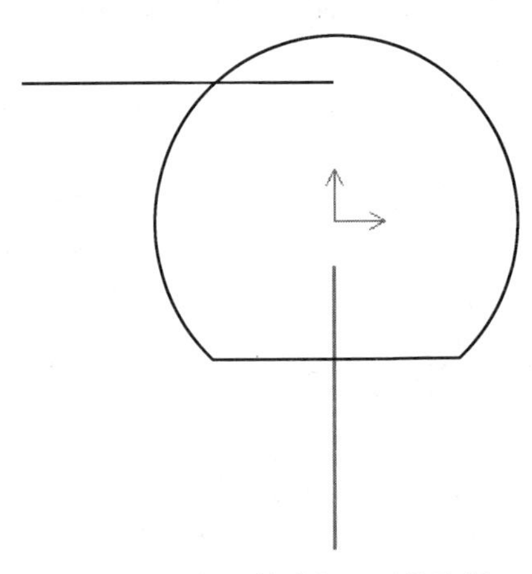

图 10-13　径向钻孔加工刀具路径

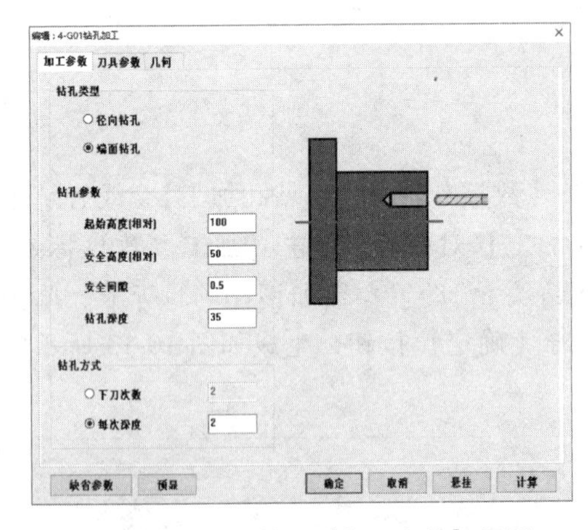

图 10-14　端面钻孔【加工参数】设置

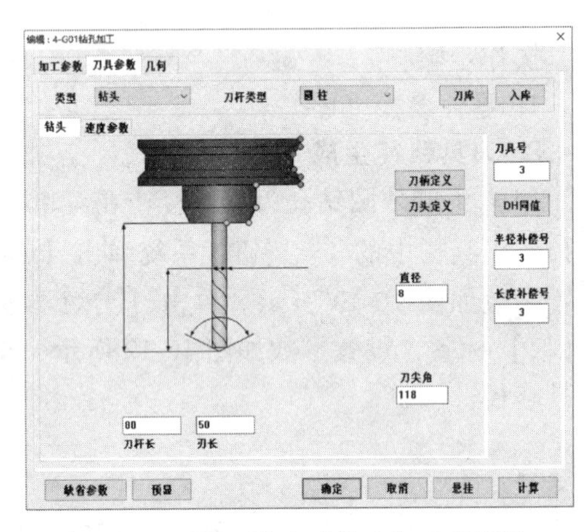

图 10-15　端面钻孔【钻头】参数设置

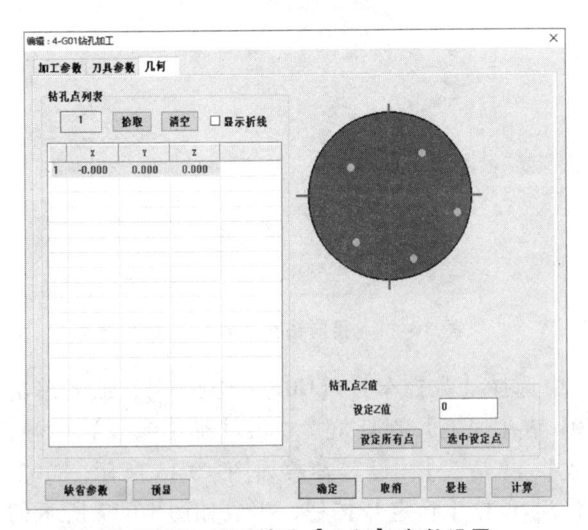

图 10-16　端面钻孔【几何】参数设置

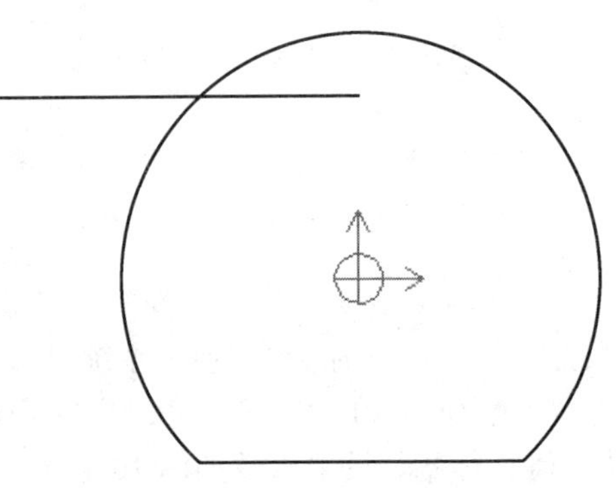

图 10-17　端面钻孔加工刀具路径

10.3　键槽铣削自动编程加工实例

CAXA 数控车 2020 键槽铣削自动编程加工实例如图 10-18 所示。

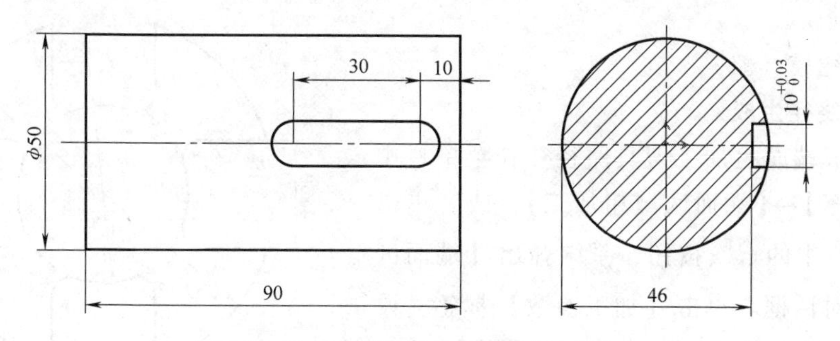

图 10-18　键槽铣削自动编程加工实例

操作步骤：

1. 零件建模（略）

2. 生成键槽加工刀具路径

在菜单栏中选择【数控车】→【单刀次键槽加工】，或者单击数控车工具栏中的按钮，系统弹出【单刀次键槽加工】对话框，然后分别填写参数。单击【加工参数】标签，设置参数如图 10-19 所示。选择【刀具参数】→【立铣刀】，设置参数如图 10-20 所示，最后单击【确定】按钮，生成如图 10-21 所示的刀具路径。

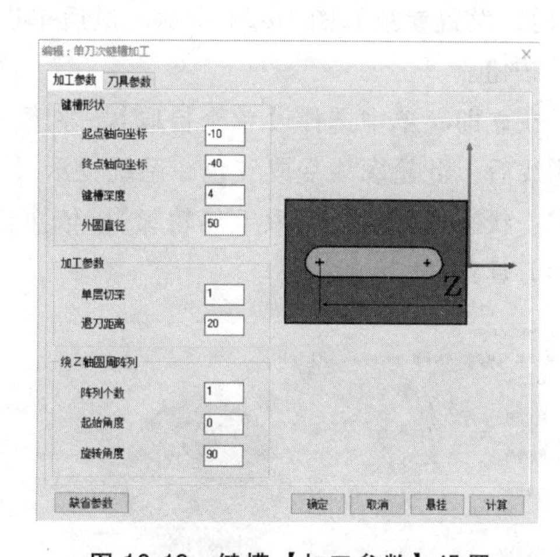

图 10-19　键槽【加工参数】设置

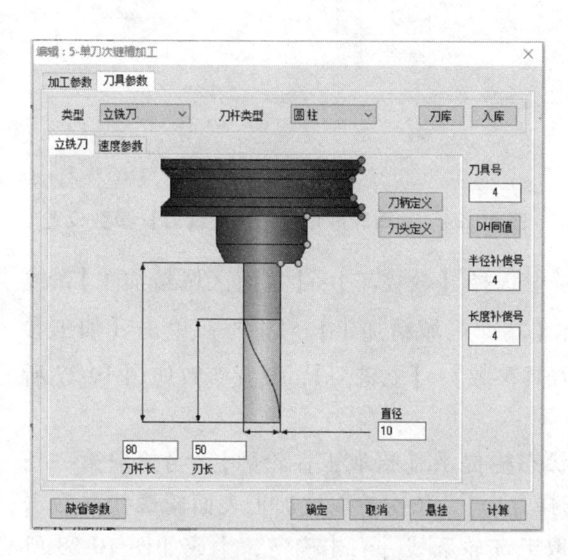

图 10-20　键槽【立铣刀】参数设置

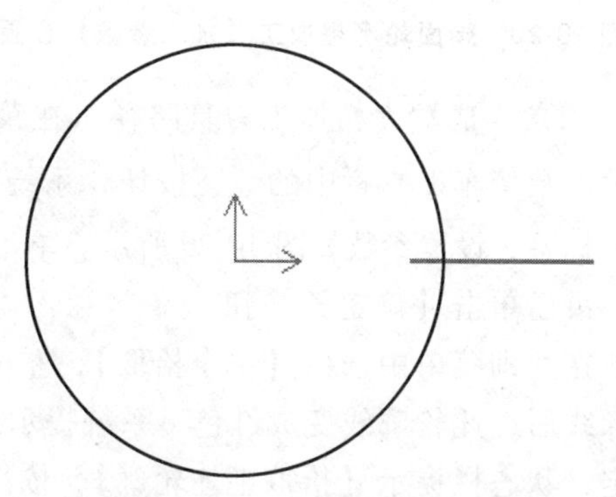

图 10-21　键槽加工刀具路径

10.4 端面轮廓铣削自动编程加工实例

CAXA 数控车 2020 端面轮廓铣削自动编程加工实例如图 10-22 所示。

操作步骤：

1. 零件建模（略）

2. 刀具路径生成

（1）生成端面粗加工刀具路径　在菜单栏中选择【数控车】→【端面区域粗加工】，或者单击数控车工具栏中的按钮，系统弹出【端面区域粗加工】对话框。单击【加工参数】标签，设置参数如图 10-23 所示。单击【刀具参数】→【立铣刀】，设置参数如图 10-24 所示，最后单击【确定】按钮。

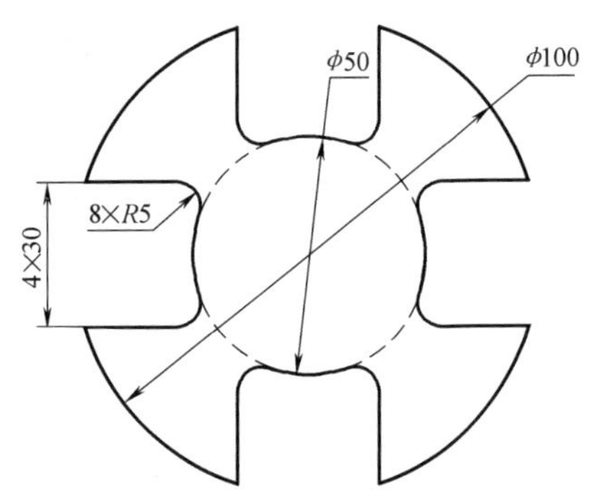

图 10-22　端面轮廓铣削自动编程加工实例

在立即菜单中选择【单个拾取】，左下角状态栏提示【拾取工件轮廓】，当拾取第一条轮廓线后，此轮廓线变成红色，系统提示【选择方向】，依次拾取被加工表面轮廓线并右击确定，状态栏提示【拾取毛坯轮廓】，依次拾取毛坯轮廓线并右击确定，生成如图 10-25 所示的刀具路径。

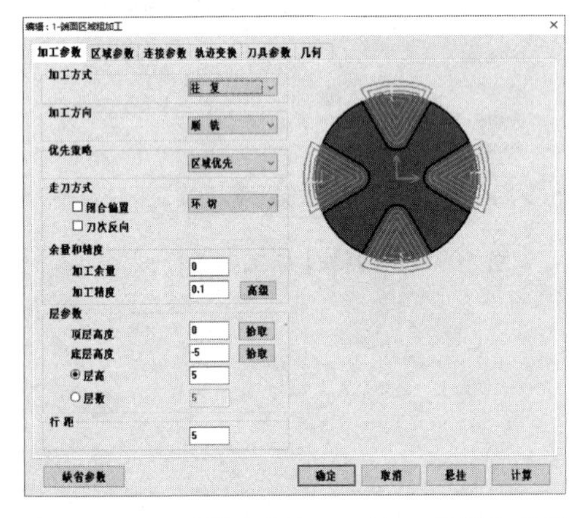

图 10-23　端面轮廓粗加工【加工参数】设置

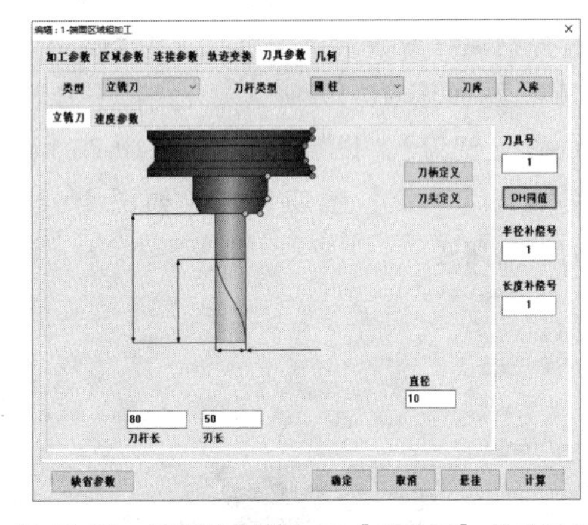

图 10-24　端面轮廓粗加工【立铣刀】参数设置

（2）生成端面精加工刀具路径　在菜单栏中选择【数控车】→【端面区域精加工】，或者单击数控车工具栏中的按钮，系统弹出【端面区域精加工】对话框。单击【加工参数】标签，设置参数如图 10-26 所示。单击【刀具参数】→【立铣刀】，设置参数如图 10-27 所示，最后单击【确定】按钮。

在立即菜单中选择【单个拾取】，左下角状态栏提示【拾取工件轮廓】，当拾取第一条轮廓线后，此轮廓线变成红色，系统提示【选择方向】，依次拾取被加工表面轮廓线并右击确定，状态栏提示【拾取毛坯轮廓】，依次拾取毛坯轮廓线并右击确定，生成如图 10-28 所示的刀具路径。

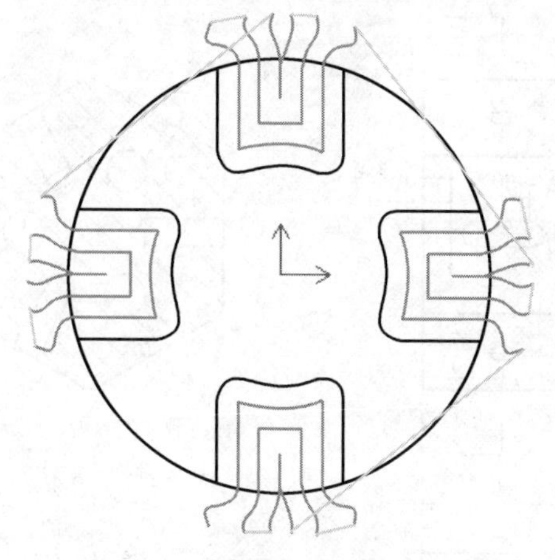

图 10-25　端面粗加工刀具路径

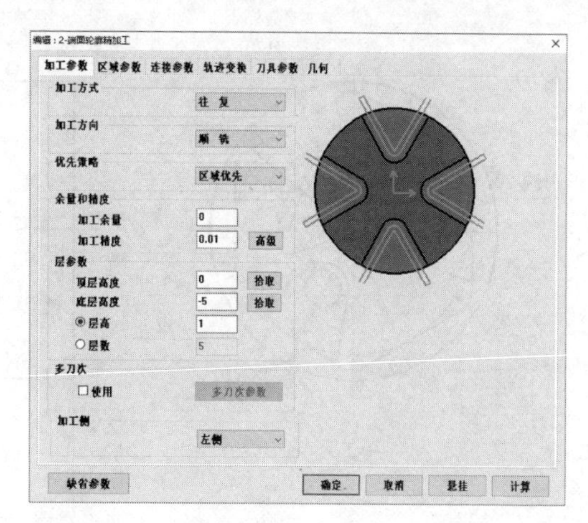

图 10-26　端面轮廓精加工【加工参数】设置

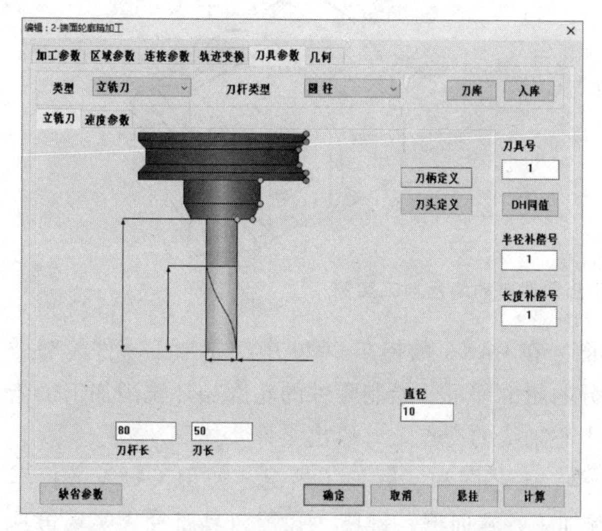

图 10-27　端面轮廓精加工【立铣刀】参数设置

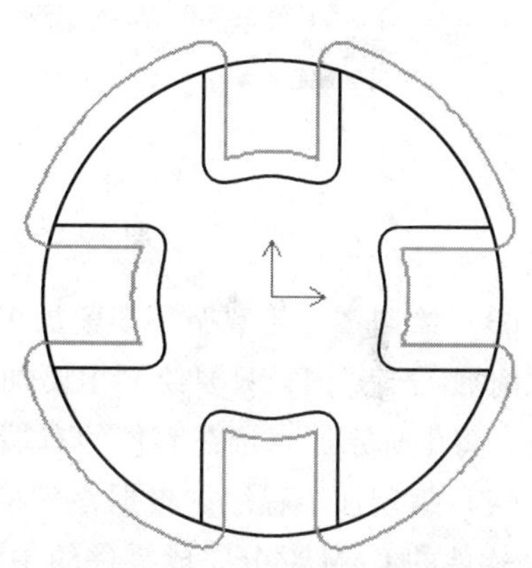

图 10-28　端面精加工刀具路径

10.5　车铣复合零件自动编程加工实例

CAXA 数控车 2020 车铣复合零件自动编程加工实例如图 10-29 所示。

操作步骤：

（1）分析图样和工艺清单制订　该零件属于盘类零件，形状较复杂，主体为六边形，端面有孔和槽，径向有孔和键槽。尺寸公差要求较小，没有位置要求。加工时，先加工出六方，再加工端面槽和键槽，最后加工孔。加工六方使用 ϕ50mm 铣刀，加工端面槽和键槽使用 ϕ10mm 铣刀，加工孔使用相应钻头。

（2）加工路线和装夹方法的确定　根据工艺清单的要求，该零件全部由数控车 C 轴完成，并要注意保证尺寸的一致性。在数控车上加工时，使用自定心卡盘装夹零件左端外圆，先加工零件主体六方，再加工端面槽和键槽，最后加工孔。

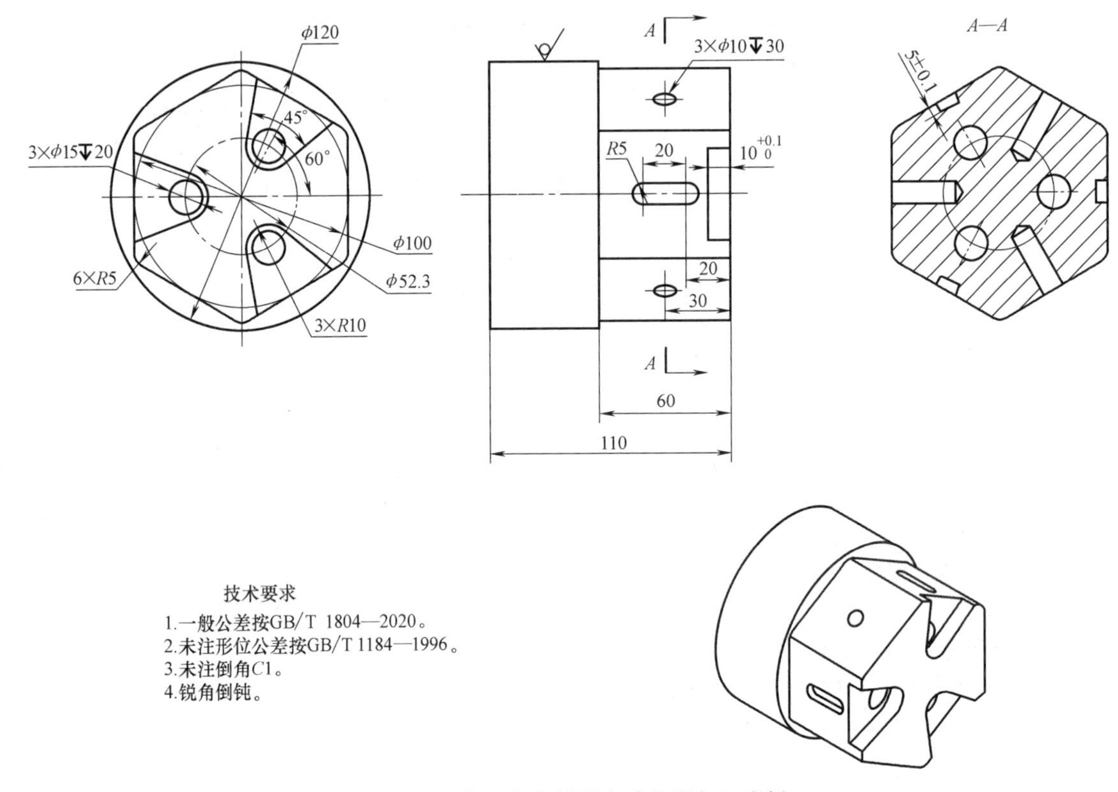

图 10-29　车铣复合零件自动编程加工实例

（3）绘制零件轮廓循环车削加工工艺图　在 CAXA 数控车 2020 中绘制加工零件轮廓循环铣削加工工艺图，只要绘制出要加工部分的轮廓即可。绘制零件的轮廓循环铣削加工工艺图时，将坐标系原点选在零件的右端面和中心轴线的交点上，绘出零件实体。

（4）编制加工程序　根据零件的工艺单、工艺图和实际加工情况，使用 CAXA 数控车 2020 软件的 CAM 部分完成零件的主体轮廓加工、端面槽、键槽、孔等刀具路径，实现仿真加工，合理设置机床的参数，生成加工程序代码。

下面绘制零件 C 轴轮廓循环铣削加工工艺图、编制加工程序、仿真、生成 G 代码等软件操作。

10.5.1　零件加工建模

零件加工建模的方法及步骤如下：

1. 绘制零件外形主体轮廓

1）在菜单栏中选择【绘图】→【正多边形】，或者单击绘图工具栏中的按钮，在立即菜单中选择【中心定位】→【给定半径】→【外切于圆】→【边数】为“6”→【旋转角度】为“30”，左下方状态栏提示【插入点】，输入“0,0”，然后输入半径“50”，最后单击【确定】按钮。

2）绘制一条 60 长的直线，在菜单栏中选择【绘图】→【直线】，或者单击绘图工具栏中的按钮，左下方状态栏提示【第一点】，应在绘图区捕捉六方顶点，单击【确定】按钮，输入长度“-60”，单击【确定】按钮，绘出六方高度，如图 10-30 所示。

2. 绘制零件端面轮廓及孔位

（1）绘制 ϕ52.3mm 圆　在菜单栏中选择【绘图】→【圆】，或者单击绘图工具栏中的按钮，在立即菜单中选择【圆心_半径】→【半径】→【无中心线】，在左下方状态栏提示【圆心点】，输入（0，0），单击【确定】按钮，输入半径为“52.3/2”，单击【确定】按钮，绘出 ϕ52.3mm 圆。

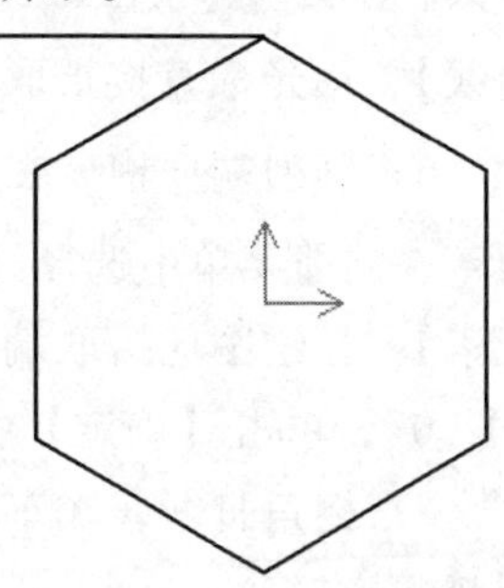

图 10-30　外形六方轮廓

（2）绘制端面孔位

1）绘制一条辅助线确定孔的位置。在菜单栏中选择【绘图】→【直线】，或者单击绘图工具栏中的按钮，在立即菜单中选择【角度线】→【X 轴夹角】→【到点】→【度】为“60”，左下方状态栏提示【第一点】，输入（0，0），单击【确定】按钮，输入长度为“50”，单击【确定】按钮，绘出孔位角度线。

2）绘制 R10mm 端面圆弧。在菜单栏中选择【绘图】→【圆】，或者单击绘图工具栏中的按钮，在立即菜单中选择【圆心_半径】→【半径】→【无中心线】，在左下方状态栏提示【圆心点】，应在绘图区捕捉 ϕ52.3mm 圆与辅助线的交点，单击【确定】按钮，输入半径为“10”，单击【确定】按钮，绘出 R10mm 圆弧，如图 10-31 所示。

3）绘制端面槽的一条边。在菜单栏中选择【绘图】→【直线】，或者单击绘图工具栏中的按钮，在立即菜单中选择【角度线】→【X 轴夹角】→【到点】→【度】为“37.5”，左下方状态栏提示【第一点】，按空格键选择切点，在绘图区选择 R10mm 圆弧，输入长度为“23.767”，单击【确定】按钮，绘出端面槽的下边，如图 10-32 所示。

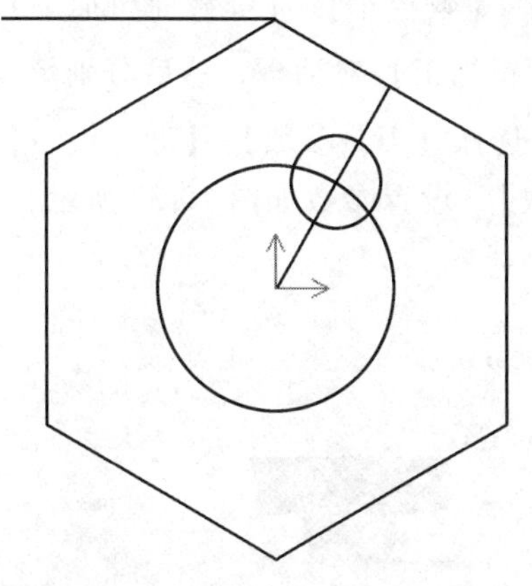

图 10-31　端面轮廓及 R10mm 圆弧

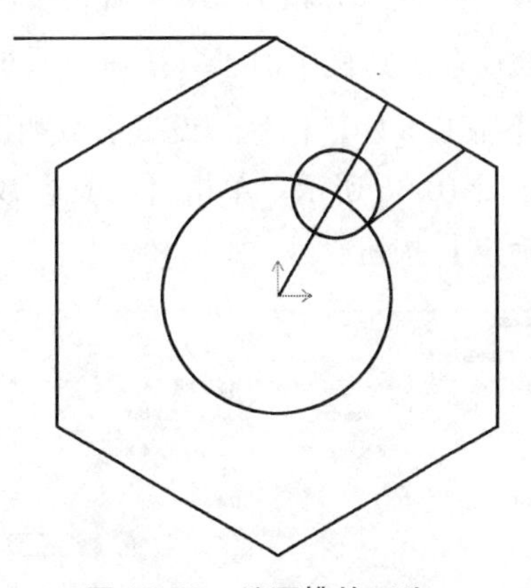

图 10-32　端面槽的下边

4）绘制端面槽另一边。在菜单栏中选择【修改】→【镜像】，或者单击绘图工具栏中的按钮，在立即菜单中选择【选择轴线】→【拷贝】，左下方状态栏提示【拾取添加】，应在绘图区拾取端面槽下边，右击确定，左下方状态栏提示【拾取轴线添加】，应在绘图区拾取端面槽中心线，右击确定，绘出端面槽的另一边，如图 10-33 所示。

5）修剪 R10mm 圆弧。在菜单栏中选择【修改】→【裁剪】和【删除】，或者单击编辑工具栏中的按钮，在立即菜单中选择【快速裁剪】，左下方状态栏提示【拾取要裁剪的曲线】，用光标直接拾取被裁剪的线段即可直接删除没用的线段，拾取完毕后右击确定。

6）阵列端面槽。在菜单栏中选择【修改】→【阵列】，或者单击绘图工具栏中的按钮，在立即菜单中选择【圆形阵列】→【旋转】→【均布】→【3】，在左下方状态栏提示【拾取元素】，在绘图区拾取端面槽和中心线，单击右键，在左下方状态栏提示【中心点】，输入“0，0”，单击【确定】按钮，阵列出三个端面槽，如图10-34所示。

7）倒角打断，在车铣复合机床上铣削零件轮廓时连接面不能有棱角，需要将各表面用圆弧连接起来。

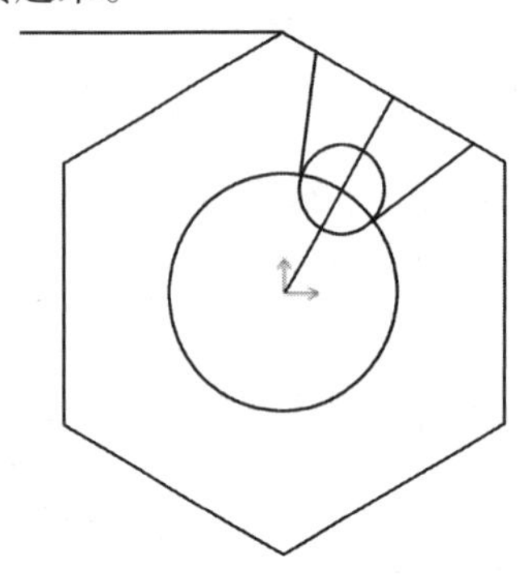

图 10-33 端面槽另一条边

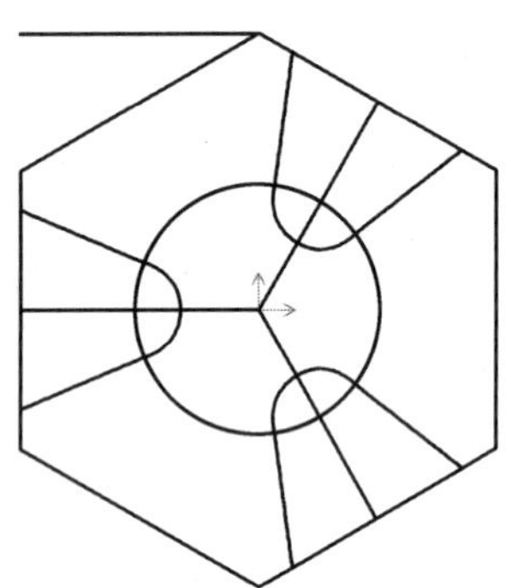

图 10-34 修整后零件轮廓图

10.5.2 刀具路径的生成

1. 主体轮廓刀具路径生成

（1）生成六方粗加工刀具路径 在菜单栏中选择【数控车】→【等截面粗加工】，或者单击数控车工具栏中的按钮，系统弹出【等截面粗加工】对话框，然后分别填写参数。单击【加工参数】标签，设置参数如图10-35所示。选择【刀具参数】→【球头铣刀】，设置参数如图10-36所示。单击【刀具参数】→【速度参数】，设置参数如图10-37所示，最后单击【确定】按钮。

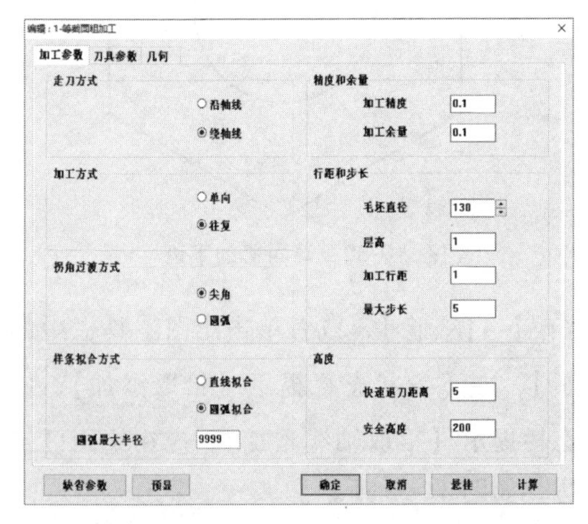

图 10-35 六方轮廓粗加工【加工参数】设置

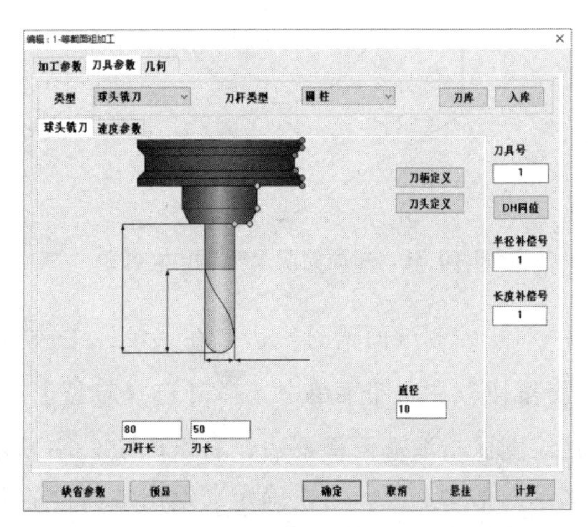

图 10-36 六方轮廓粗加工【球头铣刀】参数设置

在立即菜单中选择【单个拾取】，左下角状态栏提示【拾取截面轮廓】，当拾取第一条轮廓线后，此轮廓线变成红色，系统提示【选择方向】，依次拾取被加工表面轮廓线并右击确定，状态栏提示【拾取截面轮廓】，输入“50，0”，右击确定，状态栏提示【拾取轴向轮廓】，拾取轴向轮廓线并右击确定，生成如图10-38所示的刀具路径。

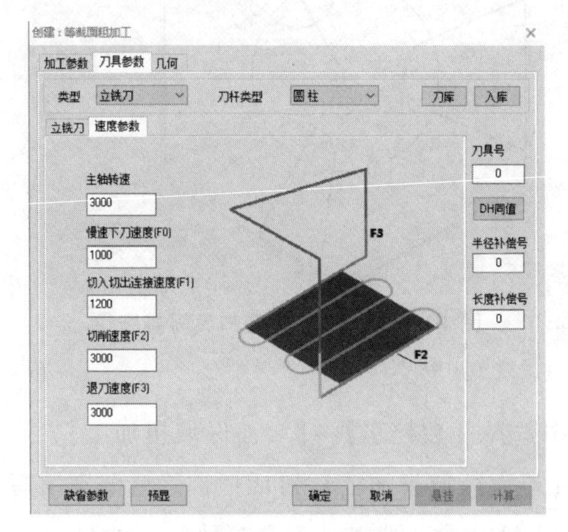

图10-37　六方轮廓粗加工【速度参数】设置

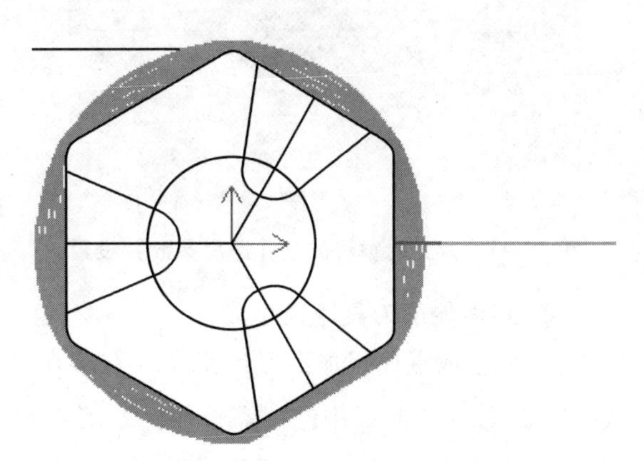

图10-38　六方轮廓粗加工刀具路径

（2）生成六方精加工刀具路径　在菜单栏中选择【数控车】→【等截面精加工】，或者单击数控车工具栏中的按钮，系统弹出【等截面精加工】对话框，然后分别填写参数。单击【加工参数】标签，设置参数如图10-39所示。选择【刀具参数】→【球头铣刀】，设置参数如图10-40所示。单击【刀具参数】→【速度参数】，设置参数如图10-41所示，最后单击【确定】按钮。

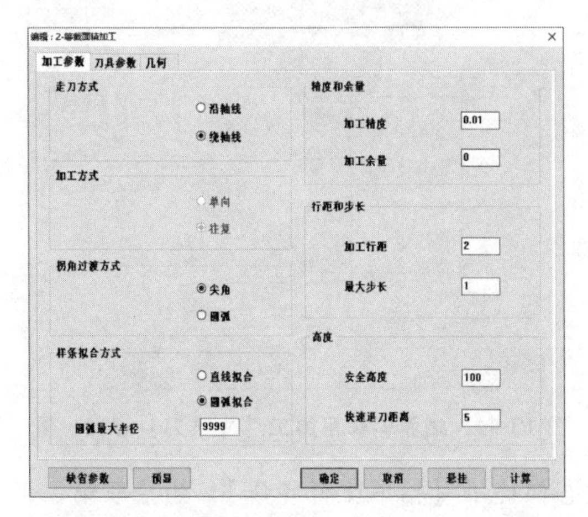

图10-39　六方轮廓精加工【加工参数】设置

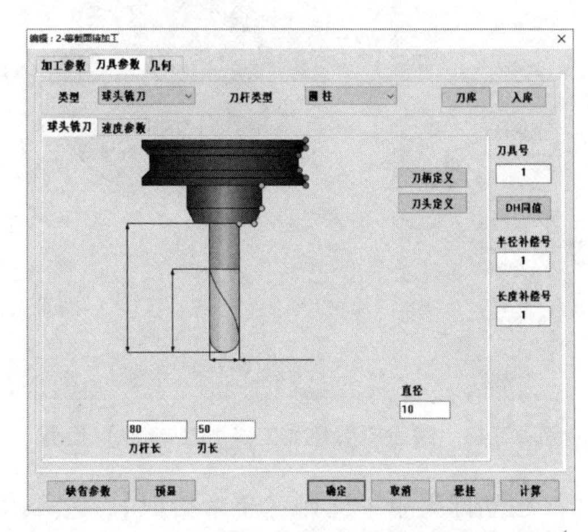

图10-40　六方轮廓精加工【球头铣刀】设置

在立即菜单中选择【单个拾取】，左下方状态栏提示【拾取截面轮廓】，当拾取第一条轮廓线后，此轮廓线变成红色，系统提示【选择方向】，依次拾取被加工表面轮廓线并右击确定，状态栏提示【拾取截面轮廓】，输入“50，0”，右击确定，状态栏提示【拾取轴向轮廓】，拾取轴向轮廓线并右击确定，生成如图10-42所示的刀具路径。

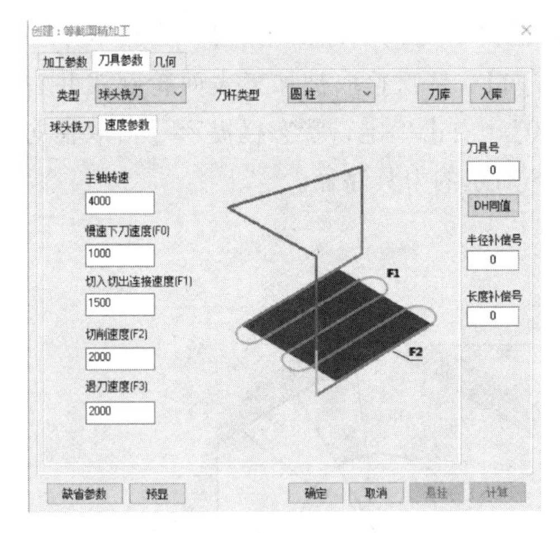
图 10-41 六方轮廓精加工【速度参数】设置

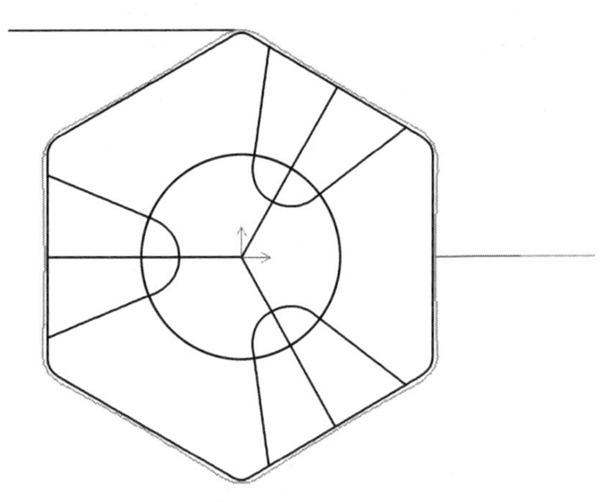
图 10-42 六方轮廓精加工刀具路径

2. 端面轮廓刀具路径生成

（1）生成端面粗加工刀具路径 在菜单栏中选择【数控车】→【端面区域粗加工】，或者单击数控车工具栏中的按钮，系统弹出【端面区域粗加工】对话框，然后分别填写参数。单击【加工参数】标签，设置参数如图 10-43 所示。选择【刀具参数】→【立铣刀】，设置参数如图 10-44 所示。单击【刀具参数】→【速度参数】，设置参数如图 10-45 所示，最后单击【确定】按钮。

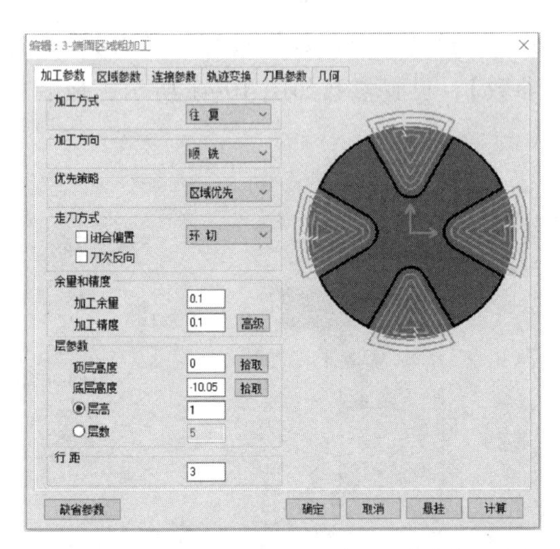
图 10-43 端面轮廓粗加工【加工参数】设置

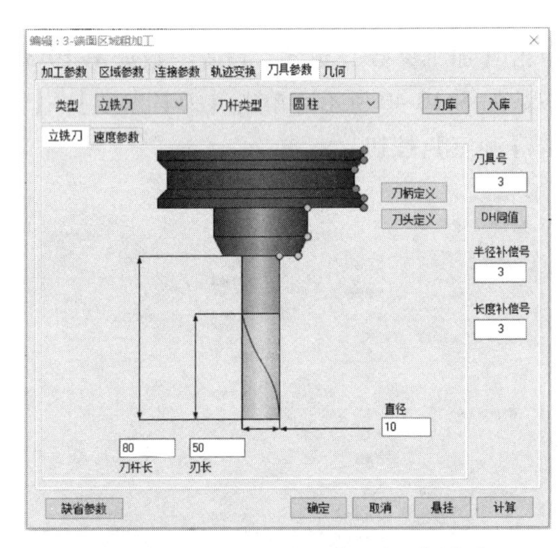
图 10-44 端面轮廓粗加工【立铣刀】参数设置

在立即菜单中选择【单个拾取】，左下角状态栏提示【拾取工件轮廓】，当拾取第一条轮廓线后，此轮廓线变成红色，系统提示【选择方向】，依次拾取被加工表面轮廓线并右击确定，状态栏提示【拾取毛坯轮廓】，依次拾取毛坯轮廓线并右击确定，生成如图 10-46 所示的刀具路径。

（2）生成端面精加工刀具路径 在菜单栏中选择【数控车】→【端面区域精加工】，或者单击数控车工具栏中的按钮，系统弹出【端面区域精加工】对话框，然后分别填写参数。单击【加工参数】标签，设置参数如图 10-47 所示。选择【刀具参数】→【立铣刀】，设置参数如图 10-48 所示。单击【刀具参数】→【速度参数】，设置参数如图 10-49 所示，最后单击【确定】按钮。

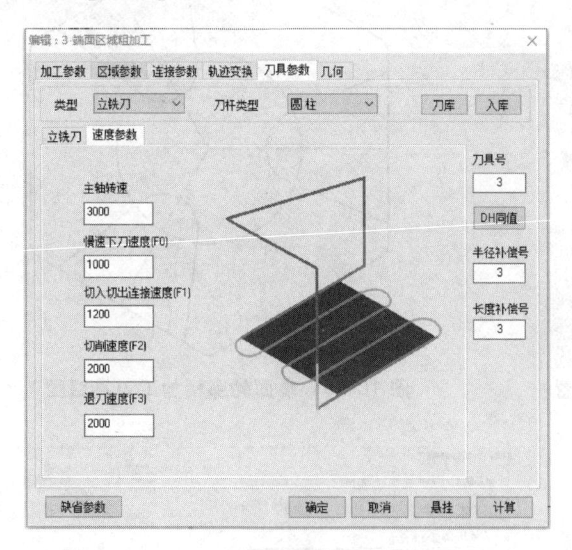

图 10-45　端面轮廓粗加工【速度参数】设置

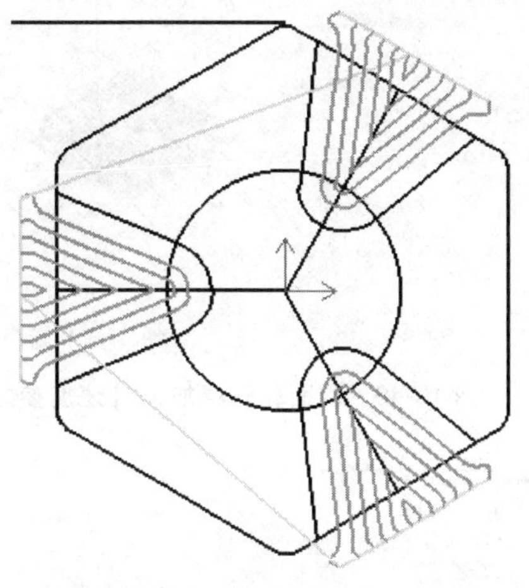

图 10-46　端面轮廓粗加工刀具路径

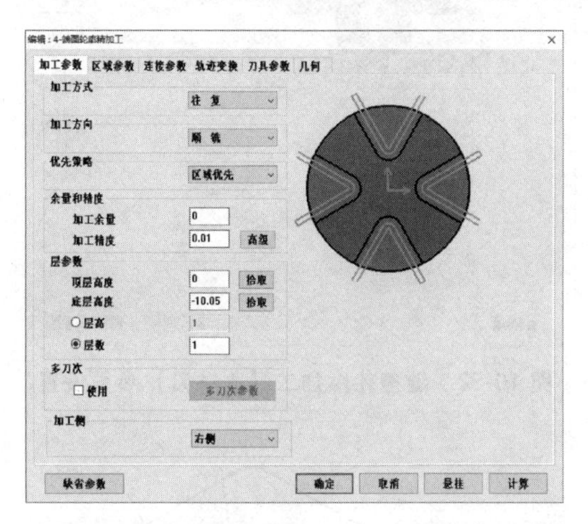

图 10-47　端面轮廓精加工【加工参数】设置

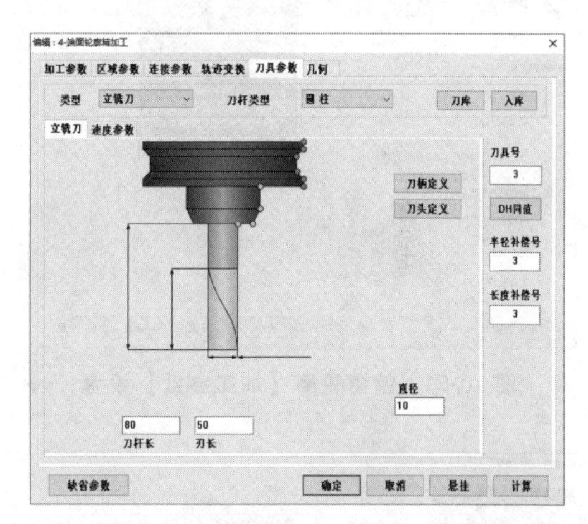

图 10-48　端面轮廓精加工【立铣刀】参数设置

在立即菜单中选择【单个拾取】，左下方状态栏提示【拾取工件轮廓】，当拾取第一条轮廓线后，此轮廓线变成红色，系统提示【选择方向】，依次拾取被加工表面轮廓线并右击确定，状态栏提示【拾取毛坯轮廓】，依次拾取毛坯轮廓线并右击确定，生成如图 10-50 所示的刀具路径。

3. 键槽轮廓刀具路径生成

在菜单栏中选择【数控车】→【单刀次键槽加工】，或者单击数控车工具栏中的 单刀次键槽加工 按钮，系统弹出【单刀次键槽加工】对话框，然后分别填写参数。单击【加工参数】标签，设置参数如图 10-51 所示。选择【刀具参数】→【立铣刀】，设置参数如图 10-52 所示。单击【刀具参数】→【速度参数】，设置参数如图 10-53 所示，最后单击【确定】按钮，生成如图 10-54 所示的刀具路径。

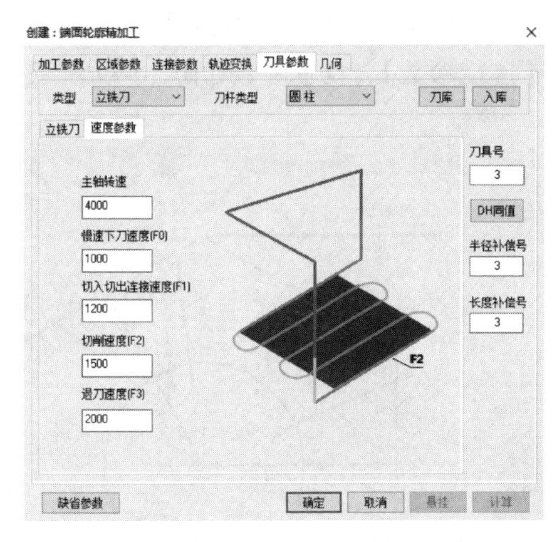

图 10-49　端面轮廓精加工【速度参数】设置

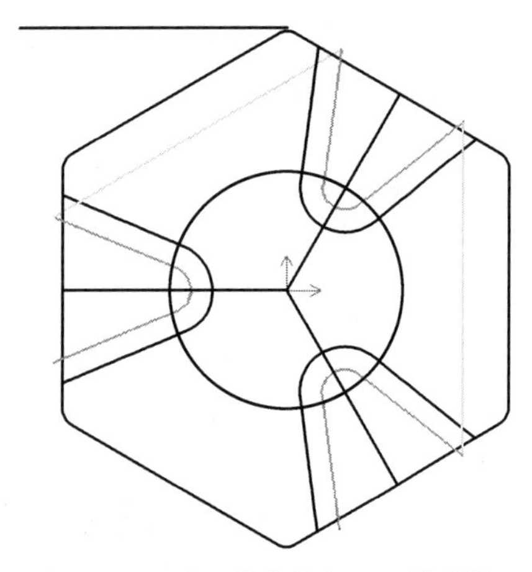

图 10-50　端面轮廓精加工刀具路径

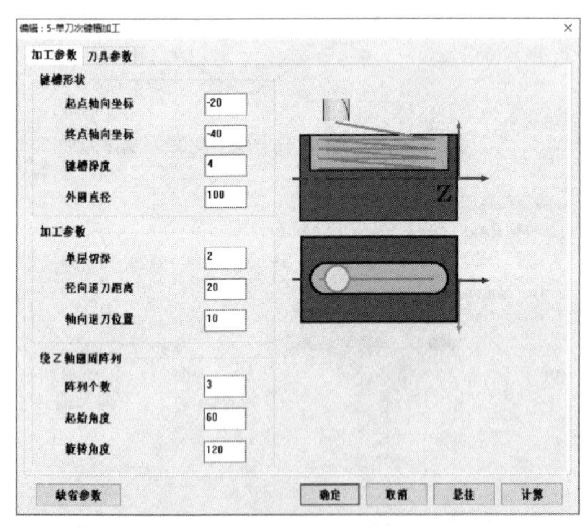

图 10-51　键槽轮廓【加工参数】设置

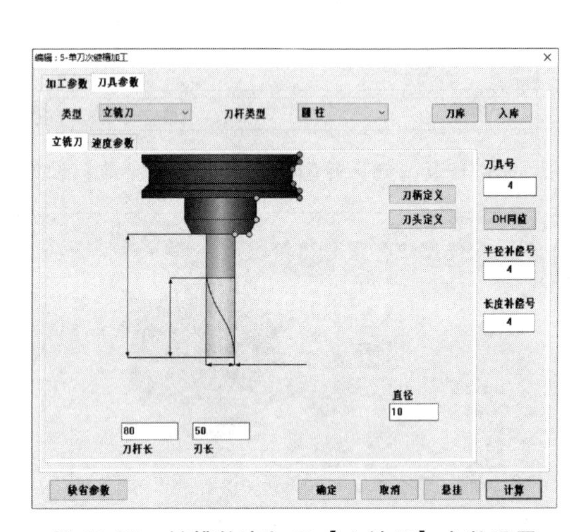

图 10-52　键槽轮廓加工【立铣刀】参数设置

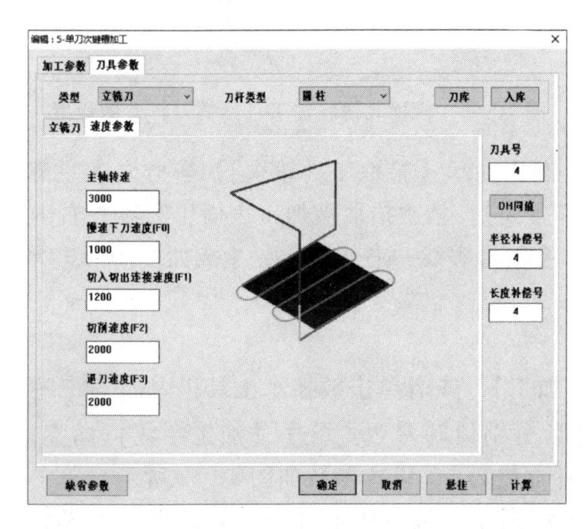

图 10-53　键槽轮廓加工【速度参数】设置

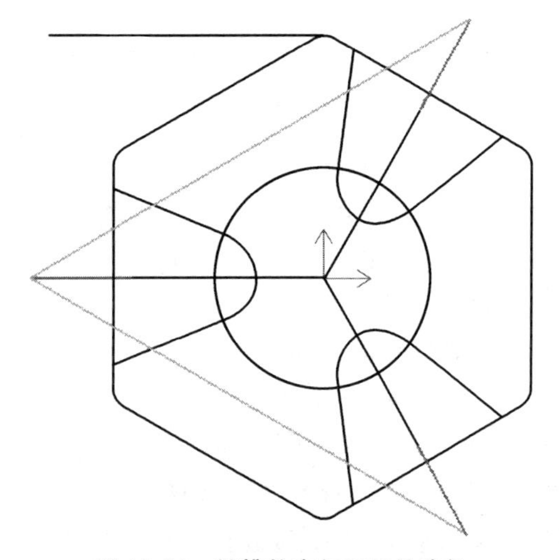

图 10-54　键槽轮廓加工刀具路径

4. 钻孔刀具路径生成

（1）生成端面钻孔加工刀具路径　在菜单栏中选择【数控车】→【G01 钻孔加工】，或者单击数控车工具栏中的 按钮，系统弹出【G01 钻孔加工】对话框，然后分别填写参数。单击【加工参数】标签，设置参数如图 10-55 所示。选择【刀具参数】→【钻头】，设置参数如图 10-56 所示。单击【刀具参数】→【速度参数】，设置参数如图 10-57 所示，最后单击【确定】按钮，生成如图 10-58 所示的刀具路径。

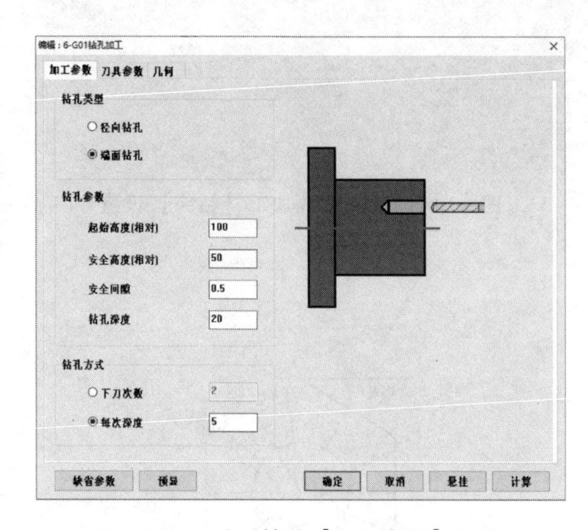

图 10-55　端面钻孔【加工参数】设置

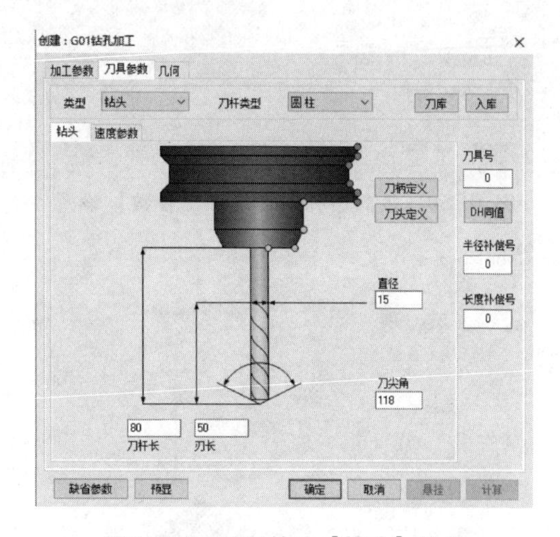

图 10-56　端面钻孔【钻头】设置

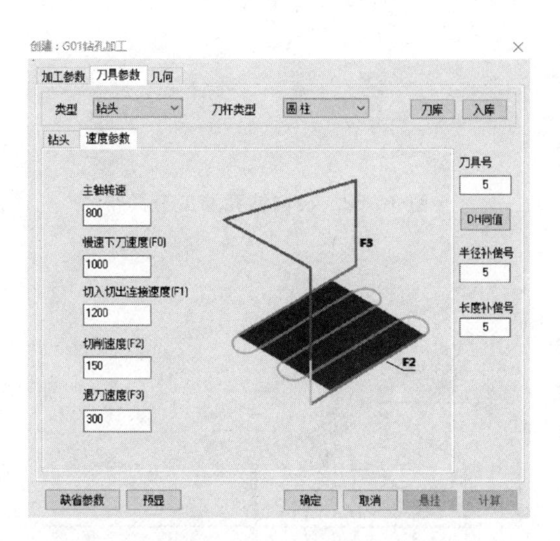

图 10-57　端面钻孔加工【速度参数】设置

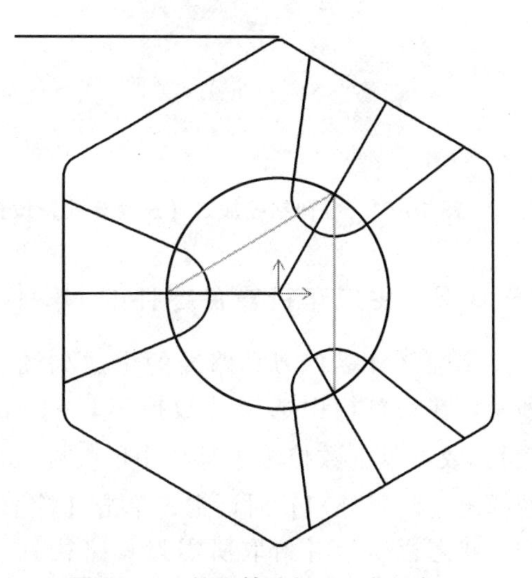

图 10-58　端面钻孔加工刀具路径

（2）生成径向钻孔加工刀具路径　在菜单栏中选择【数控车】→【G01 钻孔加工】，或者单击数控车工具栏中的 按钮，系统弹出【G01 钻孔加工】对话框，然后分别填写参数。单击【加工参数】标签，设置参数如图 10-59 所示。选择【刀具参数】→【钻头】，设置参数如图 10-60 所示。单击【刀具参数】→【速度参数】，设置参数如图 10-61 所示，最后单击【确定】按钮，生成如图 10-62 所示的刀具路径。

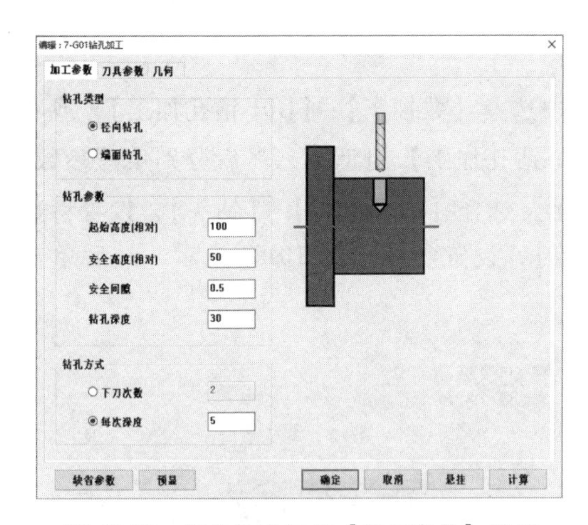

图 10-59　径向钻孔加工【加工参数】设置

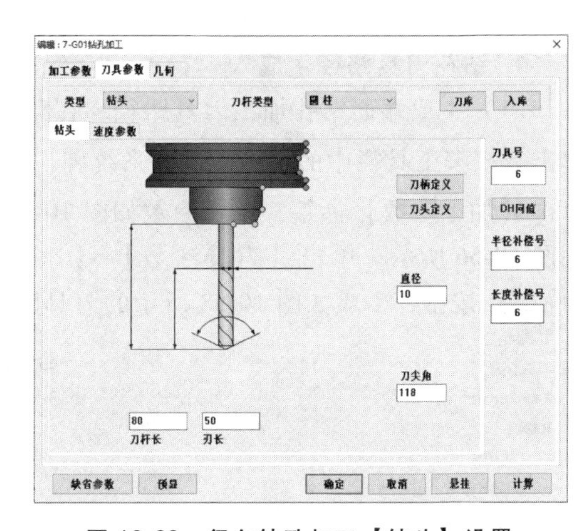

图 10-60　径向钻孔加工【钻头】设置

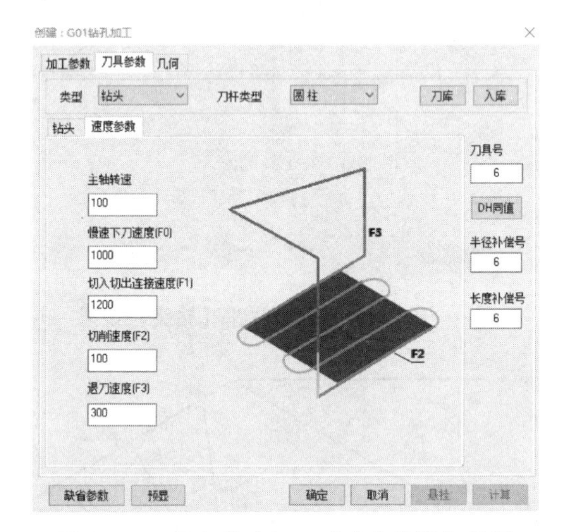

图 10-61　径向钻孔加工【速度参数】设置

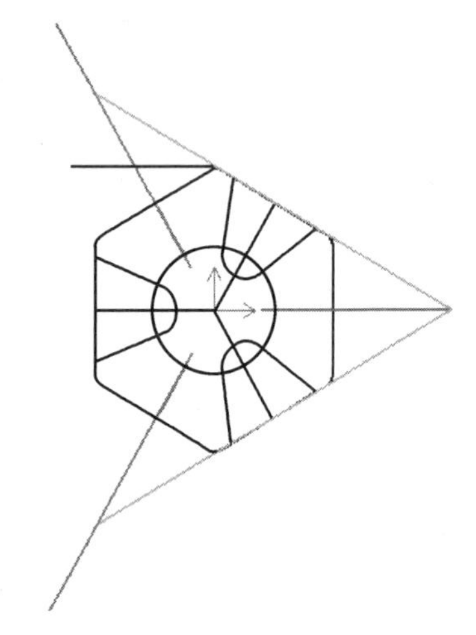

图 10-62　径向钻孔加工刀具路径

10.5.3　生成车铣复合零件的 NC 代码

车削复合零件刀具路径的生成如图 10-63 所示。在菜单栏中选择【数控车】→【后置处理】，或者单击数控车工具栏中的按钮，系统弹出【后置处理】对话框，单击【拾取】按钮。状态栏提示【拾取所需刀具路径】，然后按零件的加工顺序选择，如图 10-63 所示车铣复合零件刀具路径，依次选择六方截面粗加工轮廓、六方截面精加工轮廓、端面轮廓粗加工轮廓、端面轮廓精加工轮廓、键槽加工轮廓、端面钻孔及径向钻孔加工刀具路径，单击右键结束拾取弹出如图 10-64 所示对话框，单击【后置】按钮生成如图 10-65 所示的加工程序。

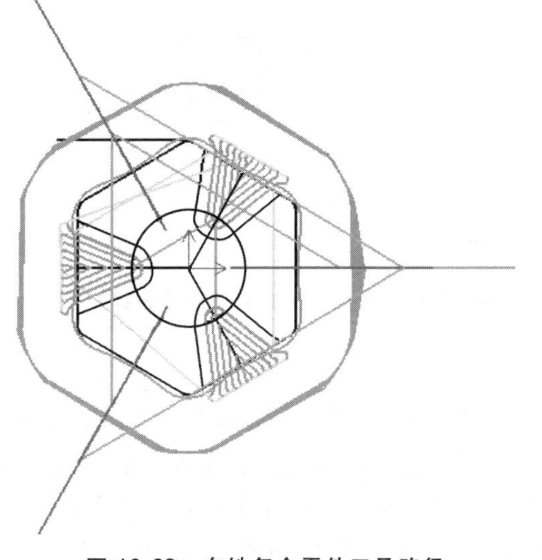

图 10-63　车铣复合零件刀具路径

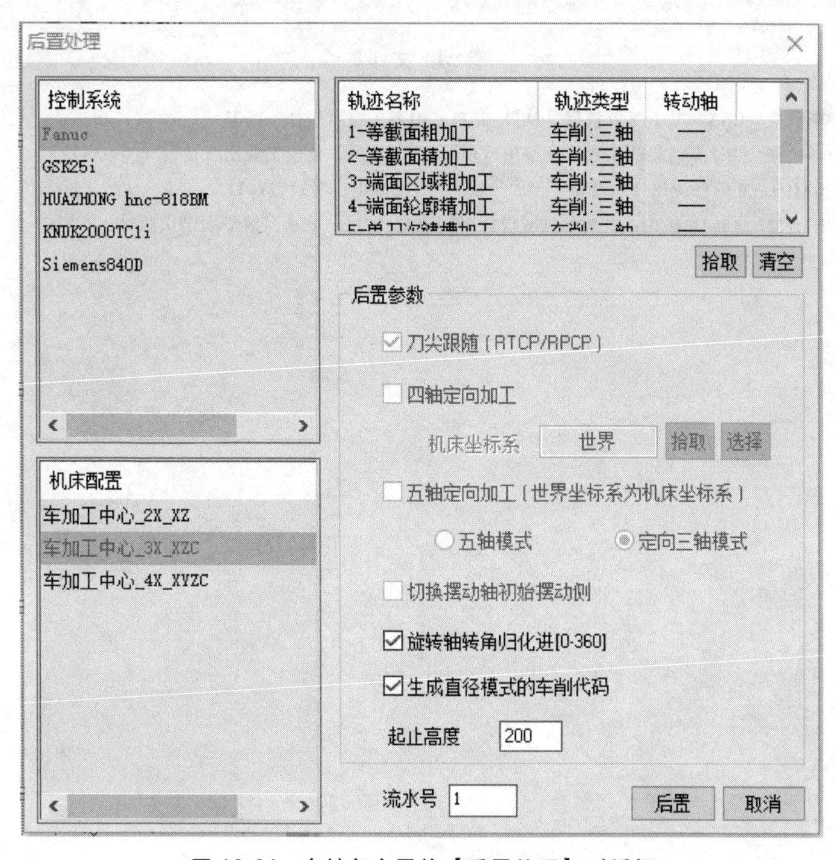

图 10-64　车铣复合零件【后置处理】对话框

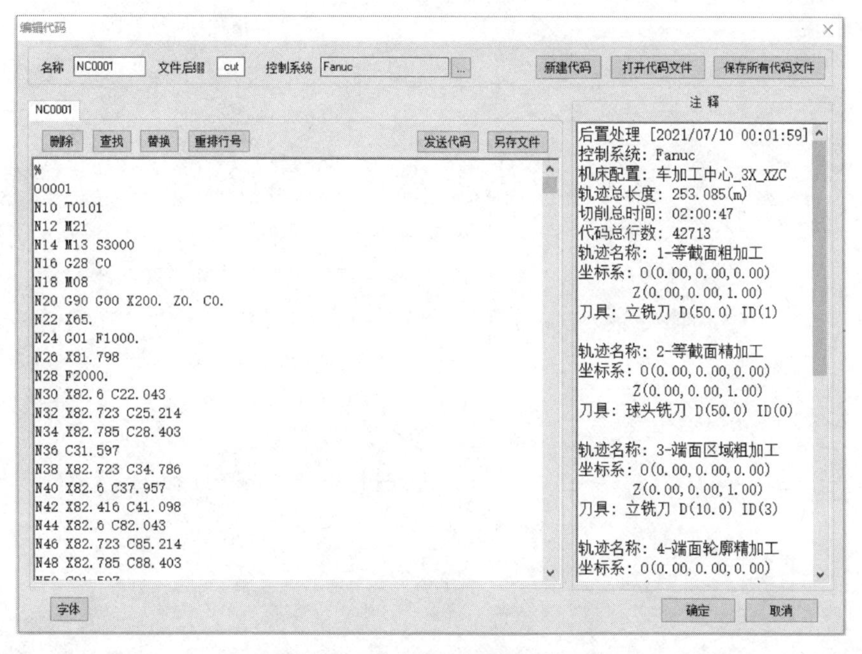

图 10-65　车铣复合零件加工程序

参考文献

[1] 马希青，李秋生. CAXA电子图板教程 [M]. 北京：冶金工业出版社，2003.

[2] 宛剑业，马英强，吴永国. CAXA数控车实用教程 [M]. 北京：化学工业出版社，2005.

[3] 高晓东. CAD/CAM软件应用技术基础 [M]. 北京：人民邮电出版社，2011.

[4] 张云杰，张云静. AutoCAD2014中文版机械设计案例课堂 [M]. 北京：清华大学出版社，2015.